# L'ARITHMÉTIQUE
## ET
# LA GÉOMÉTRIE
## DE L'OFFICIER,

CONTENANT

## LA THÉORIE ET LA PRATIQUE
## DE CES DEUX SCIENCES,

APPLIQUÉES AUX DIFFÉRENS EMPLOIS DE L'HOMME DE GUERRE.

*Par M. LE BLOND, Maître de Mathématique de MONSEIGNEUR LE DAUPHIN, & de Messeigneurs le Comte de Provence & le Comte d'Artois; Professeur en la même Science des Pages de la Grande Écurie du Roi, &c.*

SECONDE ÉDITION, CORRIGÉE ET AUGMENTÉE.

TOME SECOND.

*A PARIS, RUE DAUPHINE,*

Chez CHARLES-ANTOINE JOMBERT, Libraire du Roi pour l'Artillerie & le Génie, à l'Image Notre-Dame.

M. DCC. LXVII.

*Avec Approbation & Privilége du Roi.*

# LA GÉOMÉTRIE DE L'OFFICIER.

## LIVRE VI.

### *De l'Extraction des Racines quarrées & cubiques.*

#### I.

#### *De l'Extraction de la Racine quarrée.*

469. Le quarré d'un nombre est, comme on l'a déja dit, le produit de ce nombre par lui-même; le nombre qui sert ainsi de multiplicande & de multiplicateur, est la *racine* quarrée du produit qui résulte de la multiplication.

Si on multiplie, par exemple, 7 par 7, le produit 49 eſt le quarré de 7, & 7 en eſt la racine quarrée.

470. Il ſuit de-là que la racine quarrée d'un nombre comme 36, eſt un autre nombre 6, qui étant multiplié par lui-même, donne pour produit le nombre propoſé 36.

471. Il eſt toujours facile de quarrer toutes ſortes de nombres, puiſqu'il ne s'agit que d'en faire un produit, dont ils ſoient & le Multiplicateur & le Multiplicande : mais l'opération néceſſaire pour découvrir la racine d'un nombre conſidéré comme quarré, a un peu plus de difficulté. On va d'abord en donner la pratique ; on expliquera enſuite les principes dont elle ſe déduit, & qui ſervent à ſa démonſtration.

472. Avant de commencer l'opération, il faut ſçavoir par cœur les quarrés des 9 chiffres ou caracteres de l'Arithmétique. On les met ici ſous leur racine.

| *Racines.* | 1 | 2 | 3 | 4 | 5 | 6 | 7 | 8 | 9 |
|---|---|---|---|---|---|---|---|---|---|
| *Quarrés.* | 1 | 4 | 9 | 16 | 25 | 36 | 49 | 64 | 81. |

Cela poſé, ſoit le nombre 576 dont il faut extraire la racine quarrée, c'eſt-à-dire, trouver un autre nombre qui étant multiplié par lui-même faſſe 576.

473. Il faut le partager en tranches compoſées de deux chiffres, en commençant par la droite, & allant vers la gauche ; cette ſéparation ſe fait avec de petites lignes droites. Ayant dans cet exemple formé une tranche des deux premiers chiffres de la droite 7 & 6, il n'eſt reſté pour

la ſeconde ou la derniere tranche que le chiffre 5, qui fait ſeule une tranche ; ce qui arrive toujours lorſque le nombre des chiffres du quarré est impair ; ou ce qui eſt la même choſe, lorſqu'il ne peut être diviſé exactement par 2.

| 5 | 7 6 | Racines. 24 |
|---|---|---|
| 4 | \| \| | |
| 1 · | 7 6 | |
| | 4 4 | |
| | 0 0 | |

474. On prend la racine du plus grand quarré, contenu dans la premiere tranche de la gauche. Ce plus grand quarré dans cet exemple eſt 4, dont la racine eſt 2, qu'on poſe à côté du nombre 576, comme on poſe le quotient dans la diviſion à côté du dividende : on quarre 2, & on poſe ſon quarré 4 ſous le chiffre, ou les chiffres de la premiere tranche à droite, lorſqu'il y en a deux. On poſe donc ici 4 ſous 5, & ôtant 4 de 5, il reſte 1, qu'on poſe ſous 4, & dans la même colomne.

475. On abbaiſſe enſuite la tranche ſuivante à côté du reſte 1 ; elle fait avec ce reſte 176. On double le premier chiffre 2 de la racine, ce qui fait 4, qu'on poſe ſous le chiffre 7 de la gauche de la tranche 76. On cherche après cela, comme dans la diviſion, combien le reſte de la premiere tranche, joint au chiffre de la ſeconde, contient de fois le double du premier chiffre de la racine, c'eſt-à-dire, dans cet exemple combien 17 contient de fois 4 : on trouve 4, qu'on poſe au quotient à la droite du premier chiffre 2. On écrit auſſi 4 ſous le ſecond chiffre 6 de la ſeconde tranche, enſorte qu'on a 44 pour le Diviſeur de 176. On multiplie enſuite 44 par 4, & on retranche ſon produit de 176 comme dans la diviſion.

On dit donc d'abord, 4 fois 4 font 16, ôté de 16 il reste zero, qu'on pose sous le 4 à la colomne des unités, & on retient 1. Et ensuite, 4 fois 4 font encore 16, & 1 de retenue font encore 17, ôté de 17 il reste zero. L'extraction de la racine est achevée, parce qu'il n'y a plus de tranche à abbaisser, & 24 est la racine de 576.

476. Pour le prouver, il faut quarrer 24, ou le multiplier par lui-même; & comme le produit donne le quarré 576, égal à celui dont on a extrait la racine, il s'ensuit que l'opération est exacte.

```
Preuve.
   24
   24
  ----
   96
  48.
  ----
  576.
```

Pour trouver la racine quarrée du nombre 487801 composé de six chiffres, on le partagera en tranche de deux en deux chiffres, en commençant par la droite. On prendra la racine du plus grand quarré que contient la premiere tranche à gauche 48. Ce quarré est 36, dont la racine est 6 qu'on posera au quotient. Son quarré 36 sera posé sous les deux chiffres de la tranche 48. On ôtera 36 de 48 : il restera 12, qu'on posera sous 36, & la premiere opération sera achevée.

```
                        Racine.
 4 8|7 8|0 1 } 6 9 8
 3 6|   |
 ---
 1 2.7 8
   1 2 9
   -----
   1 1 7.0 1
     1 3 8 8
 ---------------
Reste . . . 5 9 7.
```

On abbaiſſera la ſeconde tranche 78 à côté du reſte 12 de la premiere opération ; on doublera le premier chiffre 6 de la racine, & l'on aura 12, qu'on poſera de maniere que le 2 ſoit ſous le premier chiffre 7 de la tranche abbaiſſée, & l'unité avancée d'une colomne vers la gauche. On cherchera enſuite, comme dans la diviſion, en 12 combien il y a de fois 1 ; on trouvera 9, qu'on poſera au quotient, & enſuite ſous le chiffre 8 de la ſeconde tranche, & l'on aura 129 pour diviſeur de 1278. On multipliera 129 par 9, & on ôtera ſon produit de 1278 comme dans la diviſion. Pour cela, on dira 9 fois 9 font 81, qui étant ôté de 88, il reſtera 7, qu'on poſera ſous le 9 du diviſeur, & on retiendra 8. Allant enſuite au ſecond chiffre 2 du diviſeur, on dira, 9 fois 2 font 18, & 8 de retenue font 26, qui étant ôté de 27, il reſte 1, qu'on poſera ſous le chiffre 2 du diviſeur, & on retiendra 1. Enfin, paſſant au troiſiéme chiffre 1 du diviſeur, on dira 9 fois 1 font 9, & 2 de retenue font 11, qui étant ôté de 12, reſte du dividende de cette opération, il reſtera 1, qu'on poſera ſous le chiffre 1 du diviſeur.

On abbaiſſera la derniere tranche 01 de la gauche, qui eſt la premiere de la droite, à côté du reſte 117 de la précédente opération ; elle fera avec ce reſte le nombre 11701. On double les deux chiffres 6 & 9 déja trouvés pour quotient ; ou ce qui eſt la même choſe, on les multipliera par 2, & on poſera leur produit de maniere que le premier chiffre ſoit ſous le chiffre de la gauche de la tranche qu'on vient d'abbaiſſer, & les autres, ſuivant leur ordre numérique, en allant vers la gauche. On dira donc, pour doubler ou multiplier 69 (partie déja trouvée de la racine) par 2 ; 2 fois 9 font 18, & on poſera 8 ſous le chiffre zero de la gauche de la derniere tranche, & on retiendra 1; ensuite 2 fois 6 font 12, & 1 de retenue font 13, & on posera 3 à la colomne qui précéde vers la gauche, le chiffre 8 qu'on vient de poser, & on avancera 1 à la colomne qui précéde cette derniere.

On cherchera après cela, en 11 combien il y a de fois 1, on trouvera 8, qu'on posera à la racine, & ensuite sous le chiffre 1 de la droite de la derniere tranche. Le diviseur de 11701 sera alors 1388. On dira ensuite (toujours comme dans la division, en multipliant tous les chiffres du diviseur par celui du quotient, & retranchant en même-temps leur produit du dividende) 8 fois 8 font 64, qui ôté de 71, il reste 7, qu'on pose sous le 8 à la colomne des unités, & l'on retient 7. On dira après cela, 8 fois 8 font encore 64, & 7 de retenues font 71, qui ôté de 80, il reste 9, qu'on pose sous le 8 à la colomne des dixaines, & l'on retient 8. On dira ensuite, 8 fois 3 font 24, & 8 de retenues font 32, qui ôté de 37, il reste 5, qu'on posera à la colomne des centaines, & on retiendra 3. Enfin, on dira 8 fois 1 font 8, & trois de retenues font 11, qui ôté du reste du dividende 11, il ne reste rien. Le reste de cette troisiéme opération se trouve donc de 597. Comme il n'y a plus de tranches à abbaisser, l'opération est achevée, & le nombre 698 qui est à la racine, est celle du plus grand quarré, contenu dans le nombre proposé 487801; je dis du plus grand quarré, parce que le reste de l'opération 597 fait voir que ce nombre n'est pas un quarré parfait; s'il l'étoit, comme celui du premier exemple, il ne resteroit rien.

*Preuve.*

```
      6 9 8
      6 9 8
    ---------
    5 5 8 4
  6 2 8 2 .
4 1 8 8 . .
Reste . . . 5 9 7
-----------------
4 8 7 8 0 1.
```

477. On fera la preuve de cette opération, comme on l'a fait pour le premier exemple, c'est-à-dire, en multipliant la racine 698 par elle-même; mais il faut ajouter à son produit le reste 597; pour retrouver le nombre proposé 487801, c'est-à-dire, celui dont on a extrait la racine.

*Remarques.*

I.

478. Il y a toujours autant de chiffres dans la racine, qu'il y a de tranches dans le nombre proposé.

II.

479. Quelque nombre de tranches que l'on ait, on ne fait qu'extraire la racine du plus grand quarré contenu dans la premiere; cette racine est le premier chiffre de la racine qu'on se propose de trouver. On trouve les autres en multipliant par 2, à chaque opération particuliere, ou chaque fois que l'on abbaisse une tranche, les chiffres déja trouvés de la racine, observant de placer toujours le premier chiffre de ce produit, sous le chiffre de la gauche de la tranche abbaissée; & les autres dans les colonnes qui le précédent vers la gauche.

## III.

480. On peut considérer comme dividende le reste de chaque tranche, après chaque opération, joint à la tranche qui suit immédiatement vers la droite, & abbaissée sur la même ligne droite que ce reste; le diviseur de ce dividende sera toujours le produit par 2 des chiffres de la racine déja trouvés; plus le chiffre que l'opération de la tranche abbaissée produira, lequel ajoute une colomne au produit précédent, & qui se trouve toujours posé sous le chiffre de la droite de la tranche abbaissée.

## IV.

481. Si le produit du chiffre posé pour racine au quotient par les chiffres qui servent de diviseur, se trouve plus grand que les chiffres qui servent de dividende, il faut alors diminuer ce chiffre d'une ou de plusieurs unités, jusqu'à ce que le produit dont il s'agit, puisse être retranché du dividende: on se sert pour cet effet du même tatonnement qui se pratique dans la division pour déterminer la grandeur du chiffre du quotient. Chaque fois que l'on diminue ou qu'on change ainsi le chiffre posé pour racine au quotient, il faut le diminuer ou le changer également dans le diviseur.

## V.

482. Si après avoir abbaissé une tranche, & doublé les chiffres du quotient pour en former le diviseur, le dividende se trouve plus petit que ce diviseur, on pose zero au quotient; on abbaisse ensuite la tranche suivante, & on double à l'ordinaire tous les chiffres de la racine pour en former

un nouveau diviſeur. On ſe conduit dans ce cas à peu près de la même maniere que dans la diviſion, lorſque les chiffres du dividende ſont de moindre valeur que ceux du diviſeur qui ſont placés deſſous.

## V I.

483. Lorſque la premiere tranche du nombre dont il faut extraire la racine quarrée, eſt un quarré parfait, & que toutes les autres tranches ne contiennent que des zeros, il faut à la racine de cette premiere tranche ajouter autant de zeros qu'il y a de tranches, & l'opération ſera achevée. Car comme il doit y avoir autant de chiffres à la racine qu'il y a de tranches dans le nombre donné *; il eſt clair que n'y ayant point de reſte dans la premiere opération, & toutes les autres tranches ne contenant que des zeros, les autres caracteres de la racine ne peuvent être non plus que des zeros.

* N. 478.

484. Si on fait attention aux deux exemples précédens & aux remarques qui les ſuivent, on pourra aiſément, en obſervant les régles qui y ſont preſcrites, extraire la racine quarrée de toutes ſortes de nombres. Pour aider encore à ſe rendre cette opération plus familiere, il faut former des quarrés en multipliant des nombres pris à volonté par eux-mêmes, & extraire enſuite la racine de ces quarrés par les Régles précédentes. Ces racines ſont connues, car elles ſont les nombres qu'on a élevés au quarré; elles peuvent par conſéquent ſervir à rectifier les fautes qui peuvent échapper aux commençans dans la pratique de cette Régle.

On joint ici quelques exemples figurés de l'extraction de la racine quarrée, pour faire connoître encore plus particuliérement l'application de ce qui a été établi dans les remarques précédentes.

L'opération de l'extraction de la racine quarrée est d'un si grand usage dans la Géométrie, qu'on ne peut trop s'appliquer à s'en rendre la pratique aisée & familiere.

*EXEMPLES d'Extractions de Racines quarrées.*

### PREMIER EXEMPLE.

```
                        Racine.    Preuve.
  7|0 0|7 8|7 4 } 2647.
  4                                  2647
  ---                                2647
  3.0 0                             ------
    4 6                             18529
  -------                          10588.
    2 4.7 8                       15882..
      5 2 4                       5294...
  -----------                 Reste. 1265
      3 8 2.7 4                   -------
        5 2 8 7                   7007874.
        -------
Dernier reste . 1 2 6 5.
```

### SECOND EXEMPLE.

```
               Racine.         Preuve.
  5 0|2 6|8 1 } 709.
  4 9                            7 0 9
  ----                           7 0 9
    1.2 6.8 1                  -------
      1 4 0 9                  6 3 8 1
  -----------              4 9 6 3 . .
      0 0 0 0              -----------
                           5 0 2 6 8 1.
```

## TROISIÉME EXEMPLE.

```
                          Racine.     Preuve.
8|56|68|00|00 { 29269.
4 | |  |  |  |  |          29269
4.56                        29269
  49                      ---------
-----                       263421
 15.68                     175614.
   582                     58538..
 -------                  263421...
    404.00                58538....
     5846                Reste. 5639
 -----------             -----------
      5324.00             856680000.
        58529
 -------------
Reste.... 5639.
```

## QUATRIÉME EXEMPLE.

```
                     Racine.     Preuve.
4|50|00|00 { 2121.
4 |  |  |  |              2 1 2 1
0.50                      2 1 2 1
  41                   -----------
-----                     2 1 2 1
 09.00                  4 2 4 2 .
   422                2 1 2 1 . .
 -------            4 2 4 2 . . .
    5600            Reste 1 3 5 9
    4241           ---------------
 ---------          4 5 0 0 0 0 0.
Reste.. 1359.
```

## CINQUIÉME EXEMPLE.

```
                       Racine.       Preuve.
1|0 0|0 0|0 0|0 0 { 1000.
1                                  1 0 0 0
—                                  1 0 0 0
0                             ————————————
                              1 0 0 0 0 0 0
                              ————————————
```

### *DÉMONSTRATION de l'Extraction de la Racine quarrée.*

485. Pour démontrer cette opération, il faut remarquer :

1°. *Que le quarré d'un nombre, exprimé par un seul chiffre, en aura au plus* 2; car le plus grand nombre exprimé par un chiffre est 9, dont le quarré est 81; qui n'a que deux chiffres 8 & 1.

2°. *Que le quarré d'un nombre, exprimé par deux chiffres, en aura au moins 3, & au plus 4*; car le plus petit nombre exprimé par deux chiffres est 10, dont le quarré est 100, & le plus grand nombre exprimé par deux chiffres est 99, dont le quarré est 9801.

3°. *Que le quarré de tout nombre, exprimé par trois chiffres, en aura au moins 5, & au plus 6*; car le plus petit nombre exprimé par trois chiffres est 100, dont le quarré est 10000, & le plus grand est 999, dont le quarré est 998001.

4°. *Que tout nombre, composé de quatre chiffres, en aura au moins 7 dans son quarré, & au plus 8.* Ce que l'on peut démontrer de même que dans les cas précédens. De-là, on peut tirer ce Théorême général.

## THÉOREME I.

486. *Qu'il y a toujours dans le quarré d'un nombre le double des chiffres de sa racine, ou le double de ces chiffres, moins un.*

D'où il suit;

487. 1°. Que lorsque le nombre des chiffres d'un quarré est pair, c'est-à-dire, qu'il peut se diviser exactement par deux, la moitié du nombre de ses chiffres donnera le nombre des chiffres de la racine; & que lorsqu'il est impair, la moitié du plus grand nombre pair qu'il contient, plus 1, sera le nombre des chiffres de la racine. Ensorte que si l'on a un quarré qui ait 8 chiffres, sa racine en aura 4. Et si l'on en a un qui ait 7 chiffres, sa racine en aura 3, plus 1, c'est-à-dire, la moitié du plus grand nombre pair 6 contenu dans 7, plus 1, ce qui fait aussi 4. Ainsi la racine d'un quarré, dont le nombre des chiffres est pair, & celle d'un autre quarré impair, dont le nombre des chiffres est seulement plus petit que celui du premier, d'un chiffre, contiendront le même nombre de chiffres.

488. 2°. Que si on partage en tranches de deux en deux chiffres un nombre quarré, en commençant par la droite, & en allant vers la gauche, soit que la derniere tranche ait un ou deux chiffres, le nombre de ces tranches exprimera toujours le nombre des chiffres de la racine de ce quarré.

Ceci bien conçu, rend raison de la premiere opération de l'extraction de la racine quarrée *; je veux dire, du partage en tranches de deux en deux chiffres du nombre proposé. Pour démontrer le reste de l'opération, il faut établir ce nouveau Théorême.

* N. 473.

## THÉOREME II.

489. *Le quarré d'un nombre, exprimé par deux parties, est égal au quarré de la premiere partie: plus au produit du double de la premiere partie par la seconde, ou à deux produits de la premiere par la seconde, & plus au quarré de cette seconde partie.*

Soit, par exemple, le nombre 24, qui est composé de 20 & de 4; je dis que son quarré 576 est composé du quarré de 20, qui est 400, plus de 2 produits de 20 par 4, qui font 160, & enfin du quarré de 4, qui est 16.

```
400
160
 16
---
576
```

On aura la preuve en additionnant ensemble ces différens produits, dont la somme 576 est égale au produit de 24 par 24. Mais on peut le démontrer encore plus clairement, par la formation même du quarré de 24.

Pour cela il faut multiplier 24 par 24, & distinguer chaque produit, comme on le voit pratiqué ci-après.

On multiplie d'abord 4 par 4, & on pose le produit 16 tel qu'il doit être posé. On a dit ensuite, 4 multiplié par le 2 des dixaines, produit 8 dixaines, qu'on pose à la colomne des dixaines. On multiplie ensuite 24 par les deux dixaines du multiplicande, & l'on a d'abord 2 fois 4, qui font 8 dixaines: on pose 8 aux dixaines, & on multiplie le 2, ou les deux dixaines du multiplicateur, par les deux dixaines du multiplicande, ce qui produit 4 centaines; on pose 4 à la colomne des centaines.

| | |
|---|---|
| | 2 4 |
| | 2 4 |
| *Quarré de 4* . . . . . . . . . . | 1 6 |
| *Premier produit de 4 par 20* . . . | 8 . |
| *Second produit de 20 par 4* . . . | 8 . |
| *Quarré de 20* . . . . . . . | 4 . . |
| *Quarré de 24* . . . . . . . | 5 7 6 |

Cela fait, il eſt facile de remarquer que la ſomme 576 de ces différens produits, c'eſt-à-dire, le quarré de 24, contient d'abord 16 qui eſt le quarré de 4, enſuite deux produits de 20 par 4; car chacun des 8 poſés à la colomne des dixaines, eſt le produit de 20 par 4. Ces deux produits, qui enſemble font 16 dixaines, ſont la même choſe que le produit du double de 20, qui eſt 40 par 4; c'eſt-à-dire, que les deux produits des deux parties de la racine. Cette même ſomme 576 contient auſſi le quarré de 20, qui eſt 400. Car c'eſt ce quarré que repréſente le 4, qui a été placé aux centaines, dans les différens produits de 24 par 4. D'où s'enſuit la démonſtration du Théorême que l'on vient d'établir; c'eſt-à-dire, *que le quarré d'un nombre conſidéré, comme compoſé de deux parties, eſt égal au quarré de la premiere partie, &c.*

Elevant au quarré de la même maniere tout autre nombre, on le trouvera toujours compoſé des mêmes produits, comme on peut encore le voir dans le produit de 305 par 305; nombre qu'on peut conſidérer compoſé de 300, & de 5. Le quarré de ce nombre contient d'abord le quarré de 5, qui eſt 25; enſuite, deux produits de 300 par 5, & le quarré de 300, qui eſt 90000. Il en ſera de même de tous les autres nombres qu'on élevera au quarré.

| | | | | | |
|---|---|---|---|---|---|
| | | | 3 | 0 | 5 |
| | | | 3 | 0 | 5 |
| *Quarré de 5* . . . . . . . . | | . | . | 2 | 5 |
| *Premier produit de 300 par 5* | | 1 | 5 | . | . |
| *Second produit de 300 par 5* . . . | | 1 | 5 | . | . |
| *Quarré de 300* . . . . . | 9 | . | . | . | . |
| | 9 | 3 | 0 | 2 | 5. |

Pl. 1. Fig. 1. Ce Théorême peut encore ſe démontrer par la Géométrie de cette maniere.

490. Soit une ligne droite quelconque AB, partagée en deux parties AC & CB, priſes à volonté, ſur laquelle ſoit conſtruit le quarré ABED.

Soit enſuite mené du point C, CF, parallèle à AD ou à BE, & ayant pris AG égale à AC, & mené GH, parallèle à AB ou DE, on aura le quarré ABED diviſé en quatre parties; ſçavoir AI, qui eſt le quarré de la premiere partie AC de AB; IE, qui eſt le quarré de la ſeconde CB, IH & FE, de même que EH étant égales à CB; & enfin DI & IB, qui ſont deux rectangles de la premiere partie AC par la ſeconde CB. Car GI & DF ſont chacunes égales à AC à cauſe des parallèles
N. 162. AD & CF*, CI & BH ſont, par la même raiſon, égales à AG, qui eſt égale à AC. GD eſt égale à BC : donc *le quarré d'une ligne ou d'une quantité quelconque, diviſée en deux parties, contient le quarré de la premiere partie ; deux produits de la premiere par la ſeconde ; plus le quarré de cette derniere partie.* CQFD.

491. Préſentement il faut remarquer que le quarré de 24, 576, étant partagé en tranches; ſçavoir, la premiere à gauche de deux chiffres, &

& l'autre d'un chiffre ; le quarré de la premiere partie 2 de la racine eſt dans la premiere tranche de la gauche, avec un reſte, & que les deux produits des deux parties de la racine 20 & 4, plus le quarré de 4 ſont contenus dans le reſte de la premiere tranche 5, joint à la ſeconde, ou à celle de la droite. Or, ſi l'on fait attention à la méthode dont on s'eſt ſervi pour l'extraction de la racine quarrée du nombre 576 *, on verra qu'on a décompoſé ce quarré, ſuivant l'ordre de ſa compoſition ou formation.

* N. 471.

Car après l'avoir partagé par tranches, on a pris la racine 2 du plus grand quarré 4, contenu dans la tranche 5 de la gauche, & on a retranché ce quarré de cette tranche. On a doublé enſuite le premier chiffre 2 de la racine ; on l'a poſé ſous le premier chiffre de la gauche de la tranche abbaiſſée ; parce que, comme il doit y avoir un ſecond chiffre à la racine, le premier occupe la colomne des dixaines. En le doublant, on a donc des dixaines qu'il faut poſer par conſéquent ſous les dixaines du dividende. On a cherché par la diviſion le ſecond chiffre 4, ou la ſeconde partie de cette racine ; on a multiplié par cette ſeconde partie, le double 4 de la premiere 2, ou 20, ce qui a donné les deux produits des deux parties de la racine ; on a retranché ces deux produits du reſte de la premiere tranche, joint à la ſeconde ; on a auſſi retranché de cette même quantité, le quarré 16 de la ſeconde partie 4, puiſqu'on a poſé 4 ſous le dernier chiffre de la tranche de la gauche, & qu'on a regardé comme un ſeul diviſeur le double du premier chiffre de la racine, plus le ſecond chiffre 4. D'où il ſuit, que le nombre 24, trouvé par la méthode preſcrite, eſt la racine quarrée du propoſé 576.

## REMARQUE.

492. Le même raisonnement qu'on vient de faire, peut s'appliquer à tout autre nombre que 576, composé d'un plus grand nombre de tranches.

Supposant qu'il y ait trois tranches dans un nombre proposé, on extrait d'abord la racine du plus grand quarré contenu dans la premiere tranche à gauche, on double le premier chiffre trouvé de la racine, & on cherche par son moyen le second chiffre, ou la seconde partie de la racine : Par cette seconde partie, on multiplie le double du premier chiffre, plus le second chiffre, & ces produits étant retranchés de la seconde tranche & du reste de la premiere, on a, suivant ce qu'on vient de prouver, la racine du plus grand quarré contenu dans les deux premieres tranches du nombre proposé. Or, si on considere ensuite cette racine composée de deux chiffres, comme celle de la premiere partie du nombre donné, on trouvera dans cette supposition la seconde partie ou le troisiéme chiffre de la racine de la même maniere qu'on a trouvé le second. On trouveroit de même le quatriéme & le cinquiéme, &c. s'il y avoit plus de trois tranches. Donc l'opération prescrite fait trouver la racine quarrée de tout nombre proposé, lorsqu'il est quarré, ou celle du plus grand quarré contenu dans ce nombre, lorsqu'il n'est pas un quarré exact, c'est-à-dire, lorsqu'il y a un reste dans l'opération.

On peut encore démontrer l'opération prescrite pour extraire la racine quarrée d'un nombre qui a trois tranches, par ce Théorême.

## THÉOREME III.

493. *Que le quarré d'un nombre, dont la racine a trois chiffres ou trois parties, est égal au quarré de la premiere partie, plus à deux produits de la premiere par la seconde, & au quarré de cette seconde ; plus à deux produits des deux premieres parties de la racine par la troisiéme, & plus enfin au quarré de cette troisiéme partie.*

On démontre ce Théorême par la formation d'un quarré dont la racine a trois chiffres.

Soit, par exemple, 543 à élever au quarré.

On fera autant de produits particuliers, qu'il y a de chiffres à multiplier ensemble, ainsi qu'on l'a expliqué N. 489, & qu'on le voit dans l'exemple figuré.

On aura alors au dernier rang du bas de l'opération 25.... ou 250000, qui est le quarré de la premiere partie 500. On trouve au-dessus le produit 20... ou 20000, qui est le produit de 500 par 40, c'est-à-dire, de la premiere partie par la seconde. Ensuite en remontant on a 15.. ou 1500, qui est le produit de la premiere partie 500, par la troisiéme 3. Puis au-dessus le produit 20... ou 20000, qui est encore un produit de la premiere partie 500, par la seconde 40. Ensuite se trouve 16.. ou 1600, qui est le quarré de la seconde partie 40. On trouve après 12. ou 120, qui est un produit de la seconde partie 40, par la troisiéme 3. Au-dessus, un autre produit de la premiere partie 500, par la troisiéme 3. Puis un produit de 40 par 3, & enfin le quarré de 3.

| | 5 | 4 | 3 |
|---|---|---|---|
| | 5 | 4 | 3 |
| *Quarré de la troisiéme partie* 3 . . . . . . . . . . . | . . | . . | . 9 |
| C. *Premier produit de la seconde* 40, *par la troisiéme* 3. | . . | . 1 | 2 . |
| B. *Premier produit de la premiere partie* 500, *par la* 3*me* 3. | . . | 1 5 | . . |
| C. *Second produit de la seconde* 40, *par la troisiéme* 3. . | . . | . 1 | 2 . |
| *Quarré de la seconde partie* 40 . . . . . . . . . . . | . . | 1 6 | . . |
| A. *Premier produit de la premiere* 500, *par la seconde* 40. | . 2 | 0 . | . . |
| B. *Second produit de la premiere* 500, *par la troisiéme* 3. | . . | 1 5 | . . |
| A. *Second produit de la premiere* 500, *par la seconde* 40. | . 2 | 0 . | . . |
| *Quarré de la premiere partie* 500 . . . . . . . . . . . | 2 5 | . . | . . |
| *Quarré de* 543 . . . . . . . . . . . . . . . . . . . . | 2 9 | 4 8 | 4 9 |

Si on obſerve tous ces produits particuliers, & qu'on marque d'une même lettre ceux qui ſont formés des mêmes parties de la racine, ainſi qu'on l'a fait dans l'exemple figuré, on verra alors évidemment, que le quarré total de 543, c'eſt-à-dire 294849, eſt composé du quarré de 500, premiere partie de la racine; de deux produits A & A de la premiere partie 500, par la ſeconde 40; du quarré 1600 de cette ſeconde partie. Plus des deux produits B, B & C, C, des deux premieres parties de la racine 500 & 40, par la troiſiéme 3, & enfin du quarré 9 de cette troiſiéme partie; ce qui donne la démonſtration du Théorême proposé.

### *Corollaire.*

494. Si on additionne enſemble tous ces différens produits dans l'ordre qui leur convient par rapport à leur valeur, & ſi l'on partage le quarré 294849 en tranches à l'ordinaire de deux en deux chiffres, on verra:

495. 1°. Que la premiere tranche à gauche

29 (qui vaut 290000) contient le quarré 25 ou 250000 de la premiere partie 500.

496. 2°. Que l'excès de cette tranche, sur le quarré de la premiere partie, joint à la tranche suivante, contient deux produits 20000 de la premiere partie de la racine par la seconde, plus le quarré de cette seconde partie.

497. Et 3°. que le surplus de cette seconde tranche, joint à la troisiéme, contient deux produits des deux premieres parties de la racine par la troisiéme, & plus le quarré de cette troisiéme.

D'où il suit,

498. Qu'après avoir trouvé les deux premieres parties de la racine, contenues dans les deux premieres tranches du quarré, il faut les doubler pour avoir un diviseur qui serve à trouver la troisiéme; car le double de ces deux parties multiplié par la troisiéme, donne évidemment les deux produits de chacune de ces parties par la troisiéme. Donc, en retranchant du reste de la seconde tranche, joint à la troisiéme, le produit du double des deux premieres parties par cette troisiéme, de même que son quarré, on retranche de ce reste, les derniers produits qui lui restent des premieres parties par la troisiéme, & le quarré de cette troisiéme. Donc l'opération prescrite pour l'extraction de la racine quarrée fait trouver les trois parties de cette racine, lorsque le quarré a trois tranches. c. q. f. d.

499. On démontrera par la même méthode, que si un nombre proposé pour en extraire la racine quarrée a quatre tranches, c'est-à-dire, que si sa racine a quatre chiffres *, le reste de la troisiéme tranche, joint à la quatriéme, contiendra encore deux produits des trois premieres parties par la

* N. 488.

quatriéme, plus le quarré de cette quatriéme. Que s'il a cinq tranches, le reste de la quatriéme tranche, joint à la cinquiéme, contiendra deux produits des quatre premieres parties de la racine par la cinquiéme, & plus le quarré de cette cinquiéme. Et ainsi de suite des autres nombres qui auront plus de cinq tranches.

*Moyens d'approcher autant qu'on le voudra des racines quarrées des nombres qui ne sont pas des quarrés parfaits.*

### *RÉGLE GÉNÉRALE.*

500. Il faut ajouter au nombre proposé autant de zeros en nombre pair qu'on le voudra, négliger ce qui restera après l'extraction de la racine, & diviser cette racine par l'unité, suivie de la moitié du nombre des zeros qu'on aura ajoutés au dividende de la racine.

Par exemple, si on a ajouté quatre zeros, on divisera la racine par 100, c'est-à-dire, par l'unité, suivie de deux zeros. Si on en a ajouté six, on divisera la racine par 1000, & ainsi de suite.

*Application de cette Régle à un exemple.*

501. Soit le nombre 45, dont il faut extraire la racine quarrée. Cette racine est plus grande que 6; car 6 fois 6 font 36, nombre qui est plus petit que 45. Et elle est moindre que 7, parce que 7 fois 7 font 49, nombre plus grand que 45. Ainsi la racine du nombre 45 est nécessairement entre 6 & 7. Pour en approcher, j'ajoute au nombre 45, quatre zeros, ce qui donne le nombre 450000, dont j'extrais la racine quarrée à l'ordinaire, & je trouve pour la racine de ce nombre 670; qui étant

divisé par 100, donne six entiers, plus la fraction $\frac{70}{100}$, & cette racine ne differe pas de la vraie, d'un centiéme. Car si au lieu du zero qui occupe la premiere colomne de la droite de la racine, on avoit posé 1, on auroit eu le diviseur 1341, plus grand que le dividende 1100, & par conséquent on auroit pû l'en retrancher.

Si au lieu de quatre zeros, on en avoit ajouté six, on auroit eu un nombre qui n'auroit pas différé de la vraie racine de la milliéme partie de l'unité, & de la dix milliéme, si on lui en avoit ajouté 8, &c.

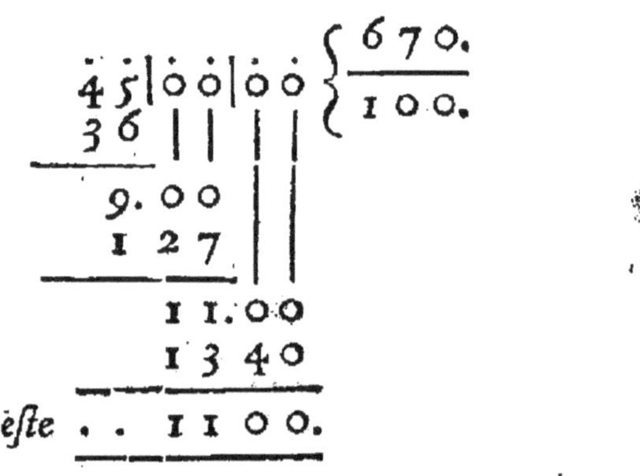

*Démonstration de la méthode d'approximation des Racines quarrées.*

502. Cette démonstration consiste à faire remarquer, *que si on multiplie le quarré d'un nombre par le quarré d'un autre, la racine du premier sera multipliée par celle du second.*

Soit, par exemple, le nombre quarré 36; je dis que si on le multiplie par 100, autre nombre quarré, sa racine, qui est 6, sera multipliée par celle de 100, qui est 10.

Car le quarré 36 est le produit de 6 par 6, & le quarré 100, celui de 10 par 10; mais si on multiplie 36 par 100, il eſt évident que c'eſt la même choſe que de multiplier enſemble 6, 6, 10 & 10, ou 6, par 10 par 6, & par 10, où 60 par 60. Donc dans le produit de 36 par 100, la racine 6 du premier quarré eſt multiplié par celle du ſecond qui eſt 10.

Préſentement ſi l'on fait attention qu'en ajoutant deux zeros à un nombre, on le multiplie par 100*, & par 10000 ſi on lui en ajoute 4, &c. on verra qu'ayant ajouté quatre zeros au nombre 45, on a multiplié ſa racine par 100; donc on l'a rendue cent fois plus grande: donc pour en avoir la juſte valeur, il faut la diviſer par 100.

Arithm. & 53.

Cette démonſtration peut s'appliquer également à toutes les autres quantités de zeros, qu'on ajoutera en nombre pair aux nombres dont on voudra avoir une racine qui differe peu de la vraie.

## *Remarque.*

503. On obſervera ici *que lorſqu'un nombre entier n'a pas pour ſa racine un autre nombre auſſi entier, il n'a pas non plus pour ſa racine une fraction*, c'eſt-à-dire, qu'aucune fraction multipliée par elle-même, ne produira ce même nombre entier. On ne démontrera point ici cette vérité, parce qu'elle dépend de pluſieurs propoſitions préliminaires, dont on n'a pas encore parlé; mais on peut en donner une preuve de fait. C'eſt que ſi l'on prend un nombre quelconque, comme 45, qui n'eſt pas un nombre quarré, & dont la racine eſt entre 6 & 7; plus on ajoutera de zeros à 45, & plus on aura un nombre pour racine qui approchera de la vraie, mais qui ne le ſera jamais exactement, attendu qu'il y aura toujours un reſte dans la derniere opération. Ce qui fait voir que la racine multipliée

par elle-même, ne fera jamais le nombre donné, augmenté des zeros qu'on lui a ajoutés, puisqu'il s'en faudra le reste de la derniere opération : donc la racine trouvée ne fera pas la racine exacte de ce nombre. On en donnera une démonstration plus exacte à la fin du Livre suivant.

### *De l'Extraction des Racines quarrées des fractions.*

504. Pour extraire la racine quarrée d'une fraction, il faut la réduire à ses moindres termes, & extraire ensuite la racine quarrée de l'un & de l'autre; ce qui donnera une nouvelle fraction, qui sera la racine de la proposée.

Par exemple, pour tirer la racine quarrée de $\frac{12}{27}$, je la réduis d'abord à ses moindres termes $\frac{4}{9}$, & tirant la racine quarrée du numérateur & du dénominateur, j'ai la nouvelle fraction $\frac{2}{3}$, qui est la racine de la proposée $\frac{12}{27}$ ou $\frac{4}{9}$. La preuve s'en fait comme dans les nombres entiers, c'est-à-dire, en multipliant la racine par elle-même.

S'il falloit extraire la racine quarrée d'un nombre entier, accompagné de fraction, comme de $6\frac{1}{4}$, il faudroit réduire l'entier en fraction en le multipliant par 4, & l'on auroit $\frac{24}{4}$ égale à 6, & ajoutant $\frac{1}{4}$ à $\frac{24}{4}$ on auroit $\frac{25}{4}$ égale au nombre proposé; donc la racine est $\frac{5}{2}$.

505. Si le numérateur & le dénominateur de la fraction proposée ne sont pas des quarrés parfaits (la fraction étant réduite à ses moindres termes) il faut trouver la racine approchée de chacun de ses termes, comme on vient de l'enseigner *, & l'on aura une fraction qui approchera de la vraie racine autant qu'on le voudra. * N. 50

### *Usages de la racine quarrée pour la formation des Bataillons quarrés.*

506. Outre les usages de la racine quarrée dans la Géométrie, elle sert aussi à la formation des Bataillons quarrés ; c'est ce qu'on va expliquer en peu de mots.

507. On sçait 1°. qu'un *Bataillon* est un Corps de troupes, servant ou combattant à pied.

508. 2°. Que tout Corps de troupes rangé pour combattre ou pour l'exercice militaire, est composé de *rangs* & de *files*

509. Que le *rang* est une suite de Soldats rangés à côté les uns des autres sur la même ligne droite, & faisant face vers le même côté.

510. Que les *files* sont plusieurs Soldats placés les uns derriere les autres, aussi sur la même ligne droite, de maniere que chaque file soit perpendiculaire au rang où elle commence, & à celui où elle se termine.

511. Cela posé, un Bataillon quarré est celui dont le nombre d'hommes de chaque rang est égal à celui de chaque file. Ainsi s'il y a huit hommes dans un rang, il y en aura un pareil nombre dans la file. Comme toutes les files dans l'arrangement ordinaire des troupes sont perpendiculaires aux rangs, il est évident que, lorsque les rangs sont égaux aux files, le Bataillon est alors un quarré d'hommes.

512. D'où il suit que, lorsqu'un nombre d'hommes est donné pour en faire un Bataillon quarré, il ne faut qu'en extraire la racine quarrée, & que cette racine est le nombre d'hommes de chaque côté du Bataillon.

513. Soit donc le nombre donné de 1200 hommes, dont on veut faire un Bataillon quarré. Il

faut extraire la racine quarrée de 1200, laquelle sera trouvée de 34, avec le reste 44. Otant donc de 1200, 44, il restera 1156 hommes pour former le Bataillon quarré, dont chaque côté sera de 34 hommes. A l'égard des 44 hommes restans, on peut les employer ailleurs, ou les placer dans les environs du Bataillon.

| | *Racine.* | *Preuve.* |
|---|---|---|
| 12\|00 | 34. | 34 |
| 9 | | 34 |
| 3.00 | | 136 |
| 64 | | 102. |
| *Reste* . 44 | | *Reste*. 44 |
| | | 1200 h. |

514. Un pareil Bataillon est appellé à *centre plein* *; ceux de cette espéce étoient les seuls en usage avant le dernier siécle; mais depuis on les a fait plus communément à *centre vuide*. On prétend que le Prince de *Nassau* a été un des premiers qui s'en soit servi.

515. Le Bataillon quarré à centre vuide, n'a pas plus de difficulté dans sa formation, que celui à centre plein. Un exemple suffira pour en donner une idée.

516. Soit un nombre d'hommes quelconque, comme 1200, dont on veut faire un Bataillon quar-

* Cette sorte de Bataillon est peu d'usage dans la *tactique* ou l'arrangement actuel des troupes. M. le Chevalier *de Folard* est presque le seul des Militaires qui en pense avantageusement. Il paroît assez généralement méprisé des autres. 1°. Parce que le feu de l'ennemi, principalement celui du canon, y peut faire un très-grand désordre. Et 2°. Parce que les Soldats du centre du Bataillon ne peuvent se servir que très-difficilement de leur feu.

ré à centre vuide, & de maniere que le côté du quarré vuide ait, par exemple, douze hommes.

517. Il faut retrancher deux unités du nombre 12, parce que le côté du quarré vuide, s'il étoit rempli d'hommes, en contiendroit deux de moins que le dernier rang intérieur de la partie du quarré qui est remplie. Otant donc 2 de 12, il reste 10, qu'il faut quarrer, & l'on aura 100, que l'on ajoutera au nombre donné 1200. Ces deux nombres ajoutés ensemble donneront 1300, dont on extraira la racine quarrée, qu'on trouvera être 36. Il restera quatre hommes qu'on pourra placer dans le centre du Bataillon.

| | Racine. |
|---|---|
| 13\|00 | 36 |
| 9 | |
| 4.00 | |
| 66 | |
| *Reste*. . . 4. | |

518. Présentement pour former le Bataillon, je considére que s'il étoit plein, & qu'il fût de 1300 hommes, toutes les files & tous les rangs seroient de 36 hommes : mais il doit y avoir un vuide dans le milieu du Bataillon de 10 hommes; donc dans cet endroit les files n'auront que 26 hommes, c'est-à-dire, 36 moins 10. Mais ces 10 hommes doivent diminuer également les *demi-files* * du milieu; elles n'auront donc chacune que 13 hommes. D'où il suit que dans cet exemple il n'y aura dans le Bataillon que 13 rangs de 36 hommes, à commencer de la tête & de la queue du Bataillon, & de la droite à la gauche. Arrangeant ainsi le Bataillon, il restera

* C'est ainsi qu'on appelle la moitié d'une file.

le vuide demandé ; & alors chaque côté du quarré intérieur sera de 12 hommes, c'est-à-dire, de deux hommes de plus à chaque côté, que le côté 10 n'en a.

519. Pour la preuve, il suffit de considérer qu'ayant ajouté au nombre proposé le nombre d'hommes qu'occuperoit l'espace qu'on veut laisser vuide dans le Bataillon, on peut alors regarder le nombre proposé, augmenté de ce dernier, comme le nombre d'hommes dont il faut extraire la racine quarrée ; laquelle racine donnera le nombre des hommes, des rangs & des files d'un tel quarré : or, retranchant vers le milieu le nombre qu'on a ajouté à chaque file, il restera pour le Bataillon, disposé en quarré, le nombre d'hommes qui avoit été d'abord proposé. Ce qui est évident.

520. On peut par cette même méthode, lorsqu'un nombre d'hommes est donné, en former un Bataillon quarré qui paroisse d'un bien plus grand nombre d'hommes. Car si l'on a, par exemple, 1200 hommes dont on veuille former un Bataillon quarré qui paroisse de 3000, on extraira la racine quarrée de ce dernier nombre, laquelle sera trouvée de 54 avec un reste 84 qu'on peut négliger. Ce nombre seroit celui des hommes de chaque rang & de chaque file d'un Bataillon quarré à centre plein de 3000. Mais comme on a ajouté 1800 hommes au nombre donné 1200, il faut retrancher du dedans de l'intérieur du Bataillon l'espace qu'occuperoient ces 1800 hommes. Pour cela, il faut extraire la racine quarrée de 1800, laquelle est 42. C'est le nombre d'hommes qu'il faut retrancher des files du milieu du Bataillon plein. Ces files sont de 54, desquelles ôtant 42, il reste 12, dont la moitié 6 est le nombre des rangs de la tête & de

la queue du Bataillon, de même que de ceux de la droite & de la gauche. Ainsi par cette formation, les 1200 hommes donnés, occuperont l'espace d'un Bataillon à centre plein de 3000, & ils seront rangés sur 6 de hauteur ou de file, sur chaque côté du Bataillon.

*REMARQUE.*

521. Comme on n'a pas dessein de traiter dans cet ouvrage, de la formation des troupes, on ne parlera pas de la maniere de changer le Bataillon ordinaire, ou en rectangle, en Bataillon quarré, sans le rompre. On renvoye pour ce mouvement au *Traité de l'Art de la Guerre*, par feu M. le Maréchal de *Puysegur*, & aux *Elémens de Tactique*, dans lesquels on a donné le détail des évolutions de l'Infanterie & de la Cavalerie. On observera seulement ici que la science des évolutions est absolument utile à tous les Officiers, & qu'elle peut s'acquérir très-facilement à l'aide d'un peu de Géométrie.

---

## II.

## *De l'Extraction de la Racine cube.*

522. LE *cube* d'un nombre est le produit du quarré de ce nombre par lui-même; ou, ce qui est la même chose, par la racine de son quarré. Ainsi le cube de 8 est le produit du quarré de 8, qui est 64 par le nombre 8, lequel produit est 512.

523. On appelle *racine cube* ou *cubique* le nombre qui a servi à former le cube: ainsi dans l'exemple qu'on vient de donner, 8 est la racine cube de 512.

524. Il suit de-là, que la formation du cube ou d'un nombre cubique est aisée, puisqu'il ne s'agit que d'une multiplication réïtérée. Mais lorsqu'un nombre est donné comme nombre cubique, & qu'il faut en chercher la racine, c'est-à-dire, un nombre dont le quarré multiplié par sa racine fasse ce nombre, il y a beaucoup plus de difficultés.

525. On procédera dans cette opération comme dans celle de l'extraction de la racine quarrée, c'est-à-dire, qu'on donnera d'abord la pratique de l'opération, ensuite de quoi on en démontrera les principes.

526. Avant que de commencer l'extraction de la racine cube, il faut sçavoir par cœur le cube des neuf premiers chiffres, 1, 2, 3, 4, 5, 6, 7, 8 & 9. Pour qu'on puisse les apprendre plus aisément, on les met ici sous leur racine.

| *Racines.* | 1 | 2 | 3 | 4 | 5 | 6 | 7 | 8 | 9 |
|---|---|---|---|---|---|---|---|---|---|
| *Cubes.* | 1 | 8 | 27 | 64 | 125 | 216 | 343 | 512 | 729 |

Supposant à présent qu'il faille extraire la racine cube d'un nombre quelconque, comme 277167808.

527. 1°. On le partagera d'abord en tranches de trois en trois chiffres, en commençant par la droite & allant vers la gauche. La derniere à gauche en contiendra 1 ou 2, ou 3, suivant le nombre des chiffres du nombre donné : dans cet exemple, cette derniere tranche a trois chiffres on tirera ensuite un petit arc vers la droite du nombre donné, pour séparer les chiffres du quotient ou de la racine des chiffres du nombre proposé.

528. 2°. On observera que la racine a toujours autant de chiffres qu'il a de tranches dans le nombre proposé.

```
             277|167|808 {652.          6
             216                        6
                                       --
Premier reste 61.167                   36
              108..                     3
                5..                   108
             ------                   ---
              540..                     5
               450.                     5
                125                    --
  2          -----                     25
  2          58625                     18
 --                                   ---
  4                                   200
  3                                   25.
 --                                   ---
 12  Second reste 2542.808            450
 65               12675..              65
 --                   2                65
 60                                   ---
 72.              25350..             325
---                 780.              390.
780                   8               ----
                  -------             4225
                  2542808                3
                  -------            -----
                  0000000            12675.
```

529. 3°. Pour trouver le premier chiffre de la racine, on prend la racine du plus grand cube, contenu dans la premiere tranche à gauche, c'est-à-dire, dans cet exemple du nombre 277. Le plus grand cube contenu dans ce nombre est 216, dont la racine est 6, qu'on pose au quotient; le cube 216 se pose sous les trois chiffres de cette premiere tranche; on le soustrait ensuite des chiffres de cette tranche, & on écrit dessous le reste 61, comme on le voit dans l'exemple.

530. 4°. On abbaisse la seconde tranche 167 à côté du reste 61; ce qui donne le nombre 61, 167. Ensuite

Ensuite, pour trouver le second chiffre de la racine, on quarre le premier 6 ; ce qui donne 36, qu'on multiplie par trois, & l'on a 108, qui servira de diviseur au nombre 61, 167, c'est-à-dire, au reste de la premiere tranche, jointe avec la seconde.

531. On posera le diviseur 108 sous 61, 167. de maniere que le chiffre 8 des unités soit placé sous le chiffre 1 des centaines de la seconde tranche, ou dans la troisiéme colomne du dividende 61, 167, & les autres sous les chiffres du premier reste, suivant leur ordre numérique, en allant vers la gauche.

532. Cela fait, on cherchera combien le dividende 61, 167 contient le diviseur 108 : mais il faut observer qu'*il doit contenir non-seulement le produit du second chiffre de la racine par* 108, *mais encore le quarré de ce second chiffre multiplié par le triple du premier, & plus le cube du même second chiffre*. Je suppose 5, c'est-à-dire, que comme dans la division ordinaire, je dis ; en 6 combien de fois 1, & que j'écris 5 au quotient.

Pour m'assurer que ce chiffre est celui que je cherche, ou qu'il est le second de la racine, je multiplie d'abord 108 par 5, ce qui donne 540 pour produit ; ensuite son quarré 25 par le triple du nombre 6, premier chiffre de la racine, c'est-à-dire, par 18, ce qui me donne le produit 450, que je pose sous le premier produit 540, en l'avançant d'une colomne vers la gauche, de maniere que le premier chiffre zero soit dans la colomne des dixaines du dividende 61, 167. Je pose aussi le cube de 5, qui est 125 sous le second produit 450, mais de façon que le chiffre 5 des unités de ce cube soit dans la colomne des unités du dividende, & les autres dans les autres colomnes, en allant vers la gauche, & ſuivant leur ordre numérique.

Il faut après cela additionner les trois produits 540, 450, & 125, obſervant que le premier 540 vaut 54000 dans les colonnes où il eſt poſé; que le ſecond 450 vaut 4500, & le dernier ſeulement 125, parce qu'il occupe les trois dernieres colonnes du dividende 61, 167. L'addition de ces produits donne 58625, moindre que le dividende 61, 167; ainſi il peut en être ſouſtrait. Faiſant la ſouſtraction, c'eſt-à-dire, ôtant du dividende 61, 167, le nombre 58625, on a le reſte 2542.

533. Cette opération fait voir que le ſecond chiffre de la racine eſt 5. Car ſi on avoit ſuppoſé qu'il eût été 6, en formant avec 6 les différens produits qu'on vient de faire avec 5 & de la même maniere, la ſomme de ces produits auroit été plus grande que le dividende 61, 167; ainſi ils n'auroient pû en être retranchés, ce qui auroit fait voir que 6 étoit trop grand.

534. Pour trouver le troiſiéme chiffre de la racine ou celui des unités, on abbaiſſera la troiſiéme tranche 808 à côté du dernier reſte 2542, & l'on aura 2542, 808 pour le nombre ſur lequel il reſte à opérer.

On quarre à part le nombre 65, valeur des deux premieres parties de la racine, on multiplie leur quarré 4225 par 3, & on poſe le produit 12675 ſous le dividende, en l'avançant de deux colonnes vers la gauche, enſorte que le chiffre 5 des unités de ce produit ſoit ſous le chiffre 8 des centaines du dividende, & les autres en allant vers la gauche, ſuivant leur ordre numérique.

On cherche enſuite combien le chiffre 2, le

plus élevé du dividende, ou le premier de la gauche, contient le premier 1 de la gauche du diviseur. On suppose, dans cet exemple, qu'il le contient deux fois, ou que 2 est le troisiéme chiffre de la racine. On posera donc deux à la racine, & encore sous le chiffre 5, qui est le premier de la droite du diviseur. On multipliera le diviseur par 2, & l'on aura le produit 25350. Il faut ensuite quarrer le chiffre 2, multiplier son quarré 4 par 3, & le produit 12 par la valeur des deux premiers chiffres de la racine, c'est-à dire, par 65; ce qui donnera le produit 780, qu'on posera sous le précédent, en l'avançant seulement d'une colomne vers la gauche, c'est-à-dire, ensorte que le premier chiffre zero de ce produit soit dans la colomne des dixaines du dividende, & les autres suivant leur ordre numérique en allant vers la gauche. On prendra après cela le cube du dernier chiffre 2, qui est 8, & on le posera à la colomne des unités du dividende. Cela fait, on additionnera les trois produits 25350, 780, & 8, observant que le premier vaut, suivant les colomnes qu'il occupe, 2535000, & le second 7800 : on aura pour la somme de ces trois produits 2542808 qui se trouve égale au dividende. Ainsi retranchant ces produits du dividende, il ne restera rien ; & parce qu'il n'y a plus de tranche à abbaisser, l'opération est achevée ; comme elle se fait sans reste, il s'ensuit que le nombre proposé 277167808 est un cube parfait, dont la racine est 652.

535. On en fera la preuve en cubant la racine 652, c'est-à-dire, en l'élevant d'abord au quarré, & en multipliant son quarré par sa racine, comme on le voit ci-après.

```
                      6 5 2
                      6 5 2
                  ---------
                    1 3 0 4
                  3 2 6 0 .
                3 9 1 2 . .
                -----------
Quarré de 652.... 4 2 5 1 0 4
                        6 5 2
              ---------------
                  8 5 0 2 0 8
                2 1 2 5 5 2 0 .
              2 5 5 0 6 2 4 . .
              -----------------
Preuve....    2 7 7 1 6 7 8 0 8.
```

## REMARQUES.

### I.

536. Si l'on avoit plus de trois tranches dans un nombre proposé pour en extraire la racine cube, on opéreroit sur la quatriéme & la cinquiéme, &c. tranche, de la même maniere qu'on l'a fait sur la seconde & sur la troisiéme dans l'exemple qu'on vient de donner.

### II.

537. Il y a un tâtonnement à faire pour trouver le second, le troisiéme, & les autres chiffres de la racine cube, comme il y en a dans l'extraction de la racine quarrée pour trouver les deuxiémes & troisiémes chiffres; celui de la racine cube est un peu plus difficile à cause de la somme de trois produits qu'il faut toujours retrancher du dividende; mais le grand usage de l'opération donne lieu de connoître assez facilement les chiffres que l'on cherche

Pour ſe conduire avec méthode dans le tâtonnement dont il s'agit, on peut d'abord ſuppoſer que le premier chiffre du dividende contient le premier du premier diviſeur (qui eſt le triple du quarré des chiffres trouvés) autant de fois qu'il eſt poſſible, & multiplier enſuite à part le premier diviſeur par le chiffre qu'on ſuppoſe être le chiffre de la racine qu'on cherche. Poſer le produit ſous le dividende, en l'avançant de deux colomnes vers la gauche, quarrer enſuite ce chiffre, multiplier ſon quarré par trois, & enſuite par les premiers chiffres de la racine, & poſer ce dernier produit ſous le premier, en l'avançant d'une unité vers la gauche; enfin, ajoutant à ces deux produits le cube du chiffre qu'on a ſuppoſé être le chiffre cherché de la racine, & additionnant les deux produits dont on vient de parler avec ce cube, ſi leur ſomme n'eſt pas plus grande que le dividende, ce chiffre eſt celui qu'on cherche; ſi elle eſt plus grande, il faut le diminuer d'une unité, & réformer les produits qui doivent être retranchés du dividende de la même maniere, & continuer ainſi à le diminuer, jusqu'à ce que ces produits ne ſoient pas plus grands que le dividende.

## III.

538. Il doit toujours y avoir autant de chiffres dans la racine, qu'il y a de tranches dans le nombre donné; c'eſt pourquoi, ſi après avoir mis 1 ou l'unité pour un chiffre de la racine, les différens produits de ce chiffre par ceux qui ſont déja trouvés, leſquels doivent être retranchés du dividende, ſe trouvoient plus grands que le dividende, il faudroit alors mettre zero à la racine à la place de l'unité, abbaiſſer la tranche ſuivante, & continuer l'opération à l'ordinaire, comme on vient de le preſcrire.

## IV.

539. Ce qui reste à chaque opération, ajouté avec la tranche qu'on a abbaissée à côté, se considére toujours comme un nombre séparé des autres tranches, de maniere que le premier chiffre de la droite de chaque tranche que l'on abbaisse, se regarde comme placé à la colomne des unités du dividende.

## V.

540. On avance toujours de deux colomnes vers la gauche le produit du quarré des chiffres de la racine déja trouvés multiplié par 3, que l'on pose pour diviseur sous le dividende de chaque opération; parce que ces chiffres devant être précédés à droite du chiffre que doit produire la derniere tranche abbaissée, ils valent dix fois plus que le nombre qu'ils expriment; le premier étant censé occuper la colomne des dixiémes, & les autres, les autres colomnes supérieures. Ainsi en les quarrant, il faut avoir égard au zero que l'on néglige, qui produiroit deux colomnes de plus dans le quarré : il faut donc en conséquence laisser vuide la place de ces deux zeros, lorsque l'on pose sous le dividende le produit du quarré de ces chiffres, multiplié par 3, pour servir de diviseur, ou bien remplir la place de ces zeros par des points, comme on l'a fait dans l'exemple précédent. C'est par cette même raison que le triple du quarré du chiffre que produit au quotient la derniere tranche abbaissée, multiplié par le premier ou par les autres chiffres de la racine déja trouvés; que ce produit, dis-je, se pose sous le précédent, ensorte que son premier chiffre de la droite se trouve dans la colomne des dixaines du dividende; car les chiffres déja trouvés devant être précédés à droite d'un

autre chiffre ou du zero, doivent augmenter d'une colomne le nombre qu'ils multiplient ; & cette colomne qui répond à celle des unités du dividende, est marquée par un point dans l'exemple précédent.

## VI.

541. Lorsque le nombre proposé pour en extraire la racine cube, n'est pas un cube parfait, il y a un reste à la derniere opération, & alors ayant élevé la racine trouvée au cube, il faut avant que de faire l'addition des différens produits qui forment ce cube, leur ajouter ce reste, pour trouver le nombre proposé, c'est-à-dire, pour avoir la preuve de l'opération.

### DÉMONSTRATION *de l'Extraction de la Racine cube.*

542. Pour démontrer cette opération, & sçavoir d'abord ce qui donne lieu de partager le nombre dont on veut extraire la racine cube en tranches de trois en trois chiffres, il faut :

543. 1°. Remarquer *que tout nombre exprimé par un chiffre, en aura au moins un, & au plus trois dans son cube ; que tout nombre exprimé par deux chiffres en aura au moins quatre, & au plus six ; que tout nombre exprimé par trois chiffres en aura au moins sept, & au plus neuf*, &c. C'est ce qu'on peut démontrer en se servant de la même méthode qu'on a employé pour l'extraction de la racine quarrée *. * N. 48

Ce qui fait voir qu'en partageant un nombre donné, en tranches de trois en trois chiffres, en allant de droite à gauche, le nombre de ces tranches donne celui des chiffres de la racine qu'on cherche, soit qu'il y ait un, ou deux, ou trois chiffres dans la premiere tranche de la gauche.

544. 2°. Que le cube de tout nombre considéré comme composé de deux parties, *est égal au cube de sa premiere partie ; plus à trois quarrés de cette premiere partie, multipliés par la seconde ; plus à trois quarrés de la seconde, multipliés par la premiere ; & enfin, plus au cube de cette seconde partie.*

Ainsi, pour avoir le cube de 10, que je puis considérer comme composé de 9 & de 1, il faut faire voir qu'il est composé du cube de 9, qui est 729 ; plus de trois quarrés de 9 qui font trois fois 81, multipliés par la seconde partie 1 ; plus à trois produits du quarré de 1, qui est 1, multipliés par la premiere partie 9, & plus enfin au cube de 1, qui est 1. Et c'est ce qui est évident par l'addition de ces différens produits qu'on voit ci-après, lesquels valent 1000, c'est-à-dire, le cube de 10. Car 10 multiplié par 10 donne 100, qui multiplié aussi par 10 donne le cube de 10, qui est 1000.

| | |
|---|---|
| *Cube de 9* . . . . . . . . . . . . . . . . | 729 |
| *Trois quarrés de 9 qui font 243, multipliés par 1, font* . . . . . . . . . . . | 243 |
| *Trois quarrés de 1 qui font 3, multipliés par 9 font* . . . . . . . . . . . | 27 |
| *Le cube de 1 est* . . . . . . . . . . . . . . | 1 |
| *Cube de 10* . . . . . . . | 1000. |

545. Pour rendre cette proposition encore plus sensible, il faut composer le cube de la même maniere qu'on a composé, le quarré N°. 489, pour l'extraction de sa racine.

| | |
|---|---|
| *Preuve* . . . . . . | 10 |
| | 10 |
| *Quarré de 10* | 100 |
| | 10 |
| *Cube de 10* | 1000. |

Soit, par exemple, le nombre 34 à élever au cube.

On multipliera d'abord 34 par 34 pour en avoir le quarré, mais en distinguant tous les différens produits dont il est composé. Afin de les faires observer plus aisément, on représentera le nombre 30 qui compose la premiere partie de 34 par *A*, & le nombre 4 qui est la seconde par *B*. *AA* représentera alors le quarré de 30, & *BB* celui de 4. Le produit de 30 par 4 sera *A B*.

On distinguera de la même maniere les produits qui composeront le cube. Ainsi *AAA* sera le cube de la premiere partie 30. *BBB* celui de la seconde 4, & les produits du quarré de la premiere partie par la seconde, & du quarré de la seconde par la premiere, seront marqués par *AAB* & *BBA*.

| | *A B* | | |
|---|---|---|---|
| | 34 | | |
| | 34 | | |
| *Quarré de* 4. . . . . . . . . . . . . . | 16 | *B B* | Produits qui composent le quarré de 34, & qui étant multipliés par 34, en donnent le cube. |
| *Premier produit de* 30 *par* 4 . . . . . | 12. | *A B* | |
| *Second produit de* 30 *par* 4 . . . . . . | 12. | *A B* | |
| *Quarré de* 30 . . . . . . . . . . . . . | 9 | *A A* | |
| *Multiplicateur de* 4 *produits ci-dessus* . | 34 | | |

| | | | |
|---|---|---|---|
| *Cube de la seconde partie* 4. . . . . . . . | .64 | *B B B* | Produits qui composent le cube de 34. |
| *Premier produit du quarré de* 4 *par* 30. | 48. | *B B A* | |
| *Second produit du quarré de* 4 *par* 30. | 48. | *B B A* | |
| *Prem. produit du quarré de* 30 *par* 4 . 3 | 6. . | *A A B* | |
| *Troisiéme produit du quarré de* 4 *par* 30. | 48. | *B B A* | |
| *Second produit du quarré de* 30 *par* 4 . 3 | 6. . | *A A B* | |
| *Troisiéme produit du quarré de* 30 *par* 4 . 3 | 6. . | *A A B* | |
| *Cube de la premiere partie* 30 . . . . 27 | . . . | *A A A* | |
| Cube de 34 . . . . . . . 39 | 304 | | |

Cela posé, le nombre 34 étant ainsi élevé au cube; il est évident;

1°. Que son cube 39304 contient le cube de la premiere partie 30; plus celui de la seconde 4; plus trois produits du quarré de la premiere, multipliés par la seconde; & enfin, plus trois produits du quarré de la seconde, multipliés par la premiere.

Et 2°. Qu'ayant partagé ces produits en deux tranches, en tirant une ligne qui sépare la colomne des centaines de celle des milles, le cube de la premiere partie de la racine se trouve dans la premiere tranche de la gauche, & que le reste de cette tranche, jointe à la suivante, contient les trois produits du quarré de la premiere partie, multipliés par la seconde, &c.

D'où il suit que l'opération prescrite pour extraire la racine cube d'un nombre quelconque, décompose ce cube de la même maniere qu'il a été formé.

Car pour la premiere partie de la racine, on a pris la racine cube du plus grand cube, contenue dans la premiere tranche à gauche; & pour trouver la seconde, on a cherché un chiffre dont le produit par le triple du quarré du premier, plus le quarré de ce second chiffre, multiplié par le triple de la premiere partie, ou du premier chiffre de la racine, & enfin, plus son cube, puissent être retranchés du reste de la premiere tranche de la gauche, jointe à la suivante à droite.

Ainsi par cette opération, on a décomposé le nombre proposé de la même maniere qu'il se trouve formé ou composé de ses différens produits. C'est pourquoi les deux chiffres trouvés par l'opération sont les deux parties de la racine cubique du cube composé de deux tranches.

Si le nombre proposé pour en extraire la racine cube a trois tranches, sa racine aura trois chiffres *; mais on pourra alors regarder les deux premiers comme la premiere partie de la racine, & le troisiéme comme la seconde. Car il est évident que si l'on a un nombre quelconque, comme 345, composé de trois chiffres, on peut le considérer comme composé des deux premiers à gauche 3 & 4, qui valent ensemble 340, & du troisiéme 5. C'est pourquoi ayant trouvé les deux premiers chiffres de la racine d'un nombre qui doit avoir trois chiffres à cette racine, il faut les regarder comme étant ensemble la premiere partie de la racine, & opérer pour trouver la seconde ou le troisiéme chiffre de la même maniere qu'on l'a fait pour le second. Si la racine doit avoir quatre chiffres, c'est-à-dire, si le nombre cubique donné a quatre tranches, les trois premiers chiffres trouvés à la racine, seront regardés comme faisant ensemble la premiére partie de cette racine, & le quatriéme la seconde, & ainsi de suite.

* N. 543.

D'où il suit, que la démonstration que l'on vient de donner de l'extraction de la racine cube d'un nombre qui a deux tranches, peut s'appliquer à tous les autres nombres qui auront une plus grande quantité de tranches.

*MOYEN d'approcher aussi près qu'on le voudra de la Racine cube des nombres qui ne seront pas des cubes parfaits, ou dont l'extraction de la racine aura un reste.*

546. Il faut ajouter au nombre donné deux ou trois, &c. tranches de trois zeros chacune; faire ensuite l'opération à l'ordinaire, négliger le reste qu'on aura, après avoir opéré sur la derniere tran-

che, & diviser le quotient ou les chiffres trouvés à la racine par l'unité précédée à droite d'autant de zeros qu'on a ajouté de tranches au nombre proposé, c'est-à-dire, par 10, si on a ajouté seulement une tranche; par 100, si on a ajouté 2; par 1000, si on en a ajouté 3, &c.

*Application de cette méthode à un exemple.*

547. Soit le nombre 235 dont on veut extraire la racine cube. Il est clair qu'elle est entre 6 & 7. Car le cube de 6 est 216, plus petit que 235; & le cube de 7 est 343 plus grand que 235: ainsi 6 est trop petit, & 7 est trop grand.

Pour approcher de la vraie racine cube de 235, j'ajoute deux tranches de trois zeros à ce nombre, & j'ai 235,000,000 dont j'extrais la racine cube, suivant la méthode prescrite au premier exemple. Cette racine est 617, laquelle étant divisée par 100, attendu qu'on a ajouté deux tranches de trois zeros, sera $\frac{617}{100}$ ou 6 plus $\frac{17}{100}$ qui ne différe pas de la vraie racine d'un centiéme. Car si au lieu de 7 on avoit mis 8 pour le dernier chiffre de la racine, on auroit trouvé ce chiffre trop grand; ainsi 6 plus $\frac{18}{100}$ seroit donc plus grand que la racine cherchée, mais 6 plus $\frac{17}{100}$ est plus petit à cause du reste: donc ce nombre ne différe pas de la vraie racine d'un centiéme. Si on avoit ajouté trois tranches, on auroit eu la vraie racine à un milliéme près.

```
                 235|000|000 { 617/100 ou 6 plus 17/100.
                 216                      6
                                          6
Premier reste.   19,000                  36
                 108..                    3
                   1                    108
                 108..                    3
                   10.                    6
                    1                    18
                 10981                   61
                                         61
Second reste.... 8019,000                61
                 11163...               366.
                     7                  3721
                                           3
                 78141...              11163
                  8967.                    7
                   343                     7
                                          49
                 7904113                   3
                                         147
Dernier reste.... 114887.                 61
                                         147
                                         882.
                                        8967.
```

### DÉMONSTRATION de cette approximation.

548. Cette démonſtration eſt à peu près la même que celle qui a ſervi à la racine quarrée *. Elle eſt fondée ſur ce principe.

* N. 502.

549. *Que ſi on multiplie le cube d'un nombre quelconque par un autre cube auſſi quelconque, la racine du premier ſe trouve multipliée dans le produit par celle du ſecond.*

Or, ajoutant trois zeros à un nombre, c'eſt le multiplier par 1000 *, qui eſt le cube de 10; & lui ajoutant ſix zeros ou deux tranches de trois chiffres, c'eſt le multiplier par 1000000, qui eſt le cube de 100, &c. Donc la racine du nombre donné qu'on trouve après l'addition de ces différentes tranches, eſt multipliée, ou par 10 ou par 100, ſuivant les tranches ajoutées; donc il faut la diviſer ou par 10 ou par 100, &c. pour avoir la valeur de la racine cherchée.

* Arithm. 52 & 53.

### *De l'Extraction de la Racine cube des fractions.*

550. Pour extraire la racine cube d'une fraction, il faut d'abord la réduire à ſes moindres termes; enſuite extraire la racine cube de ſon numérateur, & celle de ſon dénominateur, & l'on aura une nouvelle fraction, qui ſera la racine cube de la fraction propoſée. Ce qui eſt évident.

Ainſi, pour extraire la racine cube de la fraction $\frac{16}{54}$, on la réduit d'abord à ſes moindres termes $\frac{8}{27}$, on prend la racine cube de 8, qui eſt 2, & celle de 27 qui eſt 3, & l'on a la fraction $\frac{2}{3}$ pour la racine cube de la propoſée $\frac{16}{54}$.

## REMARQUES.

### I.

551. Si les termes des fractions dont on veut extraire la racine cube, ne se trouvent pas des cubes parfaits, on leur ajoute plusieurs tranches de zeros, & l'on en trouve ensuite la racine approchée, comme on vient de l'enseigner.

### II.

552. Si l'on veut extraire la racine cube d'un nombre composé d'entiers & de fraction, on réduit les entiers en fraction, & on les joint avec la fraction dont ils sont accompagnés; on extrait après cela la racine cube de la fraction, qui contient les entiers & la fraction du nombre proposé.

### III.

553. On fait la preuve de l'extraction de la racine cube des fractions, comme celles des entiers, c'est-à-dire, en cubant la racine trouvée, &c.

# LA GÉOMÉTRIE *DE L'OFFICIER.*

## LIVRE VII.

### I.

### *Des Rapports & des Proportions.*

554. L'OBJET de ce Livre eſt d'enſeigner les différentes manieres de comparer la grandeur ou quantité, & de donner les principales propriétés qui en réſultent.

555. On a déja dit qu'on appelle *grandeur* ou *quantité*, tout ce qui eſt ſuſceptible d'augmentation & de diminution.

*REMARQUE.*

556. Il n'y a ni grandeur ni petiteſſe abſolue; c'eſt-à-dire, de quantité abſolument grande ou petite, en la comparant avec toutes les autres quantités

quantités de même espéce qu'on peut imaginer. Une quantité n'est grande qu'en la comparant à une plus petite; & elle n'est petite, qu'en la comparant à une plus grande. Ainsi on ne peut juger des quantités, que selon le rapport qui se trouve entr'elles.

557. Pour comparer deux quantités, il faut qu'elles soient de même espéce, comme une ligne avec une ligne, une superficie avec une autre superficie, un poids avec un autre poids, &c. Ces quantités de même nature sont appellées *homogenes*; celles de différente nature, comme, par exemple, le temps & la pésanteur, sont appellées *hétérogenes*.

558. On appelle *rapport* ou *raison*, la comparaison de deux quantités de même espéce.

559. Toute comparaison exige nécessairement deux termes, c'est pourquoi tout rapport est composé de deux termes.

560. Le premier terme du rapport se nomme *antécédent*, parce qu'il précéde le second, & celui-ci *conséquent*, parce qu'il suit le premier terme.

Si l'on compare 8 avec 4, 8 sera l'antécédent, & 4 sera le conséquent.

Deux quantités peuvent se comparer de deux manieres; sçavoir,

561. 1°. En considérant combien le premier terme contient de fois le second ou de parties du second.

562. Et 2°. En considérant l'excès d'un terme sur l'autre, c'est-à-dire, la différence des deux termes du rapport.

Par exemple, dans la comparaison de 8 à 4, je puis considérer combien 8 contient de fois 4, & quelle est la différence de 8 à 4.

563. La premiere comparaison se nomme *raison*

ou *rapport géométrique* : Ainſi ce rapport eſt celui dans lequel on conſidere combien de fois l'antécédent contient ſon conſéquent, ou de parties de ſon conſéquent.

564. La ſeconde comparaiſon ſe nomme *raiſon* ou *rapport arithmétique* : enſorte que ce rapport eſt celui dans lequel on conſidere la différence de l'antécédent & du conſéquent.

*REMARQUE.*

565. On ne traitera point à préſent du rapport arithmétique, mais ſeulement du géométrique ; & l'on obſervera que lorſqu'on parle de rapports, ſans y ajouter le terme d'Arithmétique, c'eſt toujours du rapport géométrique dont on entend parler.

566. Avant d'expliquer la théorie des rapports, il faut donner les définitions ſuivantes.

*DÉFINITIONS.*

567. On appelle *Tout* une quantité quelconque, à l'égard d'une autre plus petite qu'elle contient.

568. On appelle *partie aliquote*, une quantité qui eſt contenue pluſieurs fois exactement dans celle que l'on nomme ſon Tout. Et partie *aliquante*, celle qui n'eſt pas exactement contenue dans ſon Tout.

Ainſi 1, 2, 4 & 8, ſont parties aliquotes de 8, mais 3, 5 & 7 en ſont des parties aliquantes.

569. Il ſuit de ce qu'une aliquote eſt contenue pluſieurs fois dans ſon Tout, qu'elle le meſure, puiſqu'il n'eſt autre choſe que cette partie multipliée par le nombre de fois qui la contient.

Par exemple, 3 eſt partie aliquote, ou ſimplement aliquote de 21, puiſqu'elle y eſt contenue 7 fois exactement : Car 7 multiplié par 3, fait 21 : Donc, &c.

570. Une quantité qui est contenue plusieurs fois exactement dans plusieurs Touts différens, est appellée *aliquote commune* de ces Touts.

571. Ainsi 2 est aliquote commune de 8 & de 10, & 3 de 9, de 12 & de 15, &c. & l'unité est aliquote commune de tous les nombres, puisqu'ils ne sont composés que de l'unité répétée plusieurs fois.

572. On appelle *aliquotes pareilles* ou *semblables* de plusieurs Touts, les quantités qui y sont contenues exactement le même nombre de fois.

Ainsi les aliquotes semblables de 8 & de 12 sont 2 & 3; 4 & 6; 8 & 12. Car 2 est contenue quatre fois dans 8, comme 3 l'est quatre fois dans 12 : 4 est contenue deux fois dans 8, comme 6 l'est deux fois dans 12; & enfin 8 est contenue une fois dans 8, comme 12 l'est une fois dans 12.

573. Il suit de cette définition, que les moitiés, les tiers, les quarts, les cinquiémes, &c. parties de plusieurs Touts différens, en sont les aliquotes semblables, ces parties étant contenues le même nombre de fois dans leurs Touts.

574. Un Tout est appellé *multiple* de son aliquote, & celle-ci est *sous-multiple* de son Tout.

575. Deux Touts qui contiennent le même nombres d'aliquotes semblables, sont appellées *Equimultiples* de ces aliquotes.

Ainsi 8 est multiple de 2, & 2 est sous-multiple de 8. Et 12 & 8 sont équimultiples de 3 & de 2, de 4 & de 6, &c.

576. Les quantités qui n'ont point d'aliquote commune, sont appellées *incommensurables*.

## II.

### *Expressions abrégées dont on se servira pour démontrer la théorie des Rapports & des Proportions,*

577. POUR démontrer généralement les propriétés des rapports & des proportions, on se servira des lettres de l'alphabet pour représenter les quantités dont on parlera. Ces lettres ne désignant aucune quantité particuliere, peuvent représenter généralement toutes sortes de quantités.

578. Pour marquer l'addition d'une grandeur avec une ou plusieurs autres quantités, on se servira de ce signe + qui veut dire *plus* : ensorte que pour exprimer l'addition de la quantité $a$ ajoutée avec $b$, ou avec celle qui est représentée par $b$, on écrira $a+b$ qui veut dire *a plus b*. De même $a+b+c+d$. veut dire *a plus b, plus c, & plus d*; c'est-à-dire, que cette expression représente l'addition des quatre quantités $a$, $b$, $c$ & $d$.

579. On se servira de ce signe —, qu'on nomme *moins*, pour marquer qu'une quantité est soustraite ou retranchée d'une autre.

Ainsi $a-b$, qu'on énonce par *a moins b*, exprime que la quantité $b$ est ôtée de $a$ : ensorte, que si on suppose que $a$ soit égal, par exemple, à sept unités, & $b$ à 4, l'on aura pour la valeur de $a-b$, $7-4$, qui est 3, ou la différence des deux quantités 7 & 4.

De même $a-b-c$, exprime que de la quantité $a$ on retranche les deux quantités représentées par *b* & *c*; il en feroit de même d'un plus grand nombre de quantités.

580. Pour exprimer le produit de deux ou d'un plus grand nombre de quantités, on les joindra enfemble par une petite croix de S. André ×, ou bien on les joindra enfemble fans aucun intervalle, ou de la même maniere que fi on vouloit écrire un mot avec les lettres qui repréfenteront ces quantités.

On exprimera donc le produit de *a* & *b* par $a \times b$, qui veut dire *a, multiplié par b*; ou bien l'on écrira fimplement *a b*. Le produit des trois quantités *a*, *b*, *c*, s'exprimera de même par *abc*; celui de 2*a* par *c*, fera 2*ac*. Il en fera de même du produit d'un plus grand nombre de quantités.

Il faut obferver, dans la multiplication, que l'arrangement qu'on donne aux lettres, eft abfolument indifférent à la valeur du produit : car comme chaque lettre a une valeur particuliere qui ne dépend pas de la place qu'elle occupe dans le produit, il s'enfuit que les mêmes lettres feront toujours le même produit, quel que foit leur arrangement. En effet fi l'on a le produit *abc*, dans lequel *a* foit par exemple égal à 2, *b* à 3, & *c* à 4, il eft évident que ces trois nombres étant multipliés enfemble comme on voudra, donneront toujours le même produit 24. Ainfi *abc*, *bca* ou *cba*, &c. fignifieront la même chofe. Dans l'ufage ordinaire on fuit l'ordre alphabétique dans l'arrangement des lettres d'un produit, parce que c'eft le plus propre à faire diftinguer ou remarquer plus aifément toutes celles dont il eft compofé; mais il fuit de ce qu'on vient d'obferver, que cet ordre n'eft point de néceffité abfolue.

581. On exprimera la divifion d'une grandeur

par une autre, en écrivant le diviſeur ſous le dividende, & en les ſéparant l'un de l'autre par une petite ligne droite.

Ainſi, pour marquer que la quantité repréſentée par $a$ eſt diviſée par la quantité $b$, on écrira $\frac{a}{b}$ qui s'énonce par $a$, *diviſé par* $b$. Cette expreſſion peut s'appeller *diviſion indiquée*.

Si l'on ſuppoſe que $a$ ſoit égal à 12, & $b$ à 3, l'expreſſion $\frac{a}{b}$ ſera la même que celle-ci $\frac{12}{3}$, qui eſt égale à 4 : car 12, diviſé par 3, eſt 4. Si l'on a auſſi le produit $2aac$, dont on veuille prendre le tiers ; ou, ce qui eſt la même choſe, qu'on veuille diviſer par 3, on écrira $\frac{2aac}{3}$, & ainſi des autres.

582. Lorſque le dividende contiendra pluſieurs lettres, parmi leſquelles ſe trouveront celles du diviſeur, le quotient ſera alors les lettres du dividende qui ne ſe trouveront pas dans le diviſeur.

Ainſi le quotient de $ab$ diviſé par $a$, ou la valeur de l'expreſſion $\frac{ab}{a}$ ſera $b$, lettre du dividende qui ne ſe trouve pas dans le diviſeur. Ce qui eſt évident, puiſque ce quotient $b$ multiplié par le diviſeur $a$ donne le dividende $ab$ *.

* Arith. N. 85.

On aura de même pour quotient de la quantité $bdmn$ diviſée par $bd$, les lettres $mn$ que le dividende contient de plus que celles du diviſeur. Car $mn \times bd$ eſt égal à $bdmn$, c'eſt-à-dire, au dividende. Ainſi $\frac{bdmn}{bd}$ égal $mn$.

583. Pour marquer l'égalité de pluſieurs grandeurs ou de pluſieurs produits, on ſe ſervira de ce

signe $=$ qui veut dire *égal*, & qu'on appelle par cette raison *signe d'égalité*.

Pour exprimer que la quantité représentée par $a$ est égale à celle qui est représentée par $b$, on écrira donc $a = b$, qui s'énoncera par $a$ *égal* $b$. De même $ab + bc = bd + fg$ exprime que les deux produits $ab$ & $bc$, sont égaux aux deux autres $bd$ & $fg$. Il en seroit de même d'un plus grand nombre de produits qu'on auroit de part & d'autre du signe d'égalité.

584. Pour indiquer la racine d'une quantité quelconque, on se servira de ce signe $\sqrt{}$, qu'on nomme *signe radical*. Il précéde à gauche les quantités dont on veut indiquer la racine.

585. Si l'on veut indiquer la racine quarrée, on écrit un 2 dans le radical de cette maniere $\sqrt[2]{}$: Ainsi $\sqrt[2]{ab}$ exprime la racine quarrée du produit $ab$.

586. Si c'est la racine cube que l'on veut indiquer, on pose un 3 dans le radical: ensorte, que $\sqrt[3]{aab}$ exprime la racine cube de $aab$.

587. Lorsqu'il n'y a point de chiffre dans le radical, on sous-entend qu'il y a un 2, c'est-à-dire, que c'est la racine quarrée qui est indiquée par le radical.

588. Lorsqu'il y a plusieurs quantités jointes ensemble par les signes plus & moins, & qu'elles sont précédées du signe radical à gauche, on tire une ligne depuis le radical, sur toutes les quantités dont l'extraction de la racine est indiquée.

Par exemple, $\sqrt{aa - bb}$ indique la racine quarrée de $aa$ moins $bb$, & $\sqrt{aab} - bb$ indique seulement la racine quarrée de $aab$, dont on retranche le produit ou quarré $bb$.

589. Pour exprimer le quarré d'une ligne quelconque, marquée ou terminée par les deux lettres *A* & *B*, on tirera une petite ligne droite au-dessus de ces deux lettres, & l'on écrira un 2 à son extrémité à droite : ensorte que $\overline{AB}^2$ exprimera le quarré de la ligne *AB*, c'est-à-dire, le produit de $AB \times AB$. Si l'on veut en indiquer le cube, on écrira un 3 à la place du 2 au bout de la ligne de cette maniere $\overline{AB}^3$. Cette expression indiquera alors le cube de *AB*, c'est-à-dire que $\overline{AB}^3 = AB \times AB \times AB$.

590. On exprimera de même le quarré ou le cube d'une quantité quelconque, représentée par *a*, ou par quelqu'autre lettre prise à volonté, en écrivant un 2 ou un 3 au-dessus de cette lettre, & un peu vers sa droite; sçavoir, un 2 pour en marquer le quarré, & un 3 pour en exprimer le cube. Ainsi $a^2 = aa$, & $a^3 = aaa$.

591. Il est évident que *a* est la racine quarrée de
* N. 469. $aa$*, & que la même lettre *a* est la racine cube de
* N. 523. $a^3$*. Car $a \times a = aa = a^2$, & $a \times a \times a = aaa = a^3$. D'où il suit que $\sqrt{aa} = a$ & $\sqrt[3]{aaa} = \sqrt[3]{a^3} = a$.

---

## III.

### *Des Rapports ou Raisons géométriques.*

592. LE Rapport géométrique étant celui dans lequel on considere combien l'antécédent contient de fois son conséquent, ou combien il contient
* N. 563. de parties du même conséquent *, si l'on a le rapport de 3 à 4, il consistera donc dans le nombre des parties de 4, que 3 contiendra ; & comme 3

contient trois fois 1, qui eſt le quart de 4, on énoncera le rapport de 3 à 4, en diſant qu'il conſiſte en ce que l'antécédent 3 contient trois fois le quart de ſon conſéquent 4. Si l'on a de même le rapport de 2 à 5, il conſiſtera en ce que l'antécédent 2 contient deux fois 1, c'eſt-à-dire, deux fois la cinquiéme partie de 5.

593. Il ſuit de-là *qu'un rapport peut être exprimé par l'antécédent diviſé par le conſéquent.*

Car, pour ſçavoir combien l'antécédent contient de fois ſon conſéquent, ou quelle partie il eſt du même conſéquent, il eſt clair qu'il faut le diviſer par le conſéquent, & que le quotient exprime en quoi conſiſte le rapport. Ce quotient ſe nomme par cette raiſon, *l'expoſant du rapport.*

Si l'on a, par exemple, le rapport de 8 à 2, pour ſçavoir en quoi il conſiſte, on diviſera 8 par 2, & le quotient ou l'expoſant 4 fera connoître que l'antécédent contient quatre fois ſon conſéquent.

594. Si l'on a de même le rapport de 3 à 8; diviſant 3 par 8, c'eſt-à-dire, écrivant le conſéquent 8 ſous l'antécédent 3 * de cette maniere $\frac{3}{8}$, *N. 582.
& tirant une petite ligne droite entre ces deux nombres, cette expreſſion $\frac{3}{8}$ ſera l'expoſant ou la valeur du rapport de 3 à 8, & elle exprimera la huitiéme partie de 3.

Pour le démontrer, conſidérez que 1, diviſé par 8, eſt la huitiéme partie de l'unité ou $\frac{1}{8}$ qu'on exprime par *un huitiéme*; que 2 diviſé par 8 ou $\frac{2}{8}$ exprime la huitiéme partie de 2, & qu'ainſi 3 diviſé par 8 ou $\frac{3}{8}$ exprime la huitiéme partie de 3. Mais cette expreſſion $\frac{3}{8}$ indique auſſi les 3 huitiémes de 8. Donc en même-temps qu'elle donne la valeur du rapport de 3 à 8, elle fait connoître auſſi en quoi conſiſte ce rapport, c'eſt-à-dire, que l'antécédent 3 contient trois fois la huitiéme partie de ſon conſéquent.

Comme il en ſera de même de tout autre rapport, ſoit que l'antécédent ſoit plus grand ou plus petit que le conſéquent, il s'enſuit généralement,

595. Que tout rapport de deux quantités quelconques, exprimé par deux lettres auſſi quelconques $a$ & $b$, peut être repréſenté par la diviſion indiquée de l'antécédent par le conſéquent, c'eſt-à-dire par $\frac{a}{b}$.

*REMARQUE.*

596. Tout rapport pouvant être exprimé par $\frac{a}{b}$, ſi on appelle $q$ l'expoſant de ce rapport, ou le quotient de $a$ diviſé par $b$, on aura $\frac{a}{b} = q$. Et comme dans toute diviſion le quotient multiplié par le diviſeur eſt égal au dividende *, on aura $a = bq$; ce qui fait voir que l'antécédent $a$ d'un rapport eſt égal au produit du conſéquent, & de l'expoſant du même rapport, & qu'ainſi il peut être exprimé par ce produit.

* Arith. N. 82.

Si $a = 12$, & $b = 4$, on aura $\frac{a}{b} = \frac{12}{4} = 3 = q$: Ainſi dans cet exemple, la valeur de $q$ ou de l'expoſant ſera 3.

Si l'on a de même le rapport de 2 à 7, c'eſt-à-dire, ſi $a = 2$ & $b = 7$, on aura alors $\frac{a}{b} = \frac{2}{7} = q$. Ce qui fait voir que l'expoſant de ce rapport eſt le quotient de la diviſion indiquée de l'antécédent $a$ par ſon conſéquent.

Si l'on multiplie $\frac{a}{b}$ par $b$ ou $\frac{2}{7}$ par 7; ce qui se fait en multipliant l'antécédent ou le dividende *a* ou 2 par le conséquent *b* ou 7 (*a*), on aura pour le produit, $\frac{ab}{b}$* $= a = \frac{2 \times 7}{7} = \frac{14}{7} = 2$. D'où il suit, * N. 582.

597. Que dans tous les cas, c'est-à-dire, soit que l'antécédent soit plus grand ou plus petit que son conséquent, on aura toujours l'antécédent égal au produit de l'exposant par le conséquent ; ce qu'il est important de bien remarquer.

(*a*) *Voyez* dans le *Traité d'Arithmétique*, N. 144, la maniere de multiplier une fraction par un nombre entier. Il est évident que tout rapport est une fraction, & qu'ainsi c'est la même chose de multiplier un rapport par un nombre entier, que de multiplier une fraction de la même maniere.

---

## IV.

### *Des différentes espéces de Rapports géométriques.*

598. Il y a plusieurs espéces de rapports ; sçavoir, des *rapports égaux* & d'*inégaux* ; des rapports *d'égalité*, *de plus grande inégalité*, & *de moindre inégalité* ; & enfin des rapports *exacts* & de *sourds*.

599. Les rapports égaux sont ceux dont les antécédens contiennent également leurs conséquens, ou le même nombre d'aliquotes semblables de leurs conséquens ; ou bien ce sont ceux qui ont des exposans égaux.

Si l'on a le rapport de 8 à 4, & celui de 6 à 3, les deux antécédens 8 & 6 contenant chacun leurs conſéquens 4 & 3 deux fois, il s'enſuit que ces deux rapports ſont égaux.

Les rapports de 3 à 4, & de 9 à 12 ſont auſſi égaux. Car les aliquotes ſemblables des conſé-
*N. 572. quens 4 & 12, ſont 1 & 3 *: Or le premier antécédent 3 contient trois fois 1, comme le ſecond 9 contient trois fois 3: donc les antécédens de ces deux rapports contiennent le même nombre d'aliquotes ſemblables de leurs conſéquens. Donc, ſuivant la définition des rapports égaux, ils ſont égaux.

600. Pour connoître généralement ſi deux rapports propoſés, comme celui de 3 à 7, & celui de 12 à 28, ſont égaux, il faut prendre les plus petites aliquotes ſemblables des conſéquens, qui ſont 1 & 4. Car 7 contient ſept fois 1, comme 28 contient ſept fois 4. Il faut examiner enſuite ſi les antécédens 3 & 12 contiennent le même nombre de ces aliquotes. Or 3 contient trois fois 1, comme 12 contient trois fois 4: donc les antécédens 3 & 12 contiennent le même nombre d'aliquotes ſemblables de leurs conſéquens: Donc
*N. 599. les rapports propoſés ſont égaux *.

On en uſera de même pour tous les autres rapports, dont on cherchera à connoître l'égalité.

601. Ceux qui ſçauront le calcul des fractions pourront, pour examiner ſi deux ou un plus grand nombre de rapports ſont égaux, ſe ſervir de cette méthode.

On mettra les rapports en fraction, & on les
*Voyez le Traité d'Arithmét. N. 123. réduira à leurs plus ſimples ou plus petits termes *; alors ſi les fractions ſont égales, les rapports qu'elles exprimeront le ſeront auſſi, mais étant égales elles ſe réduiront toutes à la même fraction, c'eſt-à-dire, au même expoſant: donc les rapports

qu'elles repréſenteront, ſeront égaux *.

Si l'on a les rapports de 4 à 6, & de 14 à 21, on les exprimera par ces deux fractions $\frac{4}{6}$ & $\frac{14}{21}$, qui étant réduites à leurs moindres termes, deviendront $\frac{2}{3}$ & $\frac{2}{3}$, qui ſont évidemment des fractions égales. D'où il ſuit que les rapports de 4 à 6, & de 14 à 21 qu'elles repréſentent, ſont des rapports égaux. En effet 4 contient deux fois 2, qui eſt le tiers de 6, comme 14 contient deux fois 7, qui eſt le tiers de 21.

* N. 599.

## REMARQUE.

602. On dit *qu'un rapport eſt réduit à ſes plus ſimples termes*, lorſque ſes deux termes n'ont que l'unité pour commun diviſeur : ainſi 2 & 3 ſont les plus ſimples termes du rapport de 14 à 21, parce qu'ils n'ont l'un & l'autre que l'unité pour commun diviſeur.

Les plus ſimples termes qui peuvent exprimer un rapport en ſont auſſi appellés les *expoſans* : Ainſi 2 & 3 ſont les expoſans du rapport de 14 à 21, de même que du rapport de 4 à 6.

603. On appelle rapport d'égalité celui qui a ſes deux termes égaux ; ou, ce qui eſt la même choſe, celui qui a l'unité pour expoſant : ainſi le rapport de 4 à 4 eſt un raport d'égalité, de même que celui de 7 à 7, &c.

604. Le rapport de plus grande inégalité eſt celui dont l'antécédent eſt plus grand que le conſéquent. Suivant cette définition, le rapport de 9 à 3 eſt un rapport de plus grande inégalité, de même que celui de 15 à 4, &c.

605. Le rapport de plus grande inégalité, dans lequel l'antécédent eſt double du conſéquent, eſt appellé *rapport double* ; celui dans lequel il eſt tri-

ple, est appellé *rapport triple*, &c. Ainsi le rapport de 8 à 4 est double, celui de 9 à 3 est triple, &c.

606. Le rapport de moindre inégalité est celui dans lequel l'antécédent est moindre que son conséquent; tel est le rapport de 6 à 9. Si l'antécédent est la moitié du conséquent, le rapport est *sous-double*; il est *sous-triple*, si l'antécédent en est le tiers, &c.

607. On appelle rapport exact celui dans lequel l'antécédent contient exactement le conséquent, ou quelques-unes de ses aliquotes, ou en général celui dont on peut exprimer l'exposant.

608. Le rapport sourd est celui dans lequel on ne peut exprimer quelle partie l'antécédent contient du conséquent; ou, ce qui est la même chose, c'est celui dont les deux termes n'ont aucune aliquote commune, si petite qu'elle puisse être imaginée.

On a appellé quantités incommensurables, celles qui n'ont point d'aliquote commune; ainsi on peut dire que le rapport sourd est celui de deux quantités de cette espéce.

*REMARQUE.*

609. Il n'y a point de rapports sourds entre les nombres entiers, puisqu'ils ont tous l'unité
*N. 571. pour commune mesure *: il n'y en a point non plus entre les fractions; car, comme elles peuvent se réduire au même Dénominateur, les Numérateurs expriment alors quel est le rapport des fractions, mais il y en a entre les racines des quarrés & des cubes imparfaits, c'est-à-dire, qui n'ont point de nombres entiers pour racines. Il y en a aussi dans la Géométrie; & l'on démontrera à la fin de ce Livre, que le rapport de la diagonale

d'un quarré au côté du même quarré est de cette même espéce. Pour cela on fera voir que ces deux lignes sont incommensurables, ou qu'elles n'ont point de commune mesure.

610. Comme le rapport consiste dans ce que l'antécédent est à son conséquent : il suit de-là que plus l'antécédent est grand par rapport à son conséquent, & plus le rapport est grand : ensorte que le rapport est infiniment grand, si l'antécédent est infiniment grand par rapport à son conséquent, & qu'il est de même infiniment petit, si l'antécédent est infiniment petit par rapport à son conséquent.

Ainsi le rapport de 6 à 4 est plus grand que celui de 6 à 5, ou que celui de 5 à 4. Car dans le premier, l'antécédent 6 contient six fois le quart de son conséquent 4 : dans le second, il ne contient que six fois la cinquiéme de son conséquent; & dans le troisiéme, l'antécédent ne contient que cinq fois le quart du conséquent 4.

611. Il suit de-là qu'on peut augmenter ou diminuer un rapport de deux manieres ; sçavoir,

612. 1°. En augmentant l'antécédent, sans toucher au conséquent, & en diminuant le conséquent sans toucher à l'antécédent.

613. 2°. En diminuant l'antécédent, sans toucher au conséquent, & en augmentant le conséquent sans toucher à l'antécédent.

Car si l'on a le rapport de 6 à 9, dans lequel l'antécédent contient six fois la neuviéme partie de son conséquent, il est clair qu'en ajoutant une quantité quelconque à 6 comme 2, le rapport de 8 à 9 sera plus grand que celui de 6 à 9; & en ôtant, par exemple, 2 de 9, le rapport de 6 à 7 sera plus grand que celui de 6 à 9. Car 6 contient six fois la septiéme partie de 7, & il ne contient que le même nombre de fois la neuviéme partie de 9, qui est plus petite : donc, &c.

De même ôtant de l'antécédent 6, une quantité quelconque 2, sans rien diminuer du conséquent 9, le rapport de 4 à 9 sera évidemment plus petit que celui de 6 à 9. Car 6 contient six fois 1, qui est la neuviéme partie de 9; & 4 ne contient que quatre fois la même neuviéme partie. Si l'on augmente le conséquent 9, par exemple de 2, sans augmenter l'antécédent 4, on aura encore le nouveau rapport de 4 à 11, qui en résultera, plus petit que celui de 6 à 9. Ce qui est évident.

614. On peut conclure de-là que les rapports ou raisons sont de véritables grandeurs. Car, suivant la définition de la grandeur, elle est tout ce qui peut être augmenté ou diminué * : Or, on vient de voir que les rapports peuvent être augmentés & diminués : donc ils sont de véritables grandeurs : donc toutes les propriétés de la grandeur ou quantités doivent leur convenir.

* N. 555.

615. D'où il suit que les rapports égaux expriment des grandeurs égales, & les inégaux d'inégales.

## THÉOREME I.

616. *Les rapports égaux à un même rapport sont égaux entr'eux.*

*DÉMONSTRATION.*

Considérez que les rapports expriment des grandeurs ou quantités *, & que les grandeurs égales à une même grandeur sont égales entr'elles * : donc, &c.

* N. 614.
* N. 14.

Ainsi, si le rapport de *a* à *b* est égal à celui de *c* à

à *d*, & que celui de *f* à *g* soit égal au même rapport, on aura le premier rapport égal au troisiéme : En effet, si *a* est par exemple les deux tiers de *b*, *c* sera pareillement les deux tiers de *d* & *f*, aussi les deux tiers de *g* : donc *a* sera à *b* comme *f* est à *g* *. * N. 599.

## OBSERVATION.

617. Pour marquer que deux quantités quelconques sont entr'elles comme deux autres quantités, ou qu'elles font un rapport égal à celui des deux dernieres quantités, on écrit les deux rapports sur la même ligne, on les sépare par quatre points, mis en quarré de cette maniere : : ; & on met un point entre les deux quantités de chaque rapport (*a*). Ce point . signifie *est à*, & les quatre points, *comme* : ensorte, que *a* . *b* : : *c* . *d*, s'exprime, en disant que *a est à b*, *comme c est à d*; & de même 3 . 5 : : 24 . 40, s'exprime en disant que 3 est à 5, comme 24 est à 40.

On se servira dans la suite de cette expression abrégée, pour marquer l'égalité de deux ou d'un plus grand nombre de rapports.

## THÉOREME II.

618 *Les grandeurs ou quantités qui ont un même rapport à une même quantité, sont égales entr'elles.*

Cette proposition est évidente par la définition des rapports égaux. Car dans ces rapports, les antécédens contiennent leurs conséquens le même nombre de fois, ou le même nombre d'aliquotes semblables de ces conséquens *. Or les grandeurs qui contiennent le même nombre de * N. 599.

(*a*) Il y a des Auteurs qui mettent deux points entre les termes de chaque rapport.

fois une autre grandeur, ou la même partie de cette grandeur, sont égales entr'elles : donc, &c.

Si, par exemple, $a$ est supposé les deux tiers de $c$, & $b$ aussi les deux tiers de la même quantité $c$, il est clair que $a = c$.

### COROLLAIRE.

619. Il suit de-là, que si l'on a deux rapports égaux dans lesquels les conséquens soient égaux, les antécédens le seront également.

Car alors ils auront un même rapport à une même quantité. Ainsi si $a . b :: c . b$, l'on en conclura que $a = b$.

## LEMME ou PRINCIPE

*Pour la démonstration des propositions suivantes.*

620. *Les grandeurs ou quantités sont entr'elles comme la somme de toutes les parties qui les composent.*

### DÉMONSTRATION.

Considérez que les grandeurs ou quantités sont
* N. 11. égales à toutes leurs parties prises ensemble * ; & qu'ainsi elles sont entr'elles comme la somme de ces parties. c. q. f. d.

### PREMIER COROLLAIRE.

621. Il est évident que quelques soient les différentes parties dans lesquelles les Touts comme $a$ & $b$ peuvent être divisés ou partagés, ils seront toujours entr'eux comme la somme de ces parties. Si on les considere comme étant chacun divisés en parties semblables ou en même nombre de parties égales, on pourra dire alors *qu'ils sont non-*

*ſeulement comme la ſomme de ces parties, mais encore comme ces mêmes parties comparées entr'elles*, c'eſt-à-dire, *comme leurs aliquotes ſemblables.*

Si l'on ſuppoſe, par exemple, que toutes les parties de *a* ſoient chacune les deux tiers ou le quart de toutes celles de *b* ; il eſt évident que *a* ſera auſſi les deux tiers ou le quart de *b* : donc, &c.

Il en ſera de même dans tous les autres rapports qu'on pourra ſuppoſer entre *a* & *b*.

### *Deuxiéme Corollaire.*

622. D'où il ſuit *que les Touts ſont en même raiſon que leurs moitiés, leurs tiers, leurs quarts*, &c.

Car les moitiés, les tiers & les quarts, ſont les parties qui compoſent les Touts; mais comme elles y ſont contenues le même nombre de fois, elles en ſont les aliquotes ſemblables *: donc, &c. * N. 572.

### *Troisiéme Corollaire.*

623. Il eſt encore évident par le même principe, *que les moitiés, les tiers, les quarts*, & en général *les aliquotes ſemblables de pluſieurs Touts, ſont en même raiſon que ces Touts*; ou, ce qui eſt la même choſe, *que leurs équimultiples.*

Car il eſt clair que ſi un Tout quelconque *a* eſt double ou triple d'un autre Tout *b*, la moitié ou le tiers du premier ſera double ou triple de la même partie du ſecond ; c'eſt-à-dire, que le rapport de ces parties ſera le même que celui des Touts. Mais les moitiés, les tiers, & les quarts de pluſieurs Touts en ſont les aliquotes ſemblables * : donc elles ſont entr'elles comme les Touts, ou comme leurs équimultiples, qui ſont les Touts qui les contiennent également. c. q. f. d. * N. 573.

## THÉOREME III.

624. *Si on multiplie, ou si l'on divise les deux termes d'un rapport par une même quantité, on ne change point le rapport.*

### DÉMONSTRATION.

Soit le rapport de $a$ à $b$, ou celui de 4 à 12. Je dis d'abord que si on multiplie les deux termes $a$ & $b$ par une même quantité $c$, ou 4 & 12 par un même nombre quelconque 3, on ne changera pas le rapport; c'est-à-dire, qu'on aura $ac \,.\, bc :: a \,.\, b$, ou 12 . 36 :: 4 . 12.

$$\begin{array}{ccc} a & . & b \\ c & . & c \\ \hline ac & . & bc :: a \,.\, b. \\ \hline 4 & . & 12 \\ 3 & . & 3 \\ \hline 12 & . & 36 :: 4 \,.\, 12. \end{array}$$

Considérez qu'en multipliant les deux termes du rapport proposé, par une même quantité $c$ ou 3, les produits $ac$ & $bc$, 12 & 36 qui en résulteront, contiendront $a$ & $b$ également, de même que 4 & 12. D'où il suit que ces quantités en feront les aliquotes semblables *: Or les Touts sont en même raison que leurs aliquotes semblables *: donc $ac \,.\, bc :: ab$; & 12 . 36 :: 4 . 12. c. q. f. d.

* N. 572.
*N. 622.

Pour démontrer ensuite qu'en divisant les deux termes d'un rapport par une même quantité, on n'en change pas le rapport, c'est-à-dire, que les quotiens qui en résultent, ont le même rapport que les deux termes proposés, ou que $\frac{a}{c} \,.\, \frac{b}{c} :: a \,.\, b$.

Il faut considérer que les quantités $a$ & $b$ étant

divisés par la même quantité $c$, les quotiens indiqués par $\frac{a}{c}$ & $\frac{b}{c}$ sont les parties ou les aliquotes semblables de $a$ & de $b$ *: or les aliquotes semblables sont en même raison que leurs Tours *: donc, &c. * N. 572. * N. 623.

On démontrera de même que $\frac{4}{3} . \frac{12}{3} :: 4 . 12$.

## THÉOREME IV.

625. *Si l'on ajoute aux deux termes d'un rapport, ou si l'on en retranche deux quantités qui ayent le même rapport, les sommes ou les différences de ces quantités auront le même rapport que les deux termes du proposé.*

### *Explication.*

626. On dit qu'on ajoute aux deux termes d'un rapport deux quantités; ou, ce qui est la même chose, qu'on additionne deux rapports, lorsqu'on joint ensemble les antécédens d'une part, & les conséquens d'une autre.

627. On dit de même qu'on retranche des deux termes d'un rapport deux autres quantités, ou un autre rapport, lorsqu'on ôte une de ces quantités de l'antécédent du premier rapport, & qu'on retranche l'autre quantité de son conséquent.

Ainsi, si l'on a le rapport de $a$ à $b$, & celui de $c$ à $d$, joignant ensemble les antécédens $a$ & $c$, & de même les conséquens $b$ & $d$, on aura pour la somme de ces deux rapports celui de $a+c$ à $b+d$, & celui de $a-c$ à $b-d$ sera le rapport de leur différence. Ceci posé: il faut démontrer,

1°. Que supposant que $a . b :: c . d$, c'est-à-dire, que les deux quantités $c$ & $d$ ayent entr'elles le même rapport que les deux premieres $a$ & $b$, l'on aura $a+c \,.\, b+d :: a \,.\, b$.

Et 2°. Que, ſuppoſant toujours $a \,.\, b :: c \,.\, d$, l'on aura auſſi $a-c \,.\, b-d :: a \,.\, b$.

*Démonstration de la premiere partie.*

Conſidérez que les deux parties $a$ & $c$ qui compoſent $a+c$, ayant chacune le même rapport aux deux autres $b$ & $d$, dont $b+d$ eſt formé, les Touts $a+c$ & $b+d$ auront entr'eux le même
* N. 621. rapport que ces parties *; c'eſt-à-dire, que l'on aura $a+c \,.\, b+d :: a \,.\, b$. c. q. f. d.

Si l'on ſuppoſe que $a=6$, $b=8$. $c=3$ & $d=4$, on aura $a+c=6+3=9$, & $b+d=8+4=12$: Or $9 \,.\, 12 :: 6 \,.\, 8$.

Car les deux parties 6 & 3 qui compoſent 9, étant chacune les trois quarts des deux parties 8 & 4 qui compoſent 12, la ſomme de ces deux premieres parties doit être les trois quarts de celle des deux dernieres : donc ces ſommes doivent être entr'elles comme une des parties de la premiere eſt à la partie correſpondante de la ſeconde : & en effet, 9 eſt les trois quarts de 12, comme 6 eſt les trois quarts de 8 : donc &c.

*Démonstration de la ſeconde partie.*

Pour démontrer cette ſeconde partie, il faut faire voir que $a-c \,.\, b-d :: a \,.\, b$.

Pour cet effet, conſidérez que toutes les parties ſemblables qui compoſent les Touts ou les quantités $a$ & $b$, ayant entr'elles le même rap-
* N. 623. port que ces quantités *, ſi on retranche de chaque Tout un nombre égal de ces parties; ou, ce qui eſt la même choſe, ſi l'on en retranche des

grandeurs $c$ & $d$ qui ayent le même rapport que ces Tours, les restes auront encore le même rapport que les mêmes Touts $a$ & $b$ : mais ces restes seront $a-c$ & $b-d$ : donc on aura $a-c \,.\, b-d :: a \,.\, b$. c. q. f. d.

Si l'on suppose, par exemple, que $a$ soit trois fois plus grand que $b$, toutes les parties de $a$ seront triples des parties semblables qui composeront $b$. Si donc on ôte de $a$ une partie quelconque, & qu'on ôte en même-temps de $b$ une partie trois fois plus petite que celle qu'on a retranchée de $a$, il est évident que les parties qui resteront dans $a$; seront encore triples de celles qui resteront dans $b$. Mais ces parties ou ces restes donnent la différence des rapports égaux de $a$ à $b$, & de $c$ à $d$ *: donc $a-c$ sera à $b-d$, comme $a$ est à $b$, c'est-à-dire, que ces restes seront comme les Touts $a$ & $b$ : donc, &c. *N. 627.

Si on suppose que $a=12$, $b=16$, $c=6$ & $d=8$. 12 étant dans cette supposition les trois quarts de 16, toutes les parties de 12 seront les trois quarts des mêmes parties de 16; mais 6 étant aussi les trois quarts de 8, ôtant 6 de 12, & 8 de 16, on ôte de 12 les trois quarts de ce qu'on ôte de 16; c'est pourquoi ce qui restera de 12, c'est-à-dire 6, sera encore les trois quarts de ce qui restera de 16, c'est-à-dire de 8; & en effet $6 \,.\, 8 :: 12 \,.\, 16$.

### COROLLAIRE.

Il suit de la premiere partie du Théorême précédent,

628. *Que si l'on ajoute ensemble plusieurs rapports égaux, la somme de tous les antécédens est*

*à celle de tous les conſéquens, comme un ſeul antécédent eſt à ſon conſéquent.*

Car on vient de démontrer, qu'en ajoutant aux deux termes d'un rapport deux quantités qui ont le même rapport, on ne change pas le rapport; c'eſt-à-dire, que les nouveaux termes qui en réſultent, ſont entr'eux comme ceux du propoſé : or, ſi à ces nouveaux termes on ajoute ſucceſſivement deux quantités qui ayent le même rapport; ou,
* N. 626. ce qui eſt la même choſe, un autre rapport égal *; les termes que leur addition donnera, ſeront toujours entr'eux comme ceux du premier rapport; mais ces termes ſeront compoſés de la ſomme des antécédens, & de celle des conſéquens de ces
* N. 626. rapports * : donc la ſomme de leurs antécédens ſera à celle de leurs conſéquens, comme l'antécédent du premier rapport eſt à ſon conſéquent : mais tous les rapports propoſés étant égaux, chaque antécédent eſt à ſon conſéquent en même raiſon que les deux termes du premier rapport : donc lorſqu'on ajoute enſemble pluſieurs rapports égaux, la ſomme des antécédens eſt à celle des conſéquens, comme l'antécédent d'un de ces rapports eſt à ſon conſéquent. c. q. f. d.

Si on ſuppoſe qu'on ait les rapports égaux de 2 à 5; de 6 à 15, & de 12 à 30, dans leſquels chaque antécédent eſt les deux cinquiémes de ſon conſéquent; additionnant les deux premiers, c'eſt-à-dire, joignant enſemble leurs antécédens, & de même leurs conſéquens, l'on aura
* N. 625. 8 . 20 : : 2 . 5 *, & ajoutant au rapport de 8 à 20, celui de 12 à 30, l'on aura auſſi 20 . 50 : : 8 . 20 : : & par conſéquent comme 2 eſt à 5. Or 20 eſt la ſomme des antécédens des trois rapports, & 50 celle de leurs conſéquens : donc, &c.

*AUTRE DÉMONSTRATION.*

Soient les rapports égaux de $a$ à $b$, de $c$ à $d$, de $f$ à $g$, &c. il faut démontrer que la ſomme des antécédens qui eſt $a+c+f$. eſt à celle des conſéquens $b+d+g$, comme $a$ eſt à $b$ ou $c$ à $d$.

Conſidérez que les deux quantités $a+c+f$, $b+d+g$ ſont entr'elles comme les parties ſemblables qui les compoſent *: or les trois parties qui forment la premiere de ces quantités ont chacune (à cauſe de l'égalité des rapports) le même rapport avec celles qui compoſent la ſeconde: enſorte que ſi $a$ eſt, par exemple, le tiers de $b$, $c$ ſera de même le tiers de $d$, & $f$ celui de $g$. D'où il ſuit que les trois parties de $a+c+f$, étant le tiers des trois autres $b+d+g$ qui forment la ſeconde quantité, la premiere ſera le tiers de la ſeconde; c'eſt-à-dire, que $a+c+f$ ſera à $b+d+g$, comme un antécédent quelconque $a$ ou $c$ eſt à ſon conſéquent $b$ ou $d$. Il eſt évident qu'il en ſera de même, quelque ſoit le rapport ou la partie que l'antécédent de chaque rapport contiendra de ſon conſéquent, puiſque tous les rapports étant égaux, les antécédens contiendront toujours la même partie de leurs conſéquens: donc, &c.

* N. 620.

---

## V.

### *Des Rapports compoſés.*

629. UN *Rapport compoſé* eſt celui qui eſt formé de la multiplication de pluſieurs rapports, égaux ou inégaux.

630. Les rapports particuliers, dont le rapport composé est formé, sont appellés *rapports composans* ou *raisons composantes.*

631. Pour multiplier des rapports les uns par les autres, on multiplie ensemble leurs antécédens ; & le produit est celui du rapport composé ; on multiplie de même leurs conséquens, & le produit est le conséquent du rapport composé.

Ainsi, pour multiplier le rapport de 5 à 4 par celui de 3 à 8, on multipliera ensemble les antécédens 5 & 3, & de même les conséquens 4 & 8, le produit 15 des deux antécédens sera l'antécédent du rapport composé, & celui des deux conséquens 32, sera le conséquent du même rapport, qui sera celui de 15 à 32.

En général, le produit des deux rapports de $a$ à
* N. 593. $b$, & de $c$ à $d$, sera celui de $ac$ à $bd$. ou $\frac{ac}{bd}$ *.

*DÉMONSTRATION.*

Pour le démontrer, il faut faire voir que $\frac{ac}{bd}$ est égal au produit des exposans des rapports proposés. Car ces exposans sont ceux qui expriment la
* N. 593. valeur ou la grandeur du rapport * : ainsi les multiplier, c'est multiplier les grandeurs que les rapports représentent, & par conséquent, c'est multiplier ces rapports.

Soit $x$ l'exposant du rapport de $a$ à $b$, c'est-à-
* N. 596. dire, soit $x = \frac{a}{b}$, l'on aura $bx = a$ * : soit aussi appellé $y$ celui du rapport de $c$ à $d$, l'on aura de même $y = \frac{c}{d}$ & $dy = c$.

Présentement si l'on met à la place du produit

$ac$ dans l'expression $\frac{ac}{bd}$ la valeur de $a$ & de $c$, c'est-à-dire, le produit de $bx$ par $dy$, qui est $bdxy$, l'on aura $\frac{ac}{bd} = \frac{bdxxy}{bd}$, & comme cette derniere expression étant divisée par $bd$, donne pour quotient $xy$ *, l'on a donc $\frac{ac}{bd} = xy$. c. q. f. d. * N. 582.

*Autre démonstration par les fractions.*

Comme les rapports peuvent s'exprimer par des fractions *, il s'ensuit qu'ils doivent se multiplier aussi de la même maniere que les fractions : Or l'on a vû, N. 144 du *Traité d'Arithmétique*, que, pour multiplier deux fractions quelconque, comme par exemple $\frac{2}{5}$ & $\frac{3}{8}$, il faut multiplier ensemble leurs numérateurs 2 & 3 pour avoir celui du produit, & leurs dénominateurs 5 & 6 pour avoir le dénominateur du même produit : donc $\frac{2}{5} \times \frac{3}{8} = \frac{2 \times 3}{5 \times 8} = \frac{6}{40}$ : mais les numérateurs des fractions représentent les antécédens des rapports, & les dénominateurs les conséquens : donc, &c. * N. 593 & 594.

632. La démonstration qu'on vient de donner pour le produit de deux rapports, peut également s'appliquer à un plus grand nombre.

Pour cela, il faut regarder le rapport composé $\frac{ac}{bd}$ ou $\frac{6}{40}$ comme un rapport composant ; & alors, pour multiplier ce rapport par un autre, il faudra multiplier ensemble leurs antécédens & leurs conséquens ; le rapport qui en résultera, aura pour antécédent le produit des trois antécédens des rapports composans, & pour conséquent le produit de leurs trois conséquens.

Si l'on regarde ce nouveau rapport comme un rapport composant, on le multipliera de même par un quatriéme rapport, & le produit par un cinquiéme, & ainsi de suite à l'infini. D'où il suit,

633. Que pour multiplier ensemble quelque nombre de rapports que ce soit, il faut multiplier d'une part tous les antécédens, & de l'autre tous les conséquens, & que le premier produit sera l'antécédent du rapport composé, & le second, le conséquent du même rapport.

### *Des différentes espéces de rapports ou raisons composés.*

634. Les rapports qui composent un autre rapport, peuvent être inégaux ou égaux.

635. S'ils sont inégaux, le rapport qui résulte de leur multiplication, quelque quantité de rapports qu'on ait multiplié ensemble, est appellé simplement *rapport composé*.

636. Un rapport composé de deux rapports égaux, est appellé *rapport doublé* de chacun de ces rapports; & celui qui est composé de trois rapports égaux, est appellé *rapport triplé* de chacun des rapports composans.

637. Les termes des rapports composans, qui forment les rapports doublés, sont dit être en *raison sous-doublée* des termes du rapport doublé; & ceux des raisons qui forment le rapport triplé, sont dit être en *raison sous-triplée* des deux termes du rapport triplé.

Ainsi multipliant ensemble les rapports égaux de 4 à 6, & de 2 à 3, le rapport de 8 à 18 qui en résultera,

| | | | |
|---|---|---|---|
| | 4 | . | 6 |
| | 2 | . | 3 |
| *Rapport doublé* | 8 | . | 18 |

est un rapport doublé de 4 à 6, & de 2 à 3, & les termes de ces deux rapports sont en raison sous-doublée de 8 à 18.

Si l'on a de même les trois rapports égaux de 1 à 3; de 2 à 6, & de 3 à 9; multipliant d'abord ensemble les deux premiers, on a le rapport de 2 à 18 qui est doublé de chacun de ces rapports, lequel étant multiplié par le troisiéme rapport, donne le rapport triplé de 6 à 162. Les raisons particulieres ou composantes de 1 à 3, 2 à 6, &c. sont sous-triplées de celle de 6 à 162.

| | | |
|---|---|---|
| | 1 . | 3 |
| | 2 . | 6 |
| *Rapport doublé* | 2 . | 18 |
| | 3 . | 9 |
| *Rapport triplé* | 6 . | 162 |

638. Il suit des définitions précédentes, que les quarrés étant formés des racines multipliées par elles-mêmes, ils sont composés de deux rapports égaux, & qu'ainsi ils sont en raison doublée de ces racines, de même que les racines sont en raison sous-doublée des quarrés; comme aussi, que les cubes sont en raison triplée de leurs racines, & les racines en raison sous-triplée des cubes.

## *REMARQUE.*

639. Il est important de ne pas confondre les raisons doublées & triplées, sous-doublées & sous-triplées, avec les raisons doubles, triples, sous-doubles & sous-triples.

Les raisons doublées & triplées sont formées du produit de deux ou trois raisons égales *; & les raisons doubles & triples ne consistent qu'en ce que leur antécédent est double ou triple du conséquent *. Les raisons sous-doublées & sous-triplées sont, pour ainsi dire, les racines des raisons dou-

* N. 636.

* N. 605.

* N. 637. blées & triplées *; & les raisons sous-doubles & sous-triples ne consistent qu'en ce que l'antécédent n'est que la moitié ou le tiers du conséquent *.
* N. 606.

## THÉOREME V.

640. *Les rapports composés de même nombre de rapports égaux, sont égaux.*

### DÉMONSTRATION.

Considérez que multipliez des rapports ensem-
* N. 593 & 631. ble, c'est multiplier leurs exposans * : or les
* N. 599. exposans de rapports égaux sont égaux *, les produits formés de même nombre de grandeurs égales sont égaux : donc, &c.

### PREMIER COROLLAIRE.

Il suit de-là,

641. 1°. *Que la raison doublée est égale à celle des quarrés des termes des raisons composantes, ou que ses deux termes sont entr'eux comme les quarrés des termes des raisons composantes.*

Car soient les deux raisons égales ou composantes $a$ & $b$, $c$ & $d$; la raison doublée de ces deux raisons est celle de
* N. 633. $ac$ à $bd$ *, & la raison des quarrés des deux termes $a$ & $b$ est celle de $aa$ à $bb$: or la raison de $a$ à $b$ étant égale, par la supposition, à celle de $c$ à $d$, les deux raisons de $ac$ à $bd$, $aa$ à $bb$ sont composées de deux raisons égales : donc par le Théorême précédent, elles sont égales : donc $ac . bd :: aa . bb$. c. q. f. d.

$$\left\{\begin{array}{l} a . b :: a . b \\ c . d :: a . b \\ \hline ac . bd :: aa . bb. \\ \hline \end{array}\right.$$

## *Deuxième Corollaire.*

642. 2°. *Que la raison triplée est égale à celle des cubes des termes des raisons composantes, ou que les deux termes de cette raison sont entr'eux comme les cubes des termes des raisons composantes ou sous-triplées.*

Car si l'on a les trois raisons égales de $a$ à $b$, de $c$ à $d$, & de $f$ à $g$, l'on aura la raison de $acf$ à $bdg$ égale à celle de $a^3$ à $b^3$, ces deux raisons

$$\left\{\begin{array}{l} a \,.\, b :: a \,.\, b \\ c \,.\, d :: a \,.\, b \\ f \,.\, g :: a^3 \,.\, b^3 \\ \hline acf \,.\, bdg :: a^3 \,.\, b^3. \end{array}\right.$$

étant chacune composées de trois raisons égales *: *N. 639.
or $a^3$ & $b^3$ sont les cubes des termes de la raison composante de $a$ à $b$: donc, &c.

## *Remarque.*

643. Puisque les deux termes de la raison doublée sont comme les quarrés des termes des raisons composantes *, & que ceux de la raison triplée sont *N. 640.
entr'eux comme les cubes des termes des mêmes raisons *: il s'ensuit, *N. 641.

644. Que c'est la même chose de dire *que deux quantités sont entr'elles en raison doublée de deux autres quantités, ou qu'elles sont comme les quarrés de ces quantités*. Et que c'est aussi la même chose de dire, *que deux quantités sont en raison triplée de deux autres quantités, ou qu'elles sont comme les cubes de ces mêmes quantités*.

645. Et de même, puisque les racines des quarrés sont en raison sous-doublée des quarrés, & les racines cubiques en raison sous-triplée des cubes *; c'est aussi la même chose de dire, *que* *N. 638.

*deux quantités ſont en raiſon ſous-doublée ou ſous-triplée de deux autres, ou bien qu'elles ſont entr'elles comme les racines quarrées ou cubiques de deux autres.*

## THÉOREME IV.

646. *Si l'on a pluſieurs rapports égaux ou inégaux, dont le conſéquent du premier ſerve d'antécédent au ſecond, & le conſéquent du ſecond, d'antécédent au troiſiéme, & ainſi de ſuite, & qu'on multiplie tous ces rapports enſemble, la raiſon du premier terme au dernier ſera égale à la raiſon compoſée de tous les rapports.*

Soient les rapports quelconques de $a$ à $b$; de $b$ à $c$, & de $c$ à $d$, il faut démontrer que la raiſon compoſée de ces trois rapports, qui eſt celle de $abc$ à $bcd$ eſt égale à celle de $a$ à $d$, c'eſt-à-dire, que $abc . bcd :: a . d$.

$$\begin{array}{ccc} a & . & b \\ b & . & c \\ c & . & d \\ \hline abc & . & bcd :: a . d. \end{array}$$

*DÉMONSTRATION.*

Conſidérez qu'en diviſant les deux termes $abc$, & $bcd$ du rapport compoſé $abc$, $bcd$, par une
* N. 624. même quantité $bc$, on ne change rien au rapport *; or, pour faire cette diviſion, il faut ſeulement ôter
* N. 581. $bc$ de chaque terme du rapport *. Alors il ſera exprimé par les deux quantités $a$ & $d$, qui ſont le premier & le dernier terme des rapports propoſés: donc, lorſqu'on a ainſi de ſuite pluſieurs rapports égaux ou inégaux, le premier terme eſt au dernier en raiſon compoſée de tous les rapports. c. q. f. d.

PREMIER

PREMIER COROLLAIRE.

Il suit de cette proposition,

647. 1°. *Que si l'on a de suite deux rapports égaux comme ceux de* a *à* b, *&* *de* b *à* c, *le premier terme* a *sera au dernier* c *en raison doublée de* a *à* b, *ou comme* a a *est à* b b, *c'est-à-dire, que l'on aura* a . c : : a a . b b.

Pour le démontrer, considérez que par le Théorême précédent, *a* est à *c* en raison composée des deux raisons égales de *a* à *b*, & de *b* à *c*, c'est-à-dire, en raison doublée de *a* à *b* *. Mais les deux termes de toute raison doublée sont entr'eux comme les quarrés des termes des raisons composantes : donc *a* . *c* : : *a a* . *b b*. c. q. f. d. * N. 641.

DEUXIÈME COROLLAIRE.

Il suit encore de la même proposition.

648. *Que si l'on a de suite trois rapports égaux, tels que ceux de* a *à* b; *de* b *à* c, *&* *de* c *à* d, *le rapport du premier terme* a *au dernier* d *sera triplé des termes des raisons composantes, ou que* a . d : : $a^3$ . $b^3$.

Car par cette proposition, le rapport de *a* à *d* est composé des trois rapports égaux proposés : or la raison composée de trois raisons égales est triplée de ces raisons * : donc *a* est à *d* en raison triplée de *a* à *b* : mais les termes des raisons triplées sont entr'eux comme les cubes des termes des raisons composantes * : donc *a* est à *d*, comme le cube de *a* est au cube de *b* : or ces cubes sont $a^3$ & $b^3$ * : donc *a* . *d* : : $a^3$ . $b^3$. c. q. f. d. * N. 636. * N. 642. * N. 590.

## VI.

### *De la Proportion Géométrique.*

649. ON appelle *proportion*, la comparaiſon de deux rapports égaux.

Ainſi, ſi on ſuppoſe que le rapport de *a* à *b* ſoit égal à celui de *c* à *d*, ces deux rapports feront une proportion, qui ſe marquera de cette maniere comme les rapports égaux : *a* . *b* : : *c* . *d*, qui veut dire que la quantité repréſentée par *a*, eſt à celle qui eſt repréſentée par *b*, comme *c* eſt à *d*. De ſorte que ſi *a* eſt le tiers ou le quart de *b*, *c* ſera pareillement le tiers ou le quart de *d*.

650. Comme toute proportion eſt compoſée de deux rapports, & que chaque rapport a deux termes, il s'enſuit qu'une proportion a quatre termes.

651. Le premier & le dernier terme d'une proportion ſont appellés *les termes extrêmes*, ou ſimplement *les extrêmes* ; & les deux du milieu, les *termes moyens*, ou ſimplement *les moyens*.

Ainſi dans la proportion *a* . *b* : : *c* . *d* . *a* & *d* ſont les extrêmes, & *b* & *c* les moyens.

652. On appelle *grandeurs* ou *quantités proportionnelles* celles qui ſont une proportion, ou des rapports égaux : ainſi, *dire que deux quantités ſont proportionnelles à deux autres*, c'eſt dire qu'elles ſont un rapport égal à celui de ces deux autres quantités, ou qu'elles ſont toutes enſemble une proportion.

La proportion eſt *diſcrete* ou *continue*.

653. La proportion diſcrete eſt celle qui a ſes quatre termes differens, & la continue eſt celle dans

laquelle le conséquent du premier rapport sert d'antécédent au second.

Ainsi la proportion *a* . *b* :: *c* . *d* ou 2 . 3 :: 8 . 12, est discrete. Et la proportion *a* . *b* :: *b* . *c*, ou 4 . 6 :: 6 . 9, est continue.

654. La proportion continue s'exprime ordinairement par trois termes, mais le premier est précédé de ce signe ÷ qui sert à indiquer cette proportion : ainsi ÷ *a* . *b* . *c*. représente une proportion continue, qu'on énonce en disant que *a* est à *b*, comme *b* est à *c*; il en est de même de la proportion continue ÷ 5 . 15 . 45.

655. Le terme *b* ou 15 du milieu d'une proportion continue se nomme *moyen proportionnel*, ou simplement *moyen*.

656. Pour examiner si quatre quantités ou quatre nombres proposés sont proportionnels, ou s'ils font une proportion, il faut considérer si les deux rapports que font ces quatre nombres, sont égaux; s'ils le sont, c'est une marque que ces quantités ou ces nombres sont proportionnels *. 

* N. 652.

657. Soient, par exemple, les quatre nombres proposés, 4, 9, 12 & 27. Pour examiner s'ils sont proportionnels, ou si 4 . 9 :: 12 . 27, on prendra, comme on l'a enseigné (N°. 600.) les plus petites aliquotes semblables des conséquens 9 & 27, qui sont 1 & 3; & considérant ensuite que quatre contient quatre fois 1, qui est la neuviéme partie de son conséquent 9, comme 12 contient aussi quatre fois 3, c'est-à-dire, quatre fois la neuviéme partie de son conséquent 27; on en conclura que les antécédens de ces deux rapports contiennent le même nombre d'aliquotes semblables de leurs conséquens; qu'ainsi ils sont égaux, ou que 4 . 9 :: 12 . 27.

Autrement, on mettra les deux premiers nombres 4 & 9 en fraction, & de même les deux derniers, & l'on aura $\frac{4}{9}$ & $\frac{12}{27}$: réduisant cette derniere fraction à ses moindres termes, elle deviendra égale à la premiere $\frac{4}{9}$ : donc, &c.

658. On a déja vû que tout rapport pouvoit être exprimé par la division indiquée de l'antécédent par le conséquent, ou par $\frac{a}{b}$, si l'antécé-
*N. 593, dent est $a$ & le conséquent $b$ *: or, lorsque les
* & 595. rapports sont égaux, les quotiens des antécédens divisés par les conséquens; ou, ce qui est la même
*N. 599. chose, les exposans sont égaux *. Ces exposans sont les quotiens des antécédens, divisés par les
*N. 593. conséquens *: donc si l'on a deux rapports égaux, comme celui de $a$ à $b$, & de $c$ à $d$, ils pourront s'exprimer également, ou de cette maniere $a \,.\, b :: c \,.\, d$, ou par $\frac{a}{b} = \frac{c}{d}$.

659. La proportion de $a \,.\, b :: c \,.\, d$ étant exprimée ainsi, $\frac{a}{b} = \frac{c}{d}$, si on suppose que $\frac{a}{b} = q$,
*N. 596. on aura $bq = a$ *; & l'on aura aussi, à cause de l'égalité des deux rapports de $a$ à $b$, & de $c$ à $d$, $\frac{c}{d} = q$, & $c = dq$ : or, mettant dans cette proportion $bq$ à la place de $a$, & $dq$ à la place de $c$, on n'y changera aucune chose, & elle sera alors exprimée par $bq \,.\, b :: dq \,.\, d$.

On se servira de cette transformation ou de ce changement pour démontrer les propriétés de la proportion; c'est-à-dire, qu'appellant toujours $q$ l'exposant des rapports égaux, on substituera à la place de l'antécédent de chaque rapport, le produit du conséquent par l'exposant, qui est égal
*N. 596. à l'antécédent *.

## THÉOREME VII.

660. *Dans toute proportion géométrique, le produit des extrêmes est égal à celui des moyens.*

Soit la proportion $a . b :: c . d$, dont $a$ & $d$ sont les extrêmes, & $b$ & $c$ les moyens, il faut démontrer que le produit des extrêmes, qui est $ad$, est égal à celui des moyens qui est $bc$, ou que $ad = bc$.

*DÉMONSTRATION.*

On vient de voir que l'antécédent $a$ de tout rapport est égal au produit de son conséquent $b$, par l'exposant $q$, c'est-à-dire, que $a = bq$, comme $c = dq$. C'est pourquoi mettant à la place de $a$ dans cette proportion, $bq$, & à la place de $c$, $dq$, on aura $bq . b :: dq . d$, dans laquelle le produit des extrêmes est $bqd$, & celui des moyens $bdq$, qui sont évidemment des produits égaux, étant formés de la multiplication du même nombre de quantités égales : donc $bqd = bdq$. Présentement si on ôte de chaque expression de part & d'autre du signe d'égalité; sçavoir, de celle qui est à droite, $bq$, & qu'on y mette $a$ à la place; de même que de celle qui est à gauche, on ôte $dq$, & qu'on y substitue également $c$, qui lui est égal; on ne changera rien à l'égalité de ces deux produits; mais l'on aura alors $ad = bc$: donc puisque $ad$ est le produit des extrêmes de la proportion, & $bc$ celui des moyens, le produit des extrêmes est égal à celui des moyens. c. q. f. d.

Si $a = 12$, $b = 4$, $c = 15$, & $d = 5$, on aura $\frac{a}{b} = \frac{12}{4} = 3 = q$ & $\frac{c}{d} = \frac{15}{5} = 3 . = q$, d'où l'on aura $4 \times 3 = 12$, & $5 \times 3 = 15$. Alors la proportion $a . b :: c . d$ deviendra $12 . 4 :: 15 . 5$, qui ſera changée (en ſubſtituant à la place des antécédens le produit de l'expoſant des deux rapports par le conſéquent) en celle-ci $4 \times 3 . 4 :: 5 \times 3 . 5$, qui donnera pour le produit des extrêmes $4 \times 3 \times 5 = 4 \times 5 \times 3$. Ce qui eſt évident.

## REMARQUES.

### I.

661. Comme les lettres $a$, $b$, $c$ & $d$, peuvent repréſenter toutes ſortes de grandeurs, les deux rapports égaux $\frac{a}{b}$ & $\frac{c}{d}$ peuvent exprimer toutes ſortes de rapports ; c'eſt pourquoi la démonſtration qu'on vient de donner de l'égalité du produit des extrêmes à celui des moyens, convient généralement à toutes les grandeurs proportionnelles, ſoit que ces grandeurs ſoient des nombres, des lignes, &c.

Cette même vérité peut encore ſe démontrer en nombres de cette maniere.

Soit la proportion $3 . 4 :: 9 . 12$.

Il eſt évident que le produit de 3 par 12, qui eſt 36, eſt égal à celui de 4 par 9, qui eſt également 36 : mais cette preuve n'eſt pas générale; il faut démontrer qu'il en doit être de même dans tous les nombres qui ſont en proportion.

Les deux rapports qui forment la proportion
* N. 649. étant toujours égaux *, les antécédens contiendront le même nombre d'aliquotes ſemblables de
* N. 599. conſéquens *. Si on prend les plus petites de ces aliquotes, qui ſont 1 & 3, l'antécédent 3 du premier rapport contiendra autant de fois 1, que l'antécédent 9 du ſecond contiendra de fois 3.

Exprimant après cela la proportion par le moyen de ses aliquotes, l'on aura trois fois 1 (qui est le nombre d'aliquotes que l'antécédent 3 contient de son conséquent 4) est à quatre fois 1, c'est-à-dire, à 4, comme trois fois 3, (qui est le nombre d'aliquotes que le second antécédent contient de son conséquent) est à quatre fois 3, c'est-à-dire, au second conséquent 12. Si l'on exprime ce terme *fois*, par une virgule, on aura 3, 1 . 4, 1 :: 3, 3, 4, 3. Or on voit par cette transformation que les nombres qu'il faut multiplier pour avoir le produit des extrêmes, & qu'on peut appeller leurs *produisans*, sont 3, 1, 4 & 3; & que les produisans des moyens sont les mêmes nombres 4, 1, 3 & 3, qui par conséquent étant multipliés ensemble donneront les mêmes produits : donc, &c.

Il faut observer que cette proposition est une des plus importantes de la Géométrie, & qu'on ne sçauroit trop s'appliquer à la concevoir parfaitement, & à se la rendre familiere.

## I I.

662. Il faut observer aussi qu'on dit ordinairement que les termes extrêmes d'une proportion sont *réciproques des moyens*; ce qui signifie simplement que leur produit est égal à celui des moyens. Et qu'on dit également que *deux quantités sont réciproques* ou *réciproquement proportionnelles* à deux autres, pour exprimer que leur produit est égal à celui de ces deux dernieres quantités, ou bien que les deux premieres sont les extrêmes d'une proportion, dont les deux autres sont les moyens.

III.

663. Qu'on dit encore que deux quantités ſont en raiſon *inverſe* de deux autres, lorſque la premiere eſt à la ſeconde, comme la quatriéme eſt à la troiſiéme : enſorte que ſi l'on a les quatre quantités 12, 4, 5 & 15, dans leſquelles 12 eſt triple de 4, comme la quatriéme 15 eſt triple de la troiſiéme 5, on dira que 12 eſt à 4, en raiſon inverſe de 5 à 15 ; ce qui eſt la même choſe, que de dire comme 15 eſt à 5. Il y a des Auteurs qui expriment cette même choſe, en diſant que les deux premieres quantités ſont en raiſon *réciproque* des deux autres. Ainſi le terme de réciproque, dans ce cas, ne veut dire autre choſe que ce qu'on exprime par celui d'*inverſe* ; c'eſt-à-dire, que les deux premieres quantités ſont entr'elles comme le conſéquent du ſecond rapport eſt à ſon antécédent, ou comme la quatriéme eſt à la troiſiéme.

## THÉOREME VIII.

664. *Dans toute proportion continue, le produit des extrêmes eſt égal au quarré du moyen.*

Cette propoſition peut être regardée comme un Corollaire de la précédente. Car ſoit la proportion continue ÷ $a . b . c$, ſi on l'exprime comme la proportion diſcrete, on aura $a . b :: b . c$. On vient de voir que $ac$ produit des extrêmes eſt égal à $bb$ qui eſt celui des moyens, c'eſt-à-dire, que $ac = bb$. Or $bb$ eſt le quarré du terme moyen $b$, & $ac$ le produit des extrêmes ; donc, &c.

## THÉOREME IX.

665. *Si l'on a quatre grandeurs diſpoſées de maniere que le produit de la premiere par la quatriéme ſoit égal à celui de la ſeconde par la troiſiéme, ces quatre grandeurs ſont proportionnelles.*

Soient les quatre grandeurs $a$, $b$, $c$ & $d$. On ſuppoſe que $ad = bc$. Il faut démontrer que de cette ſuppoſition il s'enſuit que $a . b :: c . d$; ou, ce qui eſt la même choſe, que $\frac{a}{b} = \frac{c}{d}$. Cette propoſition eſt la converſe de la précédente.

### *Démonstration.*

Soient diviſés les deux produits égaux $ad$ & $bc$ par la même quantité $bd$, les quotiens indiqués qui en réſulteront ſeront égaux. Car des choſes égales, diviſées par des grandeurs auſſi égales donnent évidemment des quotiens égaux. Ainſi l'on aura $\frac{ad}{bd} = \frac{bc}{bd}$. Diviſant après cela les termes du rapport, $\frac{ad}{bd}$, par la même quantité $d$, c'eſt-à-dire, ôtant $d$ de chacun de ſes termes *, on ne changera rien à la valeur du rapport *, & il ſera alors réduit à $\frac{a}{b}$. Diviſant de même les deux termes du rapport de $\frac{bc}{bd}$ par la même quantité $b$, il ſera auſſi réduit à celui de $\frac{c}{d}$, qui a la même valeur : ainſi l'expreſſion $\frac{ad}{bd} = \frac{bc}{bd}$ ſera réduite

* N. 582.
* N. 624.

* N. 658. à $\frac{a}{b} = \frac{c}{d}$, qui signifie que $a . b :: c . d$ *. c. q. f. d.

### COROLLAIRE.

666. Il suit de cette proposition que, lorsqu'on a quatre quantités, dont le produit des extrêmes est égal à celui des moyens, ces quantités sont proportionnelles ; c'est pourquoi on aura démontré leur proportionnalité lorsqu'on aura prouvé l'égalité du produit des extrêmes de ces quantités, & celui des moyens.

Ainsi, supposant qu'on ait deux produits égaux quelconques ; comme, par exemple, $aad = bbc$, les racines où les facteurs de chacun de ces produits seront les extrêmes d'une proportion dont ceux de l'autre seront les moyens ; c'est-à dire, que ces facteurs seront réciproquement propor-
* N. 662. tionnels *.

Or $aad$ peut être considéré comme le produit de $aa$ par $d$, ou de $ad$ par $a$ ; & $bbc$, comme formé par $bb \times c$ ou $bc \times b$ : c'est pourquoi, prenant pour les extrêmes d'une proportion les facteurs du premier produit $aad$, ceux du second seront les termes moyens de la même proportion ; c'est-à-dire, qu'on aura, à cause de l'égalité $aad = bbc$, $aa . bb :: c . d$, ou $ad . bc :: c . d$ ; car dans l'un & l'autre cas, l'on a toujours pour le produit des extrêmes $aad$, qui est égal à celui des moyens $bbc$.

Si lon avoit de même $ab + bb = ac + ad$, les racines du premier produit étant $a + b$ & $b$, & celles du second $c + d$ & $a$, on tirera de ces deux produits la proportion suivante, $a + b . c + d :: a . b$. Il en sera de même des autres égalités.

## THÉOREME X.

667. *Deux rapports quelconques sont entr'eux comme le produit des termes extrêmes est à celui des moyens.*

### DÉMONSTRATION.

Soient les deux rapports de $a$ à $b$ & de $c$ à $d$. Le produit des extrêmes sera $ad$, & celui des moyens $bc$. Divisant chacun de ces produits par la même quantité $bd$, on ne changera rien à leur rapport *, c'est-à-dire, qu'on aura $ad . bc :: \frac{ad}{bd} . \frac{bc}{bd}$ : mais les deux derniers rapports de cette proportion se réduisent à $\frac{a}{b}$ & $\frac{c}{d}$ (en divisant chaque terme de $\frac{ad}{bd}$ par $d$, & de même chaque terme de $\frac{bc}{bd}$ par $b$, ce qui n'en change pas la valeur) : donc $\frac{ad}{bd} . \frac{bc}{bd} :: \frac{a}{b} . \frac{c}{d}$ : donc puisque les deux rapports de $ad$ à $bc$ & de $\frac{a}{b}$ à $\frac{c}{d}$ sont égaux au même rapport de $\frac{ad}{bd}$ à $\frac{bc}{cd}$, ils sont égaux entr'eux, c'est-à-dire, que $ad . bc :: \frac{a}{b} . \frac{c}{d}$. c. q. f. d.

* N. 624

### COROLLAIRE.

668. Il suit de cette proposition, que si l'on a deux rapports, dont le produit des extrêmes soit égal à celui des moyens, les deux rapports sont

égaux ; & que ſi ces produits ſont inégaux, les rapports le ſont auſſi, & dans la même raiſon.

## PROBLEMES.

### I.

669. *Trouver une quatriéme proportionnelle à trois grandeurs données, a, b & c.*

Une quatriéme proportionnelle eſt le quatriéme terme d'une proportion diſcrete, ou ſimplement d'une proportion. Soit appellé $x$ ce quatriéme ter-
*N. 660. me, l'on aura $a \,.\, b :: c \,.\, x$, & $ax = bc$*. Si l'on diviſe chacun de ces produits par la même quan-
*N. 582. tité $a$, qui multiplie le premier $ax$, on aura $x$* pour le quotient du premier, & $\frac{bc}{a}$ pour le quotient indiqué du ſecond. Mais $ax$ & $bc$ étant des produits égaux, les quotiens de ces produits diviſés par la même quantité $a$, ſeront égaux : donc $x = \frac{bc}{a}$ : or $bc$ eſt le produit de la ſeconde & de la troiſiéme des quantités données, $a$ eſt la premiere : donc la quatriéme proportionnelle aux trois grandeurs données, eſt égale au produit de la ſeconde & de la troiſiéme, diviſé par la premiere.

Si on ſuppoſe que $a = 6$, $b = 8$, & $c = 15$, on aura $x = \frac{8 \times 15}{6} = \frac{120}{6} = 20$. En effet, $6 \,.\, 8 :: 15 \,.\, 20$.

### REMARQUE ou OBSERVATION

*Sur la démonſtration de la Régle de Trois, ou de proportion.*

670. Lorſqu'on a parlé de la Régle de Trois

dans l'Arithmétique, N. 264, on a essayé de donner une démonstration de cette Régle, c'est-à-dire, d'expliquer le principe de l'opération par laquelle elle se résout; mais la véritable démonstration est celle qui se tire de la propriété de la proportion géométrique; sçavoir, de ce que le produit des extrêmes est égal à celui des moyens.

Car l'objet de la Régle de Trois est de trouver un quatriéme terme proportionnel à trois termes, ou trois nombres donnés : or on vient de voir que le produit des extrêmes étant égal à celui des moyens, il s'ensuit que pour trouver le quatriéme terme de la proportion, il faut diviser le produit du second & du troisiéme terme par le premier. Ce quatriéme terme est celui qu'on cherche dans la Régle de Trois; il faut donc opérer ainsi pour le trouver. Mais c'est ce qui a été prescrit pour cet effet: donc cette opération le fait trouver.

Si on suppose, par exemple, que 35 piéces de canon en batterie ayent consommé 15700 livres de poudre pendant un certain temps, & qu'on veuille sçavoir combien 140 piéces de même calibre en consommeroient dans le même temps.

Il est évident que, comme 35 piéces de canon sont à 140, , ainsi la consommation des premiers est à celle des secondes. Appellant $x$ cette derniere consommation ; on aura cette proportion $35 . 140 :: 15700 . x$: or, puisque $35 \times x = 15700 \times 140$.* $x = \frac{15700 \times 140}{35} = 62800$; c'est-à dire, que $x$ se trouve en multipliant ensemble les deux derniers termes de la Régle, & divisant leur produit par le premier; le tout ainsi qu'il a été établi N. 269, du *Traité d'Arithmétique*.

* N. 660.

## II.

671. *Trouver une moyenne proportionnelle entre deux grandeurs données* a & c.

Une moyenne proportionnelle eſt le terme du milieu d'une proportion continue : or, dans cette proportion le produit des extrêmes eſt égal au quarré du terme moyen * : donc le produit $ac$ eſt égal au quarré du terme cherché : donc la racine quarrée de ce produit, qu'on indique ainſi $\sqrt{ac}$, eſt égale au moyen demandé.

* N. 664.

D'où il ſuit, que pour trouver un moyen proportionnel entre deux nombres donnés, comme 4 & 16, il faut les multiplier enſemble, & extraire la racine quarrée de leur produit 64. Cette racine, qui eſt 8, ſera le moyen proportionnel demandé : en effet, 4 . 8 : : 8 . 16, ou ÷ 4 . 8 . 16.

*Remarque.*

672. Si le produit $ac$ des extrêmes de la proportion continue, n'eſt pas un quarré parfait, c'eſt-à dire, s'il n'a pas pour ſa racine un nombre entier, la moyenne proportionnelle exacte ſera impoſſible : mais on pourra en approcher en ſe ſervant de la méthode expliquée N°. 500.

Si, par exemple, on ſuppoſe que $a = 8$ & $c = 9$, $ac$ ſera égal à 72, & l'on aura $\sqrt{ac} = \sqrt{72}$ : or, cette racine n'eſt pas 8 ; car $8 \times 8 = 64$ plus petit que 72. Elle n'eſt pas non plus 9, puiſque $9 \times 9 = 81$ plus grand que 72 : elle eſt ainſi entre 8 & 9. On aura la fraction qu'il faudra ajouter à 8 pour approcher autant qu'on le voudra de la racine exacte par la méthode de l'approximation des racines, N°. 500.

## III.

673. *Trouver une troisiéme proportionnelle à deux grandeurs données* a & b.

Une troiſiéme proportionnelle eſt le troiſiéme terme d'une proportion continue. Dans cette proportion, le produit des extrêmes eſt égal au quarré du terme du milieu ou du moyen *. Ceſt pourquoi ſi on appelle $x$ le troiſiéme terme cherché, on aura $ax = bb$. Et diviſant chaque terme par $a$, on aura les deux quotiens égaux $x$ & $\frac{bb}{a}$; c'eſt-à-dire, $x = \frac{bb}{a}$, qui fait voir que $x$ eſt égal au quarré du ſecond terme $b$, diviſé par le premier $a$. * N. 664.

Si $a = 2$, & $b = 6$, on aura $x = \frac{bb}{a} = \frac{6 \times 6}{2} = \frac{36}{2} = 18$. En effet, 2 . 6 :: 6 . 18 ou ÷ 2 . 6 . 18.

*Des différentes manieres de changer l'arrangement & les termes d'une proportion, en conſervant toujours une proportion.*

674. On peut changer l'arrangement & les termes d'une proportion de quatre manieres, en conſervant toujours une proportion dans ces différens changemens; ſçavoir,

675. 1°. En *renverſant*, c'eſt-à-dire, en mettant les conſéquens à la place des antécédens.

676. 2°. En *permutant* ou en *alternant*, c'eſt-à-dire, en comparant les deux antécédens d'une part, & les deux conſéquens de l'autre.

677. 3°. En *compoſant* ou en *ajoutant*, c'eſt-à-dire, en comparant la ſomme de l'antécédent

& du conſéquent de chaque rapport, avec l'antécédent ou le conſéquent du même rapport.

678. Et 4°. En *diviſant* ou en *retranchant*, c'eſt-à-dire, en comparant la différence de l'antécédent & du conſéquent de chaque rapport, avec l'antécédent ou le conſéquent du même rapport.

Ce ſont ces quatre changemens qu'il faut démontrer, c'eſt-à-dire, qu'ayant une proportion géométrique quelconque, on peut faire ces changemens en conſervant toujours une proportion avec les différens termes qui en réſultent.

679. Soit pour cela la proportion $a . b :: c . d$,
*N. 659. on la changera en celle-ci, $bq . b :: dq . d$*.

*DÉMONSTRATION du premier changement.*

680. Ayant $bq . b :: dq . d$, il faut démontrer qu'on a auſſi renverſant, $b . bq :: d . dq$. Or, c'eſt ce qui eſt évident, parce que les antécédens $b$ & $d$ de cette proportion contiennent la même partie de leurs conſéquens $bq$ & $dq$. Car ſi, par exemple, $q=3$ $bq=3b$ & $dq=3d$: or $b$ eſt le tiers de $3b$, comme $d$ eſt le tiers de $3d$: donc $b . 3b :: d . 3d$ ou $b . bq :: d . dq$. c. q. f. d.

*DÉMONSTRATION du ſecond changement.*

681. Pour le ſecond changement, il faut démontrer que ſi $bq . b :: dq . d$, on a auſſi en permutant ou en raiſon alterne, $bq . dq :: b\ d$, & c'eſt ce qui eſt évident; car la grandeur ou l'expoſant $q$, multipliant les deux termes $b$ & $d$ dans le premier rapport de cette proportion, les produits
*N. 624. $bq$ & $dq$ ſont entr'eux comme $b$ eſt à $d$*: donc, &c.

*DÉMONSTRATION*

*DÉMONSTRATION du troisiéme changement.*

682. Dans ce changement il faut démontrer qu'ayant toujours la proportion $bq . b :: dq . d$, on aura également en composant, $bq + b . b :: dq + d . d$. Ce qui est évident; car, comme l'exposant $q$ est de même valeur dans les deux antécédens $bq + b$, & $dq + d$, il s'ensuit que ces antécédens contiennent également leurs conséquens $b$ & $d$, & qu'ainsi $bq + b . b :: dq + d . d$*.

* N. 599.

683. On démontrera de même, supposant toujours la proportion $bq . b :: dq . d$, que $bq + b . bq :: dq + d . dq$, c'est-à-dire, que la somme de l'antécédent & du conséquent du premier rapport est à l'antécédent, comme la somme de l'antécédent & du conséquent du second rapport est à son antécédent.

*DÉMONSTRATION du quatriéme changement.*

684. Supposant donc qu'on ait toujours la même proportion $bq . b :: dq . d$, il faut démontrer que l'on a aussi en divisant, $bq - b . b :: dq - d . d$.

Comme l'exposant $q$ est de même valeur dans chaque antécédent, il s'ensuit que chaque antécédent $bq - b$ & $dq - d$ contient son conséquent $b$ & $d$ autant de fois, moins 1, que $q$ contient d'unités, à cause des retranchemens de $b$ & de $d$; car si $q = 3$. $bq = 3b$ & $3b - b = 2b$, & de même $dq = 3d$, & $3d - d = 2d$. Donc chaque antécédent contiendra deux fois son conséquent : or, il en sera de même, quelque valeur particuliere qu'on suppose à $q$ : Donc $bq - b . b :: dq - d . d$.

On démontrera de la même maniere que $bq - b . bq :: dq - d . dq$, c'est-à-dire, que l'antécédent du premier rapport, moins ſon conſéquent, eſt à l'antécédent, comme l'antécédent du ſecond rapport, moins ſon conſéquent, eſt à l'antécédent.

Si l'on ſuppoſe que $a=9$, $b=3$, $c=6$ & $d=2$, la proportion $a.b::c.d$, ou $bq.b::dq.d$, deviendra $9.3::6.2$, & $\frac{3}{9}=3=q$, on aura alors, en renverſant ou en mettant les conſéquens à la place des antécédens $3.9::2.6$; ce qui eſt évident, 3 étant le tiers de 9, comme 2 l'eſt de 6.

En permutant ou en comparant les deux antécédens d'une part, & les deux conſéquens d'une autre, on aura $9.6::3.2$, car 9 contient trois fois la moitié de 6, comme 3 contient trois fois celle de 2.

En compoſant, ou joignant enſemble l'antécédent & le conſéquent de chaque rapport pour le comparer au conſéquent ou à l'antécédent, on aura $9+3.3::6+2.2$, ou $12.3::8.2$; ce qui eſt évident, 12 étant quadruple de 3, comme 8 l'eſt de 2.

Enfin, en diviſant ou comparant la différence de l'antécédent & du conſéquent de chaque rapport, avec le conſéquent ou l'antécédent du même rapport, on aura, ſuppoſant toujours la même proportion $9.3::6.2.9-3.3::6-2.2$; c'eſt-à dire, $6.3::4.2$; ce qui eſt évident, puiſque 6 eſt double de 3, comme 4 l'eſt de 2.

### *Remarque.*

685. Il y a encore un cinquiéme changement, qu'on appelle *converſion de raiſon*, qui conſiſte, ſi l'on a $bq.b::dq.d$, à conclure que le premier antécédent $bq$, eſt à ſa différence du conſéquent, qui eſt $bq-b$, comme le ſecond antécédent $dq$,

est aussi à sa différence du conséquent, laquelle est $dq-d$, c'est-à-dire, que $bq.bq-b::dq.dq-d$; ce qui est évident; car les aliquotes semblables des conséquens $bq-b$ & $dq-d$ sont $b$ & $d$ qui y sont contenues autant de fois, moins 1, que $q$ contient d'unités : Or, $q$ étant de même valeur dans chaque antécédent $bq$ & $dq$, il s'ensuit que ces antécédens contiennent le même nombre d'aliquotes semblables de leurs conséquens; & qu'ainsi les deux rapports de $bq$ à $bq-b$, & $dq$ à $dq-d$ sont égaux *: Donc $bq.bq-b::dq.dq-d$. c. q. f. d. *N. 559.

Ce changement étant de peu d'usage, il faut seulement s'appliquer à bien concevoir & retenir les quatre premiers qui sont les seuls qu'on employera dans le cours de cet ouvrage.

## THÉOREME XI.

686. *Lorsque quatre quantités sont proportionnelles, si les antécédens sont égaux, les conséquens le sont aussi, & si les conséquens sont égaux, les antécédens le sont également.*

Soit $a.b::c.d$, & soit supposé $a=c$, il faut démontrer qu'on aura aussi $b=d$.

### *DÉMONSTRATION.*

Puisque $a.b::c.d$, on aura aussi en raison alterne * $a.c::b.d$. Or, comme ces deux rapports sont égaux, & que $a$ contient une fois son conséquent $c$, ou qu'il lui est égal, $b$ sera donc aussi égal à $d$ *: Donc, &c. *N. 676. *N. 599.

687. On démontrera de même que si $b=d$, on aura $a=c$; & que si $a$ & $b$ sont égaux, $c$ & $d$ le seront aussi entr'eux.

## THÉOREME XII.

688. *Si l'on multiplie par ordre les termes d'une proportion par ceux d'une autre proportion ; c'est-à-dire, les antécédens de chaque rapport de la premiere, par les correspondans de la seconde, & les conséquens de chacune des deux proportions de la même maniere, les produits seront en proportion.*

Soient les deux proportions $a . b :: c . d$, & $f . g :: m . n$ ; ayant multiplié chacun des termes de la premiere proportion ; sçavoir, les deux premiers antécédens l'un par l'autre, puis les deux premiers conséquens, &c. l'on aura $af . bg :: cm . dn$.

*Démonstration.*

Considérez que le rapport de $af$ à $bg$ est composé de deux rapports, qui sont égaux à ceux qui composent celui de $cm$ à $dn$ :

$$\left\{\begin{array}{l} a \;.\; b :: c \;.\; d. \\ f \;.\; g :: m \;.\; n. \\ \hline af \;.\; bg :: cm \;.\; dn. \\ \hline \end{array}\right.$$

Or les rapports composés de même nombre de rapports égaux, sont égaux * : Donc $af . bg :: cm . dn$. c. q. f. d.

* N. 640.

*Corollaire.*

Il suit de cette proposition,

689. *Que lorsque quatre quantités sont proportionnelles, leurs quarrés & leurs cubes le sont aussi ; & réciproquement, que lorsque quatre grandeurs sont proportionnelles, leurs racines quarrées & cubiques le sont également.*

Car si l'on considére, pour la premiere partie de la proposition, que les quarrés des termes d'un proportion ne sont autre chose que les termes de la proportion multipliés par eux-mêmes *, il s'ensuivra qu'ils sont encore en proportion *. Multipliant ensuite ces quarrés par leurs racines, qui sont les termes de la premiere proportion, on aura encore une proportion *; mais les produits qui en résulteront, seront les cubes des termes de la premiere : Donc ces cubes seront aussi en proportion : Donc si l'on a, $a . b :: c . d$, on aura encore $aa . bb :: cc . dd$, & $a^3 . b^3 :: c^3 . d^3$. c. q. f. d.

* N. 469.
* N. 688.
* N. 638.

690. A l'égard de la seconde partie de la proposition, qui consiste à faire voir que si quatre grandeurs sont proportionnelles, leurs racines quarrées & cubiques le sont également, c'est-à-dire, que si $a . b :: c . d$, on a aussi $\sqrt{a} . \sqrt{b} :: \sqrt{c} . \sqrt{d}$, $\sqrt[3]{a} . \sqrt[3]{b} :: \sqrt[3]{c} . \sqrt[3]{b}$.

Il faut observer que les quatre quantités $a$, $b$, $c$ & $d$, étant considérées comme des quarrés & des cubes, sont en raison doublée & triplée de leurs racines quarrées & cubiques * : Or ces raisons doublées & triplées sont égales entr'elles, par la supposition que $a . b :: c . d$ : Donc leurs raisons composantes *, c'est-à-dire, leurs racines quarrées & cubiques le sont également : Donc, &c.

* N. 638.
* N. 636.

## THÉOREME XIII.

691. *Quatre quantités étant proportionnelles, le produit des antécédens est à celui des conséquens, comme le quarré d'un antécédent est à celui de son conséquent.*

Soient les deux rapports égaux de $a$ à $b$, & de $c$ à $d$, il faut démontrer que $ac$, qui est le produit des deux antécédens, est à $bd$, qui est celui des conséquens, comme $aa$ est à $bb$.

*Démonstration.*

Considérez que le rapport de $ac$ à $bd$ est doublé
*N. 636. de celui de $a$ à $b$*: Or les termes des raisons doublées sont entr'eux comme les quarrés des termes
*N. 641. des raisons composantes*: Donc $ac . bd :: aa . bb$. c. q. f. d.

## THÉOREME XIV.

692. *Si l'on a trois rapports égaux, ou six quantités proportionnelles, le produit des trois antécédens est à celui des conséquens, comme le cube d'un antécédent est à celui de son conséquent.*

Soient les trois rapports égaux de $a$ à $b$, de $c$ à $d$, & de $f$ à $g$, il faut démontrer que $acf$, qui est le produit des trois antécédens,

$$\left\{\begin{array}{ccc} a & . & b \\ c & . & d \\ f & . & g \\ \hline acf & . & bdg :: aaa . bbb. \\ \hline \end{array}\right.$$

est à $bdg$, qui est celui des conséquens, comme $aaa$ ou $a^3$ qui est le cube de $a$, est à $bbb$ ou $b^3$, qui est celui de $b$.

*Démonstration.*

Considérez que $acf$ est à $bdg$ en raison triplée
*N. 636. de $a$ à $b$*: Or les termes des rapports triplés sont entr'eux comme les cubes des termes des
*N. 624. raisons composantes*: Donc $acf . bdg :: a^3 . b^3$. c. q. f. d.

*Remarque.*

693. Il faut s'attacher à retenir parfaitement les deux dernieres propositions. On s'en servira dans

la suite pour déterminer le rapport des surfaces, & celui des solides.

## THÉOREME XV.

694. *Si l'on a trois quantités en proportion continue, la premiere est à la derniere en raison doublée de la premiere à la seconde, ou comme le quarré de la premiere est à celui de la seconde.*

Soit la proportion continue $a . b :: b . c$, ou $\div a . b . c$, il faut démontrer que $a . c :: aa . bb$.

### DÉMONSTRATION.

Considérez que les rapports de $a$ à $b$ & de $b$ à $c$ étant de suite, & égaux, le premier terme $a$ est au dernier $c$ en raison doublée de chacun des termes de ces rapports *, c'est-à-dire, comme $aa$ est à $bb$ *: Donc $a . c :: aa . bb$. c. q. f. d.

* N. 647.

* N. 641.

## THÉOREME XVI.

695. *Si l'on a une proportion continue de quatre termes, le premier est au dernier en raison triplée du premier au second, ou comme le cube du premier est à celui du second.*

Soit la proportion continue de quatre termes $a . b :: b . c :: c . d$ ou $\div a . b . c . d$, il faut démontrer que $a . d :: a^3 . b^3$.

### DÉMONSTRATION.

Il faut observer que cette proportion continue donnant trois rapports de suite égaux, le

$$\left\{\begin{array}{l} a \;.\; b \\ b \;.\; c \\ c \;.\; d \\ \hline abc \;.\; bcd :: a . d :: a^3 . b^3. \end{array}\right.$$

premier terme est au dernier en raison triplée du

* N. 648. premier au ſecond *, ou comme le cube du premier eſt au cube du ſecond * : Donc $a . d :: a^3 . b^3$.
* N. 632. c. q. f. d.

### REMARQUE.

696. Si l'on avoit un plus grand nombre de termes formant une ſuite de rapports égaux, enſorte qu'on eut toujours pour l'antécédent de chaque rapport le conſéquent du précédent, on démontreroit, comme on vient de le faire pour quatre quantités, que le premier terme de cette ſuite de rapports égaux ſeroit au dernier, comme le premier, multiplié autant de fois par lui-même qu'il y a de termes qui le ſuivent, eſt au ſecond multiplié auſſi autant de fois par lui-même que le premier.

Ainſi ſuppoſant ſept termes dans une ſuite quelconque de rapports égaux, & nommant $a$ le premier terme, $b$ le ſecond & $z$ le dernier, l'on auroit $a . z :: a^6 . b^6$ ou $a^6 . b^6 :: a . z$.

Si l'on nomme $x + 1$ le nombre des termes inconnus d'une ſuite de rapports égaux tels que les précédens, nommant encore $a$ le premier terme $b$ le ſecond, & $z$ le dernier, l'on aura $a^x . b^x :: a . z$.

Lorſqu'une proportion continue a quatre termes, les deux du milieu ſe nomment chacun *moyennes proportionnelles* : Ainſi dans cette proportion il y a deux moyennes proportionnelles. La premiere eſt celle qui ſuit immédiatement le premier terme, & la ſeconde eſt celle qui précéde le dernier. Ainſi dans la proportion continue $\div\!\!\div a . b . c . d$, $b$ eſt la premiere moyenne proportionnelle, & $c$ la ſeconde. Comme ces deux moyennes proportionnelles ont pluſieurs uſages dans la Géométrie des ſolides, on va donner la méthode générale de les trouver. Elle se tire du Théorême précédent.

## PROBLEME.

697. *Entre deux grandeurs données* a & b *trouver deux moyennes proportionnelles.*

### RÉSOLUTION.

Il faut supposer qu'elles sont trouvées, & nommer $x$ la premiere, & $y$ la seconde ; & l'on aura alors $a . x :: x . y :: y . b$. Mais par le Théorême précédent*, $a . b :: a^3 . x^3$. Le produit des extrêmes de cette proportion qui est à $a x^3$ étant égal à celui des moyens qui est $a^3 b$ *, donnera $a x^3 = a^3 b$, ou $a x x x = a a a b$, qui se réduit, en divisant chaque terme par $a$, c'est-à-dire, en ôtant un $a$ de chaque terme, a, $x x x = a a b$. Or $x$ est la racine cube de $x x x$ *, & comme lorsque deux quantités sont égales, leurs racines quarrées & cubiques le sont aussi, il s'ensuit, que $x = \sqrt[3]{aab}$; expression qui indique,

* N. 695.

* N. 660.

* N. 591.

698. *Que pour avoir* x *ou la premiere moyenne proportionnelle entre deux quantités quelconques* a & b, *il faut quarrer la premiere* a, *pour avoir* aa ; *multiplier ce quarré par la seconde quantité donnée* b, *ce qui donne* aab, & *extraire la racine cube de ce produit.*

699. Si $a$ & $b$ sont données en nombres, & que le produit $a a b$ ne se trouve pas un cube parfait, on ne pourra en extraire la racine cube exactement, & par conséquent on ne pourra avoir que par approximation la premiere des deux moyennes proportionnelles demandées, & cela, en se servant de la méthode expliquée N. 546.

Soient, par exemple, les deux nombres donnés 6 & 9, entre lesquels il faut trouver deux moyennes proportionnelles. On aura alors pour la valeur de $x$, ou de la premiere de ces moyennes proportionnelles la racine cube du quarré de 6, qui est 36, multiplié par 9, qui donne pour $aab$ le produit 324 : Or la racine cube de ce produit est entre 6 & 7; car le cube de 6 est 216, nombre plus petit que 324, & celui de 7 est 343 plus grand que 324 : Ainsi dans cet exemple, on ne peut avoir $x$ que par approximation.

Si au lieu des deux nombres précédens on a 2 & 54, alors on trouvera exactement deux moyennes proportionnelles entre ces nombres; car le quarré du premier est 4, lequel étant multiplié par le second 54 donne 216 pour la valeur de $aab$ : Or la racine cube de 216 est 6 : Donc $6 = x = \sqrt[3]{aab}$, c'est-à-dire, la premiere des deux moyennes proportionnelles demandées.

700. La premiere moyenne proportionnelle étant connue, il est aisé d'avoir la seconde, qui est moyenne proportionnelle entre la premiere & le second nombre donné; car cette premiere étant $x$, l'autre $y$, & le second nombre donné $b$, on a $x . y :: y . b$, ce qui donne $bx = yy$; d'où l'on aura la valeur de $y$, comme on l'a enseigné N. 671.

## VII.

### *De la Progression géométrique.*

701. ON appelle *progression* une suite de rapports égaux, dans lesquels le conséquent du pre-

mier rapport ſert d'antécédent au ſecond, & le conſéquent de celui-ci, d'antécédent au troiſiéme, & ainſi de ſuite.

702. La progreſſion ſe marque avec le même ſigne qui précéde la proportion continue, ÷÷ $a . b . c . d . f$, &c. qui s'exprime, en diſant que $a$ eſt à $b$, comme $b$ eſt à $c$, comme $c$ eſt à $d$, & comme $d$ eſt à $f$, &c. De même ÷÷ 2 . 6 . 18 . 54, &c. s'exprime en diſant que 2 eſt à 6, comme 6 eſt à 18, &c.

*Remarque.*

Si les Commençans trouvent de la difficulté à concevoir ce qui eſt expliqué dans les nombres ſuivans 703, 704, 705, 706 & 707, ils pourront le paſſer; de même que le troiſiéme Problême qui eſt à la fin de cet article N. 721, lequel Problême n'eſt qu'une application de ce qui eſt expliqué dans les articles des nombres ci-deſſus.

703. Si on ſuppoſe que la progreſſion ſoit *multiple*, ou que ſes termes aillent en augmentant, & que l'expoſant de chaque rapport renverſé ſoit $q$, elle pourra être exprimée par cette expreſſion générale, qu'on appelle *formule*. ÷÷ $a . aq . aq^2 . aq^3 . aq^4 . aq^5$, &c.

Pour le démontrer, conſidérez que $\frac{b}{a}$ étant par la ſuppoſition, égale à $q$, on a $\frac{b}{a} = q$ & $b = aq$ *; comme tous les rapports de la progreſſion ſont égaux, ils le ſeront encore en renverſant *; c'eſt-à-dire, qu'on aura auſſi $\frac{c}{b} = q$ & $c = bq$, mettant dans $bq$, $aq$ à la place de $b$, on aura $c = aqq$

* N. 696.

* N. 680.

ou $aq^2$. Ayant également $\frac{d}{c}=q$ on a $d=cq$, & mettant dans cette expression $aqq$ à la place de $c$, on aura $d=aqqq=aq^3$. Il est aisé de déterminer de la même maniere tous les autres termes de la progression $\div\!\!\div a.b.c.d.f$, &c. Donc elle peut être exprimée par $\div\!\!\div a.aq.aq^2.aq^3.aq^4.aq^5$, &c.

Si $a=2$ & $b=6$, on aura $\frac{b}{a}=\frac{6}{2}=3=q$. Alors $aq=2\times 3=6.aq^2=2\times 3\times 3=18.aq^3=2\times 3\times 3\times 3=54.aq^4=2\times 3\times 3\times 3\times 3=162$, &c. C'est pourquoi dans ce cas la progression représentée par la formule $\div\!\!\div a.aq.aq^3$, &c. sera $\div\!\!\div 6.18.54.162.486$, &c.

704. Si la progression est *sous-multiple* ou *décroissante*, c'est-à-dire, si ses termes vont en diminuant, comme $\div\!\!\div 9.3.1.\frac{1}{3}.\frac{1}{9}.\frac{1}{27}$, &c. la formule précédente deviendra $\div\!\!\div a.\frac{a}{q}.\frac{a}{q^2}.\frac{a}{q^3}.\frac{a}{q^4}.\frac{a}{q^5}.\frac{a}{q^6}$ &c.

Pour le démontrer, soit $\frac{a}{b}=q$, on aura $a=bq$*, & divisant chaque terme par $q$, on a $\frac{a}{q}=b$.

A cause de l'égalité des rapports de la progression l'on a aussi $\frac{b}{c}=q$, qui donne $b=cq$, & $\frac{b}{q}=c$; mettant à la place de $b$, sa valeur $\frac{a}{q}$, l'on a $c=\frac{a}{q^2}$.

La même progression donnant encore $\frac{c}{d}=q$,

l'on a $\frac{c}{q} = d$, mettant à place de $c$ sa valeur $\frac{a}{q^2}$, l'on a $\frac{a}{q^3} = d$. Transformant de la même maniere les autres termes de la progression sous-multiples $\div\!\div$ $a . b . c . d$, &c. on a la formule $\div\!\div a . \frac{a}{q} . \frac{a}{q^2} . \frac{a}{q^3}$, &c.

Si l'on suppose que $a = 8$ & $b = 4$; $\frac{a}{b} = q$ devient alors $\frac{8}{4} = 2 = q$.

Ainsi $\frac{a}{q} = \frac{8}{2} = 4 . \frac{a}{q^2} = \frac{8}{2 \times 2} = 2 . \frac{a}{q^3} = \frac{8}{2 \times 2 \times 2} = \frac{8}{8} = 1 . \frac{a}{q^4} = \frac{8}{2 \times 2 \times 2 \times 2} = \frac{8}{16} = \frac{1}{2}$. Si l'on continue de substituer à la place de $a$ & de $q$ dans chacun des termes de la précédente formule, leurs valeurs numériques 8 & 2, elle deviendra $\div\!\div 8 . 4 . 2 . 1 . \frac{1}{2} . \frac{1}{4} . \frac{1}{8}$, &c.

## *Remarque.*

705. Les expressions générales qu'on vient de donner de la progression multiple & de la sous-multiple, servent à faire trouver tel terme qu'on veut de ces progressions, lorsque le premier & le second termes sont connus. Car alors on connoît l'exposant du rapport renversé qui régne dans la progression multiple, & celui du rapport direct de la sous-multiple : Or, dans la premiere, il suit de la formule,

706. *Que chaque terme est égal au premier multiplié autant de fois par l'exposant du rapport*

*renversé, qu'il y a de termes qui le précédent.*

Par exemple, le quatriéme terme de cette progression $aq^3$, est $a \times q \times q \times q$, c'est-à-dire, que $a$ est multiplié trois fois par l'exposant $q$, ou autant de fois qu'il y a de termes qui précédent le quatriéme. Le huitiéme $aq^7$, n'est de même que le premier $a$ multiplié sept fois par $q$, c'est-à-dire, autant de fois qu'il y a de termes qui précédent le 8e, &c.

Dans la progression sous-multiple, la formule $\div a . \frac{a}{q} . \frac{a}{q^2} . \frac{a}{q^3} . \frac{a}{q^4}$, &c. fait voir,

707. *Que chaque terme est égal au premier divisé par l'unité multipliée autant de fois par l'exposant qu'il y a de termes qui le précédent.*

Car le second terme $\frac{a}{q} = \frac{a}{1 \times q}$, c'est-à-dire, le premier $a$ divisé par l'unité multipliée une fois par $q$; le troisiéme $\frac{a}{q^2} = \frac{a}{1 \times q \times q}$ est le premier $a$, divisé par l'unité multipliée deux fois par l'exposant $q$, c'est-à-dire, autant de fois qu'il y a de termes qui le précédent ; il en est de même des autres termes. Ainsi le centiéme sera $\frac{a}{q^{99}} = \frac{a}{1 \times q^{99}}$, &c.

## THÉOREME I.

708. *Dans toute progression géométrique, le produit de deux termes également éloignés des extrêmes est égal à celui des extrêmes.*

Soit, par exemple, la progression $\div 2 . 4 . 8 . 16 . 32 . 64 . 128$. Il faut démontrer que le produit de 4 par 64, termes également éloignés des extrêmes de la progreſſion 2 & 128, eſt égal à celui de ces extrêmes, ou que $4 \times 64 = 256$ eſt égal à $2 \times 128$; ce qui eſt évident, puiſque ce dernier produit eſt auſſi égal à 256.

Mais pour le démontrer généralement, il faut conſidérer que tous les rapports qui compoſent la progreſſion, ſont égaux entr'eux *; & qu'ainſi $2 . 4 :: 64 . 128$. Or dans toute proportion le produit des extrêmes eſt égal à celui des moyens *: Donc $2 \times 128 = 4 \times 64$. c. q. f. d.

* N. 701.

* N. 660.

## THÉOREME II.

709. *Dans toute progreſſion géométrique qui diminue, le premier terme moins le ſecond, eſt au ſecond, comme le premier moins le dernier, eſt à la ſomme de tous les termes moins le premier.*

Soit la progreſſion quelconque $\div\!\!\div a . b . c . d . f$. qui va en diminuant, il faut démontrer que le premier terme $a$ moins le ſecond $b$, eſt à $b$, comme le premier $a$ moins le dernier $f$, eſt à la ſomme de tous les termes, moins $a$.

### *Démonstration.*

Conſidérez que tous les rapports de la progreſſion étant égaux, la ſomme de tous les antécédens ſera à celle des conſéquens, comme un ſeul antécédent eſt à ſon conſéquent *, c'eſt-à-dire, que $a . b :: a+b+c+d . b+c+d+f$. Ce qui donne en diviſant * $a-b . b :: a+b+c+d-b-c-d-f . b+c+d+f$, & comme $+b-b=o$ de même que $+c-c$, $+d-d$, effaçant du troiſiéme terme de cette proportion toutes ces quantités qui ſe détruiſent, elle deviendra alors

* N. 628.

* N. 634.

$a-b.b::a-f.b+c+d+f$. Or $a-b$ est le premier terme moins le second, $a-f$ est le premier moins le dernier $f$, & $b+c+d+f$ est la somme de tous les termes de la progression, moins le premier : Donc, &c.

$$\begin{array}{c} a . b \\ b . c \\ c . d \\ d . f \\ \hline a . b :: a+b+c+d . b+c+d+f. \end{array}$$

PREMIER COROLLAIRE.

710. Si on suppose que la progression sous-multiple ait une infinité de termes, le dernier pourra être regardé comme zero, & alors, *le premier terme moins le second sera au second, comme le premier sera à la somme de tous les autres termes de la progression.*

Car dans cette supposition, $f$ étant $=0$, la proportion précédente deviendra $a-b.b::a.b+c+d+f$ : Donc, &c.

DEUXIÉME COROLLAIRE.

711. Si la raison double régne dans la progression, c'est-à-dire, si l'antécédent est double de son conséquent, ou si $a=2b$, *le premier terme moins le dernier sera égal à la somme de tous les termes moins le premier.*

Car alors la proportion $a-b.b::a-f.b+c+d+f$, deviendra $2b-b.b::a-f$, &c. Or $2b-b=b$ : Donc dans ce cas, les deux termes du rapport de $a-b$ à $b$, étant égaux, les deux termes du rapport de $a-f$ à $b+c+d+f$ le
* N. 599. seront aussi, ces deux rapports étant égaux * : Donc

a

$a-f$ égalera $b+c+d+f$ c'eſt-à-dire, la ſomme de tous les termes de la progreſſion, moins le premier.

### TROISIÉME COROLLAIRE.

712. *Si la raiſon double régne dans une progreſſion compoſée d'une infinité de termes, le premier ſera égal à la ſomme de tous les autres termes.*

Car alors le premier, moins le dernier, qu'on peut conſidérer comme zéro, n'étant autre choſe que le premier, il s'enſuit que le premier ſera égal à la ſomme de tous les autres termes à l'infini qui compoſent la progreſſion *. *N. 711.

Ainſi, ſi cette progreſſion eſt $\div\!\div$ 1 . $\frac{1}{2}$ . $\frac{1}{4}$ . $\frac{1}{8}$ . $\frac{1}{16}$, &c. le premier terme 1 ſera égal à la ſomme de toutes les fractions à l'infini qui compoſent tous les autres termes de la progreſſion.

### QUATRIÉME COROLLAIRE.

713. Si la raiſon décuple régne dans la progreſſion, c'eſt-à-dire, ſi $a=10b$ le premier, moins le dernier, ſera neuf fois plus grand que la ſomme de tous les autres termes.

Car alors on aura $10b-b\,.\,b :: a-f\,.\,b+c+d$, &c. Or $10b-b=9b$; ce qui fait voir que le premier terme du rapport de $10b-b$ à $b$ étant neuf fois plus grand que ſon conſéquent $b$, le premier $a$, moins le dernier $f$, ſera auſſi neuf fois plus grand que les autres termes de la progreſſion. Et ſi la progreſſion eſt infinie, il ſera ſans retranchement neuf fois plus grand que tous les autres termes. Ce qui eſt évident, après ce qu'on a dit dans le Corollaire précédent.

*REMARQUE.*

714. On a ſuppoſé dans le précédent Théorême que la progreſſion alloit en diminuant, ou qu'elle étoit ſous-multiple ; mais on peut l'appliquer également à la multiple en la retournant, c'eſt-à-dire, en prenant le dernier terme pour le premier, par exemple, la progreſſion ÷÷ $\frac{1}{9}$ . $\frac{1}{3}$ . 1 . 3 . 9, peut être changée dans cette progreſſion ſous-multiple ÷÷ 9 . 3 . 1 . $\frac{1}{3}$ . $\frac{1}{9}$, en prenant ſon premier terme $\frac{1}{9}$ pour le dernier, & ſon dernier 9 pour le premier. Mais on peut éviter ce changement par le Théorême précédent, énoncé de cette maniere.

## THÉOREME III.

715. *Dans toute progreſſion géométrique qui va en augmentant, le ſecond terme moins le premier eſt au premier, comme le dernier moins le premier eſt à la ſomme de tous les termes moins le dernier.*

Soit la progreſſion ÷÷ $a . b . c . d . f$ qui va en augmentant, l'on aura, comme dans le Théorême précédent $a . b :: a+b+c+d . b+c+d+$
* N. 680. $f$. D'où l'on aura, en renverſant *, $b . a :: b+$
* N. 684. $c+d+f . a+b+c+d$. Et en diviſant * $b-a . a :: b+c+d+f-a-b-c-d . a+b+c+d$, effaçant ce qui ſe détruit dans le troiſiéme terme de cette proportion, il ſe réduit à $f-a$. Ainſi la proportion devient $b-a . a :: f-a . a+b+c+d$, qui fait voir que le ſecond terme $b$ moins le premier $a$, eſt à $a$, comme le dernier $f$, moins le premier $a$, eſt à la ſomme de tous les termes qui précédent le dernier. c. q. f. d.

## COROLLAIRE.

716. *Si le rapport sous-double régne dans la progression, c'est-à-dire, si chaque antécédent n'est que la moitié de son conséquent, le dernier terme moins le premier sera égal à la somme de tous les autres termes qui le précédent.*

Car dans ce rapport l'on aura $b = 2a$, & comme $2a - a = a$, il s'ensuit que dans la proportion $b - a . a :: f - a . a + b + c$, &c. on aura le premier terme du premier rapport $b - a = a$, & par conséquent égal au second terme $a$: Donc le dernier $f$, moins le premier $a$, sera aussi égal à tous les termes de la progression moins le dernier.

717. Si le premier terme est si petit qu'il puisse être considéré comme zero, supposant toujours le rapport sous-double dans la progression, le dernier terme sera égal à la somme de tous les autres termes qui le précédent. Ce qui est évident.

718. Il est aisé de tirer de la proportion $b - a . a :: f - a . a + b + c$, &c. tous les autres Corollaires qui ont été déduits du Théorême du nombre 709.

## PROBLEMES.

### I.

719. *Le premier & le second terme d'une progression géométrique qui diminue, étant donnés avec le dernier terme, trouver la somme de tous les termes de la progression.*

Soit le premier terme donné 81, le second 27,

* N. 709. & le dernier 1. On aura * 81 — 27 . 27 :: 81 — 1 . $s$ (appellant $s$ la ſomme de tous les termes moins le premier) ou en effaçant ce qui ſe dé-
* N. 669. truit 54 . 27 :: 80 . $s = \frac{27 \times 80}{54} =$ * 40.

Ce nombre 40 étant la ſomme de tous les termes de la progreſſion, moins le premier 81, il s'enſuit qu'en lui ajoutant 81, on aura la ſomme de tous les termes de la progreſſion qui eſt $40 + 81 = 121$.

## I I.

720. *On ſuppoſe qu'*ACHILLE *va dix fois plus vîte qu'une Tortue, & qu'elle a une lieue d'avance, on demande quel ſera le chemin qu'Achille parcourra pour l'attraper.*

Ce problême ſe réduit à trouver le chemin que fait la tortue, qui n'eſt autre choſe que la ſomme des termes d'une progreſſion infinie, ou dont le dernier terme eſt zero, le premier 1, & le ſecond $\frac{1}{10}$, c'eſt-à-dire, dans laquelle régne la raiſon décuple.

Le chemin de la tortue peut donc être exprimé par cette progreſſion ÷÷ $1 . \frac{1}{10} . \frac{1}{100} . \frac{1}{1000}$, &c. comme 1 eſt égal à $\frac{10}{10}$, on peut ſubſtituer $\frac{10}{10}$ à l'unité, qui eſt le premier terme, & la progreſſion ſera ÷÷ $\frac{10}{10} . \frac{1}{10} . \frac{1}{100} . \frac{1}{1000}$, &c. Or, dans cette progreſſion le premier terme 1 ou $\frac{10}{10}$ moins le dernier, qui eſt zero, eſt neuf fois plus grand que
* N. 713. la ſomme de tous les termes, moins le premier *: Donc en diviſant 1 par 9 la fraction $\frac{1}{9}$ ſera la ſomme de tous les termes de la progreſſion, moins le premier, c'eſt-à-dire, de toutes les fractions à l'infini $\frac{1}{10}$, $\frac{1}{100}$, $\frac{1}{1000}$, $\frac{1}{10000}$, &c. Ainſi ajoutant

le premier terme 1 à $\frac{1}{9}$, on aura $1+\frac{1}{9}$ pour le chemin que parcourra la tortue. Ce qui fait voir qu'Achille l'attrapera à la fin de la neuviéme partie de la seconde lieue.

## III.

721. *On suppose que des Sapeurs font une sape dans un endroit fort dangereux, & qu'on est convenu de leur payer 2 sols pour la premiere toise, 4 sols pour la seconde, 8 sols pour la troisiéme, & ainsi de suite dans la raison sous-double, & qu'ils ont fait 25 toises de cette sape ; sçavoir ce qu'il faut leur payer.*

Il est évident que le gain de ces Sapeurs forme une progression géométrique qui va en augmentant, & que la somme des termes de cette progression donnera le gain demandé.

Pour avoir cette somme, il faut connoître le dernier terme de la progression, qui dans cet exemple est le 25ᵉ : Or, suivant ce qu'on a vû N. 703 & 706, il faut, pour avoir le 25ᵉ terme de cette progression, multiplier le premier 2, 24 fois par l'exposant 2 du rapport renversé de la proportion ; car $\frac{4}{2}=2$. Faisant donc cette multiplication, on aura pour ce vingt-cinquiéme terme 33554432 sols.

Présentement, comme la raison qui régne dans cette progression est sous-double, le dernier terme moins le premier sera égal à la somme de tous les termes qui le précédent *, c'est-à-dire, que 33554432 -- 2 ou 33554430, est la somme de tous les termes qui précédent le dernier 33554432. Ajoutant à cette somme ce der- * N. 716.

nier terme, on aura 67108862 sols pour la somme de tous les termes de la progression, laquelle somme vaut 3355443 livres + 2 sols, somme exorbitante pour l'ouvrage dont il s'agit, & qui fait voir que le prix de la toise, quoique modique en apparence, est infiniment au-dessus de ce qu'il doit être naturellement.

| |
|---|
| 33554430 |
| 33554432 |
| 67108862 sols. |
| 3355443 # 2 sols. |

*Remarque.*

722. On a proposé cet exemple pour donner une idée de l'augmentation que produisent les progressions. Si on avoit supposé 30 ou 40 termes dans celle qu'on vient de calculer, la somme en seroit devenue beaucoup plus considérable; car le 26^e^ terme auroit contenu le double du 25^e^, & le 27^e^ le double du 26^e^, ou le quadruple du 25^e^, c'est-à-dire, que la 27^e^ toise auroit coûté 6710886 # + 8 sols. On sent par-là la prodigieuse augmentation de la somme des autres termes de cette progression.

## VIII.

### *Du Rapport & de la Proportion Arithmétique.*

723. ON a déja dit que le rapport arithmétique est celui dans lequel on considére la différence de l'antécédent & du conséquent : Ainsi le rapport arithmétique de 7 à 5 est 2, & en gé-

néral celui de $a$ à $b$ eſt $a - b$ ou $b - a$.

724. Les rapports arithmétiques ſont égaux, lorſque les antécedens different également de leurs conſéquens.

Le rapport arithmétique de 11 à 15 eſt, par cette définition, égal à celui de 5 à 9, parce que 11 différe de 15 de quatre unités, comme 5 différe également de 9.

725. Comme deux rapports géométriques égaux font la proportion géométrique, de même deux rapports arithmétiques égaux donnent la proportion arithmétique : Ainſi les quantités 11 & 15, 5 & 9 ſont en proportion arithmétique.

726. La proportion arithmétique ſe marque de cette maniere 11 . 15 : 5 . 9, qui veut dire que 11 différe de 15, comme 5 différe de 9. Les deux points du milieu ſervent à diſtinguer cette proportion de la géométrique qui en a quatre.

727. Le premier & le dernier terme de la proportion arithmétique ſe nomment, comme dans la géométrique, les *extrêmes*; & les deux du milieu, les *moyens*.

728. Si le conſéquent du premier rapport d'une proportion arithmétique ſert d'antécédent au ſecond, elle ſe nomme *proportion continue* : Ainſi 5 . 7 : 7 . 9 eſt une proportion continue arithmétique. Elle ſe marque ordinairement de cette maniere ÷ 5 . 7 . 9.

729. Le terme 7 du milieu d'une proportion continue arithmétique ſe nomme *moyen* ou *moyenne arithmétique*. Le premier terme différe autant de la moyenne arithmétique, qu'elle différe du troiſiéme.

730. Si l'on ſuppoſe que les quatre quantités $a$, $b$, $c$, $d$ ſoient en proportion arithmétique, ou

que $a\,.\,b : c\,.\,d$, & que $b$ soit plus grand ou plus petit que $a$ de la quantité $e$, on aura $a+e=b$ dans le premier cas, & $a-e=b$ dans le second; ensorte que $a\pm e=b$ renferme les deux cas, de même que $c\pm e=d$. C'est pourquoi si à la place de $b$ & à celle de $c$, on substitue leurs valeurs $a\pm e$, $c\pm e$, la proportion $a\,.\,b : c\,.\,d$ sera transformée en celle-ci, $a\,.\,a+e : c\,.\,c+e$, ou $a\,.\,a-e : c\,.\,c-e$. C'est la forme qu'on donnera à la proportion arithmétique pour la démonstration des propositions suivantes.

## THÉOREME I.

731. *Dans toute proportion arithmétique, la somme des extrêmes est égale à celle des moyens.*

Soit la proportion arithmétique quelconque $a\,.\,b : c\,.\,d$; il faut démontrer que $a+d=b+c$.

### *DÉMONSTRATION.*

Supposant que la différence des termes de chaque rapport soit $e$, & que le conséquent soit plus
* N. 730. grand que l'antécédent, on aura $a+e=b$*, & de même $c+e=d$. Et mettant dans la proportion ces deux valeurs de $b$ & de $d$ à la place de $b$ & $d$, elle deviendra $a\,.\,a+e : c\,.\,c+e$. Alors la somme des extrêmes est $a+c+e=$ celle des moyens $a+e+c$: Donc, &c.

Si $a$ est plus grand que $b$, & $c$ plus grand
* N. 730. que $d$, on aura $a-c=b$, & $c-e=d$*, & la proportion sera $a\,.\,a-e :: c\,.\,c-e$ dont la somme des extrêmes $a+c-e$ est aussi évidemment égale à celle des moyens $a-e+c$. Donc, &c.

## THÉOREME II.

732. *Dans la proportion continue arithmétique, la somme des extrêmes est double du terme moyen.*

Cette proposition n'est qu'un Corollaire de la précédente : car puisque dans cette proportion les deux termes du milieu sont les mêmes : & que leur somme est égale à celle des extrêmes, cette somme des extrêmes est donc double du terme moyen, ou de la moyenne arithmétique.

Soit la proportion continue arithmétique $\div a$ . $b$ . $c$, elle est la même que celle-ci $a . b : b . c$. Or $a + c = b + b$ * ou $2b$ : Donc $a + c$ est double de $b$. c. q. f. d. * N. 731.

## PROBLEMES.

### I.

733. *Trois quantités* a, b, & c *étant données pour les trois premiers termes d'une proportion arithmétique, trouver le quatriéme terme de cette proportion.*

Soit $x$ cette quatriéme proportionnelle arithmétique, on aura $a . b : c . x$, & $a + x = b + c$ * : Or, si l'on diminue ces deux quantités égales de la même quantité $a$, il restera $x = b + c - a$, qui fait voir que, pour avoir $x$, ou le quatriéme terme demandé, il faut ajouter ensemble le second & le troisiéme termes donnés, & retrancher de leur somme le premier $a$. *N. 731.

Si $a = 5$, $b = 9$ & $c = 8$, on aura $b + c - a = 9 + 8 - 5 = 12 = x$. En effet $5 . 9 : 8 . 12$.

## I I.

734. *Deux quantités quelconques* a *&* b *étant données, trouver une moyenne arithmétique entr'elles.*

Il eſt clair qu'il faut ajouter enſemble ces deux
*N. 732. quantités, & prendre la moitié de leur ſomme *, c'eſt-à-dire, que $\frac{a+b}{2}$ eſt égale à la moyenne arithmétique demandée.

Si $a=8$ & $b=12$, on aura $\frac{a+b}{2}=\frac{8+12}{2}=\frac{20}{2}=10$ : En effet ÷ 8 . 10 . 12.

## I I I.

735. *Trouver une troiſiéme proportionnelle arithmétique à deux termes donnés, ou ce qui eſt la même choſe, trouver le troiſiéme terme d'une proportion continue arithmétique.*

Soient les deux premiers termes donnés $a$ & $b$, on doublera $b$ pour avoir $2b$, & on en retranchera le premier terme $a$; ce qui donnera $2b-a$ pour le terme cherché. Ce qui eſt évident; car $2b$ eſt égal à la ſomme des extrêmes de cette
*N. 732. proportion * : $a$ eſt un de ces extrêmes : Donc l'autre eſt $2b-a$.

Si on ſuppoſe encore que $a=8$ & $b=12$, on aura $2b=24$, & $2b-a=24-8=16$. En effet 8 . 12 : 12 . 16, ou ÷ 8 . 12 . 16.

## IX.

### *De la Progreſſion Arithmétique.*

736. ON appelle *progreſſion arithmétique* une ſuite de rapports arithmétiques égaux, dans leſquels chaque conſéquent ſert d'antécédent au rapport ſuivant.

737. La progreſſion arithmétique ſe marque ainſi $\div 5 . 7 . 9 . 11 . 13$, &c. qui veut dire que 5 eſt à 7; comme 7 eſt à 9; comme 9 eſt à 11; comme 11 eſt à 13, &c. ce qui eſt évident, puiſque ces quantités different entr'elles du même nombre 2.

738. Une progreſſion quelconque arithmétique, qui va en augmentant $\div a . b . c . d . f$, &c. peut ſe transformer ainſi, en ſuppoſant que la quantité dont chaque conſéquent ſurpaſſe ſon antécédent ſoit $n$, $\div a . a+n . a+2n . a+3n . a+4n$, &c.

Car il eſt évident que puiſque $b$ eſt plus grand que $a$ de la quantité $n$, $a+n$ ſera égal à $b$; & puiſque $c$ eſt plus grand que $b$ de la même quantité $n$, $b+n$ ſera égal à $c$: Mais comme $b=a+n$, on aura en mettant cette valeur à la place de $b$ dans l'expreſſion $c=b+n=a+n+n$ ou $c=a+2n$, & ainſi des autres termes.

739. Il ſuit de-là que chaque terme de la progreſſion arithmétique qui va en augmentant, eſt compoſé du premier terme, plus de la différence qui régne dans la progreſſion, priſe autant de fois qu'il y a de termes qui le précédent.

Ainsi, le centiéme terme de cette progression sera $a + 99n$, & de même de tous les autres termes de la progression.

740. Si on suppose que le premier terme soit zero, alors le second terme sera la différence qui régne dans la progression, & chaque terme ne sera que cette différence prise autant de fois qu'il y aura de termes qui précéderont celui dont il s'agira. Par exemple, le quatriéme terme sera $3n$, si la différence est $n$; le quarante-septiéme, $46n$, & ainsi des autres.

741. Si la progression va en diminuant, le premier terme $a$ sera plus grand que le second de la différence $n$; & celui-ci plus grand que le troisiéme, de la même différence.

Ainsi, l'expression générale de la progression arithmétique qui va en diminuant, sera celle-ci : $\div a . a - n . a - 2n . a - 3n$, &c. Expression qui fait voir que chaque terme est égal au premier, moins la différence qui régne dans la progression prise autant de fois qu'il y a de termes qui le précédent.

742. Si on suppose que le premier terme de cette progression soit zero, chaque terme sera zero, moins autant de fois la différence qu'il y aura de termes qui le précéderont. Ainsi le douziéme terme de cette progression sera $0 - 11n$, ou simplement $- 11n$, & ainsi des autres.

## THÉOREME I.

743. *Dans toute progression arithmétique, la somme des termes également éloignés des extrêmes, est égale à celle des extrêmes.*

Soit la progression $\div a . a + n . a + 2n . a + 3n . a + 4n . a + 5n$ : il faut démontrer, par exemple, que la ſomme des termes $a+n$, $a+4n$, qui ſont également éloignés des extrêmes, eſt égale à celle des extrêmes $a$ & $a+5n$.

*DÉMONSTRATION.*

Conſidérez que $a+n+a+4n=2a+5n$, & que la ſomme des extrêmes $a+a+5n=2a+5n$: Donc, &c.

Antrement, conſidérez que tous les rapports de la progreſſion étant égaux entr'eux, on a, $a . a+n : a+4n . a+5n$. Or, dans toute proportion arithmétique, la ſomme des extrêmes eſt égale à celle des moyens *: Donc $a+a+5n=a+n+a+4n$ ou $2a+5n=2a+5n$. c. q. f. d. *N. 731.

Si l'on prend d'autres termes également éloignés des extrêmes; comme, par exemple, dans la progreſſion précédente le troiſiéme & le quatriéme, on prouvera de même que la ſomme de ces deux termes ſera égale à celle des extrêmes.

Car le troiſiéme terme contiendra le premier, plus deux fois la différence qui régne dans la progreſſion *, c'eſt-à-dire, que la différence du premier au troiſiéme terme ſera $2n$: Or celle du quatriéme au ſixiéme ſera auſſi $2n$: Donc le premier ſera au troiſiéme, comme le quatriéme au ſixiéme: Donc la ſomme du premier & du dernier ſera égale à celle du troiſiéme & du quatriéme: Donc, &c. *N. 739.

## THÉOREME II.

744. *Si le nombre des termes de la progreſſion eſt impair, le terme du milieu ſera moyen arithmétique entre les deux extrêmes.*

Soit la progreſſion $\div a . a+n . a+2n . a+$

$3n.a+4n.a+5n.a+6n$, dont le terme du milieu eſt $a+3n$; il faut démontrer que ce terme eſt moyen arithmétique entre les extrêmes $a$ & $a+6n$.

*DÉMONSTRATION.*

Conſidérez que $a+3n$ étant par la ſuppoſition à égale diſtance des deux extrêmes, il différera autant du premier, que le dernier différera de lui; car ſa différence d'avec le premier eſt $3n$, comme la différence d'avec le dernier eſt également $3n$: Donc $\div a.a+3n.a+6n$. c. q. f. d.

## THÉOREME III.

745. *Dans toute progreſſion arithmétique, la ſomme des extrêmes multipliée par la moitié du nombre des termes donne la ſomme de tous les termes de la progreſſion.*

Cette propoſition n'eſt qu'une ſuite ou un Corollaire de la précédente; car puiſque la ſomme des extrêmes eſt égale à celle des termes également éloignés des extrêmes, & qu'il y a dans la progreſſion autant de fois la ſomme des extrêmes que ſes termes peuvent être pris deux à deux, il s'enſuit que la ſomme des extrêmes ajoutée autant de fois à elle-même, que les termes de la progreſſion peuvent être pris deux à deux, donne la ſomme de tous les termes de la progreſſion; mais c'eſt la même choſe de multiplier cette ſomme des extrêmes par la moitié du nombre des termes, ou de l'ajouter à elle-même autant de fois qu'ils peuvent être pris deux à deux: Donc la ſomme des termes d'une progreſſion arithmétique multipliée par la moitié du nombre de ſes termes, donne la ſomme de la progreſſion.

Si la progreſſion eſt $\div a . a+n . a+2n . a+3n . a+4n . a+5n$, qui eſt compoſée de ſix termes, la ſomme des extrêmes qui eſt $a+a+5n=2a+5n$ multipliée par 3, moitié du nombre des termes, donnera $6a+15n$, qui eſt évidemment la ſomme de toute la progreſſion, & qui eſt égale à $a+a+5n=2a+5n$ ajoutée trois fois à elle-même : Donc, &c.

$$\begin{array}{l} 2a+5n \\ 2a+5n \\ 2a+5n \\ \hline 6a+15n \\ \hline \end{array}$$

### PREMIER COROLLAIRE.

746. *Il ſuit de cette propoſition, que la moitié de la ſomme des extrêmes multipliée par le nombre des termes de la progreſſion eſt égale à la ſomme de la progreſſion, ou que la ſomme des extrêmes, multipliée par le nombre des termes eſt double de la ſomme de la progreſſion.*

Car prenant la moitié du multiplicande d'un produit, & le multipliant par un multiplicateur double de celui du premier produit, il eſt évident qu'on ne change rien au produit ; & multipliant un multiplicande quelconque, par un multiplicateur double d'un premier, on a auſſi un produit double du premier produit : Donc, &c.

### DEUXIÈME COROLLAIRE.

747. *Si le nombre des termes de la progreſſion eſt impair, on en aura la ſomme en multipliant*

*le terme du milieu par le nombre des termes de la progression.*

Car le terme du milieu étant moyen arithmé-
* N. 744. tique entre les extrêmes *, il est la moitié de la
* N. 732. somme des extrêmes * : Or la moitié de la somme
des extrêmes multipliée par le nombre des ter-
* N. 746. mes de la progression, en donne la somme * :
Donc, &c.

## PROBLEMES.

### I.

748. *Trouver la somme d'une progression arithmétique quelconque, dont le nombre des termes est pair.*

Soit la progression ÷ 1 . 3 . 5 . 7 . 9 . 11 . 13 . 15, composée de huit termes.

On ajoutera ensemble le premier & le dernier,
& l'on multipliera leur somme 16 par 4, moitié
du nombre des termes de la progression; le produit
* N. 745. 64 sera la somme de la progression * proposée.

### II.

749. *Trouver la somme d'une progression arithmétique, dont le nombre des termes est impair.*

Soit la progression ÷ 2 . 5 . 8 . 11 . 14, qui est composée de cinq termes.

On prendra le terme du milieu 8, qu'on multipliera par le nombre des termes 5, & le produit
* N. 746. 40 sera la somme de la progression *.

III.

## III.

750. *Le premier & le dernier termes d'une progression arithmétique étant donnés, avec la différence qui régne entre les termes de la progression, trouver le nombre des termes de la progression.*

Soient 10 le premier terme donné, 145 le dernier, & 3 la différence qui régne dans la progression.

Pour en trouver le nombre des termes, il faut considérer que le dernier contient le premier, plus autant de fois la différence qu'il y a de termes qui le précedent *. Ainsi, ôtant 10 de 145, le reste 135 contiendra autant de fois 3 qu'il y a de termes qui précedent 145. Divisant donc 135 par 3, le quotient 45 fait voir qu'il y a 45 termes qui précedent le dernier, & qu'ainsi la progression dont il s'agit, est composée de 46 termes. * N. 739.

Connoissant après cela le premier & le dernier termes de la progression, plus le nombre de ses termes, il sera facile de trouver la somme de la progression par les deux ploblêmes précédens.

## IV.

751. *Le premier terme d'une progression arithmétique étant donné avec la différence qui régne dans la progression, & le nombre des termes, trouver la somme de la progression.*

Soient le premier terme donné 3, la différence 2, & 12 le nombre des termes de la progression.

Pour en trouver la somme, il faut connoître quel est le dernier. Il sera le premier 3, plus 11 fois la différence 2 *; c'est-à-dire, qu'il sera 25: * N. 739.

Or, en lui ajoutant le premier 3, on aura 28 pour la ſomme des extrêmes, laquelle étant multipliée par 6, ou par la moitié du nombre des termes, donnera 168 pour la ſomme de la progreſſion *.

* N. 745.

*APPLICATION.*

*Des progreſſions arithmétiques aux Bataillons triangulaires, ou diſpoſés en triangles.*

752. *Le Bataillon triangulaire* eſt un Corps de troupes diſpoſé en triangle, & dont les rangs augmentant également, forment une progreſſion arithmétique.

753. Si le premier rang eſt 1, & que les autres augmentent chacun d'une unité, le Bataillon formera un triangle qui aura ſes trois côtés égaux, c'eſt-à-dire, qu'il ſera équilatéral, autrement il formera un autre triangle quelconque.

## PREMIER PROBLEME.

754. *On ſuppoſe un Bataillon triangulaire, composé de 30 rangs, dont le premier rang eſt 1, & le ſecond 3; on demande quel eſt le nombre des hommes de ce Bataillon.*

Il eſt évident que ce problême ſe réduit à trouver la ſomme d'une progreſſion, dont le premier, le ſecond termes, & le nombre des termes ſont connus; & qu'ainſi il eſt le même que le précédent.

C'eſt pourquoi on trouvera d'abord le dernier terme, ou le nombre des hommes du dernier rang. La différence qui régne dans la progreſſion étant 2, le trentiéme rang, qui eſt le dernier, contiendra le premier 1, plus 29 fois la différence*, c'est-à-dire, qu'il sera de 59 hommes. On lui ajoutera le premier 1 pour avoir la somme des extrêmes 60, laquelle étant multipliée par 15, moitié du nombre des termes, donnera 900 hommes pour la somme de la progression, ou pour le nombre de ceux qui composent le Bataillon. *N. 739.

$$\begin{array}{r} 60 \\ 15 \\ \hline 300 \\ 60\phantom{0} \\ \hline 900 \end{array}$$

## SECOND PROBLEME.

755. *Un nombre d'hommes quelconque, par exemple 400, étant donné pour en former un Bataillon triangulaire équilatéral, trouver le nombre des rangs dont il sera composé.*

Comme dans ce Bataillon le premier rang est 1, le second 2, le troisiéme 3, &c. il s'ensuit que ce Problême se réduit à

*Trouver le nombre des termes d'une progression arithmétique, dont le premier terme est 1, la différence aussi 1, & la somme 400.*

### *RÉSOLUTION.*

Soit le nombre des termes de la progression représenté par $n$; le dernier sera aussi $n$, car il sera l'unité prise autant de fois qu'il y a de termes.

Cela posé, la somme des extrêmes de la progression sera $1+n$, laquelle multipliée par le nombre des termes $n$, donnera $n+nn$ ou $nn+n$ pour le double de la somme de la progression*; *N. 746. c'est-à-dire, que cette expression $nn+n$ sera égale à deux fois 400 ou à 800: Or $nn$ est le quarré du nombre des termes de la progression, $n$ en est le racine: Donc 800 contient le quarré du nombre des termes de la progreſſion, plus la racine de ce quarré.

Il ſuit de-là que, pour avoir la valeur de *n* ou le nombre des termes de la progreſſion, il faut extraire la racine quarrée de 800, de maniere qu'il y ait un reſte égal à la racine.

Extrayant donc la racine quarrée de 800, on trouve 28 avec le reſte 16. Mais comme ce reſte eſt plus petit que la racine 28, on met 7 à la place de 8; & achevant l'opération, on a le reſte 71 qui contient la racine 27: Ainſi 27 eſt le nombre des termes ou des rangs du Bataillon.

```
8|0 0{28.
4 0 0
  4 0
-------
Reſte. 1 6.

8|0 0{27.
4 0 0
  4 7
-------
Reſte. 7 1.
```

Pour le prouver, il faut chercher quelle eſt la ſomme de la progreſſion, dont le premier terme eſt 1, le ſecond 2, & le nombre des termes 27.

On aura le dernier terme $1+26=27$, & lui ajoutant le premier 1, la ſomme des extrêmes ſera $1+1+26=28$, dont la moitié 14 étant multipliée par 27, nombre des termes, donnera 378, pour le nombre des hommes du Bataillon propoſé. Comme le nombre donné étoit 400, on voit qu'il reſte 22 hommes qui ne peuvent entrer dans le Bataillon, & qu'on peut employer ailleurs, ou en former un peloton * ſéparé.

```
    1 4
    2 7
  -----
    9 8
  2 8 .
  -----
  3 7 8
```

* Un *peloton* eſt un nombre d'hommes ordinairement moindre que 100.

## COROLLAIRE.

756. Il suit de la résolution du Problême précédent, que, pour former des Bataillons triangulaires équilatéraux, il faut, quelque nombre de Soldats que l'on ait pour cet effet, le doubler, & ensuite en extraire la racine quarrée, mais de maniere qu'il y ait un reste égal à la racine, ou qui la contienne; & qu'alors cette racine sera le nombre des rangs du Bataillon, dont tous les côtés seront égaux.

Si l'on a, par exemple, 785 hommes à disposer ainsi en Bataillon triangulaire équilatéral, on commencera par les doubler, ce qui donnera 1570, on extraira la racine quarrée de ce nombre; on la trouvera de 39 avec le reste 49 qui la contient: Donc 39 est le nombre des rangs de ce Bataillon. On déterminera de la même maniere celui de tous les autres de la même espéce qu'on pourra proposer.

$$\begin{array}{l} 15|70 \{ 39 \\ \underline{9} \\ 670 \\ \underline{621} \\ \text{Reste } 49. \end{array}$$

## REMARQUE.

757. Si on suppose que la différence qui régne dans la progression est 2, c'est-à-dire, que le premier terme étant toujours 1, le second est 3, le quatriéme 5, &c. le dernier terme sera ($n$ représentant toujours le nombre des termes) $n - 1$ multiplié par 2, ou $2n - 2 + 1$ *; & ajoutant à ce terme le premier 1, la somme des extrêmes sera $2n - 2 + 1 + 1$, expression qui se réduit à $2n$, dont la moitié $n$ étant multipliée par le nombre

* N. 739.

des termes, donnera la somme de la progression
* N. 746. $nn$ *. Ainsi nommant $s$ la somme de la progression, on a $nn=s$, c'est-à-dire, le quarré du nombre des termes égal à la somme de la progression; & par conséquent $n$, qui est la racine quarrée de $nn$, est égal à celle de $s$ : Ensorte, que $n=\sqrt{s}$.

758. D'où il suit que, dans une progression arithmétique, dont le premier terme est 1, & le second 3, le nombre des termes est à la racine quarrée de la somme des termes.

759. Ainsi, si l'on donne 400 hommes pour former un Bataillon triangulaire, dont le premier rang est 1, & le second 3, ce qui est la seconde espéce des Bataillons triangulaires, on trouvera le nombre des rangs de ce Bataillon, en extrayant la racine quarrée de 400 : Or cette racine est 20 : Donc ce Bataillon aura 20 rangs.

| 4 \| 0 0 { 20. |
| --- |
| 4 |
| 0 0 0 |

Pour le prouver, considérez que le dernier rang sera $1+19\times 2$ ou 39, & qu'en lui ajoutant 1, on aura 40 pour la somme des extrêmes, laquelle étant multipliée par 10, moitié du nombre des termes, donnera 400 pour la somme de la progression, c'est-à-dire, le nombre proposé.

Si l'on a de même 542 pour former un Bataillon triangulaire de même espéce, on extraira la racine quarrée de ce nombre, laquelle sera trouvée de 23. C'est donc le nombre des termes de cette progression.

| | 5 \| 4 2 { 23. |
| --- | --- |
| | 4 |
| | 1 4 2 |
| | 4 3 |
| *Reste* | 1 3. |

On le prouvera comme dans l'exemple précédent ; en considérant que le dernier terme sera $1 + 2 \times 22 = 45$. Ajoutant à ce terme le premier 1, on aura 46, qui sera la somme des extrêmes, dont la moitié 23 multipliée par le nombre des termes, donnera 529, auquel ajoutant le reste 13, on aura le nombre proposé 542.

$$\begin{array}{r} 23 \\ 23 \\ \hline 69 \\ 46\phantom{0} \\ \hline 529 \\ \text{Reste } 13 \\ \hline 542. \end{array}$$

On opérera de même pour tous les autres Bataillons de même espéce, quelque soit le nombre dont on voudra les former.

On voit par ce qui vient d'être enseigné sur les Bataillons triangulaires, qu'ils ne sont pas plus difficiles à calculer que les Bataillons quarrés. Plusieurs Officiers leur donnent la préférence sur ces Bataillons, parce qu'ils donnent un plus grand front, & qu'ils font également face de tous côtés. Mais comme il est difficile de faire marcher les Soldats dans cet ordre, M. *Bottée* les croit préférables aux Bataillons quarrés, seulement dans les cas où il faut combattre de pied ferme, & se donner un grand front, ou lorsque la situation du terrein exige cette disposition. On pourra voir dans cet Auteur, dans *l'Art de la Guerre* de M. le Maréchal de *Puissegur*, ou dans les *Elémens de Tactique*, la maniere de les former par des mouvemens réguliers.

## X.

## DES INCOMMENSURABLES.

760. On n'a pas dessein dans cet article de traiter à fond la doctrine des Incommensurables; Cela exigeroit un détail de Lemmes & de propositions préliminaires qui n'entrent pas dans le plan de cet Ouvrage. L'objet principal qu'on s'y propose, est seulement de donner une idée de l'incommensurabilité des racines quarrées & cubiques des nombres qui ne sont, ni quarrés, ni cubes parfaits, & de démontrer aussi que la diagonale du quarré est incommensurable avec le côté du même quarré. Mais auparavant, on observera que ce qui concerne les incommensurables étant plus curieux qu'utile, ceux qui trouveront quelques difficultés dans cet article, pourront le passer sans aucun inconvénient pour la suite de cet ouvrage.

### THÉOREME I.

761. *Toute raison doublée de nombre à nombre a toujours pour exposans des nombres quarrés, qui ont pour racine des nombres entiers.*

C'est-à-dire, que la raison doublée de nombre à nombre étant réduite à ses plus simples termes, chaque terme sera un nombre quarré; dont la racine sera un entier.

DÉMONSTRATION.

Soit, par exemple, la raison de 2 à 3 qui étant multipliée par celle de 4 à 6, qui lui est égale, donne la raison doublée de 8 à 18, qui se réduit à celle de 4 à 9, en divisant chacun de ses deux termes par 2; ce qui n'en change pas le rapport *: Or 4 & 9 sont les plus simples termes de cette raison, car ils n'ont que l'unité pour commun diviseur *; & ils ont chacun pour racine un nombre entier; sçavoir, le premier 2, & le second 3: Donc, &c.

$$\begin{array}{ccc} 2 & . & 3 \\ 4 & . & 6 \\ \hline 8 & . & 18 :: 4 . 9. \end{array}$$

* N. 624.

* N. 602.

762. Cette démonstration qui paroît particuliere à la raison doublée qu'on a choisie, peut être rendue générale, en considérant,

Que toute raison doublée étant composée de deux raisons égales, & les raisons égales pouvant être exprimées par les mêmes termes *, si l'on choisit les deux plus petits qui peuvent exprimer ces raisons égales, la doublée qui en résultera en les multipliant ensemble, sera aussi exprimée par les plus petits termes possibles; mais elle sera égale à celle de ces mêmes raisons non réduites; car les raisons composées de même nombre de raisons égales, sont égales *: Or les termes de la raison doublée des réduites sont des nombres quarrés, puisqu'ils sont le produit de chaque terme par lui-même, & les racines sont les termes des raisons composantes: Ces quarrés sont les exposans de la raison doublée des raisons composantes égales & non réduites: Ils ont pour racine des nombres entiers, c'est-

* N. 601.

* N. 646.

à dire, les plus petits termes qui expriment les raiſons compoſantes : Donc toute raiſon doublée de nombre à nombre a pour expoſans des nombres quarrés qui ont pour racine des nombres entiers. c. q. f. d.

763. Soit la raiſon de 3 à 9, égale à celle de 5 à 15, qu'on veut réduire aux mêmes expoſans.

On cherchera le plus grand commun diviſeur des deux termes de chacune de ces raiſons, ainſi qu'on l'a enſeigné dans les fractions N. 177 & ſuivans. On trouvera que celui des deux termes de la premiere raiſon eſt 3, & qu'ainſi elle ſe réduit à 1 & 3, que celui de la ſeconde eſt 5 ; ce qui la réduit, en diviſant chacun de ſes termes par 5, à celle de 1 à 3.

Multipliant enſemble les deux raiſons réduites pour en avoir la doublée de 1 à 9 ; & de même les non réduites qui donneront celle de 15 à 135, qui ſera égale à celle de 1 à 9 * : Or 1 & 9 ſont des nombres quarrés qui ont pour racines des nombres entiers ; ſçavoir, le premier 1, & le ſecond 3, ils ſont les expoſans du rapport de 15 à 135 : Donc ce rapport ou cette raiſon doublée a pour expoſans des nombres quarrés qui ont pour racines des entiers. Il eſt évident qu'il en ſera de même de toutes les autres raiſons doublées de nombre à nombre.

| 1 . 3 :: 3 . 9 |
| --- |
| 1 . 3 :: 5 . 15 |
| 1 . 9 :: 15 . 135. |

* N. 640.

### *Corollaire.*

764. Il ſuit de-là que, lorſqu'on aura une

raiſon doublée, dont les expoſans ſeront des nombres quarrés, ou conſidérés comme quarrés, qui n'auront pas des nombres entiers pour racine, les raiſons compoſantes ou ſous-doublées de ces quarrés ne ſeront pas de nombre à nombre, c'eſt à-dire, qu'elles ne pourront être exprimées par aucun nombre, & qu'ainſi elles ſeront incommenſurables.

## THÉOREME II.

765. *Tout nombre entier, conſidéré comme nombre quarré, qui n'a pas pour ſa racine un entier, n'aura aucun nombre pour ſa racine.*

Soit, par exemple, 18, qui conſidéré comme nombre quarré n'a pas pour racine un entier; car elle n'eſt ni 4, puiſque $4 \times 4 = 16$, nombre plus petit que 18; ni 5, puiſque $5 \times 5 = 25$ qui eſt plus grand que 18; ainſi cette racine eſt entre 4 & 5. Elle n'eſt donc pas un nombre entier. Il faut démontrer qu'aucun autre nombre ne peut l'exprimer.

### *Démonstration.*

Soit ſuppoſé une moyenne proportionnelle $x$ entre 1 & 18. On aura $1 . x :: x . 18$. Mais dans la proportion continue, le quarré du premier terme eſt à celui du ſecond, comme le premier eſt au troiſiéme*; c'eſt-à-dire, que $1 . x :: x . 18$ donne $1 . xx :: 1 . 18$. Or le quarré de l'unité 1, qui eſt 1, & celui de $x$ qui eſt $xx$, ſont en raiſon doublée de leurs racines*: Mais ils ont pour expoſans des nombres 1 & 18, qui n'ont pas tous les deux pour racines quarrées des nombres entiers: Donc les racines de 1 & de

* N. 694.
* N. 618.

$xx$ ſont incommenſurables. Ce qui prouve déja que la moyenne proportionnelle $x$ eſt incommenſurable avec l'unité, ou qu'elle ne peut s'exprimer en nombres. Mais cette moyenne proportionnelle eſt égale à la racine quarrée de 18; car la proportion $1 . x :: x . 18$ donne, avec le produit des extrêmes & des moyens, $18 = xx$, & par conſéquent $\sqrt{18} = x$: Donc, puiſque $x$ eſt incommenſurable avec l'unité, la racine de 18 qui lui eſt égale, l'eſt également: Donc cette racine ne peut s'exprimer par aucun nombre. c. q. f. d.

### *Remarques.*

766. Ces racines incommenſurables s'expriment en lignes dans la Géométrie avec la même facilité que les autres: Mais quoiqu'elles ne puiſſent pas être déterminées exactement en nombres, on approche néanmoins de leur véritable valeur, autant qu'on le veut. On ſe ſert pour cet effet de la méthode expliquée N. 500, pour l'approximation des racines quarrées.

En ſuivant la méthode qu'on a employée pour démontrer le premier Théorême de cet article, on démontrera auſſi:

## THÉOREME III.

767. *Que toute raiſon triplée de raiſons compoſantes de nombre à nombre, aura néceſſairement pour expoſans des nombres cubiques qui auront pour racines des nombres entiers.*

D'où il ſuivra;

768. *Que ſi l'on a une raiſon triplée qui n'ait*

*pas pour exposans des nombres cubiques, ou considérés comme tels, dont les racines cubes ne soient pas des nombres entiers, les raisons composantes de cette raison triplée ne seront pas de nombre à nombre.*

Ces deux propositions étant supposées démontrées, il est aisé de démontrer aussi :

## THÉOREME IV.

769. *Qu'un nombre entier, considéré comme nombre cubique, qui n'a pas pour sa racine un entier, n'aura aucun autre nombre pour sa racine.*

Soit un nombre quelconque 2, considéré comme nombre cubique, qui n'a pas pour sa racine cube un entier; car il est aisé de voir qu'elle n'est pas 1, puisque $1 \times 1 \times 1 = 1$, qui est plus petit que 2, & qu'elle n'est pas 2, puisque $2 \times 2 \times 2 = 8$, qui est plus grand que 2 : Donc elle est entre 1 & 2. Il faut démontrer qu'aucun nombre que ce soit ne peut l'exprimer.

### *DÉMONSTRATION.*

Soit supposé deux moyennes proportionnelles entre 1 & 2, dont la premiere soit représentée par $x$. On aura alors une proportion continue de quatre termes : Or, dans cette proportion, le cube du premier terme est à celui du second, comme le premier terme est au quatriéme *; c'est- *N. 495.
à-dire, que $1 . x^3 :: 1 . 2$. Mais le cube de 1, qui est 1, est au cube de $x$ qui est $xxx$ ou $x^3$ en raison triplée des racines, c'est-à-dire, de 1 à $x$ *: cette raison triplée a pour exposans les *N. 638.
deux nombres 1 & 2 qui n'ont pas pour racines

cubes des nombres entiers : Donc les raiſons compoſantes de 1 à $x$ ne ſont pas de nombre à nombre. Mais $x$ eſt égale à la racine cube de 2 ; car la proportion $1 . x^3 :: 1 . 2$, donne avec le produit des extrêmes & celui des moyens $2 = x^3$. Donc $\sqrt[3]{2} = x$. Donc puiſque $x$ ne peut être exprimée en nombres ; la racine cube de 2 ne peut l'être également : Donc un nombre entier qui n'a pas pour ſa racine cube un entier, n'a aucun autre nombre pour ſa racine. c. q. f. d.

## THÉOREME V.

Pl. 1. Fig. 2. 770. *Si l'on a un quarré quelconque ABCD dans lequel on tire la diagonale DB, elle ſera incommenſurable avec le côté AB du même quarré.*

*DÉMONSTRATION.*

Conſidérez que le triangle DAB étant rectangle, & DB ſon hypothénuſe, l'on a $\overline{DB}^2 = \overline{AD}^2 + \overline{AB}^2$, c'eſt-à-dire, le quarré de l'hypothénuſe égal à celui de chacun des deux autres côtés (N. 460.) Mais comme $AD = AB$, $\overline{AD}^2 = \overline{AB}^2$, & par conſéquent $\overline{AD}^2 + \overline{AB}^2 = 2\overline{AB}^2$ : Donc $\overline{DB}^2 = 2\,\overline{AB}^2$ : Donc le quarré de l'hypothénuſe ou de la diagonale DB, vaut deux fois celui de AB, c'eſt-à-dire, que ces deux quarrés ſont entr'eux comme 2 eſt à 1 ; mais ils ſont en raiſon doublée de leurs racines *, & leurs expoſans 2 & 1 ne ſont pas des nombres quarrés qui ayent pour racines des entiers, 2 n'étant ni le produit de 2 par 2, qui eſt 4, ni celui de 1 par 1, qui eſt 1 : Donc la raiſon doublée de DB à AB n'a pas

* N. 638.

pour exposans des nombres quarrés dont les racines soient des nombres entiers : Donc les termes des raisons composantes de la doublée de ces quarrés, c'est-à-dire, celle de DB à AB, ne sont pas de nombre à nombre * : Donc la diagonale DB est incommensurable avec le côté du quarré AB. c. q. f. d. *N. 764.

*Remarques.*

I.

771. Quoique la diagonale du quarré soit incommensurable avec le côté du même quarré, leurs quarrés sont commensurables entr'eux; car le premier est au second, comme 2 est à 1.

II.

772. Les Géométres, qui appellent *puissance*, le produit des grandeurs par elles-mêmes, c'est-à-dire, les quarrés & les cubes, &c. expriment l'incommensurabilité de la diagonale du quarré avec son côté, & la commensurabilité des quarrés de ces deux lignes, en disant, qu'*elles sont incommensurables entr'elles, mais qu'elles sont commensurables en puissances.*

# LA GÉOMÉTRIE *DE L'OFFICIER.*

## LIVRE VIII.

### I.

### *Des Triangles semblables.*

773. *Les triangles semblables* sont ceux qui ont leurs angles égaux, chacun à chacun; on les appelle aussi par cette raison *équiangles.*

774. Il suit de cette définition que, pour démontrer que deux triangles seront semblables, il suffit de faire voir qu'ils auront deux angles égaux, chacun à chacun; car alors, puisque les trois angles de tout triangle valent deux droits (N. 224.) le troisiéme angle du premier sera égal au troisiéme du second: Donc ils auront leurs angles égaux, comparés chacun à chacun: Donc ils seront semblables.

775.

775. On appelle *côtés homologues* dans les triangles semblables, les côtés qui sont opposés aux angles égaux des différens triangles.

Par exemple, si les triangles X & Y sont semblables, & que l'angle A du premier soit égal à l'angle *a* du second, le côté CB opposé à l'angle A est homologue au côté *cb* du second triangle opposé aussi à l'angle *a* égal à A ; & ainsi des autres côtés. Pl. 1. Fig. 3.

*AVERTISSEMENT.*

On se servira dans la suite de cet Ouvrage des mêmes expressions abrégées, expliquées dans le N. 578, & dans les suivans du Livre précédent.

Ainsi AB+CD marquera l'addition de ces deux quantités ; AB—CD, que CD est soustraite ou retranchée de AB ; AB=CD, que AB est égale à CD ; AB×CD, le produit de ces deux quantités ; $\overline{AB}^2$, le quarré de AB ; $\overline{AB}^3$, le cube, &c.

On exprimera aussi les quantités proportionnelles ou les rapports égaux de cette maniere, AB. CD :: EF. GH, qui veut dire que AB est à CD, comme EF est à GH, &c.

Pour démontrer les propositions suivantes, on établira d'abord celle-ci.

## THÉOREME I.

776. *Les parallélogrammes sont en raison composée de leur base & de leur hauteur.* * N. 4.

Soient les parallélogrammes ABCD, *abcd*,

je dis qu'ils sont entr'eux en raison composée de leur bases AB, *ab*, & de leurs hauteurs DE, *de*.

## DÉMONSTRATION.

Considérez que ces parallélogrammes sont égaux aux produits AB × DE, *ab* × *de* de leur base par
* N. 415. leur hauteur *, & que ces produits donnent la rai-
* N. 651. son composée de AB à *ab*, & de DE à *de* *: Donc, &c.

## PREMIER COROLLAIRE.

Il suit de-là,

777. *Que si les parallélogrammes ont la même hauteur, ils sont entr'eux comme leurs bases; & s'ils ont des bases égales, ils sont dans la raison de leurs hauteurs.*

Pl. 1, Fig. 5. Car soient les deux parallélogrammes X & Y, si on appelle *a* la base du premier X, *b* celle du second Y, *c* la hauteur de chacun; on aura *ac* pour le produit du premier, & *bc* pour celui du
* N. 419. second *: Mais lorsqu'on multiplie deux grandeurs différentes *a* & *b* par une même quantité *c*, on
* N. 624. ne change point leur rapport *: Donc *ac*.*bc* :: *a*.*b*: Donc, &c.

778. On démontrera de la même maniere que si les bases sont égales, les parallélogrammes sont entr'eux comme les hauteurs.

## DEUXIÉME COROLLAIRE.

779. *Les triangles sont aussi en raison composée de leurs bases & de leurs hauteurs.*

Car ils sont les moitiés des parallélogrammes

de mêmes bases & mêmes hauteurs : Or les moitiés sont entr'elles comme leurs Touts * ; Donc, &c. *N. 623.

*Troisième Corollaire.*

Par la même raison,

780. *Les triangles qui ont des hauteurs égales, sont en même raison que leurs bases ; & ceux qui ont des bases égales, sont entr'eux comme leurs hauteurs.*

Car les triangles sont égaux au produit de leur base par la moitié de leur hauteur * ; or, lorsque les hauteurs sont égales, leurs moitiés le sont également : Donc on multiplie dans ces deux cas, les bases ou les hauteurs par des grandeurs égales : Donc, &c. *N. 431.

Si l'on a deux triangles ACB, BCD dont les bases AB, BD soient sur la même ligne droite AD, & le sommet au même point C, ils seront entr'eux comme leurs bases AB & BD ; car alors ils auront la même hauteur CE, c'est-à-dire, la perpendiculaire abbaissée du sommet commun C sur la ligne des bases AD. Pl. 1. Fig. 6.

## THÉOREME II.

781. *Si l'on coupe les deux côtés d'un triangle quelconque par une ligne parallèle à sa base, ils seront coupés proportionnellement.*

*Démonstration.*

Soit le triangle ACB, dont les deux côtés CA, & CB sont coupés en deux parties quel- Figure 7.

conques par la ligne DE parallèle à la baſe AB, il faut démontrer qu'ils ſont coupés proportionnellement, ou que leurs parties ſont enſemble une proportion, c'eſt-à-dire, que BE, EC :: AD. DC.

Soient tirées les lignes AE & DB, elles donneront les deux triangles égaux ADE & DEB; car prenant DE pour la baſe de ces deux triangles, ils auront la même baſe; ils auront auſſi la même hauteur, puiſqu'ils ſont entre les deux parallèles DE & AB: Donc ils ſeront égaux*.
*N. 429.

Ainſi, ſi l'on repréſente par *a* l'un de ces triangles, l'autre ſera auſſi repréſenté par la même lettre *a*, & ſoit nommé *b* le triangle DCE.

Cela fait, conſidérez que les triangles BDE, EDC qui ont leur baſe ſur la même ligne BC, & leur ſommet au même point D ſont entr'eux comme leurs baſes BE & EC*: Enſorte, qu'on a, *a*.*b* :: BE.EC. Obſervez auſſi que les deux triangles AED, DEC ont leur ſommet au même point E, & leurs baſes ſur la même ligne AC, & qu'ainſi l'on a encore *a*.*b* :: AD.DC: Or deux rapports égaux à un même rapport, ſont égaux entr'eux*: Donc BE.EC :: AD.DC. c. q. f. d.
*N. 780.
*N. 616.

## *COROLLAIRE.*

782. Puiſque BE.EC :: AD.DC, l'on aura, en renverſant, EC.BE :: DC.AD*.
*N. 680.

En permuttant, BE.AD :: EC.DC*.
*N. 781.

Et en compoſant BE+EC, c'eſt-à-dire, BC. EC :: AD+DC ou AC.DC*.
*N. 682.

## THÉOREME III.

783. *Si les deux côtés d'un triangle ſont coupés*

*proportionnellement par une ligne droite quelconque, elle sera parallèle à la base du triangle.*

Soit le triangle ACB, dont les côtés sont coupés proportionnellement par la ligne DE, il faut démontrer qu'elle est parallèle à la base AB de ce triangle. Pl. 1. Fig. 8.

*DÉMONSTRATION.*

Supposons que la ligne DE ne soit point parallèle à AB ; on pourra par une de ses extrêmités D mener une ligne DG parallèle à cette base. Alors on aura par la proposition précédente, CD.DA :: CG.GB.

Mais, puisque l'on suppose que DE coupe proportionnellement les deux côtés CA & CB du triangle en D & en E, l'on a aussi CD.DA :: CE.EB. Il suit de-là que les rapports de CG à GB, & de CE à EB, seront égaux entr'eux, puisqu'ils sont égaux chacun au rapport de CD à DA*; mais il est absurde que ces deux rapports soient égaux : car CG étant plus grand que CE, & GB plus petit que EB, le rapport de CG à GB sera plus grand que celui de CE à EB, ou de CD à DA* : Donc DG n'est pas parallèle à AB : Or il est évident qu'on peut démontrer de la même maniere que toutes les lignes qu'on tirera du point D au-dessus ou au-dessous de DE ne seront pas parallèles à AB : Donc, comme il est clair que de D on peut mener une parallèle à AB, il s'ensuit qu'il n'y a que la seule ligne DE, qui coupe les côtés du triangle ACB proportionnellement qui puisse être cette parallèle : Donc, &c.

*N. 616.

*N. 610.

Cette proposition est la converse de la précédente.

## THÉOREME IV.

784. *Les triangles ſemblables ont les côtés homologues proportionnels.*

Pl. 1. Fig. 9. Soient les triangles ſemblables ACB, BDE, dans leſquels l'angle *a* du premier eſt égal à l'angle *d* du ſecond, l'angle *b* à l'angle *e*, & *c* à *f*: il faut démontrer que les côtés de ces triangles oppoſés aux angles égaux, c'eſt-à-dire, les homologues ſont proportionnels, ou que AB.BD :: AC.BE :: BC.DE.

*DÉMONSTRATION.*

Figure 10. Soient poſés les deux triangles ACB, BED ſur la même ligne ; enſorte que leurs deux baſes AB & BD n'en faſſent qu'une ſeule AD, & que les angles égaux, comme *a* & *d*, *b* & *e* ſoient oppoſés ; prolongez après cela les deux côtés AC & DE, juſqu'à ce qu'ils ſe rencontrent dans un point G.

Conſidérez alors que la ligne BC eſt parallèle à DG, parce que l'angle extérieur *b* eſt égal à ſon
* N. 154. oppoſé intérieur *e* *, & que de même BE eſt parallèle à AG, l'angle extérieur *d* étant auſſi égal à ſon oppoſé intérieur *a* ; d'où il ſuit que le quadrilatere CBEG eſt un parallélogramme,
* N. 293. puiſqu'il a ſes côtés oppoſés parallèles *, & qu'ainſi
** N. 299. CG = BE, & CB = GE **.

Préſentement ſi l'on conſidére le triangle total ADG, qu'on prenne A pour ſon ſommet, & DG pour ſa baſe, ſes deux côtés AD & AG ſeront coupés proportionnellement par la parallèle BC, enſorte qu'on aura AB.BD :: AC.
* N. 781. CG ou BE *.

Si l'on prend auſſi le point D pour le ſommet du même triangle, GA ſera ſa baſe, & ſes deux côtés DA & DG ſeront coupés proportionnellement par la parallèle BE, l'on aura donc, DB . BA :: DE . EG ou BC; & en renverſant, BA . DB :: BC . DE, qui fait voir que les deux rapports de AC à BE & de BC à DE ſont égaux entr'eux, puiſqu'ils ſont égaux à celui de AB à BD*: Donc ils ſont tous trois égaux; mais ces rapports ſont ceux des côtés homologues des deux triangles ſemblables propoſés: Donc ces triangles ont leurs côtés homologues proportionnels. *Ce qu'il falloit démontrer.*

* N. 616.

## *Remarques.*

### I.

785. On ne peut aſſez faire obſerver aux Commençans quelle eſt l'importance de cette propoſition. Elle eſt, pour ainſi dire, l'ame de toute la Géométrie; il faut la ſçavoir parfaitement, pour n'être point embarraſſé dans le grand nombre d'autres propoſitions qu'on démontre par ſon ſecours: On doit s'appliquer à bien diſtinguer les côtés homologues pour ne point ſe tromper dans l'*analogie* ou l'arrangement des termes de la proportion qu'on forme avec ces côtés.

Pour cela, il faut examiner dans les triangles ſemblables quels ſont les angles égaux de chacun; car c'eſt par leur connoiſſance qu'on trouve d'abord les côtés homologues: Enſorte que ſi l'on a deux triangles ſemblables X & Y, & que l'on commence la proportion par les côtés de X; ſi l'on prend pour le premier terme AC, oppoſé à l'angle B, il faut chercher dans le ſecond

Planche 1, Figure 11.

triangle Y, quel eſt l'angle égal à B. Si on ſuppoſe que c'eſt F, le côté DE, oppoſé à cet angle, ſera le côté homologue à AC. On déterminera de la même maniere les autres côtés homologues de ces deux triangles.

Pour mettre cet arrangement plus aiſément dans l'eſprit, on va appliquer la précédente propoſition à la réſolution de pluſieurs problêmes qui pourront ſervir à la rendre plus familiere.

## II.

786. Mais auparavant, il faut remarquer que tous les problêmes de *Trigonométrie* qu'on a réſolus à la fin du troiſiéme Livre, & ceux qui concernent la méthode de lever des plans, qui ſont à la fin du quatriéme, ne ſe démontrent en rigueur, que par la propriété des triangles ſemblables, c'eſt-à-dire, par la proportionnalité de leurs côtés homologues.

Car les triangles qu'on a conſtruits ſur la papier pour réſoudre ces problêmes, ſont ſemblables à ceux du terrein, leurs angles étant égaux chacun à chacun par la conſtruction : Donc ils ont leurs côtés homologues proportionnels.

Ainſi, ſi l'on ſuppoſe qu'on ait donné à l'échelle une grandeur quelconque; comme, par exemple, celle d'un pouce pour repréſenter une toiſe, comme un pouce eſt la 72^e partie d'une toiſe, toutes les toiſes de la baſe du triangle du papier ſont la 72^e partie de celle du terrein, & par conſéquent la baſe entiere du premier eſt la 72^e partie de celle du ſecond : Or, à cauſe de la proportionnalité de ces côtés homologues, chaque autre côté du triangle du papier eſt auſſi la 72^e, partie du côté homologue, correſpondant dans le triangle du terrein : Donc il contient autant de 72[es] de toiſes que ce côté en contient ſur le terrein ; mais chaque 72e de toiſe du terrein repréſente une toiſe de l'échelle : Donc le nombre des toiſes de l'échelle que contient chaque côté du triangle du papier, répond au nombre des toiſes du terrein que contient le côté correſpondant du triangle du terrein.

## *PROBLEME.*

## I.

787. *Trouver la hauteur d'une ligne AB perpendiculaire à l'horiſon, acceſſible par ſon extrémité A, ſans ſe ſervir du demi-cercle.*

### *RÉSOLUTION.*

Il faut avoir deux bâtons DE, CF de différentes longueurs ; planter perpendiculairement au terrein (*a*) le plus grand DE à une diſtance AD, priſe à volonté du point A, & le ſecond de la même maniere dans un point C, au-delà de D ; enſorte que regardant par l'extrémité F du bâton FC, & par celle de DE on apperçoive l'extrémité B de la ligne AB. Planche 1; Figure 12.

(*a*) Pour planter ainſi un bâton ou un piquet perpendiculairement au terrein, il faut avoir un plomb attaché au bout d'une ficelle, & appuyer l'autre bout de cette ficelle au haut du bâton ; enſuite incliner ou relever le bâton, juſqu'à ce que le plomb ſe trouvant dans une ſituation libre, le bâton ſoit ſenſiblement dans la même direction que la ficelle, c'eſt-à-dire, que le plomb ſans être appuyé deſſus ne s'en écarte point ; alors le bâton ſera ſenſiblement perpendiculaire à l'horiſon.

Cela fait, on imaginera que par le point F on a mené FH parallèle au terrein CA, & on imaginera aussi FB; alors on aura deux triangles semblables FGE, FHB; car l'angle F est commun à chacun de ces triangles, & les angles en G & en H sont droits : Donc le troisiéme angle du premier est égal au troisiéme du se-
*N. 773. cond : Donc ils sont semblables *: Donc ils ont
*N. 784. leurs côtés homologues proportionnels *.

Ainsi FG opposé à l'angle E dans le premier, est à FH opposé à l'angle B dans le second, qui est égal à E, comme GE, dans le premier, est à HB dans le second, ces deux côtés étant opposés au même angle F, c'est-à-dire, que l'on a FG.FH :: EG.BH. Les trois premiers termes de cette proportion sont connus, puisque FG & GE peuvent se mesurer aisément, & que l'on suppose qu'on peut mesurer aussi CA ou FH qui lui est égal : Donc le quatriéme terme HB le sera aussi, & par conséquent AB, en ajoutant à BH la hauteur AH qui est égale à FC, à cause
*N. 161. des parallèles FH & CA *.

Si on suppose FG de six pieds, FC de trois pieds, DE de 8, & FH de 30, l'on aura EG de cinq pieds, parce que DG = FC; alors la proportion précédente se changera en celle-ci:
*N. 670.

$$6 . 30 :: 5 . HB = \frac{30 \times 5^{*}}{6} = \frac{150}{6} = 25.$$

Ajoutant à ces 25 pieds la hauteur HA égale au bâton CF qui est de trois pieds, on aura AB = 28 pieds.

## II.

Pl. 2. Fig. 1. 788. *Mesurer la distance d'un point quelconque A d'une tranchée, à l'angle saillant B du chemin couvert.*

Il faut au point A élever AC perpendiculaire à AB, & d'une grandeur à volonté; faire aussi CD d'une grandeur arbitraire & perpendiculaire à AC; imaginer ensuite la ligne BD, & remarquer le point E où elle coupe AC; alors on aura les deux triangles semblables ABE, ECD; car ils ont chacun un angle droit A & C, & les angles BEA, DEC opposés au sommet égaux *: Donc ils ont les côtés homologues proportionnels. * N. 774.

Ainsi EC opposé à l'angle D du triangle ECD, est à AE opposé à l'angle B dans le second (lequel angle est égal à D) comme CD opposé à l'angle E dans le premier triangle, est à AB opposé au même angle dans le second, c'est-à-dire, que EC . EA :: CD . AB.

Si on suppose que AE = 24 toises EC = 12 & CD, 60, l'on aura la proportion précédente, changée en celle-ci, $12 . 24 :: 60 . AB = \frac{24 \times 60}{12}$ * = 120 toises. * N. 670.

*Démonstration de l'opération dont on s'est servi pour couper une ligne en plusieurs parties égales avec le compas de proportion.*

789. On a donné dans le premier Volume, N. 171, la maniere de diviser une ligne droite en tel nombre de parties égales que l'on veut avec le compas de proportion; voici le lieu de démontrer cette opération : Elle se tire directement de la propriété des triangles semblables.

Soit la ligne EF qu'on veut diviser, par exemple, en trois parties égales, & l'angle ACB, celui que font ensemble les deux branches du Planche 1, Figure 13.

compas de proportion. Ayant porté cette ligne sur les deux mêmes nombres D & G de ces branches, qui se divisent exactement en trois, comme sur 120 & 120, on a DG=EF : soit CH la troisiéme partie de CD & CI la même partie de CG ou CD; je dis que HI sera aussi la troisiéme partie de DG ou EF.

*DÉMONSTRATION.*

Considérez que les triangles CDG & CHI sont semblables, car HI qui coupe proportionnellement les deux côtés CD & CG du triangle
* N. 783. DCG est par cette raison parallèle à DG* : Donc les angles CHI, CDG sont égaux de même que
* N. 153. CIH & CGD* : Donc les triangles CDG & CHI sont semblables : Donc ils ont les côtés homologues proportionnels : Or, CH est la troisiéme partie du côté CD du grand triangle : Donc HI, base du petit, est de même la troisiéme partie de DG ou de EF : Donc, &c.

## THÉOREME V.

790. *Les triangles qui ont leurs côtés proportionnels sont semblables ou équiangles.*

*DÉMONSTRATION.*

Pl. 2. Fig. 2. Soient les deux triangles ACB, *abc*, qui ont leurs côtés proportionnels. Il faut démontrer qu'ils sont semblables, ou qu'ils ont les angles égaux chacun à chacun.

Soient portés les côtés *ac* & *cb* du plus petit sur les côtés AC & CB du grand; sçavoir, le pre-

mier de C en $f$, & le second de C en $g$ : soit tiré $fg$,
elle sera parallèle à AB ; car par la supposition CA.
C$f$ : : CB . C$g$, ce qui donne, en divisant, CA —
C$f$ . C$f$ : : CB — C$g$ . C$g$ * qui se réduit en * N. 684.
mettant $f$A à la place du premier terme, & B$g$
à celle du troisiéme $f$A . C$f$ : : B$g$ . C$g$. D'où
il suit que $fg$ coupe proportionnellement CA
& CB, & qu'elle est parallèle à AB *. * N. 783.

Les deux triangles C$fg$, CAB, sont alors
évidemment semblables ; car à cause des parallèles
$fg$ & AB, les angles C$fg$, CAB sont
égaux, de même que C$gf$ & CBA * : Donc *N. 153.
ils ont deux angles égaux chacun à chacun :
Donc ils sont équiangles *. * N. 774.

Il reste à démontrer que le triangle $acb$ est
égal & semblable au triangle $f$C$g$, c'est-à-dire,
qu'il a ses trois côtés égaux à ceux de ce triangle ;
car si cela est, il aura aussi ses trois angles
égaux à ceux du même triangle *, & par consé- * N. 241.
quent à ceux de ACB ; ainsi il sera semblable
à ce triangle ; ce qui est l'objet de la proposition.

Considérez d'abord que par la construction les
deux côtés C$f$, C$g$ du triangle $f$C$g$ sont égaux
aux deux côtés $ca$, $cb$ du second, il ne reste donc
plus qu'à démontrer que $fg = ab$

Pour cela, les triangles C$fg$ & CAB donnent
C$f$ . CA : : $fg$ . AB.

Et par la supposition que les côtés des deux
triangles proposés sont proportionnels, l'on a aussi
$ca$ . CA : : $ab$ . AB : Or $ca$ = C$f$ : Donc au lieu
de $ca$ dans cette proportion, on peut mettre C$f$,
& elle devient alors C$f$ . CA : : $ab$ . AB : Or
les rapports de $fg$ à AB & de $ab$ à AB qui
sont égaux au même rapport de C$f$ à CA, sont
égaux entr'eux * : Donc $fg$ . AB : : $ab$ . AB. Dans * N. 616.

cette derniere proportion, les conſéquens AB & AB ſont égaux : Donc les antécédens *fg* &
* N. 686. *ab* le ſont auſſi * : Donc le triangle *acb* a ſes trois côtés égaux à ceux de *f*C*g* : Donc il lui eſt ſemblable de même qu'au triangle ACB, Donc les triangles qui ont les côtés proportionnels ſont ſemblables. c. q. f. d.

## THÉOREME VI.

791. *Si les deux côtés d'un triangle ſont proportionnels aux deux côtés d'un autre triangle, & que l'angle compris par les deux côtés du premier ſoit égal à celui qui eſt compris par les deux du ſecond, ces triangles ſont ſemblables.*

Pl. 2. Fig. 2. Soient les deux triangles CAB & *cab*, dont les côtés CA, CB du premier ſont proportionnels aux côtés *ca* & *cb* du ſecond, & ſoit l'angle C égal à l'angle *c*, il faut démontrer qu'ils ſont ſemblables.

### *DÉMONSTRATION.*

Suppoſez pour cet effet que le petit triangle *cab* ſoit porté ſur le grand, mais de maniere que *ca* ſoit poſé exactement ſur CA. On ſuppoſe que *a* tombe en *f*; le côté *cb* tombera ſur CB à cauſe de l'égalité des angles C & *c*; on ſuppoſe qu'il ſe termine en *g*. Il eſt évident que le triangle
* N. 243. *g*C*f* eſt égal & ſemblable au triangle *acb* * : Ainſi, ſi l'on démontre qu'il eſt ſemblable à CAB, on aura démontré que *acb* eſt auſſi ſemblable à ce triangle ; ce qui eſt l'objet de la propoſition.

Conſidérez que par la ſuppoſition CA . C*f* :: CB . C*g*; d'où l'on a en diviſant, CA — C*f*.

$Cf$ :: CB — $Cg$ . $Cg$ *: Mais comme CA — $Cf$ = A$f$ & CB — $Cg$ = B$g$, on peut mettre dans cette proportion ces dernieres grandeurs à la place des premieres, & elle donnera alors A$f$. $Cf$ :: B$g$ . C$g$, ce qui prouve que $fg$ est parallèle à AB *, & qu'ainsi le triangle C$fg$ est semblable à CAB : Donc le triangle *cab* qui est égal & semblable à ce dernier triangle, l'est aussi à CBA : Donc, &c. *N. 684. *N. 783.

## THÉOREME VII.

792. *Si l'on coupe en deux également l'angle du sommet d'un triangle quelconque, par une ligne prolongée jusqu'à sa base, les deux parties de cette base seront proportionnelles aux deux côtés du triangle.*

Soit le triangle ACB dont l'angle du sommet C est coupé en deux également par la ligne CD; il faut démontrer que les deux parties BD & DA de sa base AB sont proportionnelles aux deux côtés CB & CA, ou que BD. DA :: BC . CA. Pl. 2. Fig. 3.

### *DÉMONSTRATION.*

Prolongez BC en E, ensorte que CE = CA, tirez EA, qui sera parallèle à CD.

Pour le prouver, considérez que par la construction, le triangle ECA est isoscelle, & qu'ainsi l'angle E est égal à EAC *; que l'angle extérieur ACB qui vaut seul ces deux angles * étant coupé en deux parties égales par CD, chacune de ces parties est égale à l'angle E: Donc l'angle DCB est égal à E : Donc, puisqu'entre les *N. 230. *N. 228.

deux lignes CD & EA l'angle extérieur BCD est égal à son opposé intérieur E, ces deux lignes
*N. 154. sont parallèles *.

Considérant à présent le triangle EAB dont les deux côtés BE & BA sont coupés proportionnellement par CD parallèle à EA, l'on a
*N. 781. BD.DA::BC.CE*, ou mettant CA à la place de CE qui lui est égal, l'on aura BD. DA :: BC.CA. c. q. f. d.

## THÉOREME VIII.

Fig. 4. 793. *Si du sommet de l'angle droit d'un triangle rectangle ACB on abbaisse une perpendiculaire CD sur l'hypoténuse AB, elle le partagera en deux autres triangles semblables au total ACB; & semblables entr'eux.*

Pour démontrer cette proposition, il faut faire voir que les angles des triangles CAB, CAD, & CDB sont égaux chacun à chacun, ou qu'ils
*N. 774. ont chacun deux angles égaux *.

### *DÉMONSTRATION.*

1°. Le triangle ACD est semblable à ACB, parce qu'ils ont chacun un angle droit, & l'angle A de commun: Donc, &c.

2°. Le triangle CDB est semblable à ACB, parce qu'ils ont chacun un angle droit, & l'angle B de commun: Donç, &c.

3°. Les deux triangles CAD & CDB étant semblables au méme triangle ACB, sont semblables entr'eux: Donc, &c.

### *COROLLAIRE.*

794. Par cette proposition, on peut démontrer que

que le quarré de l'hypoténuſe AB eſt égal aux quarrés des deux autres côtés CA & CB.

Car à cauſe des triangles ſemblables ACB & ADC l'on a, AB . AC :: AC . AD, d'où l'on tire $AB \times AD = \overline{AC}^2$ *. Figure 4. *N. 664.

L'on a auſſi à cauſe des triangles ſemblables ACB & CDB, AB . CB :: CB . DB, d'où l'on tire $AB \times DB = \overline{CB}^2$. Ajoutant à préſent la valeur du quarré de AC avec celle du quarré de CB, l'on aura la valeur de ces deux quarrés qui ſera ainſi, $AB \times AD + AB \times DB$. Mais comme *le quarré d'une ligne eſt égal à tous les rectangles ou les produits de cette ligne & de ſes parties* *, & que AD & DB ſont les deux parties de AB; il s'enſuit que, ces deux produits ſont égaux au quarré de AB & qu'ainſi $\overline{AB}^2 = \overline{AC}^2 + \overline{CB}^2$. c. q. f. d. *N. 459.

Si l'on ôte $\overline{CB}^2$ de part & d'autre du ſigne d'égalité, on aura $\overline{AB}^2 - \overline{CB}^2 = \overline{AC}^2$ *, & $\overline{AB}^2 - \overline{AC}^2 = \overline{CB}^2$. Et comme les racines quarrées des quantités ſont égales, l'on aura auſſi AB (qui eſt la racine quarrée de $\overline{AB}^2$) $= \sqrt{\overline{AC}^2 + \overline{CB}^2}$; & $AC = \sqrt{\overline{AB}^2 - \overline{CB}^2}$, c'eſt-à-dire, que le côté où l'hypoténuſe AB eſt égal à la racine quarrée de la ſomme des quarrés des deux autres côtés, & que chaque côté de l'angle droit eſt égal à la racine quarrée de la différence du quarré de l'hypoténuſe, & du quarré de l'autre côté. *N. 129.

795. On peut démontrer auſſi par le moyen des triangles ſemblables ACD & CDB, que *la perpendiculaire CD abbaiſſée du ſommet C de*

*l'angle droit ACB ſur l'hypoténuſe AB eſt moyenne proportionnelle entre les deux parties AD & DB de l'hypoténuſe AB.*

Car AD oppoſé à l'angle ACD, eſt à CD oppoſé à l'angle B dans le ſecond triangle CDB, comme le même côté CD. oppoſé à l'angle A dans le premier triangle, eſt à DB oppoſé à DCB dans le ſecond, c'eſt-à-dire, que AD . CD :: CD . DB : Donc CD eſt moyenne proportion-
* N. 653. nelle entre AD & DB*. c. q. f. d.

Nota. *On trouvera dans le Supplément, à la fin de ce Volume, pluſieurs Théorêmes qui ſont la ſuite de cet article ou de cette ſection : ceux qui voudront les connoître, pourront y avoir recours. On peut les paſſer d'abord ; mais il eſt à propos d'y revenir au moins dans une ſeconde lecture.*

---

## II.

## *Propriétés des Cordes, Secantes, & Tangentes du cercle, &c.*

### THÉOREME I.

Pl. 1, Fig. 5. 796. *SI deux cordes AB, CD ſe coupent dans un point quelconque E, elles ſe coupent réciproquement ; ou, ce qui eſt la même choſe, les deux parties AE, EB de la premiere ſont les extrêmes d'une proportion, dont les deux parties CE & ED de l'autre ſont les moyens.*

*DÉMONSTRATION.*

Tirez les cordes AC & DB, & conſidérez que les triangles AEC & DEB ſont ſemblables; car l'angle A du premier eſt égal à l'angle D du ſecond, parce qu'ils ont tous les deux leur ſommet à la circonférence du cercle, & qu'ils s'appuyent ſur le même arc CB *. L'angle C eſt auſſi égal à l'angle B par la même raiſon: Donc ces triangles ont deux angles égaux, chacun à chacun: Donc ils ſont ſemblables: Ainſi le côté AE du premier, oppoſé à l'angle C, eſt au côté ED du ſecond, oppoſé à l'angle B, qui eſt égal à C; comme le côté CE du premier, oppoſé à A, eſt au côté homologue EB du ſecond, oppoſé à l'angle D = A; c'eſt-à-dire, que AE. ED :: CE. EB: Donc les deux parties AE & EB de la premiere corde AB ſont réciproques aux deux parties de la ſeconde: Donc les deux cordes AB & CD ſe coupent réciproquement. c. q. f. d. *N. 192.

*Premier Corollaire.*

Il ſuit de-là,

797. *Que lorſque deux cordes ſe coupent dans un cercle, le rectangle qui a pour côtés différens les deux parties de l'une, eſt égal à celui qui a les deux parties de l'autre pour ſes côtés inégaux.*

Car ſi EB eſt la baſe d'un rectangle, & AE la hauteur, il ſera égal au produit de EB par AE; & ſi l'on a un autre rectangle, dont ED ſoit la baſe, & EC la hauteur, il ſera auſſi égal au produit de ED par CE *; mais puiſque le produit des extrêmes eſt égal à celui des moyens *; l'on a par la propoſition précédente EB × EA = ED × CE; Donc, &c. Pl. 2. Fig. 5. *N. 401. *N. 660.

### *Deuxième Corollaire.*

Figure 6. 798. Si on suppose que l'une des deux cordes AB passe par le centre G du cercle, & que l'autre DC lui soit perpendiculaire, elle sera alors
* N. 189. coupée en deux également par le diamétre AB* & l'on aura toujours AE . ED :: EC . EB. Mais comme DE & EC sont égales, on peut mettre DE à la place de EC dans cette proportion, & l'on aura AE . DE :: DE . EB, d'où l'on
* N. 664. tire $AE \times EB = \overline{DE}^2$*. Ce qui fait voir que *la perpendiculaire DE, élevée d'un point quelconque E sur un diametre, AB est moyenne proportionnelle entre les deux parties AE & EB de ce diametre.* C'est ce qu'on appelle *la propriété du cercle.*

## THÉOREME II.

Figure 7. 799. *Si d'un point quelconque C, pris hors un cercle X, on tire deux lignes CA, CB qui coupent sa partie convexe & qui se terminent à sa partie concave, chaque ligne entiere & sa partie hors le cercle sera réciproque à l'autre ligne, & à sa partie aussi hors le cercle ; c'est-à-dire, que l'on aura CA . CB :: CE . CD.*

### *Démonstration.*

Tirez les lignes AE & BD, & considérez que les triangles AEC, BCD sont semblables; car l'angle A du premier est égal à l'angle B du second, parce qu'ils ont leur sommet à la circonférence du cercle, & qu'ils s'appuyent sur le mê-
* N, 199. me arc DE*, l'angle C est commun à chacun

de ces triangles : Donc ils ont deux angles égaux, chacun à chacun : Donc ils sont semblables *. * N. 774.

Comparant à présent leurs côtés homologues, l'on aura CA, opposé à l'angle AEC, dans le premier triangle, est à CB, opposé à l'angle BDC dans le second (lequel angle est égal à AEC) comme CE dans le premier triangle, opposé à l'angle A, est à CD dans le second, opposé à l'angle B, qui est égal à A, c'est-à-dire, que CA . CB :: CE . CD. c. q. f. d.

*COROLLAIRE.*

800. Il suit de-là que CA × CD = CB × CE, c'est-à-dire, que le rectangle qui auroit pour base CA, & pour hauteur CD, seroit égal à celui qui auroit pour base l'autre ligne entiere CB, & pour hauteur sa partie, hors le cercle CE.

## THÉOREME III.

801. *Si d'un point C, hors un cercle, on tire deux lignes CA, CB, dont l'une soit tangente au cercle & l'autre une sécante, qui se termine à sa partie concave, la tangente AC sera moyenne proportionnelle entre la sécante entiere CB, & sa partie CE, hors le cercle, c'est-à-dire, que l'on aura CB . CA :: CA . CE.* Pl. 2. Fig. 8.

*DÉMONSTRATION.*

Tirez les lignes AE & AB, & considérez que les triangles CAB, CAE sont semblables; car l'angle B du premier est égal à l'angle CAE, du second, puisque B qui a son sommet à la cir-

conférence du cercle, a pour mesure la moitié
*N. 197. de AE sur lequel il s'appuye *, & que l'angle CAE formé d'une tangente & d'une corde, a pour mesure la moitié du même arc AE qui sou-
*N. 196. tient sa corde *; l'angle C est commun à chacun de ces triangles : Donc ils ont deux angles égaux, chacun à chacun : Donc ils sont semblables : Donc le troisiéme angle CAB du premier, est égal au troisiéme angle CEA du second.

Comparant leurs côtés homologues ou les côtés opposés aux angles égaux, on aura CB opposé à l'angle CAB dans le grand triangle, est à AC opposé à l'angle AEC dans le petit (lequel angle est égal à CAB) comme le même AC opposé à l'angle B dans le grand, est à CE opposé à l'angle CAE dans le petit (lequel angle est égal à B;) c'est-à-dire, que CB . AC :: AC . CE. c. q. f. d.

## COROLLAIRES.

### I.

802. Il suit de-là *que le rectangle de la sécante CB par sa partie, hors le cercle CE, est égal au quarré de la tangente AC.*

Car, puisque l'on a CB . CA :: CA . CE,

*N. 664. l'on a aussi $CB \times CE = \overline{CA}^2$ *.

### II.

Pl. 2. Fig. 9. 803. Que si du même point C, on tire tel nombre de lignes qu'on voudra, comme CB, CG, CH, &c. qui se terminent à la partie concave du cercle, les rectangles de ces lignes par leur partie hors le cercle, seront tous égaux entr'eux, étant égaux chacun au quarré de la tangente CA.

III.

804. *Que si d'un point C, hors un cercle, on tire deux tangentes CA & CB, elles seront égales.* Pl. 3. Fig. 1.

Car tirant une sécante quelconque, CD qui se termine à la partie concave du cercle, le rectangle de cette ligne entiere par sa partie CE hors le cercle, sera égal au quarré de chacune des tangentes CA & CB *: Donc ces quarrés seront égaux, & par conséquent les tangentes CA & CB qui en sont les racines, seront égales. * N. 801.

IV.

805. On peut par le moyen de cette même proposition, déterminer aussi le diametre de la terre.

Pour cela, il faut connoître la hauteur perpendiculaire CE d'une montagne, & supposer cette hauteur, ou la ligne qui l'exprime, prolongée jusqu'en B; elle passera par le centre D de la terre, étant perpendiculaire à la tangente GH qui passe par E *. Pl. 3. Fig. 1. * N. 176.

Il faut connoître aussi la tangente CA (a);

(a) Cette tangente peut être connue par le moyen du *son*. Supposons qu'on ait un canon en A; & qu'en le tirant le bruit puisse parvenir jusqu'au sommet A de la montagne. La propriété de la lumiere est de se transmettre dans un instant d'un lieu à un autre, ensorte qu'on ne peut remarquer d'intervalle entre celle du canon, vû en A, & la même lumiere vûe en C; mais il n'en est pas de même du bruit que fait le coup. Suivant des expériences faites par M. *Cassini*

on sera assuré que AC est tangente, si le demi-cercle étant posé dans une situation verticale en A, le rayon visuel des pinules du diametre rencontre le sommet C de la montagne, parce qu'alors l'angle
*N. 175. CAD sera droit : ainsi AC sera tangente *.

On aura alors $CB \times CE = \overline{CA}^2$; & divisant chacun de ces termes par CE qui est connu, on aura $CB = \frac{\overline{CA}^2}{CE}$, qui veut dire que le quarré de la tangente CA, divisé par la hauteur CE de la montagne, est égal à la sécante CB : retranchant ensuite de cette sécante la hauteur CE, il restera le diametre de la terre, c'est-à-dire, BE. Cette opération suppose que la terre soit sensiblement ronde; & cette figure résulte aussi des différentes opérations qui ont été faites pour la découvrir.

## *PROBLEMES.*

### I.

Pl. 3. Fig. 3. 806. *Trois lignes étant données A, B & O; leur trouver une quatriéme proportionnelle.*

*de Thury*, de l'Académie des Sciences, il résulte que le son ou le bruit d'un canon, fait dans un temps calme 173 toises par seconde, c'est-à-dire, dans la soixantiéme partie d'une minute d'heure, ce qui est à peu près l'intervalle d'un batement de poux à un autre ; ainsi supposant que l'on ait une montre à secondes, on comptera le nombre qui s'en écoulera depuis la lumiere vûe en A, jusqu'à ce que le bruit du canon soit parvenu en C ; alors comptant 173 toises pour chaque seconde, l'on aura assez exactement la longueur de CA ; on peut se servir au lieu de canon, des boëtes en usage dans les feux d'artifice. Les expériences ont fait connoître que le son plus ou moins fort se transmet avec la même vîtesse ; c'est-à-dire, qu'il fait toujours le même chemin dans un temps égal.

*RÉSOLUTION.*

Tirez deux lignes indéfinies CI, CH qui faſſent un angle quelconque ICH.

Portez ſur CH de C en D, la ligne A, & de D en F, la ligne B : portez la ligne O ſur CI de C en E, & tirez DE; menez par F la ligne FG parallèle à DE qui coupera CI en G: EG ſera la quatriéme proportionnelle aux trois lignes A, B, O, c'eſt-à-dire, que A.B::O.EG.

*DÉMONSTRATION.*

Conſidérez que par la conſtruction, les deux côtés CF & CG du triangle CFG ſont coupés par la ligne DE parallèle à la baſe FG de ce triangle, & qu'ainſi ils le ſont proportionnellement*: Donc A.B::O.EG: Donc A×EG= B×O*. *N. 781. *N. 660.

II.

807. *Trouver une troiſiéme proportionnelle à deux lignes données A & B.* Pl. 3. Fig. 4.

*RÉSOLUTION.*

On fera comme dans le problême précédent un angle quelconque HCI.

Du ſommet C, on portera ſur CI de C en D, la ligne A: & de D en F la ligne B; on portera la même ligne B ſur CH, ſçavoir de C en E: l'on tirera DE; enſuite on menera par F, FG parallèle à DE, & l'on aura O ou EG, la troiſiéme proportionnelle demandée; enſorte que A.B::B.O, ou CD.DF::CE ou DF.EG.

La démonſtration eſt la même que celle du problême précédent.

## III.

808. *Trouver une moyenne proportionnelle entre deux lignes données A & B.*

*RÉSOLUTION.*

Pl. 3. Fig. 5. Tirez une ligne droite indéfinie CE, sur laquelle prenez CD = A & DE = B; coupez ensuite CE en deux également en F; de ce point pris pour centre & du rayon FC ou FE, décrivez une demi-circonférence sur CE; élevez au point D, la perpendiculaire DG jusqu'à la rencontre de la demi-circonférence en G: elle sera la moyenne proportionnelle demandée entre A & B, c'est-à-dire, qu'on aura A ou CD . DG :: DG . B ou DE.

La démonstration est évidente par la propriété
* N. 798. du cercle *.

## IV.

809. *Un parallélogramme étant donné, en faire un autre qui lui soit égal, & qui ait pour hauteur une ligne donnée H.*

Figure 6. Soit le parallélogramme ABCD, dont la base est AB & la hauteur DE; il faut en faire un autre qui lui soit égal en superficie, & qui ait pour hauteur la ligne donnée H.

*RÉSOLUTION.*

Trouvez une quatriéme proportionnelle par le premier problême de cet article, à la ligne H, à AB & à DE; elle sera la base du parallélogramme égal au proposé, & qui aura la hauteur H.

*DÉMONSTRATION.*

Soit cette quatriéme proportionnelle G, l'on aura par la conſtruction H.AB::DE.G; d'où l'on aura avec le produit des extrêmes & celui des moyens H×G=AB×DE*: Donc, &c. *N. 660.

*REMARQUE.*

810. Par ce problême on peut, lorſque l'on a différens parallélogrammes, leur donner à tous la même hauteur; après quoi il eſt aiſé, en joignant leurs baſes de ſuite ſur la même ligne, d'en faire un ſeul qui les contienne tous: Car il eſt évident que celui qui aura pour baſe la ſomme de toutes ces baſes, & pour hauteur la hauteur commune, ſera égal à tous ces parallélogrammes.

V.

811. *Faire un quarré égal à un parallélogramme quelconque.*

Soit le parallélogramme ABCD dont la baſe eſt AB & la hauteur DE, qu'on veut changer en quarré. Pl. 3. Fig. 7.

*RÉSOLUTION.*

Il faut trouver, par le troiſiéme problême de cet article, une moyenne proportionnelle GH entre la baſe AB, & la hauteur DE du parallélogramme AC; & le quarré X fait ſur cette moyenne proportionnelle ſera égal au parallélogramme ABCD.

*DÉMONSTRATION.*

Par la conſtruction, AB, GH::GH.DE:

Donc AB×DE, c'est-à-dire, le parallélogramme proposé, est égal à GH×GH *, c'est-à-dire, au quarré X. c. q. f. d.

*N. 664.

*R E M A R Q U E.*

812. On voit par ce problême & le précédent qu'il n'y a point de polygone qui ne puisse être réduit au quarré, ainsi qu'on l'a déja dit.

Car tout polygone peut être réduit à un seul
*N. 458. triangle *, & ce triangle peut être changé en
*N. 433. parallélogramme * : Or, on peut réduire tout parallélogramme en quarré par le dernier problême : Donc, &c.

## V I.

813. *Couper une ligne en moyenne & extrême raison.*

*D É F I N I T I O N.*

814. On dit qu'une ligne est coupée en *moyenne & extrême raison*, lorsqu'elle est coupée en deux parties, de maniere que la ligne entiere est à sa plus grande partie, comme cette même partie est à la plus petite.

I. 3. Fig. 8. Ainsi la ligne AB sera coupée en moyenne & extrême raison en C, si l'on a AB . AC :: AC . CB. Le présent problême consiste à couper une ligne de cette maniere.

*R É S O L U T I O N.*

Elevez au point B la perpendiculaire BD égale à la moitié de AB. Du point D, pris pour centre, & du rayon DB, décrivez le cercle X qui
*N. 175. touchera AB au point B *; tirez AD qu'il faut prolonger jusqu'en E.

Prenez après cela AF, & portez cette grandeur de A en C: AB sera coupée en moyenne & extrême raison au point C, c'est-à-dire, que l'on aura AB.AC :: AC.CB.

*DÉMONSTRATION.*

La ligne AB étant tangente au cercle X, & AE, une sécante, l'on a AE.AB :: AB.AF ou AC qui lui est égal*; & en divisant AE— *N. 801.
AB.AB :: AB—AC.AC*. *N. 684.

Or le rayon BD étant égal à la moitié de AB, FE diametre du cercle X=AB; ainsi AE—AB=AE—FE qui est AF ou AC; AB—AC=CB: Ainsi mettant AC à la place de AE—AB dans la précédente proportion, & CB à la place de AB—AC, elle devient AC.AB :: CB.AC qui donnent en renversant, AB.AC :: AC.CB*. c. q. f. d. *N. 681.

*COROLLAIRE.*

815. Il suit de ce problême que $AB \times CB = \overline{AC}^2$, c'est-à-dire, que le rectangle de la ligne entiere AB par sa plus petite partie CB est égal au quarré de la plus grande AC*. *N. 664.

## III.

### *De l'inſcription géométrique dans le cercle du Pentagone, du Décagone & du Quindécagone ou Polygone de quinze côtés.*

816. ON n'a pas donné l'inſcription géométrique du pentagone, du décagone & du quindécagone dans le cercle, lorſque l'on a donné la méthode d'y inſcrire les autres du polygones, parce qu'elle dépend des principes qu'on vient d'établir par les triangles ſemblables. Ces principes étant actuellement connus, c'eſt ici le lieu de les appliquer à l'inſcription de ces polygones. On auroit pû en donner plutôt l'opération; mais comme il auroit fallu en retarder la démonſtration, il a paru plus convenable de donner l'une & l'autre en même-temps.

### THÉOREME I.

817. *Si l'on a un triangle iſoſcelle ACB, dont les angles de la baſe A & B ſoient doubles de l'angle du ſommet C, & que l'on coupe en deux également l'un des angles A de la baſe par la ligne AD prolongée juſqu'au côté CB oppoſé à cet angle; ce côté ſera coupé en moyenne & extrême raiſon au point D, c'eſt-à-dire, qu'on aura CB . CD :: CD . DB.*

*DÉMONSTRATION.*

Le triangle ABD eſt ſemblable au triangle

total ACB; car l'angle DAB du premier, qui par la ſuppoſition, eſt la moitié de l'angle de la baſe CAB du ſecond, eſt égal à l'angle C du même triangle, qui eſt également la moitié du même angle. L'angle B eſt commun aux deux triangles : Donc le troiſiéme du premier ADB eſt égal au troiſiéme CAB du ſecond : Donc ces deux triangles ſont ſemblables *. * N. 773.

Comparant enſemble leurs côtés homologues, l'on aura CB, dans le triangle ACB, oppoſé à l'angle total A, eſt à AB dans le ſecond, oppoſé à l'angle ADB, comme AB oppoſé à l'angle C dans le grand triangle, eſt à BD, oppoſé à DAB dans le petit; c'eſt-à-dire que, CB . AB : : AB . BD.

Il faut conſidérer préſentement que dans le triangle ADC, l'angle C étant égal à l'angle CAD, ce triangle eſt iſoſcelle, & qu'ainſi AD = CD = AB, à cauſe de l'iſoſcelle DAB *: Mettant donc CD dans la proportion précédente à la place de AB, elle deviendra CB . CD : : CD . DB : Donc CB eſt coupée en moyenne & extrême raiſon au point D par la ligne AD qui coupe l'angle CAB en deux également *. c. q. f. d. * N. 233. * N. 814.

*PREMIER COROLLAIRE.*

Il ſuit de cette propoſition,

818. 1°. Que pour faire un triangle iſoſcelle dont les côtés égaux le ſoient chacun à une ligne donnée CB, & dont les angles de la baſe ſoient doubles de celui du ſommet, il faut, pour trouver la baſe de ce triangle, diviſer la ligne CB en moyenne & extrême raiſon. Si on ſuppoſe que l'on ait CD pour la plus grande partie de Pl. 3. Fig. 9.

cette ligne ainſi coupée, CD ſera la baſe cherchée; enſorte que ſi du point B, pris pour centre, & de l'intervalle CD on décrit un arc indéfini, & de C, pris auſſi pour centre, & de l'intervalle CB, on décrit un ſecond arc qui coupe le premier en A, tirant les lignes BA & CA, on aura le triangle ACB qui aura les conditions demandées.

*REMARQUE.*

819. La démonſtration de ce Corollaire eſt évidente par la précédente propoſition; mais ſi l'on veut faire voir que par cette conſtruction le triangle iſoſcelle CAB a ſes angles de la baſe doubles de celui du ſommet;

Figure 10. Il faut prolonger CA vers E; faire AE= AB, & tirer AD du point A au point D où CB eſt diviſé en moyenne & extrême raiſon; tirez auſſi EB. Conſidérez enſuite que par la conſtruction précédente, on a, AE=AB=AD=CD, & que l'on a auſſi CB (ou CA).AE (ou CD)::CD.DB, ou CA.AE::CD. DB.

D'où il ſuit que, puiſque les deux côtés CA & CB du triangle ECB ſont coupés proportionnellement par AD, cette ligne eſt parallèle
*N. 78. à EB*: Donc l'angle extérieur CAD eſt égal à
*N. 153. ſon oppoſé intérieur AEB*; mais à cauſe des parallèles AD & EB l'angle DAB eſt égal à ſon alterne ABE*, qui eſt auſſi égal à l'angle
*N. 157. E, parce que EAB eſt iſoſcelle*: Donc l'angle CAB eſt coupé en deux parties égales par AD, & comme CA=CB, l'angle B=CAB; mais à cauſe du triangle iſoſcelle ACD, l'angle C=CAD

C=CAD qui est la moitié de l'angle de la base CAB: Donc, &c.

### *Deuxiéme Corollaire.*

Il suit encore de la même proposition précédente,

820. 2°. *Que la base AB du triangle isoscelle ACB est le côté du décagone inscrit dans le cercle qui auroit pour rayon CA ou CB.* Pl. 4. Fig. 23.

Car comme l'angle C est la moitié de chacun des angles de la base du triangle CAB, si on suppose qu'il ait pour mesure une certaine partie de la circonférence du cercle; les angles A & B auront le double de cette même partie: Ainsi les trois angles du triangle CAB vaudront ensemble cinq parties égales de la circonférence du cercle; mais ces cinq parties valent la demi-circonférence entiere, puisque les trois angles de ce triangle valent deux angles droits ou 180 dégrés*: Donc *N. 124.
l'angle C vaut la cinquiéme partie de la demi-circonférence, ou la dixiéme de la circonférence entiere: Donc AB est la corde de la dixiéme partie de la circonférence: Donc elle est le côté du décagone*. *N. 344.

D'où il suit,

821. *Que pour inscrire un décagone dans un cercle,*

Il faut couper le rayon du cercle en moyenne & extrême raison, porter sa plus grande partie sur la circonférence du même cercle, & qu'elle la divisera en dix parties égales.

Car la plus grande partie de ce rayon coupé en moyenne & extrême raison étant la base d'un triangle isoscelle, dont les angles de la base sont doubles de celui du sommet *; & cette base la corde de la dixiéme partie de la circonférence *: Donc, &c.

*N. 817.

*N. 820.

REMARQUE.

822. Cette même proposition du N°. 817 peut aussi servir à inscrire le pentagone dans le cercle.

Pl. 4. Fig. 2. Soit le cercle X dans lequel on a inscrit un décagone; il est évident que pour y inscrire un pentagone il faut tirer une corde BC qui comprenne deux arcs AB & AC du décagone; car cette ligne BC sera la corde de la cinquiéme partie de la circonférence : Donc elle la divisera en cinq parties égales : Donc, &c.

823. La proposition qui suit, n'a pour objet que l'inscription du pentagone régulier dans le cercle, & comme cette inscription se fait très-aisément par la précédente, on pourra passer cette nouvelle proposition & le problême qui la suit, si on y trouve quelques difficultés. On ne présume cependant pas qu'on y en trouve aucune, pourvû qu'on se soit un peu familiarisé avec les triangles semblables, & qu'on se soit appliqué à distinguer leurs côtés homologues, ou ceux qui sont opposés aux angles égaux.

THÉOREME II.

824. *Si l'on a un pentagone & un décagone réguliers inscrits dans un cercle, le quarré du côté du pentagone sera égal à celui du côté du décagone, plus au quarré du rayon du même cercle.*

Soit le cercle Y dans lequel AB est le côté du pentagone AD, ou DB celui du décagone, & CA ou CB le rayon; il faut démontrer que $\overline{AB}^2 = \overline{AD}^2 + \overline{CB}^2$. Pl. 4. Fig. 3.

*DÉMONSTRATION.*

Tirez de C sur AD la perpendiculaire CF, qui coupera AB en E, & de ce point, tirez en D la ligne ED qui sera égale à AE; parce que le centre C étant également distant de A & de D, & CF étant perpendiculaire sur AD, elle a tous ses points également distans de A & de D*: Donc le point E, qui est un des points de CF, en est aussi également distant: Donc ED = AE: prolongez CF en H, elle coupera l'arc AD en deux également*.

* N. 123.
* N. 189.

Présentement, le triangle AED est semblable au triangle ADB; car comme ils sont chacun isoscelles, & que l'angle DAB est commun à l'un & à l'autre; le second angle ADE de la base du premier est égal au second angle B de la base du triangle ADB: Donc ils ont deux angles égaux, chacun à chacun: ainsi ils sont semblables*.

* N. 774.

Comparant leurs côtés homologues, l'on aura, AB base du grand triangle, est à AD base du petit, comme le même AD opposé à l'angle B dans le grand, est à AE opposé à l'angle ADE dans le petit, lequel angle est égal à B. On a donc par la comparaison des cotés homologues de ces deux triangles, AB . AD :: AD . AE: D'où l'on tire avec le produit des extrêmes, & celui des moyens, $AB \times AE = \overline{AD}^2$*.

* N. 664.

Il faut considérer à présent que le triangle ACB est semblable au triangle CEB.

L'angle ACB étant l'angle du centre du pentagone, vaut la cinquiéme partie de la circonférence entiere, c'est-à-dire, de 360 dégrés qui
*N. 336. est 72*. Les deux autres angles CAB & ABC du triangle ACB valent donc ensemble 108 dégrés, puisque les trois angles de tous triangles
*N. 224. en valent 180*; mais ces deux angles sont égaux entr'eux à cause de l'égalité des côtés CA &
*N. 230. CB*: Donc ils valent chacun la moitié de 108 dégrés, qui est 54. Il reste à faire voir que l'angle ECB est aussi de 54 dégrés; car alors le triangle CEB ayant deux angles égaux, chacun à chacun aux deux angles CAB & CBA du triangle
*N. 774. ACB, il lui sera semblable*.

Considérez que l'arc HB qui mesure l'angle FCB est les trois quarts de l'arc ADB de 72 dégrés, c'est-à-dire, qu'il est de 54; car DB est la moitié de ADB étant l'arc qui soutient le côté du décagone; HD est la moitié de l'autre moitié AD du même arc ADB, c'est-à-dire, le quart; la moitié DB en vaut deux quarts: Donc HB est les trois quarts de cet arc: Mais les trois quarts de 72 sont 54; puisque la moitié de 72 est 36, & la moitié de 36 est 18: Or $36+18=54$: Donc l'angle ECB est égal à l'angle EBC de même qu'à l'angle CAB, Donc, &c.

Si l'on compare à présent les côtés homologues des deux triangles semblables ABC & CBE, l'on aura AB opposé à l'angle ACB de 72 dégrés dans le premier triangle est à CB opposé à l'angle CEB dans le second, aussi de 72 dégrés, comme le même côté CB opposé à l'angle CAB de 54 dégrés dans le premier triangle, est au côté BE dans le second, opposé à l'angle ECB, qui est aussi de 54 dégrés, c'est-à-dire, que AB.

CB :: CB . BE, d'où l'on tire avec le produit des extrêmes & celui des moyens $AB \times BE = \overline{CB}^2$*. *N. 664.

Ajoutant à $AB \times BE$, le produit de $AB \times AE$ qu'on a eu par la comparaison des deux premiers triangles, & à $\overline{CB}^2$ qui est égal au premier produit, $\overline{AD}^2$ qui est égal au second, on aura par le second axiome *, $AB \times BE + AB \times AE = \overline{CB}^2 + \overline{AD}^2$ : Or, on a vû que le quarré d'une ligne étoit égal aux rectangles de cette ligne & de ses parties *; BE & AE sont les deux parties de AB : Donc $AB \times BE + AB \times AE = \overline{AB}^2$. *N. 12. *N. 459.

Ainsi mettant $\overline{AB}^2$ à la place de ces deux rectangles ou de ces deux produits dans l'expression précédente, l'on aura $\overline{AB}^2 = \overline{CB}^2 + \overline{AD}^2$; mais $\overline{AB}^2$ est le quarré du côté AB du pentagone, $\overline{CB}^2$ celui du rayon CB & $\overline{AD}^2$, celui du côté AD du décagone : Donc le quarré du côté du pentagone est égal à celui du rayon dans lequel ce polygone est inscrit, plus à celui du côté du décagone. c. q. f. d.

## PREMIER PROBLEME.

825. *Inscrire un pentagone régulier dans un cercle donné Y.*

### *RÉSOLUTION.*

Tirez le diametre AB, & menez le rayon CE perpendiculaire à AB. Coupez CB en deux également en D; puis du point D, pris pour centre, Pl. 4. Fig. 4.

& de l'intervalle DE, décrivez l'arc EF; tirez la corde de cet arc, c'est-à-dire, FE, elle sera le côté du pentagone inscrit dans le cercle Y.

*DÉMONSTRATION.*

Considérez que par la construction, le rayon CE est coupé en moyenne & extrême raison; & que sa plus grande partie est FC; car si du point D, pris pour centre, & du rayon DC ou DB, on décrit un cercle CGBC, & qu'on tire ED, on verra qu'on a fait tout ce qui a été prescrit N. 813, pour couper la ligne EC en moyenne & extrême raison, & que EG est la plus grande partie du rayon ainsi coupé : Or FC = EG, puisque ED = FD, & que ôtant de ces deux lignes égales, les deux parties DG & DC égales, les restes sont égaux : Donc FC est la plus grande partie du rayon du cercle Y coupé en moyenne & extrême raison : Donc elle est le côté du décagone inscrit dans
* N. 221. le même cercle * : Mais à cause du triangle rec-
* N. 460 & 797. tangle FCE, $\overline{EF}^2 = \overline{FC}^2 + \overline{CE}^2$ * : Ainsi comme FC est le côté du décagone, & que CE est le rayon du cercle, il s'ensuit que le quarré de EF est égal au quarré du côté du décagone, plus à celui du rayon du cercle Y : Donc EF est le côté du pentagone, puisque par la proposition précédente le quarré du côté du pentagone vaut ces deux autres quarrés. c. q. f. d.

## SECOND PROBLEME.

826. *Inscrire dans un cercle un quindécagone ou un polygone régulier de quinze côtés.*

Soit le cercle X dans lequel on veut inscrire ce polygone.

*RÉSOLUTION.*

On commencera par y inſcrire un pentagone ABCDE par le problême précédent ; enſuite des extrémités A & D de deux côtés quelconques EA & ED qui font un angle AED du pentagone, il faut porter ſur la circonférence du cercle le rayon LA ; ſçavoir, de A en F & de D en G ; tirez GF, elle ſera le côté du quindécagone. Pl. 4. Fig. 5.

*DÉMONSTRATION.*

L'angle du centre du polygone de 15 côtés eſt de 24 dégrés, étant la quinziéme partie de la circonférence qui vaut 360 dégrés*: Or 360, diviſé par 15, donne 24 : Donc pour démontrer que FG eſt le côté du quindécagone, il ſuffit de faire voir que l'arc dont il eſt la corde, eſt de cette quantité de dégrés : Mais à cauſe du pentagone inſcrit, l'arc AE eſt de 72 dégrés, & parce que le rayon a été porté de A en F, l'arc AF eſt de 60 : Donc FE eſt de 12 dégrés. Par la même raiſon EG eſt auſſi de 12 dégrés : Donc l'arc entier FG eſt de vingt-quatre dégrés : Donc la corde de cet arc eſt le côté du quindécagone. c. q. f. d.

* N. 344.

## THÉOREME III.

827. *Si dans un pentagone régulier X on tire des lignes, comme CA, BD, &c. qui joignent enſemble deux de ſes côtés, elles ſeront égales.* Pl. 4. Fig. 6.

Cette propoſition eſt évidente, car ces lignes font avec les deux côtés du pentagone qu'elles

ſoutiennent des triangles, comme ABC, BCD qui ont deux côtés égaux, & les angles compris par ces côtés auſſi égaux, étant angles de la circonférence du pentagone : Donc ces triangles ſont
* N. 243. égaux * : Donc BD = AC. c. q. f. d.

828. Les lignes, comme AC, BD qui ſoutiennent deux côtés du pentagone, ſon appellés *ſes diagonales*.

## THÉOREME IV.

Pl. 4. Fig. 6. 829. *Si dans un pentagone régulier X on tire deux diagonales qui ſe coupent, comme AC, BD, la plus grande partie AE ou ED de ces lignes, ſera égale au côté du pentagone.*

Il eſt évident que pour démontrer cette propoſition, il faut faut ſeulement faire voir que le triangle ABE ou ECD eſt iſoſcelle, ou que l'angle ABE eſt égal à AEB, parce qu'alors
* N. 233. on aura auſſi AB = AE *.

### DÉMONSTRATION.

Conſidérez que l'angle ABD qui s'appuye ſur deux arcs qui ſoutiennent chacun un côté du
* N. 197. pentagone, a pour meſure l'un de ces arcs * ; que l'angle AEB qui a ſon ſommet dans le cercle, a pour meſure la moitié de l'arc CD, plus la
* N. 206. moitié de l'arc AB *, c'eſt-à-dire, comme ces deux arcs ſont égaux, qu'il a auſſi pour meſure un des arcs que ſoutient le côté du pentagone : Donc ces deux angles ſont égaux : Donc AB = AE. c. q. f. d.

## THÉOREME V.

830. *Les diagonales AC, BD du pentagone régulier X qui ſe coupent en E, ſe coupent en moyenne & extrême raiſon.* Figure 6.

Pour le prouver, conſidérez que les triangles ABC, BEC ſont ſemblables ; car l'angle BAC du premier a pour meſure la moitié de l'arc BC que ſoutient un des côtés du pentagone *: L'angle EBC du ſecond a auſſi pour meſure la moitié de l'arc CD que ſoutient le côté CD du pentagone; il en eſt de même de l'angle BCE ou BCA qui eſt commun à l'un & à l'autre: Donc AC. BC :: BC. EC: Mais par la propoſition précédente AE égale BC. C'eſt pourquoi mettant dans la proportion ci-deſſus AE à la place de BC, l'on aura AC. AE :: AE. EC: Donc AC eſt coupée en moyenne & extrême raiſon en E *. c. q. f. d.

* N. 197.

* N. 815.

### COROLLAIRE.

Il ſuit de-là,

831. *Que le côté BC du pentagone régulier X, eſt égal à la plus grande partie de ſa diagonale AC coupée en moyenne & extrême raiſon.*

## IV.

### *Des Figures ſemblables, du Rapport de leurs circonférences & de leurs ſuperficies.*

832. ON appelle *figures ſemblables*, celles qui ont le même nombre de côtés qui font entr'eux des angles égaux, comparés chacun à chacun dans chaque figure, & qui ont les côtés homologues proportionnels.

Les côtés *homologues* ſont dans ces figures, comme dans les triangles, les côtés oppoſés aux angles égaux.

*REMARQUE.*

833. On a vû dans l'article des triangles ſemblables, que de l'égalité de leurs angles il s'enſuivoit la proportionalité de leurs côtés homologues : ce n'eſt pas la même choſe dans les autres figures, elles peuvent avoir leurs angles égaux ſans que leurs côtés ſoient proportionnels ; c'eſt pourquoi on a ajouté à l'égalité des angles la condition de la proportionalité des côtés, pour que les figures ſoient ſemblables.

THÉOREME I.

834. *Les polygones ſemblables, réguliers ou irréguliers, ſont compoſés de même nombre de triangles ſemblables.*

Pl. 4. Fig. 7. Cette propoſition eſt évidente à l'égard des polygones réguliers ſemblables.

Car ſoient, par exemple, les deux exagones réguliers X & Y. Si des centres C & c on tire les rayons obliques de ces polygones, ils feront chacun partagés en autant de triangles égaux qu'ils ont de côtés *, leſquels feront ſemblables dans chaque polygone, puiſque les angles du centre ACB, *acb* ſont égaux, étant chacun la ſixiéme partie de la circonférence, ou de 360 dégrés; que de plus les angles de la circonférence de ces polygones ſont auſſi égaux entr'eux, & qu'ainſi les angles de la baſe des triangles ACB, *acb*, qui ſont la moitié d'angles égaux, ſont égaux: Donc, &c. * N. 334.

*Démonstration pour les polygones irréguliers.*

Pour démontrer la même propoſition dans les polygones irréguliers, ſoient les deux exagones irréguliers ſemblables ABCDEFA, *abcdefa*; ils ont, par la définition des polygones ſemblables, les angles égaux, chacun à chacun, & les côtés homologues proportionnels; il faut démontrer que de-là il s'enſuit qu'ils ſont compoſés de même nombre de triangles ſemblables. Figure 8.

Pour cela, conſidérez que ces deux polygones peuvent être partagés par des lignes tirées d'un de leurs angles D & *d* en autant de triangles qu'ils ont de côtés, moins deux, c'eſt-à-dire, dans cet exemple, chacun en 4. DCB, *dcb*, &c. *; que le triangle DCB du premier polygone eſt ſemblable au triangle *dcb* du ſecond, parce que les deux côtés CD & CB du premier ſont proportionnels aux deux côtés *cd*, *cb* du ſecond, & que les angles C & *c* ſont égaux: Donc ces deux triangles ſont ſemblables *; Donc CB.*cb* :: CD.*cd* :: DB.*db*. * N. 355. * N. 791.

Considérez aussi que par la même raison le triangle BDA du premier polygone est semblable au triangle *bda* du second ; car les deux côtés BD, BA du premier sont proportionnels aux deux côtés *bd* & *ba* du second ; & de plus les angles DBA, *dba* sont égaux, parce que l'angle CBA étant égal à l'angle total *cba*, & l'angle CBD aussi égal à *cbd*, à cause des triangles semblables CBD, *cbd* ; ôtant les deux premiers angles, les deux seconds, les restes DBA & *dba* seront égaux : Donc le triangle DBA est semblable au trian-
*N. 751. gle *dba* dans le second polygone *.

On démontrera de la même maniere que les deux autres triangles ADF, FDE du premier polygone sont semblables aux deux derniers correspondans dans le second : Donc les polygones semblables se partagent en même nombre de triangles semblables. c. q. f. d.

## THÉOREME II.

835. *Si l'on a des polygones réguliers ou irréguliers, composés de même nombre de triangles semblables, ils seront semblables.*

### *DÉMONSTRATION.*

Cette proposition est la converse de la précédente, & elle peut se démontrer encore plus aisément que sa directe.

Car si l'on considere que par la supposition tous les triangles qui composent les polygones proposés sont semblables, tous les côtés de ces polygones seront proportionnels, & les angles que ces côtés feront ensemble, seront aussi égaux chacun à chacun dans chaque polygone : Donc par la définition des polygones ſemblables, ils ſeront ſemblables. c. q. f. d.

## *COROLLAIRE.*

### I.

836. Il ſuit de cette propoſition, que tous les polygones réguliers de même nombre de côtés ſont ſemblables ; car il eſt évident qu'ils ſont compoſés de même nombre de triangles ſemblables.

### II.

837. Que les cercles qui peuvent être conſidérés comme des polygones réguliers d'une infinité de côtés, c'eſt-à-dire, de même nombre *, ſont auſſi des figures ou des polygones ſemblables, de même que les ſecteurs de même nombre de dégrés, &c. *N. 354.

## *DÉFINITION.*

838. On appelle *lignes ſemblablement tirées* dans les polygones réguliers de même nombre de côtés, les rayons droits, les obliques, &c. Dans les cercles ce ſont les rayons, les diametres, les cordes qui ſoutiennent des arcs égaux, les arcs de même nombre de dégrés, &c. & dans les polygones irréguliers ſemblables, ce ſont les lignes qui coupent les côtés homologues ou les angles de ces polygones de la même maniere. En général ce ſont dans toutes ces eſpéces de polygones des lignes tirées avec les mêmes circonſtances, tant à l'égard des angles que des côtés des polygones.

## THÉOREME III.

839. *Dans tous les polygones semblables ; les lignes semblablement tirées, sont proportionnelles entr'elles & aux côtés homologues des polygones.*

On fera trois parties de cette proposition. On la démontrera

1°. Dans les polygones réguliers, 2°. dans les cercles, & 3°. dans les polygones irréguliers.

*DÉMONSTRATION de la premiere partie pour les polygones réguliers.*

Pl. 4. Fig. 7. 840. Soient les deux polygones réguliers X & Y, dont les centres sont C & *c*.

Il faut démontrer que les rayons droits CD; *cd* de ces polygones sont proportionnels aux rayons obliques CA, *ca*, & aux côtés homologues AB & *ab* des mêmes polygones.

Les triangles CAD, *cad* sont semblables; car ils ont chacun un angle droit CDA, *cda*; & ils ont les angles CAD, *cad* égaux, parce qu'ils sont chacun la moitié des angles de la circonférence des polygones X & Y : Donc ils sont
* N. 774. semblables * : Donc CA . *ca* :: CD . *cd* :: AD . *ad* ; mais AD & *ad* sont les moitiés des côtés AB,
* N. 329. *ab* : Donc * ils sont en même raison que ces côtés : Ainsi CA . *ca* :: CD . *cd* :: AB . *ab*. c. q. f. d.

*Seconde partie pour les cercles.*

Pl. 4. Fig. 9. 841. Soient les cercles V & Z, dont les centres sont C & *c*, & dans lesquels les cordes AB, *ab* soutiennent des arcs égaux, de même que les cordes AD & *ad*. Il faut démontrer que AB . *ab* :: AD . *ad*.

Pour cela, tirez les cordes DB & *db*, & considérez que les triangles ADB, *adb* sont semblables, parce que les angles DAB, DBA du premier sont égaux aux angles *dab* & *dba* du second, puisque par la supposition ils s'appuyent sur des arcs de même nombre de dégrés * : Donc AB . *ab* :: AD . *ad* :: DB . *db*. * N. 199

Si l'on tire les rayons CA, CB & *ca*, *cb* dans les deux mêmes cercles, on aura les triangles ACB, *acb* semblables, parce qu'ils sont isoscelles, & qu'à cause de l'égalité des arcs ADB, *adb*, les angles ACB, *acb* sont égaux * : Ainsi les deux angles CAB, ABC du premier sont égaux aux deux *cab* & *abc* du second : Donc CA . *ca* :: AB . *ab* : Donc les rayons des cercles sont en même raison que les cordes des arcs de même nombre de dégrés. c. q. f. d. * N. 96

842. Pour démontrer aussi que *les arcs de même nombre de dégrés DB*, db *sont comme les rayons & les cordes qui les soutiennent*,

Prenez les parties BE, *be* des circonférences des cercles Y & Z si petites, qu'elles puissent être considérées comme des lignes droites, & de maniere qu'elles soient des parties semblables de ces circonférences ; comme, par exemple, la milliéme partie de chacune. Alors tirant les rayons CB, CE, *cb*, *ce*, l'on aura les triangles isoscelles BCE, *bce* qui seront semblables à cause de l'égalité des angles BCE, *bce* : Ainsi BE . *be* :: CB . *cb*, c'est-à-dire, que les petits arcs BE & *be* sont entr'eux comme les rayons BC & *bc* ; mais les arcs DB & *db* de même quantité de dégrés sont aussi des parties semblables des circonférences de V & de Z : Donc ils sont en même raison que les petites parties semblables BE

* N. 621. & *be* des mêmes circonférences *, & par conséquent ils ſont auſſi entr'eux comme les rayons de ces cercles, & comme leurs cordes qui ſont auſſi proportionnelles aux rayons : Donc, &c.

### *Remarque.*

843. Il faut obſerver que les arcs ne ſont en même raiſon que leurs cordes, que dans des cercles différens ; car dans le même, les arcs ne ſont pas prooportionnels aux cordes.

Planche 4. Pour le prouver, ſoit le cercle T dans lequel AB eſt la corde d'un arc quelconque ACB. Si l'on coupe cet arc en deux également en C, & qu'on tire les cordes AC, CB, ſi les cordes étoient en même raiſon que les arcs, les deux cordes AC & CB ſeroient priſes enſemble, égales à la corde AB ; mais elles ſont plus grandes que cette corde, puiſqu'elles font une ligne courbée ACB plus grande que la droite AB : Donc elles ne ſont pas la moitié de cette corde : Donc, &c.

### *Troiſiéme partie pour les polygones irréguliers.*

844. Il s'agit de démontrer dans cette troiſiéme partie que *les lignes ſemblablement tirées dans les polygones irréguliers ſont proportionnelles entr'elles, & aux côtés homologues de ces polygones.*

Figure 10. Soient les polygones irréguliers ſemblables ABCDEA, *abcdea*, dans leſquels on a tiré les lignes AD, *ad*, qui joignent les extrémités des côtés homologues EA, ED, & *ea*, *ed* ; il faut démontrer que AD . *ad* : : AE . *ae*.

Pour cela, conſidérez que les deux triangles AED, *aed* ayant les deux côtés EA, ED & *ea*, *ed* proportionnels, par la ſuppoſition que les polygones ſont ſemblables, & de plus les angles

E

E & *e* égaux, il s'ensuit qu'ils sont semblables *: *N. 791.
Donc AD.*ad*::AE.*ae*.

Si l'on tire les lignes DF, *df* dans les mêmes polygones, lesquelles coupent proportionnellement ou de la même maniere les deux côtés homologues AB, *ab*, elles seront aussi proportionnelles entr'elles, & aux côtés homologues de ces polygones, c'est-à-dire, qu'on aura DF. *df*::AB.*ab*.

Pour le prouver, considérez que AB, & *ab* étant coupées proportionnellement en F & *f*, AF & *af* sont les parties semblables de ces côtés, & qu'ainsi elles sont entr'elles comme ces mêmes côtés *: Or, on vient de voir que AD & *N. 623.
*ad* sont en même raison que les côtés homologues des deux polygones proposés: d'où il suit que les deux côtés AD, AF du triangle DAF sont proportionnels aux côtés *ad*, *af* du triangle *daf*: Les angles en A & *a* de ces triangles sont aussi égaux, parce que les polygones étant semblables, l'angle total EAF est égal à *eaf*, & que les triangles EAD, *ead* étant aussi semblables, les angles EAD, *ead* sont égaux: Donc en retranchant ces deux derniers angles des deux premiers, les restes DAF, *daf* sont égaux: Donc
les triangles DAF, *daf* sont semblables *: Donc *N. 791.
DF.*df*::AF.*af*, ou comme AB est à *ab*, ces deux derniers étant en même raison que AF & *af*: Donc, &c.

Il est évident que l'on démontrera de la même maniere que toutes les autres lignes semblablement tirées dans ces polygones sont proportionnelles entr'elles & aux côtés des polygones, &c.

## THÉOREME IV.

845. *Les circonférences des figures semblables sont entr'elles comme leurs côtés homologues ou leurs lignes semblablement tirées.*

Pl. 5. Fig. 1. Soient les deux polygones semblables X & Y, il faut démontrer que la circonférence du premier ou la somme de ses côtés AB, BC, &c. est à la circonférence du second, ou à la somme de tous ses côtés *ab*, *bc*, &c. comme un côté quelconque AB du premier est au côté homologue *ab* du second, ou comme AD est à *ad*, qui sont des lignes semblablement tirées dans ces deux polygones.

*DÉMONSTRATION.*

Considérez que par la définition des polygones semblables leurs côtés homologues sont proportionnels, c'est-à-dire, qu'ils font des rapports égaux, étant comparés les uns aux autres : Or, lorsque l'on a plusieurs rapports égaux, la somme des antécédens est à celle des conséquens,
* N. 628. comme un seul antécédent est à son conséquent *. D'où il suit que, prenant les côtés du premier polygone X pour les antécédens, & ceux du second Y pour les conséquens, la somme des côtés de X sera à celle de Y, comme AB est à *ab*. Mais les côtés homologues AB & *ab* sont entr'eux comme les lignes semblablement tirées AD
* N. 839. & *ad* * : Donc les circonférences des polygones semblables sont entr'elles comme leurs côtés homologues, ou leurs lignes semblablement tirées. c. q. f. d.

### PREMIER COROLLAIRE.

846. Il suit de cette proposition, *que les circonférences des polygones réguliers sont entr'elles comme leurs côtés homologues, ou comme leurs rayons droits ou obliques.*

### DEUXIÉME COROLLAIRE.

847. *Que les circonférences des cercles sont entr'elles comme leurs rayons ou leurs diametres, ou comme les arcs de même nombre de dégrés, ou comme les cordes de ces arcs.*

Car les cercles pouvant être considérés comme des polygones réguliers d'une infinité de côtés *, tout ce qu'on a démontré à l'égard des polygones réguliers leur convient également. * N. 354.

### REMARQUES.

### I.

848. Ce corollaire pouvoit se tirer aussi de l'article du N°. 842, dans lequel on a prouvé que les arcs de même nombre de dégrés sont en même raison que les rayons des cercles, & les cordes qui les soutiennent.

Car ces arcs étant des parties semblables de leurs Touts, qui sont les circonférences des cercles, & les Touts étant en même raison que leurs parties semblables *; il s'ensuit que les circonférences sont entr'elles comme les arcs de même nombre de dégrés, & par conséquent comme leurs rayons qui sont en même raison que ces * N. 622.

arcs, & enfin comme les diametres des cercles qui étant doubles des rayons sont aussi entr'eux comme les rayons.

## II.

849. On a dit N°. 444 & 445, que le diametre étoit à sa circonférence à peu près comme 7 est à 22, ou comme 113 est 355; d'où l'on a donné le moyen de trouver la circonférence d'un cercle dont on connoît le diametre, & réciproquement de trouver son diametre par la connoissance de sa circonférence: Mais il faut observer que le raisonnement sur lequel on a établi la pratique de trouver ainsi la circonférence ou le diametre d'un cercle, n'est pas une démonstration exacte & rigoureuse de cette pratique. Cette démonstration dépend du principe que l'on vient d'établir; sçavoir, *que les circonférences des cercles sont entr'elles comme leurs diametres.*

Car il suit de ce principe, que si l'on a un cercle dont le diametre ait sept parties égales quelconques, & sa circonférence 22 des mêmes parties, pour trouver la circonférence d'un autre cercle dont le diametre sera connu, ces circonférences étant entr'elles comme leurs diametres, on trouvera celle du proposé, en disant, *comme le diametre du premier, qui est* 7, *est à sa circonférence* 22: *ainsi le diametre du second qui est, par exemple,* 40, *est à sa circonférence*; c'est-à-dire, qu'on trouvera cette circonférence faisant une Régle de Trois, qui ait pour premiers termes 7 & 22, & pour le troisiéme le diametre du cercle proposé, le tout ainsi qu'il est expliqué N°. 447 & suivant.

III.

C'est ici le lieu de démontrer l'inscription des polygones dans le cercle, par le moyen du compas de proportion.

850. *Démonstration de l'usage du compas de proportion pour l'inscription des polygones dans le cercle.*

Par la construction de cet instrument, la distance du centre A au nombre 6 de la ligne des polygones, est égale au rayon du cercle qui a servi à en évaluer les différens côtés marqués sur le compas de proportion. Pl. 5. Fig. 2.

Ceci supposé, soit un cercle X dans lequel on veut inscrire, par exemple, un pentagone.

On prend le rayon BC de ce cercle avec le compas ordinaire, & on ouvre le compas de proportion, de manière que l'intervalle du nombre 6 au nombre 6 de la ligne des polygones soit égal à BC; le compas de proportion restant dans cette ouverture, la distance du nombre 5 au même nombre des deux lignes des polygones donne le côté du pentagone inscrit dans le cercle X; c'est ce qu'il s'agit de démontrer.

Soient D & E les points 5 & 5 de la ligne des polygones, & B & C les points 6 & 6 de la même ligne, & soient tirées DE & BC. Les triangles ADE, ABC sont semblables à cause des parallèles BC & DE; c'est pourquoi AB. AD :: BC. DE *: Or AB est le rayon du cercle qui a servi à évaluer les côtés des polygones sur le compas de proportion, & AD le côté du pentagone de ce cercle; BC est le rayon du

* N. 734.

cercle X : Donc DE est le côté du pentagone
*N. 839. du même cercle *.

Cette même démonstration peut s'appliquer à tous les autres polygones.

*DÉFINITION.*

851. On appelle *produisans* dans les figures, les lignes qui étant multipliées ensemble en donnent le produit. Ainsi les produisans des triangles & des parallélogrammes sont les bases & les hauteurs ; ceux des polygones réguliers & des cercles, les rayons & les circonférences, &c.

## THÉOREME V.

852. *Dans les figures semblables, les produisans sont proportionnels aux côtés homologues de ces figures.*

On pourroit regarder cette proposition comme une suite de celle du N°. 839, dans laquelle on a démontré que les lignes semblablement tirées étoient proportionnelles aux côtés homologues ; car les produisans sont des lignes semblablement tirées ; mais on va démontrer cette même vérité indépendamment de cette proposition.

Pl. 5. Fig. 3. Soient d'abord les triangles semblables ACB, *acb* dont les bases sont AB & *ab*, & les hauteurs CD & *cd*, il faut démontrer que les produisans AB & CD du premier sont proportionnels aux produisans *ab* & *cd* du second, & aux côtés homologues, ou que AB . *ab* :: CD . *cd*.

*DÉMONSTRATION.*

Considérez que les triangles ACB, *acb* étant semblables, par la supposition, les triangles ACD

& *acd* le font auffi ; car l'angle A du premier eft égal à l'angle *a* du fecond, & l'angle ADC eft droit de même que *adc* : Donc ces deux triangles font femblables * : Donc AC . *ac* :: CD . *cd* ** ; mais à caufe que les triangles ACB, *acb* font femblables, leurs côtés homologues font proportionnels * : Ainfi AB . *ab* :: AC . *ac* : Or deux rapports égaux à un même rapport font égaux entr'eux * : Donc celui de CD à *cd* eft égal à celui de AB à *ab* : Donc AB . *ab* :: CD . *cd*. c. q. f. d.

* N. 774.
** N. 784.
* N. 784.
* N. 616.

On démontrera de la même maniere que fi l'on a deux parallélogrammes femblables X & Y, les produifans A & B du premier feront proportionnels aux produifans *a* & *b* du fecond. Pl. 5. Fig. 4.

Que fi l'on a deux polygones réguliers femblables T & Y, leurs produifans feront auffi proportionnels ; car les produifans de ces figures font les circonférences & les rayons droits * ; mais ces grandeurs font proportionnelles * : Donc, &c. Pl. 5. Fig. 5.

* N. 439.
* N. 845.

Il en eft de même pour les cercles, dont les produifans font les rayons & les circonférences *. * N. 440.

A l'égard des polygones irréguliers, comme ils fe partagent en même nombre de triangles femblables *, les produifans de tous ces triangles font proportionnels entr'eux, & aux côtés homologues des polygones, comme on vient de le démontrer ; mais la fomme des produits de ces produifans donne la fuperficie de ces polygones ; par conféquent les produifans des triangles, dont les polygones font compofés, font auffi les produifans de ces polygones ; Donc les produifans de toutes les figures femblables font proportionnels entr'eux & aux côtés homologues de ces figures. c. q. f. d.

* N. 834.

## THÉOREME VI.

853. *Les superficies des figures, soit régulieres ou irrégulieres, sont entr'elles en raison composée de leurs produisans, ou comme les produits de leurs produisans.*

Cette proposition peut être regardée comme évidente; car si les figures sont des triangles, des polygones réguliers, ou des cercles, elles sont égales à la moitié du produit de leurs produisans; mais comme les moitiés sont en même raison que leurs Touts: Donc, &c.

Si les figures sont des rectangles ou des paralélogrammes, elles sont égales aux produits des produisans; enfin si elles sont irrégulieres, elles sont aussi comme les sommes des produits des produisans des différens triangles dont elles sont composées: Or les produits des produisans donnent la raison composée des mêmes produisans *: Donc toutes les figures sont entr'elles en raison composée de leurs produisans, ou comme les produits de leurs produisans.

* N. 629 & 631.

## THÉOREME VII.

854. *Les figures qui ont des produisans égaux, & d'autres inégaux, sont entr'elles comme les inégaux.*

### DÉMONSTRATION.

Lorsque l'on multiplie des quantités différentes par d'autres quantités égales, on ne change point leur rapport *: Donc en multipliant les produisans inégaux par les égaux, on ne change pas le rapport des inégaux; mais on a après cela

* N. 624.

la superficie des figures : Donc ces figures sont comme les produisans inégaux. c. q. f. d.

## THÉOREME VIII.

855. *Les figures dont les produisans sont réciproques, sont égales.*

*DÉMONSTRATION.*

Soient les deux parallélogrammes X & Z, dont les deux produisans AB & CD du premier sont réciproques aux deux produisans *ab* & *cd* du second, l'on aura AB.*ab*::*cd*.CD*: Or AB×CD=*ab*×*cd**: Donc, &c. Pl. 5. Fig. 6. * N. 662. * N. 660.

*REMARQUE.*

856. Il est évident que cette démonstration peut s'appliquer à toute autre figure ; car dès que les produisans seront réciproques, ceux de la premiere figure seront les termes extrêmes d'une proportion dont ceux de la seconde seront les moyens*; mais dans toute proportion le produit des extrêmes est égal à celui des moyens* : Donc, &c. * N. 662. * N. 660.

## THÉOREME IX.

857. *Les figures semblables sont entr'elles comme les quarrés de leurs produisans, ou de leurs côtés homologues.*

*DÉMONSTRATION.*

Les figures semblables ont leurs produisans proportionnels entr'eux & aux côtés homologues des figures*, & elles sont égales au produit de ces * N. 774.

produiſans : Or, lorſque l'on a quatre grandeurs proportionnelles, le produit des deux antécédens eſt à celui des deux conſéquens, comme le quarré
* N. 691. d'un antécédent eſt à celui de ſon conſéquent * : Donc ſi l'on prend pour antécédens les deux produiſans de la premiere figure, & pour conſéquens ceux de la ſeconde, le produit des deux produiſans de la premiere, c'eſt-à-dire, ſa ſuperficie, ſera au produit des deux produiſans de la ſeconde, on a cette derniere figure, comme le quarré d'un produiſant de la premiere eſt au quarré du produiſant correſpondant de la ſeconde ; mais les côtés homologues des figures ſemblables étant en même raiſon que leurs produiſans, leurs quarrés ſeront
* N. 689. auſſi en même raiſon que ceux de ces produiſans * : Donc les figures ſemblables qui ont le même rapport que les quarrés de leurs produiſans, ſont auſſi entr'elles comme les quarrés de leurs côtés homologues. c. q. f. d.

*AUTRE DÉMONSTRATION.*

Les produiſans des figures ſemblables ſont pro-
* N. 852. portionnels * ; ainſi leurs produits qui ſont compoſés de deux raiſons égales, ſont en raiſon dou-
* N. 636. blée des produiſans * ; ou, ce qui eſt la même
* N. 641. choſe, comme le quarré des produiſans * ; mais les produiſans ſont proportionnels aux côtés homologues : Donc les quarrés de ces côtés ſont proportionnels aux quarrés des produiſans : Donc les figures ſemblables qui ſont comme les quarrés des produiſans, ſont auſſi entr'elles comme les quarrés des côtés homologues. c. q. f. d.

## THÉOREME X.

858. *Les figures ſemblables ſont auſſi entr'elles comme les quarrés de leurs lignes ſemblablement tirées.*

Cette propoſition peut être regardée comme un Corollaire de la précédente ; car les lignes ſemblablement tirées dans les figures ſemblables étant proportionnelles aux côtés homologues *, & lorſque pluſieurs grandeurs ſont proportionnelles, leurs quarrés & leurs cubes l'étant auſſi *, il s'enſuit que, puiſque les figures ſemblables ſont comme les quarrés de leurs côtés homologues *, elles ſont auſſi comme les quarrés des lignes ſemblablement tirées dans ces figures. D'où il ſuit :

* N. 839.
* N. 689.
* N. 857.

### PREMIER COROLLAIRE.

859. *Que les ſuperficies des polygones réguliers, qui ſont comme les quarrés des côtés homologues, ſont auſſi comme les quarrés de leurs rayons droits ou obliques.*

### DEUXIÉME COROLLAIRE.

860. Que les cercles, qui peuvent être conſidérés comme des polygones réguliers d'une infinité de côtés *, *ſont auſſi entr'eux comme les quarrés de leurs rayons ou de leurs diametres.*

* N. 354.

861. Ainſi un polygone dont le côté eſt double du côté homologue d'un autre polygone ſemblable, eſt quadruple de ce ſecond polygone ; car ils ſont entr'eux comme le quarré de 2 qui eſt 4, eſt au quarré de 1 qui eſt 1 : Or 4 eſt quadruple de 1 : Donc, &c.

862. Il suit de-là que, si dans la place d'armes d'une Ville, on peut mettre, par exemple, deux mille hommes en bataille, dans une autre place d'armes semblable, dont les côtés seront doubles de ceux de la premiere place, on pourra mettre en bataille quatre fois plus d'hommes que dans la premiere, c'est-à-dire 8000, ce second quarré étant quadruple du premier : Ainsi, si le quarré d'une ligne quelconque AB est exprimé par $\overline{AB}^2$, celui d'une ligne double de AB, qui sera quadruple de celui de cette ligne, sera exprimé par $4\overline{AB}^2$; ce qu'il faut bien remarquer. Il en sera de même du rapport de deux Villes, dont l'enceinte formera des polygones semblables; c'est-à-dire, que leurs superficies seront entr'elles comme les quarrés des côtés homologues de l'enceinte de ces Villes.

863. Il suit de-là, qu'un cercle dont le rayon est double de celui d'un autre cercle, contient quatre fois plus de superficie, quoique sa circonférence ne soit que le double de celle de ce cercle; car les superficies, qui sont comme les quarrés des rayons, sont entr'elles comme 4 est à 1, & les circonférences qui sont comme les rayons, sont entr'elles comme 2 est à 1.

*R E M A R Q U E.*

864. On a déja donné différentes démonstrations de l'égalité du quarré de l'hypoténuse d'un triangle rectangle à ceux de ses deux autres côtés *. On peut encore démontrer cette même vérité d'une maniere fort simple, à l'aide des deux propositions précédentes.

* N. 460 & 794.

Pl. 5. Fig. 7. Soit le triangle rectangle ACB : si du sommet

C de son angle droit on abbaisse une perpendilaire CD sur l'hypoténuse, elle le partagera en deux triangles ACD, CDB semblables entr'eux, & au total ACB*; les trois triangles étant semblables, sont entr'eux comme les quarrés de leurs côtés homologues*, & par conséquent de leurs hypoténuses qui sont les trois côtés de ACB: Donc ils sont entr'eux comme les quarrés des trois côtés de ACB, & réciproquement les quarrés des trois côtés de ce triangle, sont entr'eux comme les trois triangles ACB, ACD, CDB: Donc puisque les deux triangles ACD, CDB, sont égaux au total ACB, les quarrés faits sur leurs hypoténuses doivent être égaux au quarré fait sur l'hypoténuse AB du triangle total: Donc, &c.

* N. 793.

* N. 857.

## THÉOREME XI.

865. *Si, sur les trois côtés d'un triangle rectangle, on décrit des figures semblables, celle qui sera décrite sur l'hypoténuse, sera égale aux deux autres décrites sur les deux côtés de l'angle droit du triangle.*

Soit le triangle rectangle BAC, sur chaque côté duquel on a décrit, par exemple, un demi cercle, il faut démontrer que le demi cercle V, qui a pour diametre l'hypoténuse AC, est égal aux deux autres X & Z décrits sur les deux autres côtés du même triangle. Pl. 5. Fig. 8.

### *Démonstration.*

Considérez que par la propriété du triangle rectangle, le quarré de BC est égal aux quarrés des

* N. 794. & 864. deux autres côtés *; que de plus les trois demi cercles V, X & Z étant des figures semblables, sont entr'eux comme les quarrés de leurs diametres, c'est-à-dire, comme les quarrés des trois côtés
* N. 860. du triangle ABC *: Donc puisque le quarré de BC vaut les deux autres $\overline{AB}^2$ & $\overline{AC}^2$, le demi cercle V, qui a pour diametre BC, est égal aux deux autres X & Z, qui ont pour diametre les deux autres côtés du triangle ABC. c. q. f. d.

## THÉOREME XII.

Pl. 5. Fig. 9. 886. *Si, sur l'hypoténuse AB d'un triangle rectangle ACB, prise pour diametre, on décrit un demi cercle, sa circonférence passera par le sommet C de l'angle droit de ce triangle.*

### *DÉMONSTRATION.*

Considérez que si le point C étoit dans le cercle comme en *d*, l'angle A*d*B seroit plus grand que
* N. 206. ACB *, & qu'il seroit plus petit s'il étoit en
* N. 205. dehors du cercle comme en *f* *: Donc dans l'un & l'autre cas il ne seroit pas droit: Donc, puisqu'il est droit, & qu'il s'appuye sur le diametre AB, il faut que son sommet C se rencontre sur la circonférence du demi cercle, dont AB est le
* N. 200. diametre *. c. q. f. d.

## THÉOREME XIII.

Planche 5, Figure 10. 867. *Si l'on décrit un demi cercle sur l'hypoténuse d'un triangle rectangle ACB, & deux autres demi cercles sur chacun de ses deux autres côtés, pris pour diametres, les parties X & Y de ces demi cercles, hors le demi cercle ACB, sont égales, prises ensemble, au triangle ACB.*

*DÉMONSTRATION.*

Le demi cercle ACB eſt égal aux deux autres AEC, CDB qui ont pour diametres les côtés CA & CB*; Or ils ont de commun avec le premier demi cercle les deux ſegmens ombrés; c'eſt pourquoi en les retranchant de ce demi cercle, & des deux petits qui lui ſont égaux, le reſte du premier ſera égal aux reſtes des derniers*; mais le reſte du premier eſt le triangle ACB, & ceux des ſeconds ſont les figures curvilignes X & Y: Donc ces deux figures ſont égales, priſes enſemble, au triangle ACB. c. q. f. d. *N. 865. *N. 12.

*REMARQUES.*

I.

868. Si le triangle ACB eſt iſoſcelle, c'eſt-à-dire, ſi AC=CB, & que du point C on abbaiſſe ſur AB la perpendiculaire CG, qui coupera AB en deux également en G*, le triangle ACG ſera égal à la figure curviligne X, & CGB à l'autre Y; enſorte que meſurant chacun de ces triangles, on aura la ſuperficie des eſpaces curvilignes X & Y, c'eſt-à-dire, leur quadrature. *N. 123.

869. Mais ſi les deux côtés CA, CB du triangle ACB ſont inégaux, quoique le triangle total ACB ſoit toujours égal aux deux figures curvilignes X & Y, on ne peut déterminer la partie qui eſt égale à l'une de ces deux figures. Figure 11.

I I.

870. Les figures curvilignes X & Y ſont appellées *Lunules*; on les nomme ordinairement

les *Lunules d'Hypocrate.* C'eſt le nom d'un ancien Géométre qui a donné le premier la maniere de les quarrer, ou d'en trouver la ſuperficie.

## THÉOREME XIV.

871. *Le quarré du diametre du cercle eſt à ſa ſuperficie, comme le diametre eſt au quart de la circonférence.*

Planche 5, Figure 12. Soit le cercle X dont le diametre eſt AB, & le quarré de ce diametre ABDE : ſoit auſſi le triangle CBF égal à la ſuperficie du cercle, c'eſt-à-dire, dont la baſe BF eſt égale à la circonférence du cercle ; & qui a pour hauteur le rayon CB * ; il faut démontrer que le quarré de AB, c'eſt-à-dire, ABDE eſt au triangle CBF, qui
*N. 438. eſt égal au cercle X, comme le diametre AB eſt au quart de BF.

### *DÉMONSTRATION.*

Coupez BF en deux également en G, & menez GH parallèle à AB, & égale au rayon BC; tirez CH. Le rectangle BH, ayant pour baſe BG moitié de BF, & pour hauteur CB, c'eſt-à-dire, la même que CBF, ſera égal au triangle CBF *.
*N. 433. Coupez ſa baſe BG en deux également en I, & menez IM parallèle à AB qui coupera CH en L, & qui ſera terminée en M par le prolongement de EA; alors le rectangle BM ſera évidemment égal à BH, puiſqu'ayant le double de hauteur de ce rectangle il n'a que la moitié de ſa baſe, c'eſt-à-dire, puiſque ces deux produi-
*N. 355. ſans ſont réciproques à ceux de BH * : Donc BM, qui eſt égal à BH, & par conſéquent au triangle

gle CBF, eſt auſſi égal au cercle X, auquel ce triangle eſt égal.

Conſidérez préſentement que le quarré ABDE, & le rectangle BM, ayant chacun pour hauteur le diametre AB=MI, ſont entr'eux comme leurs baſes *, c'eſt-à-dire, comme DB eſt à BI, ou comme AB (qui eſt égal à DB à cauſe du quarré AD) eſt au quart de la ligne BF, ou de la circonférence de X, à laquelle BF eſt ſuppoſée égale. c, q. f. d. * N. 777.

*Remarques.*

I.

872. On auroit pû démontrer cette propoſition plus ſimplement de cette maniere.

Nommant $a$ le diametre du cercle X, & $c$ ſa circonférence; le quarré de ce diametre ſera $aa$, & la ſuperficie du cercle, qui eſt égale au produit de la circonférence par le quart du diametre, $\frac{ac}{4}$, c'eſt-à-dire, le quart du produit de la circonférence entiere par le diametre: Alors ces deux produits $aa$ & $\frac{ac}{4}$ ayant des produiſans égaux, ſçavoir $a$ & $a$, ſont entr'eux comme leurs inégaux *, c'eſt-à-dire, comme $a$ eſt à $\frac{c}{4}$, ou comme le diametre $a$ eſt au quart de la circonférence $c$. * N. 854.

II.

873. On a vû, N. 444, que, ſuivant *Archimède*, le diametre eſt à la circonférence du cercle, comme 7 eſt à 22. Si l'on multiplie les deux termes

de ce rapport par 2, il ſera exprimé par 14 &
* N. 624. 44 *; & alors, ſuivant la propoſition précédente, le quarré du diametre d'un cercle ſera à ſa ſuperficie, comme 14 eſt 11, qui eſt le quart de 44.

Si l'on ſe ſert du rapport d'*Adrien Metius*, qui eſt celui de 113 à 355, il faudra pour pouvoir prendre le quart de 355 qui exprime la circonférence, multiplier par 4 les deux termes de ce rapport : il ſera alors exprimé par 452 & 1420, & l'on aura le rapport du diametre du cercle au quart de la circonférence, exprimé par celui de 452 à 355, qui eſt plus exact que le précédent.

## THÉOREME XV.

874. *Si l'on a trois lignes en proportion continue, & que l'on conſtruiſe deux figures ſemblables quelconques, qui ayent pour côtés homologues les deux premieres lignes, la premiere figure ſera à la ſeconde, comme la premiere ligne eſt à la troiſiéme.*

Pl. 6. Fig. 1. Soient les trois lignes en proportion continue, A, B & C, il faut démontrer que la figure qui a pour côté A, par exemple, le quarré D, eſt au quarré E qui a B pour côté homologue, comme A eſt à C.

### *DÉMONSTRATION.*

Conſidérez que les figures ſemblables ſont entr'elles comme les quarrés de leurs côtés homolo-
* N. 857. gues A & B *, & qu'à cauſe de la proportion continue, l'on a, $A . C :: \overline{A}^2 . \overline{B}^2$, c'eſt-à-dire, que A eſt
* N. 694. à C comme le quarré de A eſt au quarré de B * : Donc, puiſque le rapport de A à C eſt égal à celui des quarrés des côtés homologues, les figures D

& E qui sont comme les quarrés de ces côtés, sont aussi entr'elles comme A est à C. c. q. f. d.

## PREMIER PROBLEME.

875. *Faire un quarré qui en contienne un autre autant de fois que l'on voudra, par exemple, trois.*

Soit le quarré donné ABCD, il faut en construire un autre qui le contienne trois fois. Pl. 6. Fig. 11.

### *Résolution.*

Faites une ligne droite HL égale à trois fois la ligne AB, & trouvez une moyenne proportionnelle FG entre AB & HL, son quarré sera trois fois plus grand que le proposé ABCD.

### *Démonstration.*

FG étant moyenne proportionnelle entre AB & HL, l'on a, AB . FG :: FG . HL; mais à cause que cette proportion est continue, AB . HL :: $\overline{AB}^2 . \overline{FG}^2$ : *Or HL est trois fois plus grande que AB: Donc le quarré de FG est aussi trois fois plus grand que celui de AB. * N. 694.

### *Remarques.*

#### I.

876. On peut par le même problême, trouver le côté d'un polygone quelconque, qui contienne autant de fois que l'on voudra un autre polygone semblable proposé; car tous les polygones semblables étant entr'eux comme les quarrés de leurs côtés homologues, si l'on prend une ligne

qui ſoit à la premiere ce que l'on veut que la figure qu'on doit conſtruire, ſoit à la propoſée, la moyenne proportionnelle entre ces deux lignes donnera toujours le côté de la figure ſemblable demandée. Car le quarré de la premiere ligne ſera à celui de cette moyenne, comme la premiere eſt à la troiſiéme.

Pl. 6. Fig. 3. Soit, par exemple, le pentagone X, & qu'il faille en conſtruire un autre qui lui ſoit ſemblable, & qui ſoit deux fois plus grand.

On cherchera une moyenne proportionnelle HL entre AB & FG, qui eſt double de AB, & ſi l'on conſtruit ſur HL un polygone Y ſemblable à X, il ſera double de ce polygone. Ce qui eſt évident par la démonſtration du problême précédent.

Pour conſtruire ce polygone, ayant ainſi trouvé le côté HL, il faut partager le propoſé X en triangles par les lignes AC, AD, tirées d'un de ſes angles A aux autres angles C & D.

Enſuite, il faut tirer une ligne indéfinie *ab* = HL, & conſtruire ſur cette ligne un triangle *abc* ſemblable à ABC, c'eſt-à-dire, faire les angles *cab*, *cba* égaux aux angles CAB, CBA, & tirer les lignes *ac*, *bc* qui ſe couperont en *c*,
* N. 773. le triangle *abc* ſera ſemblable à ABC*. On ſera après cela ſur *ac* les angles *dac*, *dca* égaux aux angles DAC, DCA de X; & prolongeant les côtés *ad* & *cd*, juſqu'à ce qu'ils ſe coupent en *d*, on aura le triangle *adc* ſemblable à ADC de X. On ſera de même le triangle *aed* ſemblable à AED, & l'on aura le polygone Y, qui ſera ſemblable à X, étant composé de même nombre
* N. 814. de triangles ſemblables *.

On pourra appliquer cet exemple à la conſtruction des figures ſemblables d'un plus grand nombre de côtés. On obſervera ſeulement que ſi les polygones ſont réguliers, la conſtruction en deviendra plus facile; car ayant trouvé le côté homologue *ab* de celui qu'on veut conſtruire, on fera à ſes extrémités des angles égaux à la moitié des angles de la circonférence du polygone propoſé. Les côtés de ces angles étant prolongés ſe couperont dans un point qui donnera le centre du polygone demandé, & la conſtruction s'achevera comme dans le problême du N. 378.

## II.

Si on vouloit un polygone ſemblable à un autre donné, & qui n'en fût qu'une partie, comme le tiers ou le quart, &c. il faudroit trouver une moyenne proportionnelle entre le coté du polygone propoſé, & le tiers ou le quart, &c. de ce coté; alors cette moyenne proportionnelle ſeroit le côté d'un polygone ſemblable au propoſé, qui n'en ſeroit que le tiers ou le quart, &c. Ce qui eſt évident par la démonſtration précédente.

Une figure quelconque, comme *fghik* étant donnée, on peut encore en conſtruire une autre qui lui ſoit ſemblable, & qui ait MN pour côté homologue à *fg* de cette maniere. Pl. 6. Fig. 4.

On prolongera *fg* en G, enſorte que *f*G ſoit égale à MN; on tirera du point *f* les lignes *fh*, *fi*, *fk* prolongées indéfiniment au-delà de *h*, *i* & *k*; on menera GH parallèle à *gh*, qui coupera *fh* en H. Par ce point H, on menera HI parallèle à *hi*, qui coupera *fi* en I, & enfin par I, on décrira auſſi IL parallèle à *ik* qui coupera *fk* en L, & l'on aura la figure GHIL*f* ſemblable à la proposée *fgikf*; ce qui est évident; ces deux figures étant composées de même nombre de triangles semblables.

Si le côté donné MN étoit plus petit que *fg*, on construiroit de la même maniere la figure semblable à la proposée, en menant des parallèles en-dedans du premier polygone ou de la premiere figure, terminées par les diagonales de cette figure, &c.

## SECOND PROBLEME

Pl. 6. Fig. 7. 877. *Deux polygones semblables X & Y étant proposés, trouver quel est leur rapport.*

### *RÉSOLUTION.*

Cherchez une troisiéme proportionnelle aux deux côtés homologues AB & *ab* de ces polygones; le premier X sera au second Y, comme AB sera à la troisiéme proportionnelle. La démonstration est la même que celle du premier probléme N. 875.

## TROISIÉME PROBLEME.

878. *Trouver le diametre d'un cercle dont la surface soit donnée, par exemple, de 51 toises quarrées.*

* N. 873. On a vû * que la superficie du cercle est au quarré de son diametre comme 11 est à 14; c'est pourquoi on fera cette proportion:

*Comme* 11
*Est à* 14
*Ainsi la superficie donnée* 51,
*Est au quarré du diametre cherché.*

On trouvera $64 \frac{10}{11}$ pour le quarré de ce diametre; par conséquent sa valeur est environ 8 toises 5 pouces 2 lignes, racine quarrée approchée de $64 \frac{10}{11}$.

### *Résolution des deux premiers problêmes précédens avec le compas de proportion.*

879. Les deux premiers problêmes précédens peuvent se résoudre aisément avec le compas de proportion.

On trouve sur chacune des branches de cet instrument une ligne appellée *ligne des plans*, sous laquelle est écrit les *plans*. Elle est ordinairement divisée en 64 parties, dont la premiere commence au centre du compas.

La ligne des plans est divisée suivant la progression des racines quarrées des nombres 1, 2, 3, 4, &c. c'est-à-dire, que la premiere division, depuis le centre du compas jusqu'au point 1, est le côté d'un quarré qui est la moitié de celui qui a pour côté la distance du centre du compas de proportion au point 2, le tiers de celui qui a pour côté l'intervalle du même centre au point 3, & ainsi de suite.

La longueur de la branche du compas de proportion étant déterminée comme de 6, 4 ou 3 pouces, pour diviser la ligne des plans, on suppose qu'elle contient un grand nombre de parties égales, comme 1000; on quarre ce nombre en le multipliant par lui-même, & l'on extrait la racine quarrée de sa moitié. Cette racine est le côté d'un quarré une fois plus petit que celui qui a pour côté la ligne entiere des plans. Si on extrait la racine quarrée de la cinquiéme partie, on a le côté d'un quarré cinq fois plus petit, &c.

C'eſt de cette maniere qu'on trouve, ou qu'on peut trouver les 64 diviſions de la ligne des plans, dont la derniere eſt le côté d'un quarré 64 fois plus grand que celui qui a pour côté la premiere.

On ſuppoſe la ligne des plans, diviſée d'abord en un grand nombre de parties égales, afin de pouvoir négliger, ſans erreur ſenſible, le reſte des racines qu'on eſt obligé d'extraire, qui ne ſe trouvent pas exactement.

Il y a d'autres manieres de diviſer la ligne des plans; mais il n'eſt queſtion ici que de donner une idée de ſa conſtruction pour en faire connoître l'uſage plus aiſément.

Ceci poſé, pour faire, par exemple, un cercle qui ſoit à un autre dans tel rapport qu'on voudra, comme cinq fois plus grand, ou comme 5 eſt à 1:

Pl. 6. Fig. 5. Soit le cercle donné X, dont le rayon eſt AB: Pour en faire un autre cinq fois plus grand, on portera le rayon AB ſur les mêmes diviſions de chaque ligne des plans CH & CG; mais de maniere que ces diviſions ſoient exactement les cinquiémes parties d'autres diviſions, comme ſur 10 & 10 qui ſont la cinquiéme partie de 50.

Le compas de proportion étant ainſi ouvert, enſorte que la diſtance de 10 à 10 des deux lignes des plans ſoit égale au rayon AB, on prendra l'intervalle DE de 50 à 50, qui ſera le rayon d'un cercle Y, cinq fois plus grand que le donné X.

*DÉMONSTRATION.*

Conſidérez qu'à cauſe des triangles ſemblables

CAB, CDE, CA.CD::AB.DE*, ces quatre lignes étant proportionnelles, leurs quarrés le seront aussi*: Mais par la construction de la ligne des plans, le quarré qui a pour côté CA, est la cinquiéme partie de celui qui a pour côté CD; donc le quarré de AB est aussi la cinquiéme partie de celui de DE: Mais les cercles sont entr'eux comme le quarré de leurs rayons*: Donc le cercle qui a pour rayon DE est cinq fois plus grand que celui qui a pour rayon AB. c. q. f. d.

*N. 784.

*N. 689.

*N. 860.

Il est évident qu'on peut faire de cette maniere, avec la ligne des plans, des figures semblables qui soient entr'elles dans tel rapport qu'on voudra.

Pour trouver présentement le rapport de deux figures semblables quelconques; comme, par exemple, celui des deux pentagones semblables X & Y, dont les côtés homologues sont AB & *ab*. Pl. 6. Fig. 3.

On ouvrira le compas de proportion à volonté, & l'on prendra avec le compas ordinaire le côté AB du polygone X, qu'on suppose le plus petit: on le portera de part & d'autre sur la même division de chaque ligne des plans. Supposons qu'il réponde au point 10 & 10 des deux lignes des plans.

On prendra ensuite la ligne *ab*, & le compas de proportion gardant la même ouverture précédente, on portera cette ligne sur les deux lignes des plans, de maniere que ses extrémités tombent sur les mêmes divisions de chacune de ces lignes. Supposons que ce soit sur 30 & 30, on aura alors le polygone X au polygone Y, comme 10 est à 30, ou comme 1 est à 3.

Car les quarrés des côtés homologues AB &

*ab* sont entr'eux comme 1 est à 3 par la construction de la ligne des plans : Mais les deux pentagones X & Y sont dans la même raison que ces quarrés : Donc, &c.

## QUATRIÉME PROBLEME

Pl. 6. Fig. 6. 880. *Deux figures rectilignes A & B étant données, en construire une troisiéme, égale à la seconde, & semblable à la premiere A.*

### *RÉSOLUTION.*

Faites d'abord le rectangle CF égal au triangle A, en donnant à ce rectangle la même base

* N. 432. que A, & la moitié de sa hauteur *. Changez B en rectangle DFKG qui ait même hauteur

* N. 458 & 809. que CF*. Et sur CG, prise pour diametre, décrivez un demi cercle ; prolongez la perpendiculaire FD jusqu'à la circonférence en L ; si sur DL on construit un triangle LMD semblable à A, il sera égal à la figure rectiligne B.

### *DÉMONSTRATION.*

Les trois lignes CD, DL & DG sont en

* N. 798. proportion continue * ; Ainsi CD . DG :: $\overline{CD}^2$.

* N. 694. $\overline{DL}^2$ * : Mais CD & DL sont les côtés homologues des deux triangles semblables A & LDM : Donc ces deux triangles sont aussi entr'eux comme $\overline{CD}^2$ est à $\overline{DL}^2$, ou comme CD est à DG : Or les rectangles CF & DK qui ont même hauteur DF, sont entr'eux comme leurs bases,

ou comme CD est à DG*. Ce qui fait voir que ces deux rectangles sont entr'eux comme les deux triangles A & LDM; Donc le triangle A est au rectangle CF, comme le triangle LDM est au rectangle DK. Mais le triangle A est égal par la construction au rectangle CF: Donc le triangle LDM est égal au rectangle DK*, & par conséquent à la figure B, auquel ce rectangle est égal. c. q. f. d.

* N. 780.

* N. 687.

# LA GÉOMÉTRIE DE L'OFFICIER.

## LIVRE IX.

### I.

### *Des Plans.*

881. Comme les Solides sont terminés par des surfaces qui se rencontrent de différentes manieres, il est nécessaire de traiter des plans en particulier, avant de passer à la considération des solides.

882. Le *plan* est une superficie plane indéfinie, ou dont on ne considere pas les bornes ou les extrémités.

Pl. 7. Fig. 1. 883. Une ligne AB *est perpendiculaire à un plan* CDEF, lorsqu'elle est perpendiculaire à toutes les lignes du plan qui passent par le point A où elle touche le plan.

884. Une ligne GH *est oblique à un plan* LM, lorsqu'elle fait des angles inégaux HGK, HGI avec quelques-unes des lignes KI qui passent par le point G où elle touche le plan. Pl. 7. Fig. 2.

885. Si de l'extrémité H de l'oblique HG, on abbaisse une perpendiculaire HI sur le plan LM, la ligne GI comprise entre le point G de l'oblique, & le point I de la perpendiculaire HI, est appellée la *projection* de l'oblique HG.

886. Lorsque deux plans AB, CD se coupent ou qu'ils se rencontrent, ils le font dans une ligne droite EF qui se nomme leur *commune section*. Figure 3.

887. La commune section de deux plans est toujours une ligne droite, parce que, suivant la définition des superficies planes, on peut tirer sur elles des lignes droites de tout sens. Ainsi toutes leurs parties sont étendues en lignes droites : Donc elles ne peuvent se couper ou se rencontrer que dans des lignes droites.

888. *L'inclinaison de deux plans* X & Y est l'angle DEF qu'ils font en se rencontrant; ou, ce qui est la même chose, c'est celui que font ensemble les perpendiculaires AB & BC, élevés du point B de la commune section DE sur chacun des plans X & Y. Fig. 4 & 5.

Si cet angle ABC est droit, les plans X & Y se rencontrent perpendiculairement, ou ils sont perpendiculaires l'un à l'autre, autrement ils se rencontrent obliquement, & la mesure de l'angle ABC donne celle de leur inclinaison.

889. Deux plans T & V sont parallèles, lors- Figure 6.

qu'ils ſont par-tout également éloignés les uns des autres, ou lorſque les perpendiculaires AB, CD tirées d'un de ces plans à l'autre, ſont égales.

890. Un *angle plan* eſt un angle ordinaire, formé de deux lignes droites, qui ſe rencontrent ſur un plan.

Pl. 7, Fig. 7. 891. Un *angle ſolide* eſt une partie d'un ſolide qui ſe termine en pointe, & qui eſt formée de pluſieurs angles plans, dont les ſommets ſe réuniſſent dans un point qu'on appelle le ſommet de l'angle ſolide.

Tel eſt le coin d'un dez à jouer, d'une boëte quarrée, &c. Et tel eſt l'angle A, formé des trois angles plans BAC, CAD & DAB, qu'il faut ſuppoſer élevés ſur le plan, de maniere qu'ils faſſent une pointe en A.

892. Il ſuit de cette deſcription ou définition, que deux angles plans BAD, ABC ne peuvent faire un angle ſolide, & qu'il en faut au moins trois, pour que le point A étant élevé, ſoit entouré de tous côtés d'angles plans.

## THÉOREME I.

893. *Si une ligne droite AB a deux points A & B ſur un plan X, elle ſera entiérement ſur ce plan.*

Figure 8. Cette propoſition eſt évidente par la définition du plan, qui eſt une ſuperficie plane; car ſur cette ſuperficie on peut tirer des lignes droites de tous ſens: Donc on en peut tirer une de A en B; mais entre ces deux points A & B, on ne peut tirer qu'une ſeule ligne droite: Donc cette ligne eſt celle qui eſt tracée ſur le plan de A en B : Donc elle eſt entiérement ſur ce même plan : Donc, &c.

## THÉOREME II.

894. *La poſition d'un plan dépend de celle de trois points qui ne ſont pas rangés en ligne droite.*

Soient les trois points donnés A, B & C, il faut démontrer qu'il ne peut paſſer qu'un ſeul plan par ces trois points, c'eſt-à-dire, qu'ils donnent la poſition du plan X, de la même maniere que deux points donnent celle d'une ligne droite. Pl. 7. Fig. 9.

### *DÉMONSTRATION.*

Tirez la ligne AB du point A au point B; & conſidérez que le plan pouvant être conçu décrit par le mouvement d'une ligne droite qui s'éloigne uniformément de ſa premiere poſition *, la ligne AB peut ainſi décrire des plans tout autour de ſa poſition AB; mais que ſi l'on donne le point C par où elle doive paſſer, qu'alors ſa direction eſt déterminée vers C : Donc la poſition du plan qu'elle décrit, ſe trouve déterminée par ce point, & par les deux autres A & B qui donnent celle de la ligne AB : Donc, &c.

* N. 41.

### *COROLLAIRE.*

Il ſuit de cette propoſition,

895. *Que deux plans différens ne peuvent avoir trois points de communs qui ne ſoient pas rangés en ligne droite.*

Car s'ils les avoient de communs, ces plans

auroient la même position : Donc ils seroient couchés l'un sur l'autre : Donc ils ne seroient qu'un seul & même plan.

## THÉOREME III.

896. *Si l'on a une partie AC d'une ligne droite AB, sur un plan X, elle sera toute entiere dans le même plan.*

Planche 7, Figure 10. Cette proposition est évidente ; car la position de la ligne droite étant déterminée par sa partie qui est sur le plan, elle s'étend dans le prolongement de cette partie : Mais le plan qui s'étend aussi indéfiniment de tous côtés, s'étend donc suivant le prolongement de la partie AC : Donc, &c.

## THÉOREME IV.

897. *Deux lignes droites qui se rencontrent ou qui se coupent, sont dans le même plan.*

Figure 11. Soient les deux lignes droites AC, CD qui se rencontrent dans le point C, il faut démontrer qu'elles sont dans le même plan X, de même que leurs prolongemens CB, CE.

### *DÉMONSTRATION.*

* N. 894. Considérez que les trois points A, D & C déterminent la position du plan ACD *, & que les lignes AC & DC étant dans ce plan, leurs prolongemens CB & CE seront aussi dans le même plan, par la proposition précédente : Donc, lorsque deux lignes se rencontrent, ou qu'elles

qu'elles se coupent, elles sont dans le même plan.

Il suit de-là,

898. 1°. Que les deux côtés d'un angle sont toujours dans le même plan.

899. Et 2°. que les trois côtés d'un triangle sont aussi également dans le même plan.

Car soit le triangle ACB; ses deux côtés CA & CB sont dans le même plan *; mais AB qui a deux points A & B dans ce plan, y est aussi entiérement *: Donc, &c. Planche 7. Figure 12. * N. 897. * N. 896.

## THÉOREME V.

900. *Si l'on a deux points C & D d'une ligne droite également éloignés de trois points, A, B, E, d'un plan X, cette ligne sera perpendiculaire au plan.*

### *DÉMONSTRATION.*

Considérez que la position du plan X dépend de trois points *, & celle de la ligne CD de deux; que par la supposition les trois points du plan A, B & E, sont également éloignés de C & de D. Donc tout le plan a la même position par rapport à ces deux points, & par conséquent par rapport à tous ceux de la ligne CD, qui est déterminée par les deux points C & D: Donc elle ne panchera vers aucun côté sur les lignes du plan qui passeront par C: Donc, &c. Figure 13. * N. 884.

## THÉOREME VI.

901. *Si une ligne CD est perpendiculaire à deux lignes AC, CE qui se rencontrent sur un plan X, elle sera perpendiculaire au plan.* Figure 14.

*DÉMONSTRATION.*

Prolongez les lignes AC & CE en B & en F, & faites CB, & CF = CA ou CE, alors vous aurez les trois points B, F, A ou E, B, F également éloignés du point C. Le point D sera aussi également éloigné des trois mêmes points; car les angles que DC fait avec AC & CE étant droits, ceux qu'elle fait avec les prolongemens de ces lignes, le seront également: Donc si on tire du point D des lignes en A, en B & en F, elles seront égales, puisque les éloignemens CA, CF
* N. 128. & CB sont supposés égaux *: Donc le point D sera à égale distance des trois points B, F & A: Donc DC qui a les points C & D également distans des trois points A, F & B du plan X, est
* N. 900. perpendiculaire à ce plan *. c. q. f. d.

*COROLLAIRE.*

902. Il suit de cette proposition que, lorsqu'une ligne droite CD est perpendiculaire à deux lignes qui se coupent sur un plan, elle est aussi perpendiculaire au même plan.

## THÉOREME VII.

903. *Si une ligne CD est perpendiculaire à trois lignes AC, CE & CB qui se rencontrent dans un même point C, ces trois lignes sont dans le même plan X.*

*DÉMONSTRATION.*

Planche 7, Figure 14. Les deux lignes CA & CE qui se rencontrent
* N. 897. dans le point A sont dans le même plan ACE *;

CD eſt perpendiculaire à ces deux lignes : Donc elle eſt perpendiculaire au plan ACE, & par conſéquent à toutes les lignes de ce plan qui paſſeront par C : Or cette ligne eſt auſſi perpendiculaire à CB par la ſuppoſition : Donc CB eſt dans le plan des deux premieres, c'eſt-à-dire, dans le même plan X : Donc, &c.

## THÉOREME VIII.

904. *Les lignes perpendiculaires au même plan ſont parallèles.*

### *DÉMONSTRATION.*

Soient les lignes AB, CD perpendiculaires au plan X, pour démontrer qu'elles ſont parallèles, il ſuffit de conſidérer que par la définition des perpendiculaires à un plan, elles ne panchent vers aucun côté ſur le plan X *: Donc elles ſont par-tout également éloignées l'une de l'autre : Donc elles ſont parallèles. c. q. f. d. Planche 7. Figure 15. * N. 883.

### *AUTRE DÉMONSTRATION.*

Tirez AC, & conſidérez que BA & DC qui ſont perpendiculaires à toutes les lignes du plan, le ſont par conſéquent à AC : Or les perpendiculaires élevées ſur une même ligne ſont parallèles *: Donc, &c. * N. 155.

## THÉOREME IX.

905. *Les lignes parallèles & celles qui ſont tirées entr'elles, ou d'une parallèle à l'autre, ſont dans le même plan.*

Soient les parallèles AB, DC, & les lignes Figure 16.

AE & DG tirées entr'elles, il faut démontrer que toutes ces lignes sont dans le même plan X.

*DÉMONSTRATION.*

Considérez que le plan étant conçu décrit par le mouvement d'une ligne droite qui s'éloigne uniformément ou parallélement de sa premiere position, si l'on conçoit un plan ainsi décrit par CD qui passe par A, il passera aussi par AB qui est parallèle à CD: Donc AB & CD sont dans le
*N. 894. même plan *. Les lignes AE & GD y sont aussi, parce que leurs points G & D, & A & E étant
*N. 893. dans ce plan, elles y sont entiérement *: Donc, &c.

*COROLLAIRE.*

906. Il suit de-là *que, si l'on a deux parallèles dont l'une soit perpendiculaire à un plan, l'autre le sera aussi au même plan.*

## THÉOREME X.

907. *Les lignes parallèles à une troisiéme ligne, le sont aussi entr'elles.*

Planche 7, Figure 17. Soient les lignes AB, CD parallèles à la ligne EF, & dans des plans différens X & Y; car si elles étoient dans le même, la proposition seroit évidente; il faut démontrer qu'elles sont parallèles entr'elles.

*DÉMONSTRATION.*

*N. 905. Considérez que les lignes AB & EF étant parallèles sont dans le même plan X *, & que par la même raison EF & CD sont dans le même plan Y: Donc EF qui appartient à ces deux plans, est leur commune section. Du point H, pris à volonté sur EF, imaginez qu'on ait élevé dans le plan X, HG perpendiculaire à EF, & du même point, dans le plan Y, HI perpendiculaire à la même commune section EF. Observez ensuite que HE est perpendiculaire par cette construction au plan des lignes GH & HI; mais AG & IC sont aussi perpendiculaires au même plan : Donc elles sont parallèles *: Donc, &c. * N. 904.

## THÉOREME XI.

908. *Si deux lignes droites qui se rencontrent dans un point quelconque, sont parallèles à deux autres droites, tirées dans un plan différent, l'angle que feront ces deux dernieres lignes en se rencontrant, sera égal à celui des deux premieres.*

Soient les lignes AB, & BE qui se rencontrent dans le point B, parallèles aux deux autres CD, DF qui se rencontrent en D; il faut démontrer que l'angle CDF que font ces deux lignes, est égal à l'angle ABE que font les deux premieres. Planche 7. Figure 18.

### *DÉMONSTRATION.*

Soient prises BA & DC égales, de même que BE & DF, & soient tirées AC, BD & EF, qui feront égales & parallèles, parce qu'elles joignent des parallèles égales *. Tirez aussi AE & CF. * N. 163.

Cela fait, considérez que les deux lignes AC & EF étant parallèles à BD, sont paralléles entr'elles par la proposition précédente, & qu'étant égales, les lignes AE & CF qui les joignent, sont aussi égales & parallèles : Donc les trois côtés du triangle ABE sont égaux à ceux du triangle CDF : Donc les angles de ces triangles opposés

*N. 241. aux côtés égaux, sont égaux*: Donc* l'angle ABE est égal à CDF. c. q. f. d.

## THÉOREME XII.

Planche 5. Figure 19. 909. *Si une ligne droite AB est perpendiculaire à deux plans X, & Y, ils seront parallèles.*

### DÉMONSTRATION.

Considérez que AB étant perpendiculaire à Y fait des angles droits avec toutes les lignes de ce
*N. 883. plan qui passent par B*, & que par la même raison elle en fait avec toutes les lignes du plan X, qui passent par A. Ce qui fait voir que le plan X n'incline vers aucun côté sur le plan Y, & qu'ainsi ces plans sont parallèles. c. q. f. d.

## THÉOREME XIII.

910. *Si deux lignes droites AB, AC tirées sur un plan X, & qui font un angle quelconque BAC, sont parallèles à deux autres DE, DF d'un second plan Y, le premier plan X sera parallèle au second Y.*

### DÉMONSTRATION.

Figure 20. Du point A, imaginez AI perpendiculaire sur X, & l'angle IAC sera droit: Menez ensuite par I, IG & IH, parallèles à DF & DE, elles seront parallèles à AB & AC, les unes & les
*N. 907. autres l'étant à DF & DE*; d'où il suit, que l'angle IAC étant droit, de même que IAB,
*N. 883. puisque IA est perpendiculaire à X*, GI & IH font aussi des angles droits avec cette ligne: Donc
*N. 901. elle est perpendiculaire à Y*. Mais elle est également perpendiculaire à X: Donc par la pro-

position précédente les deux plans X & Y sont parallèles. *Ce qu'il falloit démontrer.*

## THÉOREME XIV.

911. *Si un plan V coupe deux plans parallèles X & Y, les communes sections AB, CD du plan V avec les deux autres sont parallèles.* Pl. 8. Fig. 1.

### *DÉMONSTRATION.*

Les plans X & Y étant parallèles, par la supposition, ils sont par-tout également éloignés l'un de l'autre, de maniere qu'étant prolongés à l'infini, ils ne se rencontreroient point : Or les communes sections AB & CD qui sont sur les plans X & Y étant aussi prolongées à l'infini, suivront la direction de ces plans, c'est-à-dire, qu'elles seront toujours également éloignées : Donc elles sont parallèles.

### *REMARQUE.*

912. Il est évident qu'entre des plans parallèles la perpendiculaire est la plus courte ; que les obliques égales sont également inclinées, qu'elles sont parallèles si leur inclinaison est du même côté, &c. & qu'enfin tout ce qu'on a dit des obliques qui tombent sur une ligne, & de celles qui sont tirées entre des parallèles, convient également à celles qui sont tirées sur un plan ou entre deux plans parallèles, & qu'on peut le démontrer de la même maniere.

## THÉOREME XV.

Pl. 1. Fig. 2. 913. *Si une ligne AB est perpendiculaire à un plan X, tous les plans qui passeront par cette ligne seront perpendiculaire au même plan.*

Soit le plan Y qui passe par la perpendiculaire AB, & dont DE est la commune section avec X, il faut démontrer que Y est perpendiculaire à X.

*DÉMONSTRATION.*

Du point A, tirez AC sur X, perpendiculaire à la commune section DE. AB est aussi perpendiculaire à cette commune section, puisqu'elle l'est à tout le plan X: Donc l'angle CAB est droit:
* N. 888. Donc Y est perpendiculaire à X *. Comme on démontrera la même chose de tous les plans qu'on imaginera passer par AB, il s'ensuit qu'ils seront tous perpendiculaires à X. c. q. f. d.

## THÉOREME XVI.

914. *Si deux plans X & Y qui se coupent, sont perpendiculaires à un autre Z, leur commune section AB sera aussi perpendiculaire au même plan.*

*DÉMONSTRATION.*

Le plan Y étant perpendiculaire au plan Z, si du point A de sa commune section avec X, on abbaisse une perpendiculaire AB sur CD, elle sera dans le plan Y qui est perpendiculaire à Z; & elle sera aussi dans le plan X par la même raison: Donc cette perpendiculaire sera la commune section AB des deux plans Y & X: Mais comme elle sera aussi perpendiculaire aux deux communes sections CD, FE des deux plans Y & X avec Z, elle sera perpendiculaire à deux lignes du plan Z, & par conséquent perpendiculaire à tout ce plan *: Donc, &c. *N. 911.

*Corollaire.*

915. AB étant perpendiculaire sur BD & BF, ces deux lignes le sont aussi réciproquement sur AB, c'est-à-dire, sur la commune section des deux plans X & Y ; d'où il suit, que l'angle FBD qu'elles font ensemble sur le plan Z, est celui de l'inclinaison des deux plans X & Y *. *N. 888.

## THÉOREME XVII.

916. *Si deux lignes droites AB, CD sont coupées par trois plans parallèles X, Y & Z, elles le seront proportionnellement.*

Il faut donc démontrer que CI.ID :: AG. GB, ou que AG.GB :: CI.ID. Pl. 8. Fig. 4.

*Démonstration.*

Du point A soit mené AE parallèle à CD, qui lui sera égale, parce qu'entre des plans parallèles X & Z, les parallèles sont égales. Des points I & G où les lignes AB & CD rencontrent le plan Y, tirez IG qui coupera AE en L; GL & BD, ou BE seront parallèles, car le plan DCAB coupant des plans parallèles Y & Z, les communes sections IG & BD sont parallèles *. *N. 914.

Cela fait, le triangle BAE a ses deux côtés AB, AE coupez parallèlement par la commune section GL parallèle à sa base BE: Donc ils sont coupés proportionnellement *: Donc AL. *N. 781.

LE :: AG. GB. Mais à cauſe que AE eſt égale & parallèle à CD, AL=CI, & LE=ID. Mettant donc dans la proportion précédente CI & ID à la place de AL, & de LE, on aura CI. ID :: AG. GB, ou AG. GB :: CI. ID. c. q. f. d.

## THÉOREME XVIII.

917. *Dans un angle ſolide A, compoſé de trois angles plans BAC, CAD & DAB, deux de ces angles tels qu'on voudra, comme CAD & DAB pris enſemble ſeront toujours plus grands que le troiſiéme BAC.*

### *DÉMONSTRATION.*

Pl. 8. Fig. 5. Faites l'angle BAE égal à BAD, & prenez AE=AD. Tirez BEC, DC & DB, & conſidérez que les triangles BAE, BAD ſont égaux; car AD=AE, AB eſt commun, & les angles DAB, BAE ſont égaux: Donc ces deux triangles ſont égaux*: Ainſi DB=BE. *N. 243.

Préſentement, conſidérant les deux triangles EAC & CAD, ils ont auſſi les côtés AD & AE égaux entr'eux, & AC commun: Mais ſi EC eſt plus petite que DC, l'angle EAC ſera plus petit que CAD*, & par conſéquent l'angle BAC ſera plus petit que les deux autres angles de l'angle ſolide A: Or, dans le triangle BDC les deux côtés BD, DC pris enſemble, ſont plus grands que le troiſiéme BC*: Donc en ôtant BD de la ſomme de ces deux côtés, & pareillement de BC, BE qui eſt égal à BD, il reſtera DC plus grand que CE: Donc l'angle EAC ſera plus petit que CAD. Donc, &c.

*N. 246.

*N. 33.

## THÉOREME XIX.

918. *Tous les angles plans qui composent un angle solide, sont toujours, pris ensemble, plus petits que quatre angles droits.*

### *Remarques.*

### I.

919. On suppose dans ce Théorême que tous les angles plans qui composent l'angle solide, ne font point d'inclinaison rentrante, mais qu'au contraire elles sont toutes saillantes.

### II.

Cette proposition peut se démontrer avec une grande facilité de cette maniere.

Soit un point C, pris à volonté sur un plan X, autour duquel on tire tant de lignes droites qu'on voudra. Tous les angles formés par ces lignes, sont évidemment égaux à quatre angles droits *: Or il est clair qu'on ne peut élever le plan en pointe, ensorte qu'il fasse un angle solide en C, qu'en diminuant les angles plans qui sont autour de C : Donc lorsqu'ils feront un angle solide, ils vaudront nécessairement moins de quatre angles droits. Pl. 8. Fig. 6.

* N. 99.

### *Démonstration plus rigoureuse de la même proposition.*

Soit l'angle solide C composé, par exemple, de cinq angles plans, il faut démontrer qu'ils sont plus petits que quatre angles droits. Figure 7.

Considérez que si on tire les bases de ces angles plans; ou ce qui eſt la même choſe, ſi on joint leurs côtés deux à deux par des lignes droites AB, BD, DE, &c. elles feront un pentagone ABDEFA.

Si d'un point G, pris à volonté dans ce polygone, on imagine des lignes tirées à tous les angles de ſa circonférence, il ſera partagé en autant de triangles qu'il a de côtés, c'eſt-à-dire, en cinq dans cet exemple, & l'angle ſolide C ſera composé de même nombre de triangles, dont les baſes ſeront les côtés du pentagone.

Préſentement il faut conſidérer que chaque angle du pentagone, comme ABD, eſt plus petit, par la propoſition précédente, que les deux angles ABC, CBD des triangles ACB, BCD élevés ſur les côtés de cet angle; & comme il en eſt de même de tous les autres angles de la circonférence du pentagone, & de tous ceux des triangles qui forment l'angle ſolide C; il s'enſuit que tous les angles de la baſe des triangles dont les ſommets partent du point G du pentagone, ſont, pris enſemble, plus petits que ceux de la baſe de tous les triangles qui forment l'angle ſolide C. Mais les ſupplémens de ceux du pentagone valent quatre angles droits, parce qu'ils ſont autour d'un même point ſur un plan : Donc ceux des triangles de l'angle ſolide qui ſont en même nombre que ceux du pentagone, valent moins de quatre droits, puiſqu'ils ſont les ſupplémens d'angles plus grands que ceux du pentagone : Donc tous les angles plans qui compoſent l'angle ſolide C ſont moindres que quatre angles droits. c. q. f. d.

## PROBLEMES.

### I.

920. *D'un point donné A, hors un plan X; faire tomber une perpendiculaire sur ce plan.*

*Résolution.*

Posez une pointe du compas au point A, & ouvrez-le de maniere qu'avec l'autre pointe, on puisse marquer trois points B, C & D sur le plan X, à égale distance de A. Cherchez ensuite le centre E du cercle qui passe par ces trois points, & du point A au point E, tirez la ligne AE, elle sera perpendiculaire à X. Pl. 8. Fig. 8.

*Démonstration.*

La ligne AE a, par la construction, ses deux points A & E également éloignés des trois points B, C & D : Donc (par la proposition du N. 900) elle est perpendiculaire au plan X qui passe par ces trois points.

### II.

921. *D'un point donné A sur un plan X, élever une perpendiculaire sur ce plan.*

*Résolution.*

Prenez un point B hors du plan, & abbaissez de ce point la perpendiculaire BC sur le plan. Menez ensuite par A une parallèle AD à BC, elle sera perpendiculaire au plan X. Pl. 8. Fig. 9.

### DÉMONSTRATION.

Les lignes parallèles AD, BC sont dans le
* N. 905. même plan *; BC est perpendiculaire au plan X par la construction: Donc le plan DACB des deux parallèles qui passe par la perpendicu-
* N. 913. laire BC, est aussi perpendiculaire à X *: Donc DA qui est dans ce plan, & qui est parallèle à BC, est également perpendiculaire à X. c. q. f. d.

### AUTRE RÉSOLUTION.

Planche 8, Figure 10. Tirez à volonté deux lignes AD, AE qui passent par le point donné A. Appliquez ensuite l'un des côtés d'une *équerre* (qui est un instrument composé de deux régles de cuivre ou de bois qui font un angle droit) appliquez, dis-je, un des côtés de cet instrument sur AE; ensorte que le sommet de l'angle droit de l'équerre soit sur le point donné A. Appliquez une seconde équerre de la même maniere sur la ligne AD; faisant ensuite toucher les deux côtés de ces équerres qui ne sont pas couchés sur le plan, la ligne droite AB qu'ils donneront, sera perpendiculaire au plan; car elle le sera par la construction aux deux lignes AD,
* N. 901. AE: Donc *, &c.

# LA
# GÉOMÉTRIE
## *DE L'OFFICIER.*

## LIVRE X.

### I.

### *Des Solides.*

922. Nous avons appellé *Corps* ou *Solide*, l'étendue considérée avec la longueur, la largeur, & la profondeur, & nous avons observé que le corps est terminé par les surfaces, comme les surfaces le sont par des lignes, & les lignes par des points.

923. Les différentes figures des surfaces qui terminent les corps & leur nombre, déterminent les différentes espéces de corps.

924. On appelle *base* d'un solide celle de ses

ſurfaces planes, ſur laquelle on le conſidére ordinairement poſé ou ſoutenu ſur un plan.

Planche 8, Figure 11. 925. La *pyramide* eſt un ſolide qui a pour baſe un polygone quelconque, & qui eſt entouré de triangles qui ſe réuniſſent par le ſommet en un ſeul point, qu'on appelle le *ſommet* de la pyramide.

Tel eſt le corps ABCDES dont la baſe eſt le pentagone ABCDE, & dont le ſommet eſt en S où les triangles de la pyramide font un angle ſolide.

Figure 12. 926. La pyramide reçoit différens noms, ſuivant la figure de la baſe. Si cette baſe eſt un triangle, comme ABC, elle eſt appellée *triangulaire*; *quadrilatere*, ſi elle a pour baſe un quadrilatere; & enfin pyramide pentagone, ou exagone, &c. ſuivant que ſa baſe eſt un pentagone ou un exagone, &c.

Figure 13. 927. La pyramide eſt encore *droite* ou *oblique*. Elle eſt droite ſi ſa baſe eſt une figure réguliere CDEF, & ſi la perpendiculaire AB abbaiſſée du ſommet A, tombe ſur le centre B de la baſe.
Figure 15. Elle eſt oblique ſi la baſe eſt une figure irréguliere, ou ſi la perpendiculaire abbaiſſée du ſommet de la pyramide ſur ſa baſe, ne tombe pas ſur le centre de cette baſe.

928. La hauteur de toute pyramide eſt la perpendiculaire AB abbaiſſée du ſommet ſur ſa baſe.

Figure 13. 929. La pyramide peut être conçue décrite par le mouvement d'une ligne droite AD, attachée fixement en A, & qui parcourt tous les côtés de la baſe de la pyramide, par ſon autre extrémité D.

THÉOREME

## THÉOREME I.

930. *Si l'on coupe une pyramide par un plan parallèle à sa base, la section sera un polygone semblable à celui de la base de la pyramide.*

Soit la pyramide X dont le sommet est S, & la base l'exagone Y; il faut démontrer que cette pyramide étant coupée par le plan *y*, parallèle à sa base, la section de ce plan avec les triangles qui entourent la pyramide, est un exagone semblable à Y. Pour cet effet il faut que tous les côtés *ab*, *bc*, &c. de la section *y* soient proportionnels aux côtés AB, BC, de la base Y, & que les angles que font ces côtés, soient égaux aux correspondans de la base Y. Planche 8, Figure 14.

*DÉMONSTRATION.*

Le plan coupant *y* étant parallèle à Y, les côtés SA, SB, &c. sont coupés proportionnellement par ce plan *: Ainsi les triangles SAB, S*ab*, sont semblables *: Donc S*a*. SA :: *ab*. AB :: S*b*. SB. On aura de même, à cause des triangles semblables BSC, *b*S*c*, *bc*. BC :: S*b*. SB, c'est-à-dire, que les côtés *bc* & BC sont entr'eux comme les côtés S*b*. SB. Mais tous les côtés des triangles qui entourent la pyramide étant coupés proportionnellement par le plan parallèle *y*, ont tout le même rapport avec leur partie retranchée par le plan *y* vers le sommet S: Donc tous les côtés de la section *y* auront aussi le même rapport avec les côtés de la base Y: Donc ils seront proportionnels à ces côtés.

* N. 916.
* N. 791.

Pour démontrer à présent que les angles que font ensemble les côtés de la section *y*, sont égaux

aux correſpondans des côtés de la baſe Y; il faut conſidérer que les lignes *ab* & *bc*, qui font l'angle *abc*, étant parallèles aux deux AB & BC, qui font l'angle ABC, ces deux angles font
*N. 908. égaux*; & comme on peut démontrer la même choſe de tous les autres angles de la ſection *y*, il s'enſuit que cette ſection a ſes angles égaux, chacun à chacun, à ceux de la baſe Y, & qu'elle a auſſi ſes côtés proportionnels à ceux de cette
*N. 832. baſe: Donc elle lui eſt ſemblable*. c. q. f. d.

## THÉOREME II.

931. *Si l'on coupe une pyramide par un plan qui, paſſant par ſon ſommet, coupe ſa baſe en deux parties quelconques, cette ſection ſera un triangle.*

### *DÉMONSTRATION.*

Planche 8, Figure 15. Soit la pyramide X coupée par ſon ſommet par le plan SCD, qui partage ſa baſe en deux parties quelconques A & B; il eſt évident que cette ſection eſt un triangle, & qu'elle le ſera également dans toute autre pyramide; car elle aura toujours pour baſe la ligne droite CD, qui partagera celle de la pyramide en deux parties quelconques, & elle ſera terminée par deux lignes droites, CS, DS, tirées des extrémités de CD au ſommet S de la pyramide: Donc cette ſection ſera terminée par trois lignes droites: Donc elle ſera un triangle.

Figure 16. 932. Le *Cone* eſt un ſolide qui a pour baſe un cercle, & qui eſt terminé par une ſuperficie courbe qui forme une pointe au-deſſus de ſa baſe. Cette pointe ſe nomme le *ſommet* du cone.

Telle eſt le ſolide X, dont la baſe eſt le cercle ADBA; & le ſommet, le point S.

933. La ligne SC tirée du ſommet du cone au centre de ſa baſe, ſe nomme ſon *axe*, & la ligne SA ou SB tirée du même ſommet à un point quelconque A ou B de ſa circonférence, ſe nomme *le côté du cone*.

934. Le cone peut être regardé comme une pyramide dont la baſe eſt un polygone d'une infinité de côtés.

935. Si l'axe du cone SC eſt perpendiculaire ſur ſa baſe, le cone eſt *droit*; alors il peut être conçu décrit par la circonvolution d'un triangle rectangle SCB autour de ſon côté SC. Ce triangle eſt appellé le *plan générateur* du cone. Il ſuit de cette formation, que le ſommet S eſt également diſtant de tous les points de la circonférence de la baſe du cone.

936. Le cone eſt *oblique* ſi ſon axe SC eſt oblique ſur ſa baſe. On le nomme quelquefois *ſcalene*. Pl. 9. Fig. 1.

937. La hauteur du cone eſt une perpendiculaire abbaiſſée de ſon ſommet ſur ſa baſe: Ainſi dans le cone droit, ſa hauteur eſt la même que la grandeur de ſon axe; & dans l'oblique, c'eſt la perpendiculaire SD qui tombe du ſommet S, ſur le plan AB de la baſe du cone, prolongé en D. Il eſt évident que cette hauteur eſt plus petite que l'axe SC du cone.

938. Le cone oblique ſe conçoit décrit par le mouvement d'une ligne droite SA, attachée fixement en S, dont l'autre extrémité A tourne autour de la circonférence du cercle de la baſe du cone.

## THÉOREME III.

939. *Si l'on coupe un cone droit ou oblique par un plan parallèle à sa base, la section sera toujours un cercle.*

l. 9. Fig. 2. Soit le cone droit X coupé par le plan GF parallèle à sa base, il faut démontrer que la section GF est un cercle. Mais c'est ce qui est évident, si l'on conçoit le cone formé par le triangle générateur DCB; car imaginant ce triangle rempli d'une infinité de petites lignes, comme EF, parallèles à CB, & si proches les unes des autres, qu'elles remplissent toute sa superficie, chacune de ces lignes dans le mouvement du triangle DCB, décrira un cercle autour de l'axe DC. Ainsi le cone peut être considéré comme formé d'une infinité de cercles parallèles à sa base, & qui vont en diminuant vers son sommet; par conséquent toutes les sections parallèles à sa base, telles que GF, ne peuvent donner que des cercles: Donc, &c.

Figure 3. Si le cone est oblique, comme *adb*, & qu'on le coupe de même par un plan *gh* parallèle à sa base, sa section *gh* sera aussi un cercle. Pour le démontrer, tirez l'axe *dc*, il coupera le diametre *gh* en deux également; car à cause des parallèles *ab*, *gh*, les angles *dgh*, *dab* seront égaux, de même que *dhg*, *dba**. C'est pourquoi les triangles *adb*, *gdh* sont semblables*, de même que *dcb* & *deh*: Ainsi l'on a, *ab*.*gh*::*db*.*dh*; & *bc*.*eh*::*db*.*dh*: Donc *ab*.*gh*::*bc*.*eh**, ou en permutant, *ab*.*bc*::*gh*.*eh*: Or *ab* est double du rayon *bc*: Donc *gh* est pareillement double de *eh*; & comme on peut démontrer la même

* N. 153.
* N. 774.
* N. 616.

chose de toutes les lignes qui forment la section $gh$, il s'ensuit que toutes les extrémités de cette section sont également éloignées de $e$, & qu'ainsi elle forme la circonférence d'un cercle : Donc, &c.

940. Si l'on coupe la pyramide ou le cone par un plan parallèle à la base, & que la partie vers le sommet soit enlevée ; ce qui reste de la pyramide ou du cone est appellé *pyramide tronquée*, ou *cone tronqué*.

941. Il est évident que la section d'un cone, soit droit ou oblique, formée par un plan qui passe par son axe, est toujours un triangle, qui est isoscelle si le cone est droit ; & scalene, s'il est oblique.

REMARQUE.

Il y a encore d'autres sections du cone, mais on ne les considere pas dans la Géométrie élémentaire.

Ces Sections sont ;

942. 1°. Celle qui est formée par un plan DAG parallèle au côté CE du cone, se nomme *parabole*. Pl. 9. Fig. 4.

943. 2°. Celle qui est formée par un plan AB qui coupe obliquement les deux côtés opposés du cone, se nomme *Ellipse*.

944. Et 3°. celle qui est formée par un plan GAH parallèle à l'axe CD du cone, ou qui lui étant oblique, coupe le cercle de la base, se nomme *hyperbole*. Figure 5.

C'est dans les propriétés de ces trois différentes sections que consistent les traités appellés *sections coniques*, qui sont d'un usage infini dans la Figure 6.

*Géométrie composée*, c'est-à-dire, dans celle qui traite des lignes courbes.

945. Le *prisme* est un solide terminé par des surfaces planes, parmi lesquelles il y en a deux opposées, égales, semblables, & parallèles. Ces deux surfaces se nomment les *bases* du prisme, parce qu'on peut le considérer également posé sur l'une ou sur l'autre.

Pl. 9. Fig. 7. 946. Comme les deux bases du prisme sont égales, semblables, & parallèles, les lignes qui les joignent ensemble, c'est-à-dire, qui sont tirées des angles de la base supérieure à l'inférieure, forment des parallélogrammes; ensorte qu'on peut définir le prisme, *un solide X qui a pour bases deux polygones égaux semblables & parallèles Z & Y, & qui est entouré de parallélogrammes.*

947. Le prisme reçoit différens noms relatifs à la figure de sa base.

Figure 8. Si sa base est un triangle, il se nomme *triangulaire*, comme le prisme P; *quadrilatere*, si elle est un quadrilatere, & enfin prisme pentagone, exagone, &c. si sa base est un pentagone ou un exagone, &c.

Figure 9. 948. Lorsque la base du prisme est un parallélogramme, il se trouve terminé de tous côtés par des parallélogrammes, & alors il se nomme *parallélipipéde.*

Ensorte que le parallélipipéde X est un solide qui a pour base supérieure A, & pour inférieure B, deux parallélogrammes égaux & semblables, & qui est entouré de parallélogrammes.

949. Si la base du prisme est un cercle, le supérieur & l'inférieur sont joints ensemble par une infinité de petits parallélogrammes qui sont une surface courbe qui entoure ou envelop-

pe le solide, qui se nomme alors *cylindre*.

Ainsi le cylindre ABCD est un solide qui a pour base deux cercles égaux & parallèles, joints ensemble par une superficie courbe. On peut le considérer comme un prisme d'une infinité de côtés. Planche 9, Figure 10.

950. La ligne EG tirée du centre E du cercle supérieur CD, au centre G de l'inférieur AB, se nomme l'*axe* du cylindre. Lorsque cette ligne est perpendiculaire à la base, le cone est *droit*, autrement il est *oblique* ou *scalene*.

951. Le cylindre droit peut être conçu décrit par la circonvolution d'un rectangle EGBD, autour de son *axe* EG; & l'oblique AE, par une ligne droite AB qui se meut autour de la circonférence de la base AIFL, faisant toujours le même angle BAF vers le même côté F. Figure 14.

952. On peut considérer le prisme comme décrit ou formé, de même que le cylindre, par une ligne qui se meut autour de sa base, en faisant toujours le même angle vers le même côté avec la base. Si l'angle qu'elle fait avec la base, est droit, le prisme est droit, autrement il est oblique.

953. Il suit de cette formation du cylindre & du prisme, *que leurs sections par des plans parallèles aux bases, sont des figures égales & semblables aux bases*.

Car si l'on imagine, pour le cylindre droit AD, le rectangle GD rempli d'une infinité de lignes, comme HL, parallèles à la base AB, & qui le remplissent entiérement; il est évident que toutes ces lignes décriront, dans la circonvolution du rectangle GD, des cercles égaux à celui de la base, ces lignes étant égales au rayon GB de la base : Donc toutes les sections de ce solide Figure 3.

par des plans parallèles à ſa baſe, ſont des cercles égaux à la baſe.

Planche 5, Figure 11. Si le cylindre eſt oblique, comme AE, ſes côtés oppoſés AB, EF ſont parallèles, l'angle BAF étant égal à EFP *. C'eſt pourquoi toutes les parallèles à AF, comme GH qui paſſeront par l'axe CD, ſeront égales * : Mais elles ſont évidemment les diametres des cercles qui compoſent le cylindre : Donc tous ces cercles ayant des diametres égaux, ſont égaux : Donc toutes les ſections du cylindre oblique par des plans parallèles à ſa baſe, ſont des cercles égaux à ſa baſe.

* N. 154.

* N. 162.

Figure 12. Il en eſt auſſi de même à l'égard du priſme droit & de l'oblique; car coupant le premier X par un plan V parallèle à ſa baſe Y, tous les côtés de cette ſection ſeront égaux à ceux de la baſe ; mais il eſt clair qu'ils font les mêmes angles que font entr'eux les rectangles dont il eſt entouré, leſquels angles ſont les mêmes que ceux de la circonférence de la baſe : Donc cette ſection ou ce plan eſt une figure égale & ſemblable à celle de la baſe. Ce même raiſonnement peut s'appliquer aux ſections parallèles à la baſe du priſme oblique : Donc toutes les ſections des cylindres & des priſmes, parallèles aux baſes de ces ſolides, ſont des figures égales & ſemblables à celles de ces baſes. c. q. f. d.

954. La hauteur du cylindre eſt une perpendiculaire abbaiſſée de ſa baſe ſupérieure ſur l'inférieure.

Planche 9, Figures 10 & 11. Ainſi dans le cylindre droit, la hauteur eſt égale à celle de l'axe, & elle peut être exprimée par l'axe ; & dans l'oblique, c'eſt la perpendiculaire EP abbaiſſée du point E de la baſe ſupérieure ſur le plan de l'inférieure prolongée en P.

955. Les prismes & les parallélipipédes sont aussi *droits* ou *obliques*.

Ils sont droits, lorsque les plans qui les entourent, sont perpendiculaires à celui de la base, autrement ils sont obliques.

956. La hauteur des prismes & des parallélipipédes est, comme dans le cylindre, une perpendiculaire abbaissée de la base supérieure sur l'inférieure : ensorte que lorsqu'ils sont droits, leur hauteur est la même que celle des parallélogrammes dont ils sont entourés ; & s'ils sont obliques, c'est la perpendiculaire qui tombe de la base supérieure sur le plan de l'inférieure prolongée s'il en est besoin.

957. La *sphere* ou le *globe*, car ces deux mots signifient la même chose, est un solide terminé par une surface courbe, dont tous les points sont également éloignés d'un point intérieur C, qui se nomme le *centre* de la sphere. Planche 9. Figure 13.

958. On peut concevoir la sphere décrite par le mouvement d'un demi-cercle ADB autour de son diametre AB. Figure 14.

Alors on verra ;

959. 1°. Que le centre C du demi cercle ADB l'est aussi de la sphere, & que toutes les lignes tirées de ce point à la superficie de la sphere sont égales. On les appelle rayons de la sphere, comme CD, CF, &c.

960. 2°. Que toutes les lignes, comme EF qui passent par le centre de la sphere, & qui se terminent de part & d'autre à sa superficie, sont égales. On les appelle *diametres de la sphere*. Le diametre AB sur lequel on imagine que le demi-cercle ADB s'est mû pour décrire la sphere, se

nomme l'*axe* ou l'*aissieu* de la sphere. Ses extrémités A & B en sont nommées les *poles*.

961. 3°. Que si l'on éleve sur le diametre AB du demi-cercle ADB, une infinité de perpendiculaires, comme CD, HG, LK, &c. elles décriront, dans la formation de la sphere, des cercles parallèles entr'eux, & perpendiculaires à l'axe AB. Le plus grand de ces cercles est celui qui est décrit par le rayon CD, également éloigné des poles A & B; les autres sont d'autant plus petits qu'ils s'éloignent du centre C, ou qu'ils s'approchent des poles A & B. Tous ces cercles sont appellés *cercles parallèles*.

962. 4°. Que les cercles parallèles décrits par des lignes GH & KL, dont les points H & L sont également distans du centre C, ou de chacun des deux poles A & B, sont égaux entr'eux.

Car prolongeant les lignes GH & KL en M & en N, les cordes GM & KN sont également distantes du centre C par la supposition : Donc
* N. 192. elles sont égales * : Donc les cercles décrits par leurs moitiés HG & KL, sont aussi égaux.

Planche 9, Figure 15. 963. 5°. Que toute section de la sphere est un cercle ; car si la section passe par le centre de la sphere, les points qui la terminent, qui sont sur la superficie de la sphere, sont tous également distans du centre C : Donc ils forment la circonférence d'un cercle, dont ce point est le centre. Si la section ne passe pas par le centre C de la sphere, on tirera de C une perpendiculaire CE sur cette section AB. Le point C de cette perpendiculaire est également distant de tous les points qui terminent la section AB : Donc tous les autres points de cette perpendiculaire sont également distans
* N. 123. des mêmes points * : Donc le point E, qui est sur

la section, est le centre de cette section qui ainsi est un cercle.

964. Tous les cercles qui passent par le centre de la sphere sont appellés *grands cercles*, & ils sont tous égaux entr'eux, ayant pour diametre celui de la sphere, qui est leur commune section. Les autres sont appellés *petits cercles*.

965. Il est évident que les grands cercles se coupent en deux parties égales, puisque leur commune section est le diametre de la sphere, qui leur est commun, & qui les coupe tous en deux également.

966. Il est également évident que tous les grands cercles coupent la sphere en deux parties égales; car supposant que AB soit le diametre d'un grand cercle quelconque, on peut imaginer un autre diametre DE perpendiculaire au cercle AB: alors les extrémités E & D, de DE, seront également éloignées de tous les points de la circonférence dont AB est le diametre; d'où il suit que la partie de la sphere qui est vers E, est égale à celle qui est vers D: Donc, &c. Planche 9, Figure 16.

967. 6°. Que tous les points des circonférences des cercles parallèles sont également éloignés des *poles de la sphere*. Ces poles sont aussi ceux des cercles parallèles: ensorte que les *poles d'un cercle de la sphere* sont deux points dans la surface de la sphere, également éloignés de tous les points de sa circonférence.

968. Une partie quelconque de la sphere, comprise entre deux cercles parallèles, comme ABCD, se nomme *zone*. Sa surface est une espéce de ceinture qui tourne autour de la sphere. Planc. 10, Figure 1.

969. On appelle *segment de sphere* une portion, comme CDG, comprise entre une section

nomme l'*axe* ou l'*aiſſieu* de la ſphere. Ses extrémités A & B en ſont nommées les *poles*.

961. 3°. Que ſi l'on éleve ſur le diametre AB du demi-cercle ADB, une infinité de perpendiculaires, comme CD, HG, LK, &c. elles décriront, dans la formation de la ſphere, des cercles parallèles entr'eux, & perpendiculaires à l'axe AB. Le plus grand de ces cercles eſt celui qui eſt décrit par le rayon CD, également éloigné des poles A & B; les autres ſont d'autant plus petits qu'ils s'éloignent du centre C, ou qu'ils s'approchent des poles A & B. Tous ces cercles ſont appellés *cercles parallèles*.

962. 4°. Que les cercles parallèles décrits par des lignes GH & KL, dont les points H & L ſont également diſtans du centre C, ou de chacun des deux poles A & B, ſont égaux entr'eux.

Car prolongeant les lignes GH & KL en M & en N, les cordes GM & KN ſont également diſtantes du centre C par la ſuppoſition : Donc
* N. 192. elles ſont égales * : Donc les cercles décrits par leurs moitiés HG & KL, ſont auſſi égaux.

Planche 9, Figure 15. 963. 5°. Que toute ſection de la ſphere eſt un cercle ; car ſi la ſection paſſe par le centre de la ſphere, les points qui la terminent, qui ſont ſur la ſuperficie de la ſphere, ſont tous également diſtans du centre C : Donc ils forment la circonférence d'un cercle, dont ce point eſt le centre. Si la ſection ne paſſe pas par le centre C de la ſphere, on tirera de C une perpendiculaire CE ſur cette ſection AB. Le point C de cette perpendiculaire eſt également diſtant de tous les points qui terminent la ſection AB : Donc tous les autres points de cette perpendiculaire ſont également diſtans
* N. 123. des mêmes points * : Donc le point E, qui eſt ſur

la section, est le centre de cette section qui ainsi est un cercle.

964. Tous les cercles qui passent par le centre de la sphere sont appellés *grands cercles*, & ils sont tous égaux entr'eux, ayant pour diametre celui de la sphere, qui est leur commune section. Les autres sont appellés *petits cercles*.

965. Il est évident que les grands cercles se coupent en deux parties égales, puisque leur commune section est le diametre de la sphere, qui leur est commun, & qui les coupe tous en deux également.

966. Il est également évident que tous les grands cercles coupent la sphere en deux parties égales; car supposant que AB soit le diametre d'un grand cercle quelconque, on peut imaginer un autre diametre DE perpendiculaire au cercle AB: alors les extrémités E & D, de DE, seront également éloignées de tous les points de la circonférence dont AB est le diametre; d'où il suit que la partie de la sphere qui est vers E, est égale à celle qui est vers D: Donc, &c. Planche 9. Figure 16.

967. 6°. Que tous les points des circonférences des cercles parallèles sont également éloignés des *poles de la sphere*. Ces poles sont aussi ceux des cercles parallèles: ensorte que les *poles d'un cercle de la sphere* sont deux points dans la surface de la sphere, également éloignés de tous les points de sa circonférence.

968. Une partie quelconque de la sphere, comprise entre deux cercles parallèles, comme ABCD, se nomme *zone*. Sa surface est une espéce de ceinture qui tourne autour de la sphere. Planc. 10. Figure 1.

969. On appelle *segment de sphere* une portion, comme CDG, comprise entre une section

CEDF de la sphere, & la partiede la superficie qu'elle en retranche. C'est une espéce de calote solide, qu'on appelle aussi par cette raison *calote sphérique*.

Planch. 10, Figure 2. 970. Un *secteur de sphere* est un solide qui a pour base la surface d'une calote sphérique, & qui est terminé en dedans de la sphere par une surface conique, dont le sommet est le centre C de la sphere. Tel est le secteur CADBC.

971. On donne le nom de *polyëdre* à tout corps en général, composé de plusieurs surfaces, comme on donne celui de polygone à toutes les figures, quelque soit le nombre de leurs côtés : Or, de la même maniere que le cercle peut être considéré comme un polygone d'une infinité de côtés, de même la sphere peut l'être comme un polyëdre d'une infinité de surfaces; car en supposant toutes ces surfaces infiniment petites, le solide qu'elles formeront, ne différera point de la sphere.

---

## II.

## *Des Corps réguliers.*

972. Outre les Corps dont on vient de donner la définition ou la description, il y en a cinq autres, qu'on appelle *Réguliers*, parce qu'ils sont compris ou terminés par des figures régulieres, égales & semblables, & qu'ils peuvent être inscrits ou renfermés dans la sphere. Ces corps sont ;

Figure 3. 973. 1°. Le *Tetraëdre*, ou la *pyramide réguliere*, terminé par quatre triangles équilatéraux,

974. 2°. L'*Exaëdre* ou le *cube* terminé par six quarrés. *On peut se le représenter par un dez à jouer.* Planch. 10. Figure 4.

975. 3°. L'*Octaëdre* terminé par huit triangles équilatéraux. Figure 5.

976. 4°. Le *Dodécaëdre* terminé par douze pentagones réguliers. Figure 6.

977. 5°. L'*Icosaëdre* terminé par vingt triangles équilatéraux. Figure 7.

978. On ne peut faire que ces cinq corps réguliers avec les figures régulieres.

Car pour faire des corps de cette espéce, il faut que les angles des figures qui en font les angles solides, soient, pris au moins trois à trois, moindres que quatre angles droits *.

*N. 918

Or les angles du triangle équilatéral valent chacun 60 dégrés : Donc on peut faire un angle solide avec trois triangles équilatéraux. C'est celui du *tétraëdre*.

Comme quatre angles du triangle équilatéral ne valent que 240 dégrés, on voit encore qu'on peut faire un angle solide avec quatre triangles équilatéraux; c'est celui de l'octaëdre.

Cinq angles du triangle équilatéral ne valent encore que 300 dégrés : Donc avec cinq triangles équilatéraux on peut faire aussi un angle solide, & c'est celui de l'icosaëdre : mais on n'en peut faire avec six de ces triangles, parce que six de leurs angles valent quatre droits ou 360 dégrés : Donc on ne peut faire avec le triangle équilatéral que le tétraëdre, l'octaëdre, & l'icosaëdre.

A l'égard du quarré, comme chacun de ses angles sont droits, il est évident qu'on ne peut faire d'angles solides qu'avec trois quarrés. Cet angle est celui de l'exaëdre ou du cube.

L'angle de la circonférence du pentagone eſt de 108 dégrés *, trois de ces angles font 324 dégrés : Donc ils valent moins que quatre droits : Ainſi avec trois pentagones on peut faire un angle ſolide, & c'eſt celui du dodécaëdre. Quatre angles du pentagone valent 432 dégrés, c'eſt-à-dire, plus de 360 : Donc avec quatre pentagones on ne peut point faire d'angle ſolide.

* N. 341.

L'angle de la circonférence de l'exagone eſt de 120 dégrés. Trois de ces angles valent donc 360 dégrés, c'eſt-à-dire, quatre droits : Donc on ne peut faire d'angle ſolide avec l'exagone. Les autres polygones d'un plus grand nombre de côtés que l'exagone, ont leurs angles de la circonférence plus grands : Donc ils ſont encore moins ſuſceptibles de faire des angles ſolides : Donc, &c.

*Maniere de conſtruire les corps réguliers avec du carton ou autrement.*

*Conſtruire le Tétraëdre.*

Planc. 10, Figure 8.

979. Soit une ligne AB, tirée à volonté ſur le carton dont on veut ſe ſervir ; on décrira ſur cette ligne le triangle équilatéral ACB. On prolongera les deux côtés de ce triangle en F & en E, & l'on fera BF=BC & AE=AC. On tirera EF, & enſuite du point D, milieu de EF, on menera DB & DA, & l'on aura le triangle équilatéral ECF partagé en quatre triangles équilatéraux égaux. On taillera ou découpera le carton ſelon la figure de ce triangle, & on pliera chacun des triangles qui ſont ſur les trois côtés de DAB, de maniere que leurs ſommets E, C & F ſe réuniſſent dans le même point. On colera du papier ſur les jonctions de ces triangles, pour

les retenir dans cette situation, & l'on aura le tétraëdre construit.

Si le carton a un peu d'épaisseur, on y fera une espéce d'incision avec un canif le long des lignes qui terminent le triangle ADB, pour avoir plus de facilité à plier le carton.

*Construction de l'Octaëdre.*

980. On fera d'abord un triangle équilatéral ACB, comme celui qui a servi à construire le tétraëdre. On le partagera en quatre triangles équilatéraux égaux. On prolongera AB en L; ensorte que BL=BE ou AE. On prolongera aussi DE en G, & l'on fera EG égale à deux fois la ligne DE. On tirera LG. On prolongera CB en H, & de ce point on tirera au point F, milieu de EG, la ligne HF, & enfin de F la ligne FB, & l'on aura les huit triangles équilatéraux qui doivent former l'octaëdre. Pour cela on les pliera sur leurs côtés de maniere que leurs angles se réunissent quatre à quatre dans le même point, & les tenant dans cette situation avec du papier collé sur les côtés par où ils se joignent, on aura l'octaëdre construit. Planc. 16; Figure 9.

*Construction de l'Icosaëdre.*

981. On construira le triangle équilatéral ACB. On prolongera sa base AB en D; ensorte que AD=5AB, c'est-à-dire, qu'on portera AB, de B en F, de F en G, de G en H, & de H en D. On menera par C une parallèle CE à AB, sur laquelle on portera AB de C en I; de I en K; de K en L; de L en M, & de M en E, c'est-à-dire, que CE contiendra cinq fois AB. Planc. 17; Figure 1.

On construira sur chaque partie de CE des triangles équilatéraux CNI, IOK, &c. On en construira de même sur chaque partie du prolongement BD de AB, & joignant ensemble ces triangles par les lignes OY, SP, TQ, VR, XE, DQ, XP, &c. on aura les vingt triangles dont la surface de l'icosaëdre est composée.

On coupera le carton selon les triangles extérieurs terminés en N, O, P, &c. & Y, S, T, &c. & on les pliera tous ensuite sur leurs côtés, de maniere qu'on réunisse leurs angles cinq à cinq dans le même point; en les fixant ainsi avec du papier collé sur les côtés de ces différens triangles, on aura l'Icosaëdre construit.

*Construire le Cube.*

982. On fera d'abord un quarré ILMK. On prolongera ses quatre côtés de part & d'autre, sçavoir IL en A & en B; ensorte que IA = IL, LB = 2 IL & KM en C & en D, de maniere que KC = IA & MD = LB. On fera aussi EI & KF égales chacune à IK; & LG & MH égales chacune à la même ligne IK ou LM. On coupera LB & MD en deux également en N & en O, & tirant ensuite les lignes AC, EG, FH, NO, & BD, on aura les six quarrés qui composent la surface du cube. On les découpera de dessus le carton sur lequel on les aura tracés, & on les pliera sur les quatre côtés du quarré LK; on pliera aussi BD sur NO, qui doit faire la surface parallèle à LK; on joindra ces différens quarrés ensemble comme il convient pour qu'ils forment le cube, de la maniere qu'on l'a expliqué dans les problêmes ou les constructions précédentes.

Planche 11, Figure 2.

*Construire*

### *Construire le Dodécaëdre.*

983. On conſtruira d'abord un pentagone quelconque régulier ABCDE, puis un autre égal & ſemblable ſur chacun des côtés de ce premier polygone.

Sur un de ces pentagones *a* on conſtruira le pentagone *b*, & ſur le côté FG de ce polygone, le pentagone *c*; puis ſur les quatre côtés reſtans de *c* quatre pentagones, & l'on aura après cela les douze qui donnent la ſurface du Dodécaëdre. Planc. 11, Figure 3.

On découpera le carton ſur lequel on ſuppoſe qu'ils ſont tracés, & on les pliera chacun ſur les côtés des deux pentagones ABCDE & *c*; après quoi on les joindra enſemble, de maniere que leurs angles ſe réuniſſent trois à trois, pour faire des angles ſolides : on les fixera ainſi en collant leurs extrémités avec du papier ou autrement, & l'on aura le dodécaëdre conſtruit.

### *Remarque.*

984. Comme les cinq corps réguliers ne ſont pas d'un grand uſage dans la Géométrie, on ne s'arrêtera pas ici à démontrer qu'ils peuvent s'inſcrire ou ſe renfermer dans une ſphere; on donnera ſeulement en faveur des Commençans qui ſeront bien aiſe de s'amuſer à leur conſtruction, ce qu'il faut faire pour les terminer, de maniere qu'ils puiſſent être inſcrits dans la même ſphere. On en trouvera la démonſtration à la fin du XII^e Livre de cet Ouvrage. Ceux qui ſont bien aiſe qu'on ne leur ſupprime rien, pourront y avoir recours; les autres pourront s'en paſſer, ce problême étant plus de curioſité que d'utilité.

## PROBLEME.

985. *Le diametre d'une ſphere étant donné ; trouver les côtés des cinq corps réguliers propres à être inſcrits dans cette ſphere.*

Planch. 11, Figure 4. Soit AB, le diametre de la ſphere propoſée. On décrira ſur cette ligne un demi-cercle ADB. On prendra AE égale aux deux tiers de AB, & on élevera au point E la perpendiculaire ED. On tirera AD ; cette ligne ſera le côté du tetraëdre propre à être inſcrit dans la ſphere, dont AB eſt le diametre ; ou, ce qui eſt la même choſe, elle ſera le côté que doivent avoir chacun des triangles du tetraëdre, pour qu'il puiſſe être inſcrit dans cette ſphere.

Si l'on tire DB dans le demi-cercle ADB, cette ligne ſera le côté du cube propre à être inſcrit dans la même ſphere.

Si du point C, milieu de AB, on éleve la perpendiculaire CF, & que par F, & par B, on tire FB, cette ligne ſera le côté de l'octaëdre.

Si l'on éleve au point A, la ligne AG perpendiculaire & égale à AB, & qu'on tire CG qui coupera en H le demi-cercle ADB, tirant par ce point, & par A la ligne AH, elle ſera le côté de l'Icoſaëdre.

Enfin, ſi l'on coupe le côté BD du cube en moyenne & extrême raiſon en I, ſa plus grande partie BI ſera le côté du dodécaëdre.

## III.

### *Des Solides semblables.*

986. PARMI les corps dont on a parlé jusqu'ici, il y a des Solides qu'on appelle *semblables*.

987. Ce sont ceux qui sont terminés par le même nombre de figures semblables, également inclinées les unes sur les autres.

988. Ainsi les prismes & les parallélipipédes semblables, sont ceux qui sont terminés de tous côtés par des parallélogrammes semblables, également inclinés sur leurs bases, lesquelles sont des polygones semblables pour les prismes, & des parallélogrammes aussi semblables pour les parallélipipédes.

989. Les pyramides semblables sont celles qui ayant des bases semblables, sont entourées de triangles semblables, également inclinés sur les côtés homologues des bases des pyramides.

990. Les cones & les cylindres semblables sont ceux dont les diametres des bases sont proportionnels à leur hauteur, & qui sont droits ou inclinés également, c'est-à-dire, dont les axes font des angles égaux sur les bases.

991. Il est évident que les spheres sont des solides semblables, de même que les polyëdres réguliers de même espéce, comme les pyramides régulieres, les Octaëdres, Dodécaëdres, &c.

# LA GÉOMÉTRIE DE L'OFFICIER.

## LIVRE XI.

### I.

### *De la mesure des surfaces des Corps.*

*Remarque.*

992. En parlant de la surface des Corps, on ne considérera point celle de leur base, à moins qu'on ne l'explique : Ainsi par la surface d'une pyramide, on entendra seulement la surface des triangles dont elle est entourée, sans y comprendre celle du polygone de sa base. Il en sera de même de la surface du prisme, du cylindre, & des autres solides.

## THÉOREME I.

993. *La surface d'une pyramide droite est égale à un triangle qui a pour base la circonférence de celle de la pyramide, & pour hauteur la perpendiculaire abbaissée du sommet sur un des côtés de la base.*

Soit la pyramide droite ABES, qui a pour base le quarré ABEF, dont C est le centre, & SC la hauteur; il faut démontrer que sa superficie est égale au triangle GHI qui a pour base la circonférence du quarré AE, & pour hauteur SD, abbaissée du sommet S sur le côté BE de la base de la pyramide. Planc. 12. Figure 1.

*DÉMONSTRATION.*

Tirez les rayons obliques CE, CB de la base, & considérez que les triangles SCB, SCE sont égaux; car CB=CE, CS est commun, & les angles SCB, SCE sont droits: Donc SB=SE*: Comme on peut démontrer de même l'égalité de tous les autres côtés des triangles qui entourent la pyramide, il s'ensuit que tous ces triangles auront leurs trois côtés égaux, chacun à chacun, puisque leurs bases qui sont les côtés d'un polygone régulier, sont aussi égales entr'elles, & qu'ainsi ils sont tous égaux*.

* N. 243.

* N. 241.

Cela posé, la surface de la pyramide vaut donc quatre fois celle du triangle BSE: Mais le triangle HGI qui est supposé avoir même hauteur que BSE & une base HI quadruple, vaut quatre fois la superficie de ce triangle*: Donc il est égal à la superficie de la pyramide proposée. c. q. f. d.

* N. 71c.

Il est évident que cette même démonstration

peut s'appliquer à toute autre pyramide droite, dont la base sera un polygone régulier d'un plus grand nombre de côtés.

### *COROLLAIRE.*

994. Il suit de cette proposition que, pour avoir la superficie d'une pyramide droite, il faut multiplier la circonférence de sa base par la moitié de la perpendiculaire abbaissée de son sommet sur un des côtés de la base.

Planch. 12, Figure 2. 995. La pyramide oblique n'étant pas entourée de triangles égaux, comme la droite, il faut pour en avoir la superficie, trouver celle de chacun des triangles ASB, BSC & ASC dont elle est entourée. La somme de leur superficie donnera celle de la pyramide. Ce qui est évident.

## THÉOREME II.

Figure 3. 996. *La superficie d'un cone droit ABS est égale à un triangle qui a pour base la circonférence de celle du cone, & pour hauteur son coté SA.*

### *DÉMONSTRATION.*

Le cone droit peut être considéré comme une pyramide droite d'une infinité de côtés : Or, par la proposition précédente, cette pyramide est égale à un triangle qui a pour base la circonférence de la base de la pyramide, & pour hauteur la perpendiculaire abbaissée du sommet S sur un des côtés de la base; cette perpendiculaire dans le cone droit est son côté SA, qui est la ligne la plus courte qu'on puisse tirer du sommet S à la circonférence de la base: Donc, &c.

*Autre Démonstration.*

Le sommet S du cone droit ASB étant également éloigné de tous les points de la circonférence de sa base*, si l'on suppose que la superficie de ce cone puisse s'enlever ou se développer de maniere qu'on en forme une superficie plane, cette superficie SACB sera terminée par les deux côtés égaux AS & SB, & par la ligne courbe ACB, dont tous les points sont également distans de S: Donc cette ligne courbe est une partie de circonférence dont AS ou SB sont les rayons: Donc SACB est un secteur*; mais la superficie d'un secteur est égale à celle d'un triangle SAB, qui a pour base l'arc du secteur, & pour hauteur son rayon*: Donc le cone, &c.

Planc. 12, Figures 3, 4 & 5.

* N. 935.

* N. 451.

* N. 452.

*Remarque.*

997. Le sommet S du cone oblique SBD n'étant pas également éloigné de tous les points de la circonférence de sa base, on ne peut le concevoir entouré de petits triangles égaux; c'est pourquoi on n'en peut avoir la superficie, comme celle du cone droit; on la trouve seulement par approximation, & par des méthodes qui ne dépendent point des élémens de la Géométrie.

Planc. 13, Figure 1.

THÉOREME III.

998. *La surface d'un cone tronqué droit, est égale à celle d'un trapeze qui a pour côtés parallèles les circonférences des deux bases du cone, & pour hauteur la partie de son côté, comprise entre ces bases.*

## DÉMONSTRATION.

Planc. 13, Figures 2, 3 & 4. Soit le cone tronqué droit ABCD, dont la partie supérieure est supposée avoir été retranchée par un plan parallèle à la base AB.

Si l'on imagine que les côtés du cone soient prolongés, jusqu'à ce qu'ils se rencontrent en S, on aura le cone entier SAB, dont le développement donnera le secteur $Sab$; & celui du petit
*N. 996. cone SDC, le petit secteur $Sdc$*.

Soit EF = le côté SA du cone, ou le rayon $sa$ du secteur $sab$, & FG = à la circonférence de sa base, ou à l'arc $ab$ du secteur; l'on aura le triangle EFG égal à la superficie du cone entier SAB, ou à celle du secteur $Sab$ qui lui est
N. 996. égal *.

Soit pris EH = SD ou $sd$, & par H soit mené HL parallèle à la base FG; il faut démontrer qu'elle sera égale à la circonférence de la base du cone retranché SDC; ou ce qui est la même chose, à l'arc $dc$ du petit secteur $Sdc$.

Considérez qu'à cause des parallèles HL & FG, les triangles EFG, EHL sont semblables, & qu'ils donnent EF . EH :: FG : HL.

Considérez aussi que les secteurs $sab$, $sdc$ sont
*N. 837. également semblables *, & qu'ils donnent $sa$. $sd$ :: $ab$ . $dc$. Or $sa$ & $sd$ sont égales à EF & EH : Donc, puisque deux rapports égaux à un
*N. 616. même rapport sont égaux entr'eux *, FG . HL :: $ab$ . $dc$; mais FG = $ab$ par la supposition : Donc
*N. 686. HL = $dc$ *: Donc le petit triangle EHL est égal à la superficie du cone retranché SDC : Mais tout le triangle EFG est égal à la superficie du cone entier : Donc, si on retranche le triangle EHL, qui est égal à la partie tronquée

du cone, il restera le trapeze HFGL égal à la superficie du cone tronqué AC : Or ce trapeze a pour côtés parallèles, les circonférences des deux bases du cone; & pour hauteur, la partie de son côté, comprise entre ses deux bases: Donc, &c. c. q. f. d.

*Premier Corollaire.*

999. Il suit de cette proposition que, pour avoir la superficie du cone tronqué droit, il faut multiplier la moitié de la somme de la circonférence de ses deux bases par la partie du côté qui est entr'elles.

Car, pour avoir la superficie du trapeze égal au cone tronqué, il faut multiplier la moitié de ses deux côtés parallèles par la perpendiculaire tirée entre ces côtés * ; Or ses deux côtés sont les circonférences des deux bases du cone tronqué, & cette perpendiculaire est la partie du côté du cone, comprise entre ses deux bases : Donc, &c. * N. 415.

Si l'on suppose que le diametre DC de la base supérieure soit de 14 toises, & celui de l'inférieure AB de 21 toises, on trouvera la circonférence de DC par cette Régle de Trois *. 7 . 22 :: 14 . $x = 44$. Et celle dont AB est le diametre par cette autre Régle de Trois 7 . 22 :: 21 . $x = 66$. * N. 448.

On ajoutera ensemble 44 & 66, dont la somme sera 110 toises; On en prendra la moitié 55, qu'on multipliera par le côté AD du cone tronqué AC, le produit donnera la superficie de ce cone: Ainsi, si on suppose AD de trente toises, on aura 1650 toises pour la superficie de ce cone droit tronqué AC.

### DEUXIÉME COROLLAIRE.

1000. La surface du cone droit tronqué est aussi égale au produit d'une ligne moyenne arithméthique entre les deux circonférences de ses bases & de son côté.

Car on vient de voir que cette surface est égale à celui de la moitié des circonférences de ses bases par son côté: Or la moitié de la somme de deux grandeurs différentes est moyenne arith-
* N. 734. métique entre ces grandeurs *: Donc, &c.

## THÉOREME IV.

Planc. 13, Fig. 2, 3 & 4. 1001. *Si par le point M, milieu du côté AD du cone tronqué droit AC, on mene un plan MN qui le coupe parallélement à sa base, la section de ce plan avec la surface du cone sera moyenne arithmétique entre les circonférences de ses deux bases.*

### DÉMONSTRATION.

Soit la partie *ac* du secteur *asb* égale à la superficie du cone tronqué AC, & soit l'arc *mn* décrit du centre *s* par le point *m*, milieu de la ligne *da*; qui est égale à DA; cet arc sera évidemment égal à la circonférence de la section MN.

Soit aussi le trapeze HG égal à la partie *ac* du secteur *sab*, ou à la surface du cone tronqué AC dans lequel soit mené par le point O, milieu de HF la ligne OR parallèle à FG, on démontrera aisément que OR est égale à l'arc *mn* du secteur, & par conséquent à la section du plan MN, de la même maniere qu'on a démontré dans la proposition précédente que HL étoit égale à l'arc *dc* du petit secteur *sdc* : Ainsi, il ne s'agit plus que de faire voir que OR est moyenne arithmétique entre HL & FG.

Menez par R la ligne PQ parallèle à HF, terminée en P par le prolongement de HL, elle sera coupée en deux également en R ; à cause de la parallèle OR qui coupe HF de cette maniere * : Ainsi PR = RQ. Les triangles LPR, QRG sont égaux ; car ils ont pour bases les lignes égales PR & RQ ; les angles PRL & QRG égaux, étant opposés au sommet *, & les angles RPL, & RQG aussi égaux, parce qu'ils sont alternes * : Donc ces deux triangles sont égaux * : Donc les côtés LP & QG opposés aux angles égaux dans ces triangles, sont égaux.

* N. 162.
* N. 100.
* N. 157.
* N. 244.

Ainsi HL est plus petit que HP, qui est égale à OR, & à FQ, de la quantité LP = QG : Donc HL différe de OR de la même quantité que OR differe de FG : Donc HL . OR : : OR . FG : Donc OR est moyenne arithmétique entre les deux côtés HL & FG du trapeze HFGL * : Mais OR est égale à la circonférence ou à la section MN ; HL & FG, aux circonférences DC & AB : Donc la section MN est moyenne arithmétique entre les deux circonférences de la base du cone tronqué droit AC. c. q. f. d.

* N. 719.

*COROLLAIRE.*

1002. Il suit de cette proposition, que la surface du cone tronqué droit étant égale au produit d'une ligne moyenne entre les deux circonférences de ses bases par son côté *, est aussi égale au produit de la circonférence parallèle à ses bases, laquelle coupe son côté en deux également, par ce même côté ; puisque cette circonférence est

* N. 1000.

moyenne arithmétique entre celles des bases du cone tronqué droit.

*REMARQUE.*

1003. Tout ce que l'on vient de dire sur la surface du cone tronqué droit, servira de principe pour trouver la superficie de la sphere; c'est pourquoi il faut s'attacher à le concevoir nettement, pour entendre ce qu'on expliquera sur la maniere de trouver cette superficie.

## THÉOREME V.

1004. *La surface de tout prisme droit est égale à un rectangle qui a pour base la circonférence de celle du prisme, & pour hauteur celle du même solide.*

Planch. 11, Fig. 5 & 6. Soit le prisme droit X dont la base est, par exemple, un exagone régulier; il faut démontrer que sa superficie est égale au rectangle AC, qui a pour base la ligne AB égale à la circonférence de la base de X; & pour hauteur, celle du même solide.

*DÉMONSTRATION.*

Considérez que tous les rectangles qui entourent un prisme droit, ont la même hauteur *, & qu'il y en a autant que la base a de côtés; qu'ainsi, si on les arrange immédiatement à côté les uns des autres sur la même ligne droite, comme en AC, ils formeront un seul rectangle AC qui aura pour base la somme de toutes leurs bases; ou, ce qui est la même chose, la circonférence de la base du prisme, & pour hauteur la hauteur commune de ces rectangles, qui est celle du

* N. 956.

prisme : Or la somme de tous ces rectangles donne la superficie du prisme : Donc AC, qui est égal à cette somme, l'est aussi à la superficie du prisme : Donc, &c.

*Corollaire.*

1005. Il suit de cette proposition, que pour avoir la superficie d'un prisme droit, il faut multiplier la circonférence de sa base par sa hauteur.

1006. Lorsque le prisme est oblique, comme Y, il faut, pour en avoir la superficie, trouver celle de chacun des parallélogrammes dont il est entouré; la somme des superficies de ces figures donne celle du prisme. Ce qui est évident. Planc. 13, Figure 7.

## THÉOREME VI.

1007. *La surface du cube droit & celle du parallélipipéde aussi droit, est égale à un rectangle qui a pour base la circonférence de la base de ces solides, & qui a la même hauteur.*

Ces solides sont des espéces de prismes; c'est pourquoi cette proposition se démontrera de la même maniere que la précédente.

1008. Lorsque les cubes & les parallélipipédes seront obliques, on aura leur superficie, en ajoutant ensemble celle de tous les parallélogrammes dont ils sont entourés. Ce qui est évident.

## THÉOREME VII.

1009. *La surface d'un cylindre droit est égale à un rectangle, qui a pour base la circonférence de la base du cylindre, & pour hauteur, celle de ce solide.*

*DÉMONSTRATION.*

Le cylindre droit peut être considéré comme
*N. 949. un prisme droit d'une infinité de côtés* : Or la superficie de ce prisme seroit égale à un rectangle qui auroit pour base la circonférence de
*N. 1004. sa base, & qui auroit aussi la même hauteur* : Donc la superficie du cylindre droit est aussi égal à un pareil rectangle : Donc, &c.

Planc. 15, Figure 8. Autrement, supposez qu'on puisse enlever la surface du cylindre X, & en former une superficie plane ABCD. Comme cette superficie a par-tout la même hauteur, & que les deux lignes DC & AB qui la terminent en haut & en bas, sont des lignes égales & parallèles, les deux autres lignes DA & CB sont aussi égales & paral-
*N. 163. lèles* ; mais elles sont perpendiculaires sur AB ou DC, parce que tous les côtés du cylindre sont perpendiculaires sur la circonférence de sa base ; ce solide étant supposé droit : Donc AC est un rectangle égal à la superficie du cylindre X : Donc, &c.

*COROLLAIRE.*

1010. Il suit de-là que, pour avoir la superficie d'un cylindre droit X, il faut multiplier la circonférence de sa base par sa hauteur.

Si le diametre AB de sa base est de 15 toises, on trouvera sa circonférence par cette Régle de proportion $7 . 22 :: 15 . x = \frac{22 \times 15}{7} = 47 \frac{1}{7}$.

Si la hauteur AD ou BC est de 25 toises, on multipliera $47\frac{1}{7}$ par 25, & le produit $1178\frac{4}{7}$ sera la superficie de ce cylindre.

$$\begin{array}{r} 47\frac{1}{7} \\ 25 \\ \hline 235 \\ 94\phantom{.} \\ 3\frac{4}{7} \\ \hline 1178\frac{4}{7} \end{array}$$

*Remarque.*

1011. Lorsque le cylindre est oblique, il est évident que tous les petits parallélogrammes dont on conçoit que sa superficie est formée, ont alors des hauteurs inégales, & qu'ainsi ils ne sont pas égaux à un seul parallélogramme qui auroit pour base la somme de leurs bases, & pour hauteur celle du cylindre. Dans ce cas, on ne peut trouver sa superficie par la Géométrie élémentaire. *Ce n'est*, comme le dit un célébre Géométre (*a*), *que par des méthodes très-compliquées & très-difficiles, qu'on est parvenu à connoître seulement la valeur approchée de cette surface, & les Problêmes de ce genre ne sont pas du ressort des Elémens.*

Lemme *ou* préparation pour la Démonstration de la proposition suivante.

1012. Soit un demi-cercle ADB, dont le diametre est AB, & une ligne droite EG infiniment petite; ou, ce qui est la même chose, un arc qui à cause de son infinie petitesse peut être pris pour une tangente, lequel touche le cercle dans son point-milieu F. Soit aussi prolongé cette tan- Planc. 14. Figure 1.

(*a*) M. Clairaut, Elémens de Géométrie.

gente & le diametre AB, jusqu'à ce qu'il se rencontre en P.

Soit tirée FK perpendiculaire à AB, de même que GM & EI : Soit élevé au point C le rayon CD aussi perpendiculaire à AB, & soit mené DL parallèle à AB, & terminée en L par le prolongement de GM : soit aussi prolongé EI jusqu'en N, & enfin abbaissée GH perpendiculaire à NI.

Cette préparation étant faite, si l'on suppose que le demi-cercle ADB fasse une circonvolution autour du diametre AB, il décrira une sphere X, dont l'axe sera ce même diametre AB. La petite tangente EG décrira la surface d'un cone tronqué droit, dont les lignes GM & EI qui sont parallèles, sont les rayons de ses bases, & FK celui de la circonférence moyenne entre ces mêmes bases. Ce cone tronqué sera partie du cone droit que décrira EP. DL décrira un cylindre, dont la base sera égale au grand cercle de la sphere, cette base ayant pour rayon CD, qui est celui de la sphere X. NL décrira aussi un cylindre qui sera une partie du précédent, lequel cylindre aura même base, parce que NI = DC, & qui aura pour hauteur LN ou GH, c'est-à-dire, la même hauteur que le cone tronqué décrit par EG, ainsi qu'on le voit dans la seconde figure de la *planche* 14. Cela posé, il faut démontrer que :

## THÉOREME VIII.

Planche 14. Figure 1.

1013. *La superficie du cylindre droit décrit par LN, est égale à celle du cone tronqué aussi droit décrit par EG.*

*DÉMONSTRATION.*

DÉMONSTRATION.

Tirez FG, & prolongez FK en O: considérez ensuite que les triangles FKC, EHG sont semblables; car ils ont chacun un angle droit FKC, EHG; & l'angle FCK du premier égal à GEI du second, parce que FCK a pour mesure l'arc FA*, & que GEI, qui est égal à GFK, à cause des parallèles FK & EI*, a pour mesure le même arc FA; GFK étant formé de la tangente FG ou FP, & de la corde FK ou FO: Donc il a pour mesure la moitié de l'arc FAO que soutient cette corde*, c'est-à-dire FA: Donc les deux triangles FKC, EHG ont deux angles égaux, chacun à chacun: Donc ils sont semblables*: Donc FC hypoténuse du premier, est à EG hypoténuse du second, comme FK opposée à l'angle FCK du premier, est à GH opposé à l'angle GEH du second; c'est-à-dire, que FC.GE::FK.GH: D'où l'on a en permutant ou alternant* FC.FK::GE.GH.

*N. 833 *N. 1538 *N. 196. *N. 774. *N. 676, & 681.

Si l'on nomme $c$ la circonférence qui a FG ou DC pour rayon, & $d$ celle qui a FK, l'on pourra, dans la proportion ci-dessus, mettre les circonférences décrites par ces rayons à la place des rayons, parce que ces circonférences ont entr'elles le même rapport*; l'on aura alors, $c.d$::GE.GH; & comme dans toute proportion le produit des termes extrêmes est égal à celui des moyens*, cette proportion donnera $c\times GH = d\times GE$, c'est-à-dire, que le produit de la circonférence du cercle qui a FC ou DC, ou son égale NI pour rayon, par GH, ou son égale LN,

*N. 84[illegible] *N. 660.

est égal à celui de la circonférence qui a FK pour rayon par le côté EG du cone tronqué décrit par EG : Or le premier produit donne la sur-
*N. 1009. face du cylindre décrit par LN*, & le second,
*N. 1002. celle du cone tronqué par EG* : Donc la surface de ce cone tronqué est égale à celle du cylindre qui a pour base le grand cercle de la sphere X, & pour hauteur celle du même cone tronqué. C. q. f. d.

## THÉOREME IX.

1014. *La surface de la sphere est égale à celle d'un cylindre qui a pour base un grand cercle de la sphere, & pour hauteur son diametre.*

### DÉMONSTRATION.

Planche 14, Figure 3. Si l'on considere le demi cercle ADB qui a décrit la sphere X par sa révolution autour de AB, comme un polygone d'une infinité de côtés s; tous ces petits côtés décriront, par le mouvement de ce demi cercle, une infinité de petits cones tronqués droits, dont la superficie de chacun sera égale à celle du petit cylindre correspondant de même hauteur, qui aura pour base le grand cercle de la sphere. Supposant la hauteur de ces petits cones tronqués infiniment petite, ils se confondront avec la superficie de la sphere X, & formeront chacun une tranche infiniment mince de cette sphere.

Si on suppose aussi le rectangle AF qui a pour base FB = DC, rayon de la sphere X, & pour hauteur FE = AB, & que ce rectangle se meuve sur l'axe AB en même temps que le demi cercle

ADB, EF décrira un cylindre qui aura pour base un grand cercle de la sphere, & pour hauteur son diametre AB. Si l'on conçoit à présent que toutes les petites tranches de la sphere X, ou toutes les bases des petits cones tronqués dont elle est composée, soient prolongées jusqu'en EF, le cylindre décrit par AF sera partagé en autant de tranches infiniment minces *de*, *de*, &c. que la sphere décrite par ADB : Mais par la proposition précédente, la surface de chaque tranche *s* de la sphere, est égale à celle du petit cylindre correspondant *ddee* : Donc la somme de la surface de toutes ces tranches sera égale à celle de la surface de tous les petits cylindres de même base & même hauteur décrits par FA : Or la somme de la superficie de tous ces petits cylindres donne la surface entiere du cylindre décrit par FA : Donc la surface de la sphere est égale à celle de ce cylindre : Mais il a pour base le grand cercle de la sphere, & pour hauteur son diametre : Donc, &c.

*PREMIER COROLLAIRE.*

1015. Il suit de cette proposition *que, pour avoir la superficie d'une sphere, il faut multiplier la circonférence d'un grand cercle par son diametre.*

Car, pour avoir celle du cylindre dont la surface est égale à celle de la sphere, il faut multiplier la circonférence du cercle de sa base par sa hauteur * : Or le cercle de la base de ce cylindre est un grand cercle de la sphere, & sa hauteur en est le diametre : Donc, &c. * N. 1005.

Si on suppose le diametre AB de 40 toises, on aura 125 toises $\frac{5}{7}$ pour sa circonférence ; &

si l'on multiplie cette circonférence par le diametre 40, le produit 5028 toises quarrées & $\frac{4}{7}$ de toises sera la superficie de la sphere qui a 40 toises de diametre.

$$7 . 22 :: 40 . x = \frac{22 \times 40}{7} = 125\frac{5}{7}.$$

| | | | |
|---|---|---|---|
| 22 | | | 125 $\frac{5}{7}$ |
| 40 | | | 40 |
| 880 | 125 $\frac{5}{7}$ | | 5000 |
| 7 | | *Pour* $\frac{1}{7}$ *de* 40 . . . | 5 $\frac{5}{7}$ |
| 18 | | *Pour* $\frac{4}{7}$ . . . . . | 22 $\frac{6}{7}$ |
| 7 | | | 5028 toif. $\frac{4}{7}$ |
| 40 | | | |
| 7 | | | |
| *Reste* 5 | | | |

## *DEUXIÉME COROLLAIRE.*

1016. *Que la surface de la sphere est quadruple de celle du grand cercle.*

Car la surface de la sphere est égale au produit de la circonférence du grand cercle par son diametre, & celle du grand cercle est égale au produit de la même circonférence par la moitié
* N. 440. du rayon ou le quart du diametre *: Or, les produits qui ont des produisans égaux, & d'autres inégaux,
* N. 854. sont entr'eux comme les inégaux *: Donc la superficie de la sphere est à celle du grand cercle, comme le diametre est au quart du même diametre: Donc elle est quadruple de celle du grand cercle. C. q. f. d.

### REMARQUE.

1017. Si l'on renferme une ſphere dans un cylindre qui ait pour baſe le grand cercle de la ſphere, & pour hauteur ſon diametre, il eſt évident qu'elle touchera toute la ſurface de ce cylindre au milieu de ſa hauteur, & de plus le centre de chacune de ſes baſes : On dit qu'une ſphere ainſi renfermée dans un cylindre lui eſt *inſcrite*, & que celui-ci eſt *circonſcrit* à la ſphere.

### THÉOREME X.

1018. *La ſurface d'une zone eſt égale à celle d'un cylindre qui a pour baſe un grand cercle de la ſphere, & pour hauteur celle de la zone ou la perpendiculaire tirée entre les deux cercles parallèles qui lui ſervent de baſes.*

Soit la ſphere X, dont le diametre eſt AB, coupée par les deux plans parallèles CD, & EF, la ſuperficie de la ſphere compriſe entre ces deux plans ; ou, ce qui eſt la même choſe, celle de la zone CEFD eſt égale à la ſuperficie du cylindre CH qui a pour baſe un grand cercle de la ſphere X, & pour hauteur GC ou MN, c'eſt-à-dire, la perpendiculaire tirée entre les plans parallèles CD & EF. Planche 14. Figure 4.

### DÉMONSTRATION.

Soit la ſphere X inſcrite dans le cylindre droit KP, dont le diametre KL de la baſe eſt égal au diametre AB de la ſphere X, & qui a pour hauteur OK=AB ou KL.

La ſuperficie de la ſphere X eſt égale à celle

de ce cylindre ; on l'a démontré en faisant voir que chaque petite portion de la sphere comprise entre deux plans parallèles infiniment proches étoit égale à la superficie de chaque petit cylindre de même hauteur, qui a pour base un grand cercle de la sphere *; d'où il suit que la superficie de tous les petits cones tronqués dont la superficie de la zone CEFD est composée, est égale à celle de tous les petits cylindres correspondans qui ont des bases égales au grand cercle de la sphere, ou à celle du cylindre total KP, & pour hauteur, la hauteur infiniment petite de ces petits cones : Mais la superficie de tous ces cones tronqués est la même que celle de la zone CEFD, qui est aussi égale à la superficie de tous les cylindres correspondans, c'est-à-dire, à celle du cylindre CH, qui a pour base un cercle de même diametre que la sphere, & pour hauteur celle de la zone : Donc la superficie d'une zone est égale à celle du cylindre qui a pour base un cercle de même diametre que la sphere, & pour hauteur celle de la zone. C. q. f. d.

* N. 1014.

## *Premier Corollaire.*

Il suit de cette proposition,

1019. *Que la surface d'un segment ou d'une calote sphérique EFA, est égale à celle d'un cylindre droit qui a pour base un cercle de même diametre que la sphere, & pour hauteur celle de la calote.*

Planc. 14, Figure 4. Car, puisque la superficie de la sphere est égale à celle du cylindre dans lequel elle est inscrite, & que celle de chaque zone est égale à la superficie de la partie de ce cylindre comprise entre les deux cercles ou plans parallèles qui forment la zone, il s'ensuit que l'on a pour la superficie du reste de la sphere, c'est-à-dire, pour la calote EAF, la superficie du cylindre GP compris entre la base EF de la calote prolongée en G & en H, & la base supérieure OP du cylindre total KP, c'est-à-dire, que cette superficie est égale à celle d'un cylindre qui a pour base un cercle de même diametre que la sphere, & pour hauteur, la hauteur AM de la calote.

*Deuxième Corollaire.*

1020. *Que la superficie des différentes sections de la sphere comprises entre des cercles parallèles, sont entr'elles comme les hauteurs de ces sections.*

Car la superficie de chacune de ces sections est égale à celle du cylindre qui a pour base un cercle de même diametre que celui de la sphere, & pour hauteur celle de la section ; ou, ce qui est la même chose, à un rectangle qui a pour base la circonférence d'un grand cercle de la sphere, & pour hauteur celle de la section *. Tous les différens rectangles égaux aux sections paralléles de la sphere auront donc des bases égales : Donc ils seront entr'eux comme leurs hauteurs *; c'est-à-dire, comme celles des sections de la sphere. C. q. f. d.

* N. 1018.

* N. 777.

*Troisiéme Corollaire.*

Il suit encore de la même proposition,

1021. *Que pour couper une sphere par différens plans de maniere que la surperficie de ses sections soit en raison donnée.*

Il faut faire un cylindre dont le cercle de la base ait même diametre que celui de la sphere, & qui ait pour hauteur ce diametre; mettre ensuite la sphere dans ce cylindre, dans lequel elle se trouvera inscrite; couper après cela la hauteur du même cylindre dans la raison donnée, & faire passer des plans parallèles à sa base qui coupent la sphere; les surfaces des sections comprises entre ces plans seront alors dans la raison donnée.

## THÉOREME XI.

1022. *La surface d'une sphere est égale à celle d'un cercle qui a pour rayon le diametre de la sphere.*

### DÉMONSTRATION.

* N. 860. Les cercles sont entr'eux comme les quarrés de leurs rayons ou de leurs diametres *: le cercle qui a pour rayon le diametre de la sphere, a un rayon double de celui du grand cercle de cette sphere, & par conséquent sa superficie quadruple; car ces superficies sont entr'elles comme le quarré de 2, qui est 4, est au quarré de 1 qui est 1: Or la superficie de la sphere est aussi quadruple de celle du grand
* N. 1016 cercle *: Donc, &c.

## THÉOREME XII.

1023. *Le quarré du diametre de la sphere est à sa superficie, comme le même diametre est à la circonférence du grand cercle.*

### DÉMONSTRATION.

Le quarré du diametre de la sphere peut être regardé comme un rectangle qui a pour base &

pour hauteur le diametre de la ſphere ; & la ſuperficie de cette ſphere comme un rectangle qui a pour baſe la circonférence du grand cercle de la ſphere, & pour hauteur ſon diametre *. Ces deux rectangles ayant pour hauteur le même diametre, ſont entr'eux comme leurs baſes * , c'eſt-à-dire, comme le diametre de la ſphere eſt à la circonférence du grand cercle. C. q. f. d. * N. 1009. * N. 777.

*Corollaire.*

1024. Il ſuit de-là que, puiſque le diametre eſt à ſa circonférence à peu près comme 7 eſt à 22, ou comme 113 eſt à 355, le quarré du diametre de la ſphere eſt, en nombres, à la ſuperficie de la même ſphere, comme 7 eſt à 22, ou comme 113 eſt à 355.

## THÉOREME XIII.

1025. *La ſurface de la ſphere eſt à celle d'un cone droit qui a pour baſe un grand cercle de la ſphere, & pour hauteur ſon diametre, comme ce diametre eſt à la moitié du côté du cone.*

*Démonstration.*

La ſurface de la ſphere eſt égale au produit de la circonférence du grand cercle par ſon diametre *, & celle du cone eſt égale au produit de la circonférence de ſa baſe, qui par la ſuppoſition eſt la même que celle du grand cercle de la ſphere, par la moitié de ſon côté *. Ces deux produits ont donc pour produiſans égaux la circonférence du grand cercle de la ſphere, & pour inégaux, le diametre & la moitié du côté du cone : Donc ils ſont entr'eux comme ce diametre eſt à la moitié du côté de ce cone * : Donc, &c. * N. 1015. * N. 996. * N. 854.

## THÉOREME XIV.

1026. *La surface entiere du cylindre, c'est-à-dire, en comprenant celle de ses deux bases, est à la superficie de la sphere inscrite, comme 3 est à 2.*

Planc. 14, Figure 5. Soit la sphere X inscrite dans le cylindre ABCD, il faut démontrer que la surface de ce cylindre, en comprenant celle de ses deux bases AB & DC, est à celle de X, comme 3 est à 2, c'est-à-dire, qu'elle contient celle de la sphere une fois & demie.

*DÉMONSTRATION.*

La surface de la sphere X est égale à celle du
* N. 1014. cylindre AC, non compris ses deux bases * ; chacune de ses bases est égale au grand cercle de la sphere X, qui est le quart de la superficie de cette sphere, puisqu'on a démontré qu'elle en
* N. 1016. étoit quadruple * : Donc les deux bases du cylindre AC, valent ensemble la moitié de la superficie de la sphere X, mais le reste de la surface du cylindre, c'est-à-dire, celle dont il est entouré, est égale à la superficie de la sphere : Donc, en lui ajoutant celle de ses deux bases, il contient une fois & demie la surface de la sphere inscrite X : Mais 3 contient aussi une fois 2, & la moitié de 2 : Donc la superficie du cylindre entier AC est celle de la sphere inscrite X, comme 3 est à 2. C. q. f. d.

*REMARQUE.*

1027. La raison de 3 à 2, ou celle dans laquelle l'antécédent contient une fois & demie son conséquent, est appellé *sesquialtere* : Ainsi la surface entiere du cylindre est en raison sesquialtere à celle de la sphere inscrite.

## V.

### *Du Rapport des surfaces des Solides semblables.*

1028. LES Solides semblables sont entourés de figures semblables qui ont leurs produisans proportionnels *, & elles sont entr'elles comme les quarrés de ces produisans *, des côtés homologues, ou des lignes semblablement tirées : Donc les superficies des solides semblables sont aussi entr'elles comme les quarrés de leurs produisans, de leurs lignes semblablement tirées, &c.

* N. 852. * N. 827.

1029. Les surfaces des cylindres sont égales à des rectangles qui ont pour base la circonférence du cercle de leur base, & pour hauteur celle du cylindre ; mais lorsqu'ils sont semblables, ces hauteurs sont proportionnelles à ces circonférences : Donc leurs superficies sont entr'elles comme les quarrés des hauteurs, ou comme ceux des diametres des bases. Il en est de même des pyramides & des cones semblables.

1030. Les superficies des spheres sont égales à des rectangles qui ont pour base la circonférence de leur grand cercle, & pour hauteur leur diametre * : Mais ces circonférences & ces diametres sont proportionnels * : Donc ces rectangles sont semblables : Donc leurs surperficies, & par conséquent celles des spheres, ausquelles ils sont égaux, sont entr'elles comme les quarrés des hauteurs de

* N. 1015. * N. 847.

ces rectangles, c'est-à-dire, comme ceux des diametres des spheres, &c.

Par conséquent la surface d'une sphere qui a un pied de diametre, est à celle d'une autre sphere qui en a trois, comme le quarré de 1 qui est 1, est au quarré de 3 qui est 9, c'est-à-dire, que la surface de celle d'un pied de diametre ne sera que la neuviéme partie de la surface de la sphere qui en aura trois.

## REMARQUE.

1031. On n'a point parlé jusqu'ici de la surface des cinq Corps réguliers ; mais, comme ces corps sont composés de surfaces régulieres égales, il est clair qu'il ne faut, pour avoir leur superficie, que trouver celle d'une de leurs surfaces, & la multiplier ensuite par le nombre de celles qui terminent le corps.

# LA GÉOMÉTRIE DE L'OFFICIER.

## LIVRE XII.

### I.

### *De la Stéréométrie, ou mesure des Corps.*

1032. LA Stéréométrie est la partie de la Géométrie qui traite de la solidité des corps ou de l'espace renfermé par leur superficie.

1033. Les Solides se mesurent avec d'autres solides plus petits, de même que les superficies se mesurent avec d'autres superficies aussi plus petites : Or de la même maniereque la toise quarrée a été prise pour mesurer les superficies, la toise cube le sera pour toiser ou mesurer les solides.

1034. La *toise cube* est un cube terminé par

ſix toiſes quarrées ; le *pied cube* eſt un cube terminé par ſix pieds quarrés ; le *pouce cube* eſt de même un cube terminé par ſix pouces quarrés, &c.

Avant que d'entrer dans le détail de la meſure des Corps, on établira quelques propoſitions qui en rendront le calcul plus aiſé & plus général.

1035. On appellera *Elémens* des ſolides, des tranches d'une hauteur infiniment petite, formées par des coupes du ſolide, parallèles à ſa baſe.

1036. Il ſuit de cette définition, que les ſolides qui ſont également larges dans toute leur hauteur, comme les parallélipipédes, les priſmes & les cylindres ont tous leurs élémens égaux.

Car toutes leurs ſections parallèles à la baſe donnent des figures égales & ſemblables à leurs

* N. 953. baſes *: Or ces ſections peuvent être conſidérées comme des tranches d'une hauteur infiniment petite, c'eſt-à-dire, comme des élémens du ſolide : Donc, puiſqu'elles ſont toutes égales, les élemens de ces ſolides ſont tous égaux.

1037. Le nombre des élémens des ſolides s'exprime par la perpendiculaire abbaiſſée de la baſe ſupérieure ſur l'inférieure, c'eſt-à-dire, par la hauteur du ſolide.

Car ſuppoſant cette hauteur partagée en parties infiniment petites, on ne peut concevoir de tranches ou de ſections dans le ſolide, qu'autant que cette hauteur contient de ces parties infiniment petites : Donc elle donne le nombre ou la ſomme des élémens du ſolide ;

Il ſuit de-là,

1038. 1°. Que les ſolides qui ont leurs élémens égaux, chacun à chacun, & en pareil nombre, ſont égaux.

1039. 2°. Que les ſolides de même eſpéce, comme les parallélipipédes, les priſmes & les cylindres qui ont des baſes égales & qui ſont renfermés entre les mêmes plans parallèles, ou qui ont même hauteur, ſont égaux.

Car ces ſolides ont tous leurs élémens égaux à leur baſe *; ainſi ayant leurs baſes égales, tous leurs élémens ſont égaux : il y en a également dans les uns & dans les autres, puiſque leur hauteur eſt la même : Donc ils ſont égaux entr'eux. * N. 951.

1040. 3°. Que les ſolides compoſés d'élémens égaux, ſont égaux, ſoit qu'ils ſoient droits ou obliques, pourvû qu'ils ayent des hauteurs égales. Ce qui eſt évident, car ils ont alors le même nombre d'élémens égaux.

Ainſi un parallélipipéde, par exemple, qui aura la ſuperficie de ſa baſe égale à celle d'un cylindre, & qui aura même hauteur que le cylindre, lui ſera égal. Il en ſera de même de tous les autres ſolides également larges dans toute leur élévation, qui auront des baſes & des hauteurs égales.

1041. 4°. Que pour avoir la ſolidité d'un parallélipipéde, d'un priſme ou d'un cylindre, droit ou oblique, il faut multiplier la baſe du ſolide par ſa hauteur; ou, ce qui eſt la même choſe, multiplier enſemble ſes trois dimenſions.

Car il eſt évident que la ſolidité d'un ſolide de cette eſpéce eſt égale au nombre ou à la ſomme de ſes élémens : Or il en a autant qu'on peut imaginer de points, ou de parties infiniment petites dans ſa hauteur : Donc ſa baſe ajoutée autant de fois à elle-même qu'il y a de points dans ſa hauteur, donne la ſolidité du ſolide ou la ſomme de ſes élémens.

Mais ajouter une grandeur à elle-même autant de fois qu'il y a de parties ou d'unités dans une seconde, c'est multiplier la premiere par la seconde : Donc le produit de la base par la hauteur donne la solidité du solide ; mais, pour avoir la surface de la base, il faut multiplier ensemble ses deux produisans, qui en sont les deux dimensions : Donc le solide est le produit de ses trois dimensions. C. q. f. d.

## *REMARQUE.*

1042. On appellera dans la suite, *produisans des solides*, les lignes qu'il faut multiplier ensemble pour en avoir la solidité ; de même qu'on a appellé produisans des figures, celles qui étant multipliées ensemble, en donnent la superficie.

D'où il suit, 1°. que les solides étant égaux au produit de leurs produisans, sont entr'eux comme ces produits, & qu'ainsi les parallélipipédes, les prismes, & les cylindres qui ont des bases égales, sont entr'eux comme leurs hauteurs, ou comme leurs produisans inégaux, & que si leurs hauteurs sont égales, ils sont entr'eux comme leurs bases, c'est-à-dire, aussi comme leurs produisans inégaux.

1043. 2°. Que lorsque ces solides ont même hauteur, & qu'ils sont égaux, il faut nécessairement que leurs bases soient égales ; & de même que lorsque les bases sont égales, les hauteurs le sont également.

1044. 3°. Que ceux de ces solides qui ont leur base & leur hauteur réciproques à la base & à la hauteur d'un autre, sont égaux.

Planch. 14, Figure 6. Car soient, par exemple, les prismes ou parallélipipédes X & Y, dont la base & la hauteur du premier sont réciproques à la base & à la hauteur

hauteur du second, nommant A la base de X, & B celle de Y, & supposant que les hauteurs de ces solides soient CD & EF, l'on aura par la supposition A.B::CD.EF, d'où l'on tire $A \times CD = B \times EF$ *: Mais le premier produit est la solidité de X, & le second celle de Y: Donc X=Y: Donc, &c. * N. 660.

## THÉOREME I.

1045. *Si l'on multiplie les toises quarrées de la base d'un parallélipipéde droit par les toises linéaires de sa hauteur, le produit donnera la quantité de toises cubes que contiendra le solide.*

Soit le parallélipipéde droit AF, dont le côté DE du rectangle de sa base (*a*) soit supposé, par exemple, de cinq toises, & l'autre côté DC de quatre. La superficie de ce rectangle DF sera de vingt toises quarrées. Planch. 14, Figur. 7.

Si on divise DF dans ses vingt toises quarrées, par des parallèles menées aux côtés DE & DC, éloignées les unes des autres d'une toise; & si l'on imagine que par toutes ces parallèles il passe des plans perpendiculaires au rectangle DF qui joignent les deux bases du solide AF; ils le partageront en autant de parallélipipédes qu'il y a de quarrés d'une toise dans DF, c'est-à-dire, dans cet exemple en vingt, qui auront chacun une toise quarrée pour base, & pour hauteur la ligne DA, qui est celle du parallélipipéde AF; on suppose qu'elle est de sept toises.

(*a*) On se sert ici de la base supérieure au lieu de l'inférieure, que la figure ne peut représenter aussi nettement. On en a usé de même dans la figure 6 de la même Planche 14.

Si l'on imagine ensuite que par l'extrémité de chaque toise de DA, il passe des plans parallèles à la base DF; il est évident qu'ils diviseront chacun des 20 parallélipipédes dont AF est composé, en solides qui auront une toise quarrée pour base, & une toise de hauteur, c'est-à-dire, en 7 toises cubes: Donc il y aura 20 fois autant de toises cubes dans tout le parallélipipéde AF, qu'il y a de toises dans sa hauteur, c'est-à-dire, qu'il y en aura vingt fois 7, ou 140: Or le produit de 20 par 7 donne la somme de 20 fois 7: 20 est le nombre des toises quarrées de la base du parallélipipéde, & 7 en est la hauteur: Donc le produit des toises quarrées de la base du parallélipipéde par les toises de sa hauteur donne le nombre de toises cubes qu'il contient, c'est-à-dire, sa solidité. C. q. f. d.

## *Remarques.*

### I.

1046. Il est évident que si les trois dimensions, du parallélipipéde, au lieu d'avoir été divisées en toises, l'avoient été en pieds, leur produit auroit donné des pieds cubes, & qu'il auroit donné des pouces cubes, si elles avoient été divisées ou partagées en pouces, &c.

### II.

1047. Que pour que le produit des dimensions qu'on multiplie ensemble donne des solides cubes, il faut qu'elles soient perpendiculaires les unes aux autres, c'est-à-dire, que la base du solide ſoit diviſée en quarrés ; & que la ligne par laquelle on la multiplie lui ſoit perpendiculaire. Autrement en partageant un parallélipipéde oblique en petits ſolides égaux & également inclinés, comme on vient de partager le droit en cubes, on auroit ce ſolide diviſé en un certain nombre de petits ſolides égaux entr'eux, & également inclinés, qui ſeroient terminés par ſix quadrilateres qui auroient chacun une toiſe de côté, ſi on avoit diviſé les dimenſions du ſolide en toiſes ; comme alors les ſurfaces de ces ſolides ſeroient inclinées ſur leur baſe, leur hauteur ne ſeroit plus d'une toiſe, & comme leur ſolidité eſt le produit de la baſe par la hauteur *; il s'enſuit qu'ils ne vaudroient pas une toiſe cube, & qu'ils ſeroient d'autant plus petits que les ſurfaces environnantes ſeroient inclinées ſur la baſe : Donc ces petits ſolides ne ſeroient plus des cubes, n'étant plus égaux au produit de trois dimenſions égales : Donc, pour avoir en cubes les unités dans leſquelles on partage un ſolide, il faut que la ligne par laquelle on multiplie la ſurface de ſa baſe, ſoit perpendiculaire à cette baſe.

* N. 1041.

## III.

1048. Si les petits cubes obliques dans leſquels on peut partager un ſolide incliné, ne peuvent faire connoître ſa ſolidité, à moins qu'on ne ſçache quelle eſt leur inclinaiſon, parce qu'alors on peut parvenir à en déterminer la hauteur ; ils peuvent au moins, dans les ſolides également inclinés, faire connoître le rapport de leur ſolidité.

Car ſi l'on ſuppoſe deux parallélipipédes obliques X & Y également inclinés, dont le premier contienne, par exemple, 90 cubes obliques d'une Planch. 15. Figure 1.

toiſe, & le ſecond 146 des mêmes cubes; il eſt évident que ces deux parallélipipédes étant égaux chacun au nombre des cubes inclinés qu'ils contiennent, ſont entr'eux comme le nombre de ces cubes, c'eſt-à-dire, que le premier X eſt au ſecond Y, comme 90 eſt à 146, ou en diviſant chacun de ces deux termes par 2, ce qui n'en change pas le rapport, comme 45 eſt à 73.

## IV.

1049. Il faut obſerver auſſi que la toiſe cube contient 216 pieds cubes; car diviſant la toiſe quarrée de ſa baſe dans les 36 pieds quarrés qu'elle contient, il faudra, pour en avoir la ſolidité, multiplier ces pieds ſuperficiels par la hauteur du cube, c'eſt-à-dire, par ſix pieds linéaires. Le produit donnera des pieds cubes; mais 6 multipliés par 36 donne 216: Donc la toiſe cube contient 216 pieds cubes.

1050. On trouvera de même que le pied cube contient 1728 pouces cubes; car le pied quarré contient 144 pouces quarrés, qui étant multipliés par les 12 pouces du pied linéaire, donnent des pouces cubes; mais 144 multiplié par 12 donne le produit 1728: Donc, &c.

1051. Le pouce cube contient auſſi 1728 lignes cubes; car il eſt égal au produit de 144 lignes quarrées par 12 lignes linéaires.

1052. On trouvera de la même maniere les autres unités cubes dans leſquelles on voudra partager un cube, c'eſt à-dire, en multipliant les unités quarrées de ſa baſe par les mêmes unités linéaires de ſa hauteur.

## V.

1053. On a vû que la toiſe quarrée ſe diviſe comme la toiſe linéaire en ſix parties égales, appellées pieds courant ſur toiſe, qui ſont des rectangles d'une toiſe, ou de ſix pieds de longueur ſur un pied de hauteur *. On diviſe de même la toiſe cube en ſix parties égales, qu'on peut appeller chacune *pied cube courant ſur toiſe*. C'eſt un parallélipipéde qui a pour baſe une toiſe, & pour hauteur un pied linéaire : Ainſi le pied cube courant ſur toiſe, contient 36 pieds cubes, ou la ſixiéme partie des 216 pieds de la toiſe cube.

* N. 405, & ſuivans.

Le pied cube ſe diviſe auſſi en douze pouces cubes courant ſur toiſe. Ce ſont des parallélipipédes qui ont une toiſe quarrée pour baſe, & pour hauteur un pouce linéaire : Ainſi chaque pouce cube courant ſur toiſe contient autant de pouces cubes qu'il y a de pouces quarrés dans la toiſe quarrée.

La ligne cube courant ſur toiſe, eſt de même un parallélipipéde qui a pour baſe une toiſe quarrée, & pour hauteur une ligne linéaire.

## V I.

1054. Les diviſions de la toiſe cube dans le même nombre de parties égales que la toiſe linéaire, donnent le moyen de calculer les ſolides auſſi facilement que les grandeurs linéaires & les ſuperficielles. On va en donner un exemple dans le toiſé du parallélipipéde; il ſervira de modéle pour le calcul des autres ſolides.

1055. Soit le parallélipipéde droit EC, dont

Planch. 15 Figure 2.

la base supérieure AC, qui est égale à son inférieure, a le côté DC de quatre toises quatre pieds, & le côté AD, qui lui est perpendiculaire, de trois toises trois pieds.

| | |
|---|---|
| | DC = 4 toises 4 pieds |
| | AD = 3 — 3 |
| | 12 |
| *Pour les 3 pieds du Multiplicateur* | 2 |
| *Pour 3 pieds du Multiplicande . .* | 1 — 4 — 6 |
| *Pour 1 pied du Multiplicande . .* | 0 3 — 6 |
| Superficie de AC | = 16 toises 2 pieds |
| | AE = 6 — 3 |
| | 96 |
| *Pour les 3 pieds du Multiplicateur* | 8 |
| *Pour les 2 pieds du Multiplicande* | 2 — 1 |
| Solidité de EC | = 106 toises 1 pied. |

En pratiquant ce qui a été expliqué N. 413, pour le calcul des superficies, on aura 16 toises quarrées, plus 2 pieds courant sur toise pour la superficie du rectangle AC. Il s'agit, pour avoir la solidité de EC, de multiplier le produit de sa base AC par la hauteur AE de ce solide. On la suppose de six toises trois pieds.

On multipliera d'abord les 16 toises du multiplicande par les six toises du multiplicateur, ce qui n'a aucune difficulté.

Pour les trois pieds du multiplicateur, on prendra la moitié des 16 toises du multiplicande. Car soit AH de 3 pieds, il est évident qu'en multipliant le rectangle AC par une toise linéaire, on auroit autant de toiſes cubes au produit qu'il contiendroit de toiſes quarrées : Or, en le multipliant par 3 pieds, on a un ſolide une fois plus petit qu'en le multipliant par ſix pieds : Donc ce ſolide eſt égal à la moitié des 16 toiſes du multiplicateur AC, c'eſt-à-dire, qu'il eſt de 8 toiſes cubes.

Il reſte à multiplier les deux pieds courant ſur toiſe du multiplicande AC par tout le multiplicateur AE.

Pour cela, il faut conſidérer que ſi au lieu de 2 pieds courant ſur toiſe, c'eſt-à-dire, au lieu du tiers de la toiſe quarrée, on avoit cette toiſe entiere à multiplier par 6 toiſes 3 pieds, on auroit pour le produit 6 toiſes 3 pieds cubes courant ſur toiſes ; car on auroit alors un parallélipipéde d'une toiſe quarrée de baſe, & de 6 toiſes & demie de hauteur qui contiendroit évidemment 6 toiſes & 3 pieds cubes courant ſur toiſe, qui valent la moitié d'une toiſe cube. Cela bien obſervé, il s'enſuit que puiſque 2 pieds courant ſur toiſe ſont le tiers de la toiſe, le parallélipipéde formé de leur produit par les 6 toiſes 3 pieds de hauteur de EC, ne ſera que le tiers de celui qui auroit une toiſe entiere de baſe; car ces deux parallélipipédes ayant même hauteur, ſont entr'eux comme leur baſe, c'eſt-à-dire, comme une toiſe eſt à un tiers de toiſe * : Donc le tiers de ſix toiſes 3 pieds donnera le nombre des toiſes & des pieds cubes que contient le parallélipipéde des 2 pieds courant ſur toiſe du multiplicande, par les 6 toiſes 3 pieds du multiplicateur.

* N. 1042.

Ainſi pour ces deux pieds, on dira d'abord le tiers de 6 eſt 2, qu'on poſera aux unités des toiſes; puis, le tiers de 3 pieds eſt 1 pied, qu'on poſera à la colomne des pieds ; additionnant enſuite tous les différens produits de AC multiplié par AE, on aura 106 toises & un pied cube courant sur toise pour la solidité totale du parallélipipéde EC.

Il suit de cet exemple, & du détail dans lequel on est entré à son occasion.

1056. Que le calcul des solides doit se faire de la même maniere que celui des superficies; c'est-à dire, qu'il faut prendre sur les toises du multiplicande les pieds & les pouces du multiplicateur, relativement aux parties aliquotes qu'ils contiennent de la toise, & qu'il faut prendre sur tout le multiplicateur, sçavoir, sur les toises, les pieds, les pouces, &c. qu'il contient, les pieds & les pouces du multiplicande, relativement aussi aux parties aliquotes qu'ils sont de la toise.

Tout ceci ne paroît pas avoir besoin d'un plus grand détail, après ce qui a été expliqué sur le calcul des toises, des pieds & des pouces dans l'arithmétique & dans la Planimétrie, N°. 413 & suivans.

## THÉOREME II.

1057. *Les pyramides & les cones qui ont des bases & des hauteurs égales, ou qui ayant des bases égales, sont renfermés entre les mêmes plans parallèles, sont égaux.*

Planc. 15, Figure 3. Soient la pyramide X & le cone Y renfermés entre les mêmes plans parallèles AB, CD, & dont les bases X & Y sont égales, il faut démontrer que la pyramide X est égale au cone Y.

Pour cela, il faut voir qu'ils contiennent le même nombre d'élémens égaux, chacun à chacun. Pour le même nombre, la proposition est évidente, puisque les deux solides ont la même hauteur : Ainſi il reſte ſeulement à démontrer que chaque élément de la pyramide eſt égal à chaque élément correſpondant du cone.

*DÉMONSTRATION.*

Soient la pyramide X & le cone Y coupés par le plan EF parallèle à celui de leurs baſes AB. On a démontré que la ſection ou la tranche $x$ de la pyramide par ce plan, étoit un polygone ſemblable à celui de ſa baſe X ; comme la ſection $y$ du cone eſt auſſi un cercle, & par conſéquent une figure ſemblable à la baſe du cone Y *. * N. 931 & 575.

La ſection $x$ & la baſe X de la pyramide étant des figures ſemblables, ſont entr'elles comme les quarrés de leurs côtés homologues * ; c'eſt-à-dire, * N. 851. que $X . x :: \overline{GH}^2 . \overline{gh}^2$.

Par la même raiſon Y & $y$ ſont auſſi entr'eux comme les quarrés de leurs diametres LM & $lm$, & ils donnent de même $Y . y :: \overline{LM}^2 . \overline{lm}^2$.

Les triangles IGH, I$gh$ étant ſemblables, à cauſe de la parallèle $gh$, donnent GI . $g$I :: GH . $gh$ ; & les ſemblables LKM, $l$K$m$, donnent, LK . $l$K :: LM . $lm$. Mais à cauſe que les lignes GI & LK qui ſont renfermées entre les mêmes plans parallèles AB & CD, ſont coupées par un troiſiéme EF parallèle aux deux premiers, elles ſont coupées proportionnellement * : enſorte * N. 916. que le rapport de GI à $g$I, eſt égal à celui de LK à $l$K : Donc le rapport de GH à $gh$, & celui de LM à $lm$, qui ſont égaux à des rapports égaux, ſont égaux entr'eux * : Donc GH . $gh$ :: * N. 616. LM . $lm$, ou en permutant GH . LM :: $gh$ . $lm$. Mais ces quatre grandeurs étant proportionnelles,

*N. 689. leurs quarrés le sont aussi *; Ainsi l'on a $\overline{GH}^2 . \overline{LM}^2 :: \overline{gh}^2 . \overline{lm}^2$; Or, si à la place de ces quarrés on met les figures semblables qui sont en même
*N. 857. raison *, l'on aura $X . Y : x . y$. Mais les deux termes X & Y du premier rapport sont égaux, par la supposition : Donc les termes du se-
*N. 687. cond le sont aussi *, c'est-à-dire, que $x = y$. Ainsi l'élément $x$ de la pyramide est égal à l'élément $y$ correspondant du cone; comme on peut démontrer de la même maniere l'égalité de tous les élémens de la pyramide aux correspondans du cone; il s'ensuit que ces deux solides, contenant le même nombre d'élémens égaux chacun à chacun, sont égaux; qu'ainsi les pyramides & les cones qui ont des bases & des hauteurs égales, ou qui sont renfermés entre les mêmes plans parallèles, sont égaux. C. q. f. d.

*REMARQUE.*

1058. Il est évident que la démonstration de la proposition précédente peut s'appliquer également à toutes les pyramides qui ont des bases & des hauteurs égales, & à tous les cones qui ayant des bases égales, ont aussi la même hauteur : D'où il suit,

1059. 1°. *Que les pyramides qui ont des bases & des hauteurs égales, sont égales.*

1060. 2°. *Que les cones qui ont des bases & des hauteurs égales, sont égaux.*

1061. *Et que si des pyramides ou des cones égaux ont des hauteurs égales, leurs bases seront aussi égales.*

## THÉOREME III.

1062. *Si l'on coupe un parallélipipéde X par un plan AD qui passe par les diagonales AB, CD de ses bases FE, GH, il sera partagé en deux prismes triangulaires égaux.*

*DÉMONSTRATION.*

Les diagonales AB & CD partagent les deux bases FE, GH du parallélipipéde X en deux triangles égaux *, & comme la base supérieure EF est égale & parallèle à l'inférieure GH, il s'ensuit que les deux solides dans lesquels le parallélipipéde X est divisé, sont deux prismes triangulaires qui ont des bases & des hauteurs égales, puisqu'ils ont la même hauteur que le solide X: Donc ils sont égaux. C. q. f. d.

Planc. 15. Figure 4.

* N. 300.

## THÉOREME IV.

1063. *Tout prisme polygone peut se partager en plusieurs prismes triangulaires.*

Cette proposition est évidente; car tout polygone peut se partager en triangles: Or, si l'on fait passer des plans par les côtés des triangles de la base supérieure & de l'inférieure, ensorte que ces plans joignent les triangles opposés dans ces bases; il est clair que ces plans diviseront le prisme proposé en autant de prismes triangulaires qu'on aura formé de triangles dans chacune de ses bases.

## THÉOREME V.

1064. *Tout prisme triangulaire peut être partagé en trois pyramides triangulaires égales.*

Planch. 15, Fig. 5 & 6. Soit le prisme triangulaire V, il faut démontrer qu'il peut être partagé en trois pyramides triangulaires égales.

*DÉMONSTRATION.*

Soit imaginé un plan ABF qui passe par le côté AB de la base inférieure du prisme, & par le point F de la supérieure. Il retranchera du prisme V la pyramide X, qui a pour base le triangle ABC, c'est-à-dire, la base du prisme, & pour hauteur, celle du même solide, le sommet F de cette pyramide étant un point de la base supérieure du prisme.

Si par le point A de la base inférieure, & par le côté EF de la supérieure, on fait aussi passer un plan AEF, il partagera le reste du prisme en deux pyramides triangulaires égales Y & Z; je dis égales, parce qu'elles ont chacune pour base la moitié du parallélogramme ABED; attendu que le plan coupant AEF passe par la diagonale de ce parallélogramme; elles ont aussi la même hauteur, puisque le sommet de chacune est au même point F de la base supérieure du prisme : Ainsi Y = Z.

Si l'on compare présentement la pyramide X avec celle Y, on trouvera de même que ces deux pyramides ont chacune pour base la moitié du parallélogramme BCEF, puisque le plan coupant ABF passe par sa diagonale BF, & qu'elles ont aussi même hauteur, le sommet de l'une & de l'autre étant au même point A : Donc la pyramide X est égale à la pyramide Y; mais cette même pyramide Y est égale à la pyramide Z : Donc ces trois pyramides X, Y & Z sont égales entr'elles : Donc tout prisme triangulaire peut se partager en trois pyramides triangulaires égales. C. q. f. d.

### REMARQUE.

1065. Comme les différentes sections du prisme triangulaire dont on vient de parler, peuvent avoir quelques difficultés pour être conçues distinctement sur le papier, on conseille aux commençans de faire faire, ou de faire le prisme triangulaire en relief, c'est-à-dire, de le construire en élévation avec toutes ses dimensions, & de matiere convenable, pour qu'il puisse être coupé selon les sections qu'on vient d'expliquer. Alors on verra clairement qu'en comparant deux à deux les trois pyramides que ces sections donneront, elles auront des bases & des hauteurs égales, & qu'ainsi elles sont égales entr'elles.

### PREMIER COROLLAIRE.

Il suit de la proposition précédente,

1066. *Que chacune des pyramides triangulaires X, Y & Z, est le tiers du prisme triangulaire V.* Planch. 15. Fig. 5 & 6.

### DEUXIÉME COROLLAIRE.

1067. *Que toute pyramide triangulaire est le tiers d'un prisme de même base & de même hauteur.*

Car les pyramides X & Z ont chacune pour base des triangles égaux aux bases du prisme, & elles ont même hauteur que ce solide : Or on vient de voir qu'elles n'en sont que le tiers : Donc, &c.

Planch. 15, Fig. 5 & 6. Soit le priſme triangulaire V, il faut démontrer qu'il peut être partagé en trois pyramides triangulaires égales.

*DÉMONSTRATION.*

Soit imaginé un plan ABF qui paſſe par le côté AB de la baſe inférieure du priſme, & par le point F de la ſupérieure. Il retranchera du priſme V la pyramide X, qui a pour baſe le triangle ABC, c'eſt à-dire, la baſe du priſme, & pour hauteur, celle du même ſolide, le ſommet F de cette pyramide étant un point de la baſe ſupérieure du priſme.

Si par le point A de la baſe inférieure, & par le côté EF de la ſupérieure, on fait auſſi paſſer un plan AEF, il partagera le reſte du priſme en deux pyramides triangulaires égales Y & Z; je dis égales, parce qu'elles ont chacune pour baſe la moitié du parallélogramme ABED; attendu que le plan coupant AEF paſſe par la diagonale de ce parallélogramme; elles ont auſſi la même hauteur, puiſque le ſommet de chacune eſt au même point F de la baſe ſupérieure du priſme : Ainſi Y = Z.

Si l'on compare préſentement la pyramide X avec celle Y, on trouvera de même que ces deux pyramides ont chacune pour baſe la moitié du parallélogramme BCEF, puiſque le plan coupant ABF paſſe par ſa diagonale BF, & qu'elles ont auſſi même hauteur, le ſommet de l'une & de l'autre étant au même point A : Donc la pyramide X eſt égale à la pyramide Y; mais cette même pyramide Y eſt égale à la pyramide Z : Donc ces trois pyramides X, Y & Z ſont égales entr'elles : Donc tout priſme triangulaire peut se partager en trois pyramides triangulaires égales. C. q. f. d.

REMARQUE.

1065. Comme les différentes sections du prisme triangulaire dont on vient de parler, peuvent avoir quelques difficultés pour être conçues distinctement sur le papier, on conseille aux commençans de faire faire, ou de faire le prisme triangulaire en relief, c'est-à-dire, de le construire en élévation avec toutes ses dimensions, & de matiere convenable, pour qu'il puisse être coupé selon les sections qu'on vient d'expliquer. Alors on verra clairement qu'en comparant deux à deux les trois pyramides que ces sections donneront, elles auront des bases & des hauteurs égales, & qu'ainsi elles sont égales entr'elles.

PREMIER COROLLAIRE.

Il suit de la proposition précédente,

1066. *Que chacune des pyramides triangulaires X, Y & Z, est le tiers du prisme triangulaire V.* Planch. 15, Fig. 5 & 6.

DEUXIÉME COROLLAIRE.

1067. *Que toute pyramide triangulaire est le tiers d'un prisme de même base & de même hauteur.*

Car les pyramides X & Z ont chacune pour base des triangles égaux aux bases du prisme, & elles ont même hauteur que ce solide: Or on vient de voir qu'elles n'en sont que le tiers: Donc, &c.

## THÉOREME VI.

1068. *Toute pyramide polygone peut se partager en autant de pyramides triangulaires qu'on peut faire de triangles dans sa base.*

Planc. 15, Figure 7. Cette proposition est évidente ; car si l'on a la pyramide pentagone X dont la base soit partagée en triangles, & qu'on imagine des plans qui passent par le sommet de cette pyramide & par les côtés des triangles de sa base, elle sera partagée en autant de pyramides triangulaires qu'il y aura de triangles dans sa base : Donc, &c.

### *Premier Corollaire.*

Il suit de cette proposition,

1069. 1°. *Que toute pyramide polygone est le tiers d'un prisme qui auroit pour base le même polygone, & la même hauteur que la pyramide.*

Car le prisme ayant pour base le même polygone que la pyramide, il pourra être divisé en autant de prismes triangulaires que sa base contiendra de triangles ; mais la base de la pyramide contenant autant de triangles égaux que celle du prisme, cette pyramide pourra être divisée en autant de pyramides triangulaires que le prisme polygone contiendra de prismes triangulaires ; chaque pyramide triangulaire sera le tiers du prisme triangulaire correspondant de même base & de même hauteur*: Donc toutes les parties de la pyramide polygone seront le tiers de toutes celles du prisme polygone : Donc la pyramide est le tiers du prisme : Donc, &c.

* N. 1067.

Soient, par exemple, la pyramide & le prisme pentagone X & Y, dont les bases & les hauteurs sont égales, si d'un angle E de la circonférence de la base de la pyramide on tire les lignes EB, EC, elle sera partagée en trois triangles ; tirant de même dans les bases du prisme Y les mêmes lignes, elles seront aussi partagées en trois triangles égaux à ceux de la base de Y. Cela fait, imaginant des lignes ou des plans qui passent par le sommet O de la pyramide, & par les divisions de sa base, elle sera divisée en ttois pyramides triangulaires. Concevant aussi des plans qui joignent les divisions des bases du prisme, il sera partagé en trois prismes triangulaires: Or chaque pyramide triangulaire est le tiers du prisme triangulaire de même base & même hauteur qui lui correspond: Donc toutes les trois parties de X sont chacune le tiers des trois parties de Y: Donc X est le tiers de Y: Donc, &c. Planc. 15. Fig. 7 & 8.

*Deuxiéme Corollaire.*

1070. 2°. *Qu'un cone est le tiers d'un cylindre de même base & de même hauteur.*

Car le cone peut être considéré comme une pyramide d'une infinité de côtés, & le cylindre comme un prisme d'un même nombre de côtés: Or toute pyramide est le tiers d'un prisme de même hauteur & de base égale : Donc tout cone est le tiers d'un cylindre de même base & de même hauteur.

*Troisiéme Corollaire.*

1071. 3°. *Que la solidité de la pyramide, de même que celle du cone, est égale au produit de la base de l'un ou l'autre solide par le tiers de sa hauteur.*

Car pour avoir la solidité du prisme ou du cylindre de même base & de même hauteur que la pyramide ou le cone, il faut multiplier la base
*N. 1041. de ces solides par leur hauteur *; mais puisque la pyramide & le cone ne sont que le tiers du prisme ou du cylindre de même base & même hauteur, leur solidité est le tiers de celle de ces solides: Or, en multipliant les mêmes bases par le tiers de la hauteur des solides, le produit n'est que le tiers de celui qu'on auroit en multipliant ces bases par la hauteur entiere: Donc, &c.

## THÉOREME VII.

1072. *Les pyramides ou les cones qui ont des bases égales, sont entr'eux comme leur hauteur, & s'ils ont des hauteurs égales, ils sont entr'eux comme leurs bases.*

*DÉMONSTRATION.*

Les prismes & les cylindres de même base
*N. 1042. sont entr'eux comme leur hauteur *: Or les pyramides & les cones qui sont les tiers de ces so-
*N. 623 lides sont en même raison que leurs Touts *, qui sont les prismes & les cylindres de même base & de même hauteur: Donc, &c.

## THÉOREME VIII.

1073. *Les pyramides & les cones, dont les bases & les hauteurs sont réciproques, sont égaux.*

*DÉMONSTRATION.*

Planch. 16, Figure 1. Soient les pyramides X & Y dont la base de la premiere est C, & sa hauteur AC; celle de la seconde D, & sa hauteur BD. Ces deux pyramides ayant leurs bases & leurs hauteurs réciproques, l'on a, C.D::DB.AC*; d'où l'on tire avec le produit des extrêmes & celui des moyens, C×AC=D×DB: Or le produit de la base C de la pyramide X par sa hauteur AC, est triple de la valeur de cette pyramide, de même que celui de la base D de la seconde par sa hauteur DB, mais ces deux produits étant égaux, leurs tiers le seront aussi*: Or ces tiers sont les valeurs des deux pyramides X & Y qui ont chacune leur base & leur hauteur réciproque: Donc, &c.

* N. 662

* N. 623.

## THEOREME IX.

1074. *La sphere est égale à une pyramide ou à un cone, qui a pour base sa superficie, & pour hauteur son rayon.*

### *DÉMONSTRATION.*

Soit la sphere X dont le rayon est BC. On peut la concevoir comme composée d'une infinité de petites pyramides qui ont toutes leur sommet au centre C, & dont les bases, en les supposant infiniment petites, peuvent être considérées comme des superficies planes, qui toutes ensemble forment celle de la sphere. Toutes ces petites pyramides ont pour hauteur commune le rayon BC qui est perpendiculaire sur toutes les parties de la surface de la sphere, donc elles ont la même hauteur: Ainsi, si on suppose qu'il y ait, par exemple, 1000000 de ces petites pyramides dans la sphere X, une pyramide qui au-

Planc. 16. Figure 2.

roit sa base 1000000 fois plus grande qu'une de ses petites pyramides BC, les contiendroit toutes ; car ayant même hauteur, elles seroient
* N. 1072. entr'elles comme leurs bases * : Or celle de la premiere pyramide est supposée avoir une base 1000000 fois plus grande que la seconde : Donc elle sera 1000000 fois plus grande que cette seconde : Mais la sphere est aussi 1000000 fois plus grande que cette seconde pyramide : Donc elle sera égale à la premiere, c'est-à-dire, à la pyramide qui aura pour base sa superficie, & pour hauteur son rayon : Donc, &c.

### COROLLAIRE.

1075. Il suit de cette proposition que, pour avoir la solidité d'une sphere, il faut multiplier sa superficie par le tiers du rayon.

Car, pour avoir la valeur de la pyramide égale à la sphere, il faut multiplier la surface de sa
* N. 1071. base par le tiers de sa hauteur * ; mais la base de cette pyramide est la surface de la sphere, & sa hauteur en est le rayon : Donc, &c.

## THÉOREME X.

1076. *La sphere est au cylindre circonscrit, comme 2 est à 3.*

Planc. 16, Figure 3. Soit la sphere X inscrite dans le cylindre CE, qui par conséquent lui est circonscrit ; il faut démontrer que sa solidité est à celle de ce cylindre, comme 2 est à 3.

### DÉMONSTRATION.

Soit appellé $a$ le rayon de la sphere X, l'on

aura aussi le rayon FA ou CB de la base du cylindre qui lui est égal, représenté par la même quantité $a$.

Soit la circonférence du grand cercle de la sphere, nommée $c$, celle de la base du cylindre, qui lui est pareillement égale, sera donc aussi désignée par la même lettre $c$.

Cela posé, la superficie de la sphere est le produit de la circonférence $c$ de son grand cercle par son diametre AB*; la valeur de AB doit être exprimée par $2a$, puisque le rayon, qui en est la moitié, est appellé $a$: Or $2a$, multiplié par $c$, donne pour la superficie de la sphere le produit $2ac$*, lequel étant multiplié par le tiers du rayon, donnera la solidité de la sphere*. Multipliant donc ce produit $2ac$ par $a$, divisé par 3 ou par $\frac{a}{3}$ on a $\frac{2aac}{3}$ pour la solidité de la sphere, c'est-à-dire, les deux tiers de $aac$; car $aac$ divisé par 3 ou $\frac{aac}{3}$, exprime le tiers ou la troisiéme partie de $aac$*: Donc $\frac{2aac}{3}$ qui vaut $\frac{aac}{3} + \frac{aac}{3}$ exprime les deux tiers de $aac$.

*N. 1015.

*N. 580.

*N. 1075.

*N. 581.

Présentement, pour avoir la solidité du cylindre CE, il faut trouver d'abord la superficie de sa base, en multipliant sa circonférence $c$ par la moitié du rayon CB*, c'est-à-dire, par $\frac{a}{2}$, & le produit sera $\frac{ac}{2}$ qu'il faut multiplier par la hauteur du cylindre ou le diametre de la sphere, qui est $2a$; ce qui donne pour cette solidité, $\frac{2aac}{2}$: Or $\frac{aac}{2}$ est la moi-

*N. 440.

tié de $aac$ : Donc $\frac{2aac}{2}$ sont les deux moitiés du même produit $aac$ : deux moitiés valent le tout : Donc $\frac{2aac}{2} = aac$ : Ainsi $aac$ est l'expression de la solidité du cylindre circonscrit : Mais $\frac{2aac}{3}$ est celle de la solidité de la sphere inscrite, & cette quantité ou ce produit est les deux tiers de $aac$ : Donc la sphere est les deux tiers du cylindre circonscrit : Or 2 est aussi les deux tiers de trois : Donc la sphere qui est les deux tiers du cylindre circonscrit, est à ce cylindre, comme 2 est à 3. C. q. f. d.

### *COROLLAIRE.*

1077. Il suit de cette proposition, que la solidité de la sphere est à celle du cylindre circonscrit, comme sa superficie est à celle de ce cylindre, y compris celle de ses bases ; puisque cette superfi-
* N. 1026. cie est aussi à celle de ce cylindre, comme 2 est à 3 *.

## THÉOREME XI.

1078. *La solidité de la sphere est au cube de son diametre, comme la sixiéme partie de la circonférence de son grand cercle est à son diametre.*

Planch. 16, Figure 4. Soit la sphere X dont le diametre est AB, la circonférence ADBEA, & Y un cube qui a pour côté le diametre AB ; il faut démontrer que $X . Y :: \frac{ADBEA}{6} . AB$.

## DÉMONSTRATION.

Soit le diametre AB appellé $a$, & $c$ la circonférence de ſon cercle, l'on aura pour la ſuperficie de la ſphere X; $a$ multiplié par $c$ *, c'eſt- *N. 1025.
à-dire $ac$. Pour en avoir la ſolidité, il faut multiplier ce produit par le tiers du rayon CB*; ou, *N. 1075.
ce qui eſt la même choſe, par la ſixiéme partie de AB, ou par $\frac{a}{6}$, ce qui donne $\frac{aac}{6}$ pour la ſolidité de la ſphere X.

Pour avoir le cube de AB $=a$, il faut d'abord le quarrer, ce qui donne $aa$, & multiplier enſuite ce quarré par $a$, & l'on aura $aaa$ pour le cube de $a$: Ainſi X . Y :: $\frac{aac}{6}$ . $aaa$: Or, ſi l'on diviſe les deux termes du dernier rapport par $aa$; ou, ce qui eſt la même choſe, ſi l'on ôte $aa$ de chacun, on ne changera pas leur rapport *, & il *N. 624.
ſera alors exprimé par $\frac{c}{6}$ & $a$: Ainſi X . Y :: $\frac{c}{6}$ . $a$: Mais $\frac{c}{6}$ repréſente la ſixiéme partie de la circonférence de la ſphere, & $a$ en eſt le diametre: Donc la ſphere eſt au cube de ſon diametre, comme la ſixiéme partie de la circonférence de ſon grand cercle eſt à ſon diametre. C. q. f. d.

1079. Si on ſuppoſe, avec *Archiméde*, que la circonférence du cercle ſoit à ſon diametre, comme 22 eſt à 7, la ſolidité de la ſphere ſera, en nombres, au cube de ſon diametre, comme la ſixiéme partie de 22 ou $\frac{22}{6}$ eſt à 7. Ou ſi, pour éviter les fractions, on multiplie 22, & 7 par 3, ce qui n'en change pas le rapport *, l'on aura *N. 624.

alors le rapport de la circonférence à son diametre exprimé par 66 & 21 : Or la sixiéme partie de 66 est 11 : Donc, suivant *Archiméde*, la solidité de la sphere est au cube de son diametre, comme 11 est à 21.

## THÉOREME XII.

1080. *Le cylindre circonscrit à la sphere est au cube de son diametre, comme le quart de la circonférence du grand cercle de la sphere est à son diametre.*

Planc. 16, Fig. 3. Soit le cylindre CE circonscrit à la sphere X dont le diametre est AB ; il faut démontrer que sa solidité est à celle du cube de AB, comme le quart de la circonférence du grand cercle de X est à son diametre, c'est-à-dire, en nommant $a$ le diametre AB, & $c$ la circonférence de son cercle, que $X . \overline{AB}^3 :: \frac{c}{4} . a$.

### DÉMONSTRATION.

Le diametre de la base du cylindre CE étant égal à celui de la sphere X, sera aussi exprimé par $a$, & par conséquent la circonférence de cette base par $c$, c'est-à-dire, qu'elle est la même que celle du grand cercle de la sphere X. La superficie de la base de ce cylindre sera le produit de sa circonférence par le quart de son diametre *, c'est-à-dire, celui de $c$ par $\frac{a}{4}$, ce qui donne $\frac{ac}{4}$ ; multipliant ce produit par la hauteur du cylindre, qui est la même que le diametre de la sphere, l'on aura sa solidité exprimée par $\frac{aac}{4}$ ; celle du cube de AB le sera par $aaa$ ; Ainsi $CE . \overline{AB}^3 ::$

* N. 440.

$\frac{aac}{4} . aaa$. Divisant chacun des termes du dernier rapport par $aa$, on ne le change point *, & l'on a alors $CE . \overline{AB}^3 :: \frac{c}{4} . a$ : Or $\frac{c}{4}$ est le quart de la circonférence, & $a$ le diametre : Donc le cylindre CE circonscrit, est au cube du diametre de la sphere, comme le quart de la circonférence du grand cercle de la sphere est à son diametre. C. q. f. d. *N. 624.

*COROLLAIRE.*

1081. Il suit de cette proposition, *que le cylindre circonscrit est au cube du diametre de la sphere inscrite, comme la superficie du grand cercle de la sphere est au quarré de son diametre.*

Car on a démontré que la superficie du cercle étoit au quarré de son diametre, comme le quart de sa circonférence étoit au même diametre *: D'où il suit que, suivant *Archiméde*, le cylindre circonscrit est, en nombres, au cube du diametre de la sphere inscrite, comme 11 est à 14. * N. 871.

## THÉOREME XIII.

1082. *Les cinq corps réguliers sont égaux chacun à une pyramide droite qui a pour base la superficie du corps, & pour hauteur la perpendiculaire tirée du centre de la sphere dans lequel il est inscrit, sur une des superficies qui le terminent.*

*DÉMONSTRATION.*

Cette proposition est évidente; car concevant

que du centre de la ſphere circonſcrite on tire des lignes à tous les angles ſolides du corps, il ſera diviſé en autant de pyramides droites qu'il a de ſurfaces; ces pyramides auront toutes la même hauteur : Donc elles ſeront égales à une pyramide qui auroit cette même hauteur, & pour baſe la ſomme de toutes les baſes de ces pyramides; c'eſt-à-dire, la ſurface du corps : Donc, &c.

### *Corollaire.*

1083. Il ſuit de-là que, pour avoir la ſolidité de chacun des cinq corps réguliers, il faut multiplier leur ſuperficie par le tiers de la perpendiculaire tirée du centre du corps ſur une de ſes faces.

On donnera à la fin de ce Livre, dans le ſupplément dont on a déja parlé, la maniere de déterminer cette perpendiculaire.

### *Obſervation ſur tout ce qui a été établi touchant la meſure & l'égalité des ſolides.*

1084. On a pu remarquer dans toutes les propoſitions précédentes que de la même maniere que le calcul du rectangle ſert de baſe à celui de toutes les autres ſuperficies, celui du parallélipipéde droit peut en ſervir également à celui des autres ſolides.

Car les priſmes, les cylindres, les pyramides, les cones, & la ſphere même ſe rapportent tous à ce ſolide.

1085. En effet, il eſt évident que les priſmes & les cylindres ſont égaux à des parallélipipédes qui ont des baſes égales à celles de ces ſolides, & la même hauteur.

Tous les polygones & les cercles peuvent être changés en rectangles *: Or, faiſant des ſolides

* N. 812.

qui ayent pour bases ces rectangles, & la même hauteur que les prismes & les cylindres, &c. ils seront égaux à ces solides; ce qui n'a pas besoin d'une plus grande explication.

1086. Les pyramides & les cones sont égaux à des prismes & à des cylindres de même base, mais qui n'ont que le tiers de leur hauteur *: Or ces prismes & ces cylindres sont égaux à des parallélipipédes droits de même base & même hauteur *: Donc les cones & les pyramides sont aussi égaux à des parallélipipédes dont la base seroit égale en superficie à celle de ces solides, & dont la hauteur seroit le tiers de la leur.

* N. 1069 & 1070.

* N. 1019.

1087. La sphere se rapporte aussi au parallélipipéde; car elle est égale à une pyramide ou à un cone qui auroit pour base sa superficie, & pour hauteur son rayon *; mais ce cone ou cette pyramide est égal à un parallélipipéde qui auroit la même base & le tiers de sa hauteur: Donc la sphere est aussi égale à un parallélipipéde qui auroit pour base sa superficie, & pour hauteur le tiers du rayon de la sphere.

* N. 1074.

1088. Il suit donc de cette observation, 1°. que tout solide peut se réduire ou changer en parallélipipéde droit, de la même maniere que toute superficie plane peut se changer ou réduire en rectangle.

1089. Et 2°. Que le calcul particulier du parallélipipéde peut s'appliquer généralement à celui de tous les autres solides qui lui sont égaux; qu'ainsi ayant donné, N°. 1055, la maniere de toiser ce solide, on a donné par ce même problême la maniere de toiser les prismes, les cylindres, les pyramides, &c. c'est-à-dire, de trouver le produit de leurs trois dimensions.

## II.

## *Du rapport des Solides semblables.*

### DÉFINITION.

1090. On a déja appellé *produisans des solides*, les lignes qu'il faut multiplier ensemble pour en avoir la solidité.

Ainsi les solides ont trois produisans; sçavoir,

1°. Les deux lignes qu'il faut multiplier pour avoir la surface des bases. Et 2°. celle qui exprime la hauteur des solides, & par laquelle on multiplie les surfaces des bases.

1091. On appellera *produisans homologues*, dans les solides semblables, les lignes qui exprimeront les mémes dimensions de ces solides. Par exemple, si l'on a deux solides semblables, comme deux prismes qui ayent chacun un exagone régulier pour base, les circonférences de ces exagones seront des produisans homologues des deux prismes, de même que les rayons droits des deux polygones, & les hauteurs des prismes.

### THÉOREME I.

1092. *Les solides sont entr'eux en raison composée de leurs trois produisans.*

Cette proposition est évidente à l'égard des solides qui ont des bases égales & parallèles, comme les parallélipipédes, les prismes & les cylindres, qui sont égaux au produit de leur base par leur hauteur.

Car si l'on prend les trois produisans d'un solide de cette espéce pour les antécédens de trois rapports quelconques, dont les trois dimensions d'un autre solide soient les conséquens, la multiplication des trois produisans du premier solide donnera l'antécédent d'une raison composée, dont le produit des trois produisans de l'autre sera le conséquent *: Or le premier solide est égal au produit de ses trois produisans, de même que le second *; mais ces produits sont en raison composée des produisans *: Donc les solides qui sont égaux au produit des produisans, sont aussi en raison composée des mêmes produisans.

* N. 629 & 631.
* N. 1042.
* N. 629 & 631.

1093. A l'égard des solides qui ne sont pas égaux au produit de leur base par leur hauteur, comme les pyramides, les cones, &c. ils sont également en raison composée de leurs produisans, prenant leur hauteur pour un produisant.

Car le produit de leur base par leur hauteur est composée de leurs trois produisans : Or ce produit est trois fois plus grand que la solidité de ces solides, puisque leurs bases ne doivent être multipliées que par le tiers de leur hauteur *; d'où il suit que les pyramides & les cones ne sont que le tiers du produit de leurs trois produisans ; mais les tiers sont en même raison que les Touts * : Donc les pyramides & les cones qui sont égaux au produit de leurs bases par le tiers de leur hauteur, sont en même raison que les produits des mêmes bases par leur hauteur, c'est-à-dire, qu'ils sont en raison composée de leurs trois produisans. C. q. f. d.

* N. 1071.
* N. 624.

## THÉOREME II.

1094. *Dans les ſolides ſemblables, les produiſans homologues ſont proportionnels entr'eux & aux côtés homologues des ſolides.*

Les ſolides ſemblables peuvent ſe diviſer en parallélipipédes, priſmes, pyramides, cones, cylindres & ſpheres ; c'eſt pourquoi, ſi on démontre que dans chaque eſpéce de ces ſolides, les ſemblables ont leurs produiſans proportionnels entr'eux & aux côtés homologues des ſolides, on aura démontré cette propoſition généralement pour tous les ſolides ſemblables.

*DÉMONSTRATION pour les parallélipipédes droits & obliques.*

1095. La propoſition eſt évidente à l'égard des parallélipipédes droits ; car leurs trois produiſans ne ſont autre choſe que les trois côtés des trois rectangles différens, par leſquels ils ſont terminés : mais ces rectangles ſont ſemblables par la définition des ſolides ſemblables *: Donc leurs côtés homologues ſont proportionnels : Or les lignes qu'il faut multiplier enſemble pour avoir la ſolidité de ces ſolides, ſont les côtés homologues de ces rectangles : Donc ces lignes ſont proportionnelles : Donc, &c.

* N. 988.

*Démonſtration pour les parallélipipédes obliques.*

Planc. 16, Figure 5. 1096. Soient les parallélipipédes obliques ſemblables X & Y. On a déja vû que les produiſans des baſes, leſquelles ſont des figures ſemblables, ſont proportionnels entr'eux & aux côtés homologues de ces figures *; c'eſt pourquoi il s'agit de démontrer ſeulement ici que les hauteurs de ces ſolides ſont proportionnelles aux mêmes côtés. *N. 852.

Soit abbaiſſé des points D & *d* des baſes ſupérieures des ſolides X & Y, les perpendiculaires DE, *de* ſur le prolongement des baſes inférieures FA, *fa*; il faut démontrer qu'elles ſont proportionnelles aux cotés homologues de X & de Y.

Ces ſolides étant ſemblables, les parallélogrammes AD & *ad* ſont également inclinés ſur leurs baſes : Ainſi l'angle DBE eſt égal à *dbe* : Mais à cauſe des perpendiculaires DE, *de*, les angles DEB, *deb* ſont droits : Donc les deux triangles BDE, *bde* ſont ſemblables * : Donc DE . *de* :: DB . *db* : Donc les deux perpendiculaires DE & *de* ſont proportionnelles aux deux côtés homologues DB & *db* des ſolides ſemblables X & Y : Mais tous les autres côtés homologues de ces ſolides ont le même rapport que DB & *db*, de même que les deux produiſans des baſes : Donc les trois produiſans de ces ſolides ſont proportionnels entr'eux & à leurs côtés homologues. C. q. f. d. *N. 774.

1097. Cette même démonſtration peut également s'appliquer aux priſmes droits ou obliques ſemblables.

En effet les baſes de ces ſolides étant des figures ſemblables, elles auront leurs produiſans proportionnels entr'eux & à leurs côtés homologues *. Si les priſmes ſont droits, leur hauteur ſera la même que celle des rectangles élevés ſur chacun des côtés des baſes : Ces rectangles étant ſemblables, par la définition des priſmes ſemblables, ont leurs côtés homologues proportionnels : Or, *N. 852.

les hauteurs des prismes sont des côtés homologues de ces rectangles : Donc, &c.

Si les prismes sont inclinés : on démontrera comme dans les parallélipipédes inclinés, que leur hauteur sera de même proportionnelle aux côtés homologues des parallélogrammes qui les terminent : D'où il s'ensuivra que les trois produisans de ces solides seront aussi proportionnels entr'eux & aux côtés homologues des prismes.

*Démonstration pour les pyramides semblables.*

1098. Les pyramides semblables, soit qu'elles soient droites ou obliques, ont aussi leurs trois produisans proportionnels.

Par la définition de ces pyramides elles ont pour bases des polygones semblables ; c'est pourquoi les deux produisans de ces bases sont proportionnels entr'eux & aux côtés homologues
*N. 852. des bases * : Ainsi il reste seulement à démontrer que les hauteurs de ces pyramides sont proportionnelles aux mêmes côtés homologues.

Planch. 16, Figure 6. Soit pour cela les pyramides droites X & Y : on abbaissera du sommet O & *o* de chacune d'elles, les perpendiculaires OC, *oc* sur leurs bases AD & *ad*, & les perpendiculaires OE, *oe* sur les côtés homologues BD & *bd* des bases. On tirera les lignes CE, *ce*, & l'on aura les triangles OCE, *oce* qui seront semblables ; car à cause des perpendiculaires OC, *oc*, les angles OCE, *oce* sont droits, & les angles OEC, *oec* qui sont égaux chacun à l'inclinaison des triangles BOD, *bod*, sur les bases des pyramides, sont égaux, ces inclinaisons étant égales dans les pyramides semblables : Donc OE . *oe* : : OC . *oc* : Mais OE, & *oe* sont des lignes semblablement tirées dans les triangles semblables

BOD, *bod* : Donc elles ſont proportionnelles aux côtés homologues de ces triangles * : Donc OC & *oc* le ſont auſſi : Donc, &c. * N. 839.

Si les pyramides ſemblables ſont obliques, comme T & V, pour démontrer que les hauteurs ſont auſſi proportionnelles aux côtés homologues des baſes, on abbaiſſera des ſommets O & *o* de ces pyramides, les perpendiculaires OC, *oc* ſur le plan des baſes AD & *ad* prolongées autant qu'il en eſt beſoin, & les perpendiculaires OE, *oe* ſur les côtés homologues BD, *bd* de ces baſes. Alors on aura, comme dans les pyramides droites, deux triangles OEC, *oec* qui ſeront ſemblables; car les angles ECO, *eco* ſont droits à cauſe des perpendiculaires OC, *oc*; les angles OEC, *oec*, qui ſont les ſupplémens des angles d'inclinaiſon des triangles BDO, *bdo* ſur les baſes des pyramides, ſont égaux, puiſque ces inclinaiſons ſont égales, par la définition des pyramides ſemblables: Donc OE . *oe* : : OC . *oc*; Mais OE & *oe* ſont des lignes ſemblablement tirées dans les triangles ſemblables BOD, *bod* : Donc elles ſont proportionnelles aux côtés homologues de ces triangles *, & par conſéquent les lignes OC & *oc* le ſont auſſi : Donc dans toutes les pyramides ſemblables les hauteurs ſont proportionnelles aux côtés homologues des triangles qui les entourent : mais les produiſans des baſes ſont auſſi proportionnels aux mêmes côtés * : Donc les trois produiſans des pyramides ſemblables ſont proportionnels entr'eux & aux côtés homologues de ces ſolides. C. q. f. d.

Planc. 16, Figure 7.

* N. 839.

* N. 852.

1099. Pour les cones & les cylindres ſemblables, il eſt évident, par la définition de ces ſolides, que leurs trois produiſans ſont propor-

tionnels ; car ces produisans sont les circonférences, les diametres des bases & les hauteurs des
*N. 847 & 990. cylindres, qui sont tous proportionnels * : Donc, &c.

1100. Les trois produisans des spheres sont aussi proportionnels ; car ils sont, 1°. pour la superficie, la circonférence du grand cercle & le
*N. 1015. diametre * ; & 2°. pour la solidité, la superficie
*N. 1075. par le tiers du rayon * : Or les circonférences des cercles sont en même raison que leurs dia-
*N. 847. metres, que leurs rayons, & le tiers des rayons * : Donc, &c.

*Définition.*

1101. On appelle *lignes semblablement tirées* dans les solides semblables, comme dans les polygones, celles qui sont tirées dans ces solides avec les mêmes circonstances.

## THÉOREME III.

1102. *Les lignes semblablement tirées dans les solides semblables sont proportionnelles entr'elles, aux produisans, & aux côtés homologues des solides.*

Cette proposition se démontrera de la même maniere que la précédente.

## THÉOREME IV.

1103. *Les solides semblables sont entr'eux comme les cubes de leurs produisans homologues, ou comme les cubes de leurs côtés aussi homologues.*

Planch. 16, Figure 8. Soient deux solides semblables quelconques X & Y, par exemple, deux parallélipipédes droits ; il faut démontrer que X est à Y, comme le cube d'un d'un produisant AB du premier, est au cube du produisant homologue $ab$ du second, ou que X : Y :: $\overline{AB}^3 . \overline{ab}^3 :: \overline{AC}^3 . \overline{ac}^3 :: \overline{DC}^3 . \overline{dc}^3$.

*DÉMONSTRATION.*

Considérez que les solides X & Y étant semblables, par la supposition, leurs trois produisans sont proportionnels *, & qu'ainsi on a, AB . $ab$ :: AC . $ac$ :: CD . $cd$ : Or, si l'on multiplie ensemble les trois antécédens de ces rapports égaux, c'est-à-dire, les trois produisans de X, & qu'on multiplie de même les trois conséquens de ces raisons, qui sont les trois produisans de Y, on aura les deux produits AB × AC × CD, & $ab \times ac \times cd$ qui seront composés de trois raisons égales : Donc ils seront entr'eux en raison triplée des raisons composantes, ou comme les cubes des termes de ces raisons * : Or les termes de ces raisons composantes sont les produisans homologues des solides, & les termes de la raison triplée en sont les solidités : Donc ces solidités sont entr'elles comme les cubes des produisans homologues.

* N. 1094.

* N. 642.

Elles sont aussi entr'elles comme les cubes des côtés homologues des solides, parce que les produisans étant proportionnels aux côtés homologues *, les cubes des produisans le seront aussi à ceux de ces côtés * : Donc les solides semblables sont entr'eux comme les cubes de leurs produisans ou de leurs côtés homologues. C. q. f. d.

* N. 1094.

* N. 689.

*REMARQUES.*

I.

1104. Il est évident que cette même démons-

tration convient généralement à tous les solides semblables, parce qu'ils sont toujours entr'eux en raison composée de trois raisons égales, & par conséquent comme les cubes des termes de ces
*N. 642. raisons *, lesquels termes sont les produisans homologues des solides.

## I I.

1105. Comme les lignes semblablement tirées dans les solides semblables, sont proportionnelles aux produisans & aux côtés homologues des soli-
*N. 1102. des *, leurs cubes sont aussi proportionnels à ceux
*N. 689. des produisans & des côtés homologues *; c'est pourquoi les solides semblables sont encore entr'eux comme les cubes de leurs lignes semblablement tirées.

### *COROLLAIRES.*

## I.

1106. Il suit de la précédente proposition, *que les parallélipipédes semblables sont entr'eux comme les cubes de leur hauteur, ou des côtés homologues de leurs bases.*

Ainsi, si l'on a deux parallélipipédes semblables, dont la hauteur du premier soit 1, & celle du second 2, le premier sera au second comme le cube de 1, qui est 1, est au cube de 2 qui est 8, c'est-à-dire, que le premier ne sera que la huitiéme partie du second.

## I I.

1107. *Que si l'on a deux cubes, dont le côté du premier soit la moitié de celui du second, le pre-*

*mier sera aussi au second, comme 1 est à 8; & que si le côté d'un de ces cubes étoit 2, & celui de l'autre 3, ils seroient entr'eux comme le cube de 2 qui est 8, est au cube de 3 qui est 27.*

## III.

1108. *Que les spheres sont entr'elles comme les cubes de leurs rayons ou de leurs diametres.*

Car elles sont entr'elles comme les cubes de leurs produisans homologues *: Or les diametres sont des produisans homologues : Donc, &c. * N. 1103.

*Elles sont aussi entr'elles comme les cubes de leurs rayons*, parce que les rayons étant proportionnels aux diametres, leurs cubes le seront encore à ceux des diametres * : Donc, &c. * N. 689.

Ainsi, si l'on a une sphere dont le diametre soit double de celui d'une autre sphere, elle en sera octuple; car elles seront entr'elles comme 1 est à 8.

C'est pourquoi si l'on compare un boulet d'un pouce de diametre, avec un autre boulet de deux pouces, & que celui d'un pouce pese, par exemple, une livre, celui de deux pouces qui contiendra huit fois plus de matiere, pesera huit fois davantage, c'est-à-dire, huit livres.

1109. Il suit aussi de la même proposition, que si l'on connoît le diametre & le poids d'un boulet, on pourra venir aisément à la connoissance du poids d'un autre boulet dont le diametre sera donné, ou à trouver le diametre d'un autre boulet dont le poids sera également donné.

Car si, par exemple, on suppose qu'un boulet de 3 pouces de diametre pese 4 livres, & qu'on veuille trouver celui d'un boulet de 24 livres, on dira comme 4 livres est à 24 livres; ainsi le cube de 3 qui est 27, est au cube du boulet de 24. Faisant cette Régle, on trouvera 162 pouces pour le cube du diametre du boulet de 24; ainsi la racine cube de ce nombre donnera le diametre du boulet de 24, qui est, à peu près, 5 pouces 6 lign. &c.

```
4. 24. 27.
        24
       ---
       108
       54.
       ---
       648 { 162
       4
       --
       24
        4
       --
        08
         4
        --
         0
```

IIIO. Supposant aussi que le diametre de la terre soit connu, & que le diametre du soleil soit cent fois plus grand que celui de la terre, on trouvera le globe du soleil par cette même Régle, *comme le cube du diametre de la terre qui est* 1, *est au cube de celui du soleil qui est le cube de* 100; *ainsi la solidité de la terre est à celle du soleil;* ou, comme le cube de 1 qui est 1, est au cube de 100 qui est 1000000; ainsi le globe de la terre est à celui du soleil : ce qui fait voir que le globe du soleil est un million de fois plus grand que celui de la terre.

## *PROBLEMES.*

### PREMIER PROBLEME.

IIII. *Trouver la solidité d'un cone tronqué droit, dont la hauteur est connue, de même que le diametre de chacune de ses bases.*

Planc. 16, Figure 9. Soit le cone tronqué droit ABDE, dont les diametres des bases AB, ED sont connus, de même que la hauteur CG.

Si l'on connoissoit la hauteur de la partie EDF qui est tronquée, on auroit le cone entier AFB, dont on trouveroit la solidité en multipliant la surface de sa base AB par le tiers de sa hauteur ou de son axe CF *. On trouveroit de même celle du petit cone retranché EFD, le diametre ED de sa base & sa hauteur GF étant connus : Ainsi toute la difficulté de cette opération ne consiste donc qu'à déterminer la hauteur CF que le cone auroit si les côtés AE & BD étoient prolongés jusqu'à leur rencontre au sommet F. *N. 1071.

Pour trouver cette hauteur CF, il faut de l'extrémité E du diametre de la base supérieure ED, imaginer la perpendiculaire EH qui sera parallèle à CG ou CF : ce qui donnera les deux triangles AHE, ACF qui seront semblables ; car l'angle A est commun à l'un & à l'autre, & les angles en H & en C sont droits. On aura donc AH.HE::AC.CF : Or AH est connue, parce qu'elle est la différence des deux rayons AC & EG qui sont donnés ; HE qui est égale à CG est donnée, de même que le rayon AC de la base : Donc CF étant le quatriéme terme d'une proportion dont les trois premiers sont connus, sera connue *, & le problême pourra ensuite s'achever sans aucune difficulté. *N. 669 & 806.

1112. Comme le toisé du cone tronqué est fort important dans l'Artillerie pour mesurer *l'Excavation* (*a*) ou *l'Entonnoir* des mines, nous en donnerons ici le calcul tout entier :

(*a*) L'Excavation ou l'Entonnoir d'une mine est l'espéce de trou ou d'enfoncement qu'elle fait en sautant. On a trouvé que cet enfoncement a sensiblement la figure d'un cone tronqué droit. *Voyez* le Chapitre des *mines* dans *l'Artillerie raisonnée*.

Soit ſuppoſé AB de 42 pieds,
ED de 14 pieds,
Et CG ou EH de 56.

L'on aura le rayon AC de 21 pieds, & EG de 7; par conſéquent AH qui eſt égale à AC moins EG, c'eſt-à-dire à 21, moins 7, ſera de 14 pieds.

L'on aura donc, en ſubſtituant dans la proportion AH.HE :: AC.CF, à la place des trois premiers termes leurs valeurs connues, 14. 56 :: 21.CF; $CF = \frac{56 \times 21}{14} = 84$ pieds : Ainſi la hauteur entiere du cone propoſé eſt de 84 pieds.

Retranchant de cette hauteur celle du cone tronqué qui eſt de 56 pieds, il reſtera 28 pieds pour la valeur de GF, ou pour la hauteur de la partie tronquée vers le ſommet.

Préſentement, on trouvera la ſolidité du cone entier en multipliant la ſurface de ſa baſe par le tiers de CF.

Pour avoir cette ſurface on cherchera ſa circonférence à l'ordinaire, par cette régle de trois, 7 eſt à 22, comme 42 eſt à la circonférence
* N. 448. de AB*, qu'on trouvera de 132 pieds : On multipliera cette circonférence par la moitié de
* N. 440. AC*, ou pour éviter les fractions, par AC tout entier, qui eſt 21, & l'on prendra la moitié du produit 2772, qui eſt 1386 pieds quarrés. On multipliera cette ſuperficie par le tiers de CF, c'eſt-à-dire, par le tiers de 84, qui eſt 28, & le produit 38808 pieds cubes, ſera la ſolidité du cone entier.

```
      1 3 2
        2 1
   ----------
      1 3 2
    2 6 4 .
   ----------
    2 7 7 2
   ----------
    1 3 8 6 Superficie de la base du cone.
        2 8
   ----------
  1 1 0 8 8
  2 7 7 2 .
   ----------
  3 8 8 0 8 pieds cubes. Solidité du cone entier.
```

On trouvera de même la solidité du petit cone. Pour cet effet, on cherchera d'abord la circonférence du cercle de sa base, en disant $7 . 22 :: 14 . x = \frac{14 \times 22}{7} = 44$. On multipliera cette circonférence par la moitié du rayon FG, ou pour éviter les fractions, par ce rayon entier qui vaut 7 pieds, & l'on prendra la moitié du produit 308, qui donnera 154 pieds quarrés pour la surface de la base du petit cone.

On multipliera cette base par le tiers de GF ou par GF entier, & l'on prendra le tiers du produit 4312 qui est 1437 pieds cubes & un tiers de pied, ou 4 pouces cubes courant sur pieds, pour la solidité du petit cone.

On retranchera de la solidité du cone total, celle du petit, & il restera pour le cone tronqué, 37370 pieds cubes $\frac{2}{3}$ ou 8 pouces, pour la solidité du cone tronqué proposé ABDE.

Si l'on veut connoître en toises la solidité de ce cone tronqué, on divisera les pieds cubes qu'il

contient par 216, nombre des pieds cubes que
* N. 1049. contient la toise cube*; & le quotient donnera les toises cubes de la solidité du même cone.

```
       44
        7
    -------
      308
    -------
      154  Superficie de la base du petit cone.
       28
    -------
     1232
     308
    -------
     4312
    -------
     1437 1/3. Solidité du petit cone.
```

*Cone total* . . 38808 pieds cubes.
*Petit cone* . . . 1437 $\frac{1}{3}$
*Différence* . . 37370 $\frac{2}{3}$ *Solidité du cone tronqué.*

## SECOND PROBLEME.

Planc. 17, Fig. 1. 1113. *Trouver la solidité d'un cone tronqué oblique ABCD dont on connoît la hauteur DG, le côté AD, & le diametre des bases AB & DC.*

### RÉSOLUTION.

Il ne s'agit, comme dans le problême précédent, que de trouver la hauteur du cone entier.

Pour cela, il faut imaginer ses côtés prolongés jusqu'à ce qu'ils se rencontrent au sommet E, & considérer alors qu'on a deux triangles semblables AEB, DEC, qui donnent AB . DC ::
N. 684. AE . DE; & en divisant* AB — DC . DC ::

AE—DE.DE : Or AB & DC étant connues, leur différence ou AB—DC le sera aussi. Considérez de même que AE—DE=AD qui est supposé connue, & qu'ainsi les trois premiers termes de cette proportion étant connus, DE qui en est le quatriéme, le sera également; d'où il suit, qu'ajoutant DE à AD, AE sera connue.

On imaginera ensuite du point E la perpendiculaire EH qui donne la hauteur du cone entier, & l'on prolongera DC jusqu'en F. Alors on aura les deux côtés EA, EH du triangle AEH qui seront coupés par DF, parallèle à la base AH; ce qui donnera AD . DE :: HF . FE*.

* N. 785.

Les trois premiers termes de cette proportion sont connus; car AD l'est, par la supposition; la proportion précédente a fait connoître DE, & le troisiéme terme FH est égal à DG, qui est la hauteur du cone tronqué : Donc FE sera aussi connue.

La hauteur du cone total & celle du petit cone retranché étant ainsi connues, on achevera le problême comme le précédent.

## TROISIÉME PROBLEME.

1114. *Trouver la solidité d'une pyramide tronquée quelconque, dont les bases sont connues de même que les côtés des trapezes dont elle est entourée, & la perpendiculaire tirée entre ses deux bases.*

Soit la pyramide tronquée ABCDG dont les bases AC & GD sont connues, de même que les côtés EBDC, &c. & la perpendiculaire HI tirée entre ses deux bases : Il faut trouver la solidité de cette pyramide.

Planch. 17, Figure 2.

## RÉSOLUTION.

On imaginera que tous les côtés de la pyramide tronquée sont prolongés jusqu'à leur point de rencontre L, qui sera le sommet de la pyramide entiere. De ce sommet, on imaginera la perpendiculaire LI tirée sur la base AC, qui coupera GD en H. Cette perpendiculaire sera la hauteur de la pyramide entiere. On cherchera sa valeur comme dans le problême précédent.

Pour cela, on verra que les deux triangles semblables BLC, ELD donnent BC . ED :: CL . DL : D'où l'on tire en divisant BC — ED . ED :: CL — DL . DL ; ce qui donnera la valeur de DL ; car BC & ED étant connus, leur différence BC — ED le sera aussi. CL — DL = DC qui est connu : Donc les trois premiers termes de cette proportion étant connus,
* N. 669 & 806. le quatriéme DL le sera aussi *.

Présentement tirant HD & IC qui seront parallèles, étant les communes sections des plans pa-
* N. 911. rallèles GD & AC, & du plan coupant ILC * ; c'est pourquoi on aura le triangle CLI dont les deux côtés LC & LI seront coupés propor-
* N. 781. tionnellement par HD parallèle à IC * ; ce qui donnera CD . DL :: IH . HL. Les trois premiers termes de cette derniere proportion sont connus ; car CD est connue par la supposition, & DL l'est par la précédente proportion : A l'égard de IH elle est connue, puisqu'elle est la perpendiculaire entre les deux bases de la pyramide tronquée : Donc HL, qui est égale à
* N. 669. $\frac{DL \times IH}{CD}$ *, sera connue, & par conséquent la

hauteur LI de la pyramide entiere le sera également.

Cette préparation étant faite, il ne s'agit plus que de trouver la solidité de la pyramide entiere ABCKL, en multipliant sa base AC par le tiers de LI*, & d'en retrancher la solidité de la petite pyramide GEDFL, qui est aussi égale au produit de sa base GD par le tiers de HL, le reste sera la solidité de la pyramide tronquée proposée. Ce qui est évident. *N. 1071.

*Remarque.*

1115. Il est évident que cette résolution convient également aux pyramides tronquées droites, comme aux obliques.

## QUATRIÉME PROBLEME.

1116. *Trouver la solidité d'un secteur sphérique ACBE, dont le côté CA ou le rayon de la sphere est connu, de même que le diametre AB de la calote sphérique qui sert de base au segment AEB.* Planch. 17. Figure 8.

*Résolution.*

Il faut trouver d'abord la surface de la calote ou du segment AEB en multipliant la circonférence du grand cercle de la sphere ou de celui qui a CA pour rayon, par la hauteur DE de cette calote*. Cette hauteur n'est pas supposée connue dans ce problême; mais on peut la trouver aisément en considérant que si du centre C de la sphere on tire CE perpendiculaire sur AB, il la coupera en deux également en D*, & qu'alors à cause du triangle rectangle CAD, dont l'hypoténuse CA & un côté AD sont connus, on trou- *N. 1029. *N. 139.

vera, ôtant du quarré de CA celui de AD, le
* N. 794. quarré de CD*, dont la racine donnera la valeur de CD. Otant ensuite CD de CE ou CA; il restera la valeur de DE.

Cette ligne étant ainsi trouvée, & la surface de la calote connue, il faut considérer que le segment ACBE peut être regardé comme composé d'une infinité de petites pyramides de même hauteur, dont le sommet est au centre C, & dont les bases forment la surface de la calote : Or ces petites pyramides de même hauteur CA sont égales à une seule qui auroit pour base la somme de toutes les bases de ces pyramides, & la même hauteur CA.

D'où il suit que le secteur de sphere ACBE est égal à une pyramide qui auroit pour base la surface de la calote qui le termine sur la sphere, & pour hauteur le rayon CA de la sphere ; & qu'ainsi, pour avoir la solidité du secteur proposé, il faut multiplier la surface de la calote AEBA, par le tiers du rayon de la sphere.

*REMARQUE.*

Si le diametre AB de la calote & sa hauteur DE avoient seulement été donnés, on feroit venu à la connoissance du rayon CA par la propriété du cercle, c'est-à-dire, en considérant que AD est moyenne proportionnelle entre la hauteur DE de la calote, & le reste du diametre
* N. 798. metre*; ce qui donne DE . AD :: AD . DF : c'est pourquoi cherchant une troisiéme propor-
* N. 673 & 807. tionnelle à DE & AD*, on aura la valeur de DF, à laquelle ajoutant DE, on aura le diametre de la sphere, dont la moitié sera le rayon CE ou CA.

## CINQUIÉME PROBLEME.

1117. *Trouver la solidité d'une calote sphérique ADB, dont le diametre AB de la base est connu, & la hauteur DE de la calote.*

*RÉSOLUTION.*

On trouvera d'abord la valeur du rayon AC de la sphere, comme on l'a enseigné dans la remarque précédente; ensuite la solidité de tout le secteur CADB par le précédent problême. On ôtera de cette solidité celle du cone ACB, dont on connoît le diametre AB de la base & la hauteur CE, qui est la différence du rayon CA, & de la hauteur DE de la calote, le reste sera la solidité de la calote. Ce qui est évident. Planch. 17. Figure 4.

## SIXIÉME PROBLEME.

1118. *Trouver la solidité d'une zone ABCD, dont la hauteur HL est connue de même que le rayon AH de la sphere.*

*RÉSOLUTION.*

Si le cercle AB de la base de la zone passe par le centre H de la sphere, il faudra trouver d'abord la solidité de la demi-sphere, & ensuite ôter de cette solidité, celle de la calote sphérique DCG, qui jointe à la zone, acheve la demi-sphere, le reste sera évidemment la solidité de la zone. Planc. 17. Figure 5.

Si la grande base de la zone ne passe pas par le centre, on tirera les rayons AH & HB, & l'on trouvera la solidité de la calote ADGCB qui renferme la zone ABCD & la calote DGC. Figure 6.

On trouvera après cela la ſolidité de cette calote ſupérieure ; on l'ôtera de la ſolidité de la premiere ; le reſte ſera la ſolidité de la zone ABCD.

### REMARQUE.

Pour le ſecond cas de ce dernier problême, il faut connoître les deux diametres des baſes AB & DC de la zone ; car alors il ſera aiſé, par le moyen des triangles rectangles AKH, DLH, dont les hypoténuſes AH & DH ſont données, & un côté AK & DL, de déterminer la valeur des lignes HK & HL, dont on a beſoin dans le calcul dont il s'agit.

## SEPTIÉME PROBLEME

1119. *Trouver le diametre d'une ſphere dont la ſolidité ſoit donnée, par exemple, de dix pieds cubes.*

On fera cette analogie fondée ſur le Théorême, N. 1078.

*Comme* 11
*Eſt à* 21 ;
*Ainſi la ſolidité de la ſphere*, 10 *pieds cubes* ;
*Eſt au cube de ſon diametre.*

Faiſant cette régle de proportion, on trouvera 19 pour le cube du diametre cherché ; la racine cube de ce nombre, qui eſt de 2 pieds 8 pouces environ, donnera le diametre de la ſphere dont la ſolidité ſera de 10 pieds cubes.

## HUITIÉME PROBLEME.

1120. *Trouver la ſolidité d'un corps irrégulier.*

Il faut le partager en parallélipipédes, priſmes, pyramides, &c. & meſurer chacun de ces ſolides en particulier ; leur ſomme donnera la ſolidité du corps irrégulier propoſé.

Si le corps eſt très-irrégulier, enſorte qu'il ne puiſſe pas ſe partager aiſément en corps géométriques ou meſurables, on pourra, ſi le volume n'en eſt pas trop conſidérable, le plonger dans un vaiſſeau parallélipipéde, qu'on remplira enſuite d'eau ou de ſable, & retirant enſuite le corps, le vuide du parallélipipéde, qui ſera auſſi un ſolide de même eſpéce, donnera l'eſpace qu'occupoit le corps qui y étoit plongé; enſorte qu'en toiſant ou meſurant ce vuide, on aura la ſolidité du corps irrégulier propoſé. C'eſt ainſi qu'on pourroit avoir la ſolidité d'une ſtatue & de tout autre corps irrégulier de même eſpéce.

## NEUVIÉME PROBLEME.

1121. *Trouver la ſolidité d'un corps creux.*

### *Résolution.*

Il faut d'abord le meſurer comme plein, & enſuite meſurer le vuide qu'il renferme ; ôtant enſuite ce vuide de la ſolidité du corps conſidéré plein, le reſte ſera celle du corps creux. Planch. 17. Figure 7.

Par exemple, ſoit propoſé de meſurer la maçonnerie d'un puits ABCD, ou ce qui eſt la même choſe, d'un cylindre creux dont le diametre AB de la baſe eſt de ſix pieds, & celui EF du vuide de quatre pieds. Supposons aussi que la hauteur du cylindre ou la profondeur AC du puits soit de trente pieds.

$$7 . 22 :: 6 . x = \frac{22 \times 6}{7} = 18 \tfrac{6}{7}.$$

18 $\frac{6}{7}$ *Circonférence du cylindre plein.*
3 *Rayon de sa base.*

56 $\frac{4}{7}$.

28 $\frac{2}{7}$ *Superficie de la base AB.*
30 *Hauteur du cylindre.*

840
*Pour* $\frac{1}{7}$ - 4 $\frac{2}{7}$
*Pour* $\frac{1}{7}$ - 4 $\frac{2}{7}$

848 $\frac{4}{7}$ *Solidité du cylindre plein.*

$$7 . 22 :: 4 . x = \frac{22 \times 4}{7} = 12 \tfrac{4}{7}.$$

12 $\frac{4}{7}$ *Circonférence du cylindre vuide.*
1 *Moitié du rayon de la base du cylindre vuide.*

12 $\frac{4}{7}$ *Superficie de la base du même.*
30 *Hauteur du même cylindre.*

360
*Pour* $\frac{1}{7}$ - 4 $\frac{2}{7}$
*Pour* $\frac{3}{7}$ 12 $\frac{6}{7}$

377 $\frac{1}{7}$ *Solidité du cylindre vuide.*

*qui de* 848 $\frac{4}{7}$ *Cylindre total.*
*ôte* - 377 $\frac{1}{7}$ *Cylindre vuide.*

*Reste* 471 $\frac{3}{7}$ pieds cubes. *Cylindre creux.*

On

On trouvera d'abord la solidité du cylindre total CB en multipliant la surface du cercle dont AB est diametre, par la hauteur CA*, & l'on aura 848 pieds cubes & $\frac{4}{7}$ pour la solidité de ce cylindre. * N. 1041.

On mesurera après cela la solidité du cylindre vuide GF; qu'on trouvera de 377 pieds cubes $\frac{1}{7}$. On ôtera cette solidité de la premiere, le reste 471 pieds cubes $\frac{3}{7}$ sera la solidité de la maçonnerie du puits ACDB.

*Remarques.*

I.

1122. Si le revêtement du puits ou du cylindre avoit un talud ou une pente extérieure, le solide total formeroit alors un cone tronqué.

Pour avoir, dans ce cas, la solidité du revêtement, il faudroit toiser le cone tronqué & le cylindre vuide ou intérieur; il est évident que le reste ou la différence de ces deux solidités seroit celle du revêtement.

Si la pente ou le talud du revêtement du cylindre étoit intérieur, alors le vuide formeroit un cone tronqué. C'est pourquoi ôtant de la solidité du cylindre total, celle du cone tronqué intérieur, on auroit celle du revêtement du solide proposé.

II.

1123. Si l'on vouloit avoir la solidité d'une partie du revêtement des solides précédens, comprise entre deux plans qui partant de l'axe, soient perpendiculaires aux bases, il est évident qu'il suffiroit de connoître l'angle formé par les communes sections de ces plans avec les bases.

En effet, si l'on suppose que cet angle soit le tiers ou le quart, &c. de la circonférence, l'espéce de secteur que renfermeront les plans précédens, sera le tiers ou le quart du total du revêtement du solide. C'est pourquoi on en trouvera la valeur par cette régle de trois.

*Comme 360 dégrés sont aux dégrés de l'arc du secteur, ainsi la solidité totale du revêtement du solide proposé est à celle du secteur.*

Nous nous servirons dans la suite de ces deux Remarques, comme le fait M. *Belidor* dans son Cours de Mathématiques, pour le toisé du revêtement du flanc concave & de l'orillon.

## DIXIÉME PROBLEME.

1124. *Trouver deux moyennes proportionnelles entre deux lignes droites données AB & BD.*

### *RÉSOLUTION.*

Planc. 17, Figure 8. On fera un rectangle AD qui ait pour côtés différens les deux lignes AB & BD: On tirera les deux diagonales AD & BE, & on prolongera indéfiniment les deux côtés BD & BA vers H & vers I. On décrira après cela du point C, pris pour centre, un arc IKH, qui coupe les deux côtés BD & BA prolongés, mais de maniere (& c'est à quoi on ne peut parvenir que par le tâtonnement) que la ligne IH tirée des points H & I, où l'arc K coupe le prolongement des lignes BD & BA, passe par le point E du rectangle ED. Cette ligne étant ainsi trouvée, les lignes DH & AI seront les deux moyennes proportionnelles cherchées.

DÉMONSTRATION.

Prolongez l'arc HKI en N, & prolongez aussi BH & BI en M & en N: Du centre C, abbaissez les perpendiculaires CG & CL sur BD & BA, lesquelles couperont les cordes MH & NI en deux également, de même que les côtés BD & BA du rectangle BE *. L'on aura ainsi DH=BM & BN=AI. Tirez aussi MN. * N. 189.

Considérez ensuite que les triangles EDH, MBN sont semblables; car ils ont chacun un angle droit EDH, MBN, & les angles EHD, MNB, égaux, l'un & l'autre ayant pour mesure la moitié de l'arc MI *: Donc DE.DH::BM.BN, ou comme BM=DH mettant DH à la place de BM, & AI à celle de BN, on aura DE.DH::DH.AI. * N. 199.

Les triangles MBN, IAE sont aussi semblables ayant les angles B & A droits, & les angles M & I qui s'appuyent sur le même arc NH, égaux: Donc MB (ou son égale) DH.AI:: BN.AE, ou en mettant AI à la place de BN qui lui est égale, on aura DH.AI::AI.AE: mais, par la comparaison des deux premiers triangles semblables, on a DE.DH::DH.AI: Donc on a par ces deux proportions DE.DH:: DH.AI::AI.AE: Donc DH & AI sont les deux moyennes proportionnelles entre ED & AE, ou leurs égales AB & BD. C. q. f. d.

## ONZIÉME PROBLEME.

1125. *Faire un cube qui soit à un autre cube donné, dans une raison quelconque, par exemple, dans celle de 2 à 3, c'est-à-dire, qui en soit les deux tiers.*

Planch. 18, Figure 1. Soit le cube donné X, il faut en trouver un autre Y qui en soit les deux tiers.

*RÉSOLUTION.*

Il faut diviser AB en trois parties égales; prendre deux de ses parties, & chercher deux moyennes proportionnelles entre la ligne AB & les deux tiers de AB, qu'on suppose être GH; le cube Y qui aura pour côté la premiere de ces deux moyennes proportionnelles, sera le côté du cube demandé.

*DÉMONSTRATION.*

Soit EF la premiere de ces deux moyennes proportionnelles, qui est le côté du cube Y, on aura par le N. 695, $\overline{AB}^3 . \overline{EF}^3 :: AB . GH$: Donc puisque GH est les deux tiers de AB, le cube de EF ou $\overline{EF}^3$, sera de même les deux tiers du cube de AB ou de $\overline{AB}^3$; c'est-à-dire, que X.Y :: 3.2.

*REMARQUES.*

I.

1126. Si on avoit voulu que le second cube fût double du premier, il auroit fallu trouver deux moyennes proportionnelles entre AB & le double de AB; le cube qui auroit eu pour côté la premiere de ces deux moyennes proportionnelles, auroit été double du proposé X: ce qui est évident.

II.

1127. Ce problême peut servir, comme on

le voit, à faire un cube double d'un autre, c'eſt ce qu'on appelle la *duplication du cube*, qui étoit fort célébre du temps de *Platon*. On prétend que la peſte ravageant l'*Attique*, l'Oracle d'*Apollon* à *Delos* ayant été conſulté ſur les moyens de la faire ceſſer, demanda qu'on lui fît un Autel double de celui qu'il avoit. Ces Autels étoient cubiques; ainſi il falloit trouver la duplication du cube pour ſatisfaire l'Oracle. Les plus grands Géométres y travaillerent ſans ſuccès, parce qu'ils vouloient n'employer pour ſa réſolution, que la ligne droite & la circulaire, c'eſt-à-dire, qu'ils vouloient le réſoudre par la Géométrie ordinaire, qui ne conſidére que ces deux ſortes de lignes. Ce problême eſt encore inſoluble de cette maniere parmi les Modernes, comme il l'étoit parmi les Anciens. On voit cependant qu'il ne conſiſte qu'à trouver deux moyennes proportionnelles entre deux lignes données. Mais il s'agit de les trouver ſans tâtonnement & de la même maniere qu'on trouve une troiſiéme, une moyenne proportionnelle, &c. à deux grandeurs données.

Les Anciens ont donné différentes méthodes à ce ſujet, mais qui ſuppoſant ou du tâtonnement ou des inſtrumens différens du compas ordinaire, ou enfin des lignes courbes d'une autre eſpéce que la circulaire, n'étoient pas cenſés alors géométriques. Depuis *Deſcartes*, on appelle *géométrique* tout ce qui eſt précis & exact, & *méchanique* ce qui ne l'eſt pas : enſorte que ce qui ſe fait par la Géométrie compoſée, qui a pour objet la conſidération des ſections du cone, eſt regardé comme géométrique. En ſe ſervant de cette Géométrie, on trouve aiſément deux moyennes proportionnelles entre deux lignes données par l'interſection de deux ſections du cone; mais comme ces ſections n'appartiennent pas à un Traité Elémentaire comme celui-ci, on a donné une autre méthode de réſoudre ce problême; laquelle ſuppoſant un peu de tâtonnement, ne peut être regardée comme géométrique.

1128. Il eſt aiſé d'obſerver qu'on ne peut faire, en nombres, des cubes dans tel rapport que l'on veut, qui ſoient, par exemple, les moitiés, les tiers, &c. les uns des autres; car pour cela il faudroit pouvoir trouver deux moyennes proportionnelles entre les nombres qui expriment les côtés de ces cubes, & leurs moitiés, leurs tiers, &c. ce qui ne ſe peut pas dans toutes ſortes de nombres.

1129. Si on pouvoit extraire exactement la racine cube de toutes ſortes de quantités ou de nombres, on n'auroit pas beſoin de moyennes proportionnelles pour faire des cubes & des ſolides ſemblables dans tel rapport que l'on voudroit; car ſi, par exemple, il falloit faire une ſphere triple d'une autre, il n'y auroit qu'à cuber le diametre de la ſphere propoſée, multiplier enſuite ce cube par 3, & en extraire la racine cube du produit; la ſphere qui auroit pour diametre une ligne égale aux unités de cette racine, ſeroit évidemment triple de la premiere; car les ſpheres
* N. 1108. ſont comme les cubes de leurs diametres *: Or le cube de la ſeconde eſt par l'opération triple de celui de la premiere: Donc, &c. Mais c'eſt ce qui ne ſe peut, comme on l'a démontré N. 769.

1130. On peut appliquer ce même raiſonnement à tous les autres ſolides ſemblables. S'il ſuffit d'avoir leurs côtés homologues par approximation, on peut diviſer celui du ſolide propoſé en un très-grand nombre de petites parties, afin que les restes des racines cubes deviennent d'une grandeur insensible. Alors si le solide demandé doit être double du proposé, on doublera le cube de ce proposé, & on extraira la racine cube du produit, qui sera le côté homologue du solide double, &c.

## DOUZIÉME PROBLEME.

1131. *Faire un cube égal à un parallélipipéde.*

Soit le parallélipipéde AD auquel on veut faire un cube égal.

*RÉSOLUTION.*

Il faut d'abord changer la base BC du parallélipipéde en quarré, & pour cela trouver une moyenne proportionnelle FG entre les deux côtés AB & AC de la base du parallélipipéde. Planc. 18, Figure 2.

On cherchera ensuite deux moyennes proportionnelles entre FG, & la hauteur BE du parallélipipéde, la premiere de ces deux moyennes proportionnelles, qu'on suppose être HL, sera le côté du cube X, égal à AD.

*DÉMONSTRATION.*

Puisque FG est moyenne proportionnelle entre AB & AC, on a $\overline{FG}^2 = AB \times AC$; multipliant chacun de ces termes par la hauteur BE du parallélipipéde AD, on aura $\overline{FG}^2 \times BE = AB \times AC \times BE$, c'est-à-dire, que le produit du quarré de la moyenne proportionnelle FG par la hauteur BE, est égal au produit des trois produisans du parallélipipéde AD, & par conséquent qu'il est égal à ce solide : mais HL est la premiere des deux moyennes proportionnelles entre FG & BE : Or, on a vû, N. 698, que la premiere des deux moyennes proportionnelles entre deux quantités quelconques, étoit égale à la racine cube du quarré de la premiere quantité multipliée par la seconde : Donc la racine cube de $\overline{FG}^2 \times BE$ ou $\sqrt[3]{\overline{FG}^2 \times BE} = HL$ : Donc, puisque cette racine est égale à HL, son cube X sera aussi égal à celui de HL, c'est-à-dire, que $\overline{FG}^2 \times BE = \overline{HL}^3$ : mais le premier produit de cette expression est égal au parallélipipéde proposé AD : Donc le cube de HL, c'est-à-dire X, est égal au même parallélipipéde. C. q. f. d.

## REMARQUES.

### I.

1132. Il suit de ce problême, que de la même maniere qu'on peut rapporter toutes les figures au quarré, on peut de même réduire les solides au cube ; car ils peuvent tous être réduits au parallélipipéde * : Or, puisque ce solide peut être changé en cube, les autres peuvent l'être également.

* N. 1084 & suiv.

### II.

1133. Si on a en nombres les trois produisans du parallélipipéde proposé AD, on trouvera aisément la valeur du côté du cube égal à ce parallélipipéde, en extrayant la racine cube de leur produit. Si ce produit n'est pas un cube parfait, on se servira de l'approximation des racines cubes pour approcher de sa racine, & trouver ainsi le côté cherché d'autant plus exactement qu'on voudra ajouter plus de tranches au produit des produisans du parallélipipéde; le tout ainsi qu'il est expliqué N. 546.

---

## III.

### *Usage du Compas de proportion pour faire des Solides semblables dans tel rapport que l'on veut.*

1134. Il y a sur les deux branches du compas de proportion une ligne appellée *ligne des solides*, sous laquelle est écrit *les solides*. Elle sert à faire des solides semblables dans tel rapport que l'on veut, comme celle des plans sert à faire des plans semblables qui soient entr'eux dans une raison donnée quelconque.

La longueur des branches du compas étant déterminée comme dans la ligne des plans, on trace les divisions de la ligne des solides de la même maniere; mais, comme les solides semblables sont dans la raison des cubes des côtés homologues, on divise cette ligne dans la progression des racines cubes des nombres naturels 1, 2, 3, 4, &c. ensorte que le cube qui a pour côté la premiere division, est la moitié de celui qui a pour côté les deux premieres, le tiers de celui qui a pour côté les trois premieres, &c. Ces divisions sont ordinairement au nombre de 64.

Pour trouver ces différentes divisions, on suppose que la longueur de la ligne des solides sur chaque branche, est divisée en un grand nombre de parties égales, comme 1000; ou, si l'on veut encore plus d'exactitude, en un plus grand nombre de parties. On cube 1000, qui donne 1000000000, & l'on extrait la racine cube de sa 64e partie, laquelle donne la premiere division de la ligne des solides, qui se marque du centre en allant vers l'extrémité de chacune des branches du compas. Si on cube ensuite les parties de cette premiere division, & que le cube en soit multiplié par 2, la racine cube du produit sera la seconde division de la ligne des solides; & si on le triple, & qu'on en extraye ensuite la racine cube, on aura le côté du troisiéme solide ou de la troisiéme division. On trouvera de la même maniere la quatriéme, la cinquiéme, &c.

La construction de la ligne des solides étant ainsi expliquée, ses usages se concevront avec beaucoup plus de facilité.

## PREMIER PROBLEME.

1135. *Faire un solide avec le compas de proportion, comme, par exemple, une sphere qui soit à une autre sphere donnée X dans le rapport de 9 à 4.*

Planch. 18, Figure 5. Soit AB le diametre de la sphere X, & soit DCE l'angle que font ensemble les deux lignes des solides sur les branches du compas de proportion dont le centre est C.

On prendra le diametre AB avec le compas ordinaire, & on le portera sur les deux mêmes divisions de la ligne des solides; mais on prendra ces divisions, dans cet exemple, de maniere qu'elles soient les quatre neuviémes d'autres divisions de la ligne des solides. On choisira pour cela un nombre 36 ou 54 qui peut se diviser par 9. Supposons qu'on ait choisi 36, sa neuviéme partie est 4, ses quatre neuviémes seront donc 16. On ouvrira le compas de proportion, ensorte que l'intervalle de 16 à 16 qu'on suppose FG, soit égal au diametre AB.

Le compas de proportion restant ainsi ouvert, on prendra l'intervalle des divisions 36 & 36 des deux lignes des solides : on suppose que cet intervalle est HL. Cette ligne sera le diametre d'une sphere Y qui sera à X dans la raison de 9 à 4.

*DÉMONSTRATION.*

Les triangles semblables CFG, CHL donnent CF . CH :: FG . HL. Ces quatre lignes étant proportionnelles, leurs cubes le sont aussi : Or le cube de CF est à celui de CH, comme 16 est à 36 ou comme 4 est à 9, par la construction de la ligne des solides : Donc le cube de FG est à celui de HL dans la même raison de 4 à 9 ; mais les spheres X & Y sont comme les cubes de leurs diametres : Donc, &c.

Il est évident qu'on fera de même un cube double d'un autre cube, & en général des solides semblables qui soient entr'eux dans telle raison que l'on voudra.

Si le diametre AB est trop grand pour pouvoir être porté sur les deux lignes des solides, on y portera son tiers, son quart, ou telle partie plus petite qu'on voudra, & alors HL sera la même partie du diametre de Y ; ensorte qu'en la prenant autant de fois que la partie FG est contenue dans AB, on aura le diametre de la sphere Y.

## SECOND PROBLEME.

1136. *Trouver avec la ligne des ſolides, le rapport de deux ſolides quelconques ſemblables, par exemple, celui de deux ſpheres S & T dont les diametres ſont AB & CD.*

### *RÉSOLUTION.*

Planc. 18, Figure 4. On ouvrira à volonté les deux branches du compas de proportion, & l'on prendra avec le compas ordinaire, le diametre AB de la ſphere S, qu'on ſuppoſe la plus petite. On le portera ſur les deux mêmes diviſions de la ligne des ſolides. Suppoſons que ces diviſions ſoient 20 & 20.

On prendra enſuite le diametre CD de la ſphere T, qu'on portera ſur les deux lignes des ſolides, de maniere que les extrémités C & D tombent ſur les deux mêmes diviſions. Suppoſons que ce ſoit ſur 50 & 50. On aura alors la ſphere S eſt à la ſphere T, comme 20 eſt à 50, ou comme 2 eſt à 5.

Car les cubes des diametres AB & CD ſont entr'eux comme ces deux nombres; mais les ſpheres ſont entr'elles comme les cubes de leurs diametres: Donc, &c.

On trouvera de la même maniere le rapport de deux autres ſolides ſemblables quelconques.

## TROISIÉME PROBLEME.

1137. *Le diametre d'un boulet de fer étant donné, par exemple, de ſix pouces, avec ſon poids de 33 livres, trouver le diametre d'un autre boulet, par exemple, de 24 livres.*

RÉSOLUTION.

On ouvrira le compas de proportion, de maniere que l'intervalle de 33 à 33 de la ligne des ſolides ſoit égale au diametre du boulet, c'eſt-à-dire, qu'il ſoit de ſix pouces. Le compas de proportion reſtant ainſi ouvert, l'intervalle de 24 à 24 ſera le diametre du boulet de 24 livres. Ce qui eſt évident, puiſque les deux ſolides qui auront ces deux intervalles pour diametres, ſeront entr'eux comme 33 eſt à 24, & que ces intervalles ſont en même raiſon : Donc, &c.

## QUATRIÉME PROBLEME.

1138. *Le diametre & le poids d'un boulet de fer étant donné, par exemple, celui de 4 livres qui eſt de trois pouces, trouver le poids d'un autre boulet dont le diametre ſera donné, par exemple, de 4 pouces.*

On portera le diametre du boulet de 4 livres ſur les deux mêmes diviſions 4 & 4 de la ligne des ſolides, & le compas de proportion étant ainſi ouvert, on portera le diametre donné de 4 pouces ſur les mêmes lignes; enſorte que les extrémités de ce diametre tombent auſſi ſur les mêmes diviſions; ces diviſions donneront le poids du boulet de quatre pouces de diametre.

REMARQUE.

1139. Lorſque l'on ſçait quel eſt le poids d'un boulet, on peut en trouver aiſément le diametre, & lorſqu'on en connoît le diametre, en trouver le poids, & ce, par le moyen d'une ligne marquée au bord extérieur des branches du compas de proportion, au commencement de laquelle eſt écrit *poids des boulets*. Elle contient ordinairement les diametres de tous les boulets, depuis celui du poids d'un quart de livre, juſqu'à celui de 36: Ainſi, pour trouver avec cette ligne le diametre d'un boulet, par exemple, de 24 livres, on prendra avec le compas commun l'intervalle depuis le commencement de la ligne juſqu'au N°. 24, & ainſi des autres.

Si le diametre du boulet eſt donné, & qu'on en veuille avoir le poids, on portera la longueur de ce diametre le long de la ligne du poids des boulets, en mettant une pointe du compas ordinaire ſur le commencement de cette ligne, & la diviſion qui répondra au point où tombera l'autre pointe du compas ordinaire, marquera le poids du boulet du diametre donné.

Il eſt évident que dans ces opérations, le compas de proportion doit être ouvert de maniere que ſes deux branches ne faſſent qu'une ſeule & même régle.

De l'autre côté de la ligne du poids des boulets eſt une autre ligne, au commencement de laquelle eſt écrit *calibre des piéces*. C'eſt ainſi qu'on nomme le diametre de la bouche du canon. Ce diametre eſt un peu plus grand que celui du boulet, afin que le canon ſe charge aiſément, & que le boulet uſe moins la piéce par ſon frottement. Cette ligne des calibres eſt diviſée en même nombre de parties que celle du poids des boulets. Sa premiere diviſion $\frac{1}{4}$ donne le diametre ou le calibre du canon qui chaſſe un boulet d'un quart de livre, la diviſion 24 celui d'une piéce d'un boulet de 24, & ainſi des autres diviſions.

# SUPPLÉMENT

## SUR LES CINQ CORPS RÉGULIERS.

*De la mesure de ces Corps, & démonstration du Problême N. 985, concernant la maniere de déterminer le côté de chaque Corps régulier propre à être inscrit dans une sphere dont le diametre est donné.*

1140. ON a déja vû, N. 1082, que chaque corps régulier est égal à une pyramide qui a pour base la surface du corps, & pour hauteur la perpendiculaire tirée du centre de la sphere inscrite sur une des faces de ce corps. On a donné, N°. 1031, la maniere de trouver la surface des corps réguliers; il ne s'agit plus ici que de déterminer la perpendiculaire, par le tiers de laquelle il faut multiplier cette surface. C'est l'objet qu'on se propose dans ce supplément, de même que la démonstration du problême, N. 985.

### *PROBLEME.*

1141. *Trouver le rapport du diametre de la sphere circonscrite au tétraëdre, au côté de ce solide.*

Soit le tétraëdre X inscrit dans la sphere Y, & soit prolongé le plan de la base de ce solide, jusqu'à ce qu'il coupe la sphere Y. Le plan de cette section sera un cercle dans la circonférence duquel le triangle équilatéral CDB de la base Planc. 18, Fig. 5.

du tétraëdre sera inscrit : Soit AB le diametre de ce cercle, dont le centre est O, & soit tiré AD qui sera égale au rayon AO, parce que DB étant la corde de 120 dégrés, AD sera celle de 60, qui est égale au rayon.

Cela fait, on aura le triangle ADB qui sera rectangle en D, l'angle ADB ayant son sommet à la circonférence du cercle, & s'appuyant sur le diametre AB : Ainsi, $\overline{AB}^2 = \overline{AD}^2 + \overline{DB}^2$. Comme le diametre AB est double de AO ou de son égal AD, le quarré de AB sera quadruple du quarré de AD *, ces quarrés étant entr'eux comme le quarré de 1 qui est 1, au quarré de 2 qui est 4 : Donc $\overline{AB}^2 = 4\overline{AD}^2$. Mettant donc dans l'expression $\overline{AB}^2 = \overline{AD}^2 + \overline{DB}^2$, $4\overline{AD}^2$ à la place de $\overline{AB}^2$, l'on aura $4\overline{AD}^2 = \overline{AD}^2 + \overline{DB}^2$ : De ces deux choses égales retranchant de part & d'autre le quarré de AD, il restera $3\overline{AD}^2 = \overline{DB}^2$.

* N. 862.

Présentement si du point P on abbaisse sur ADBCA la perpendiculaire PO prolongée jusqu'en G, elle sera évidemment le diametre de la sphere Y, & l'on aura le triangle rectangle POB qui donnera $\overline{PB}^2 = \overline{BO}^2 + \overline{PO}^2$, ou bien en mettant $3\overline{AD}^2$ à la place de $\overline{PB}^2$, & $\overline{AD}^2$ à la place de $\overline{BO}^2$, l'on aura $3\overline{AD}^2 = \overline{AD}^2 + \overline{PO}^2$, de laquelle expression retranchant le quarré de AD de part & d'autre du signe d'égalité, il restera $2\overline{AD}^2 = \overline{PO}^2$.

Maintenant

Maintenant l'on a par la propriété du cercle PO.OA::OA.OG, ou mettant à la place de OA, AD qui lui est égal, PO.AD::AD.OG. Mais lorsque trois grandeurs sont en proportion continue, le quarré de la premiere est au quarré de la seconde, comme la premiere est à la troisiéme *: Donc $\overline{PO}^2$, (ou son égal) $2\overline{AD}^2.\overline{AD}^2$:: PO.OG.: Donc OG est la moitié de PO: Donc PG=3OG. * N. 694.

Si l'on tire à présent GB, le triangle rectangle PBG sera semblable au triangle PBO *; d'où l'on aura PG ou 3OG.PB::PB.PO ou 2OG: le produit des extrêmes & celui des moyens de cette expression, donneront $3OG \times 2OG = \overline{PB}^2$; c'est-à-dire, que comme $3 \times 2$ donne 6, & $OG \times OG$ le quarré de OG ou $\overline{OG}^2$, que $6\overline{OG}^2 = \overline{PB}^2$, ou que, *6 fois le quarré du tiers du diametre de la sphere circonscrite, est égal au quarré du côté du tétraëdre.* * N. 763.

PREMIER COROLLAIRE.

1142. Il suit de-là que, lorsqu'on connoît le diametre de la sphere circonscrite au tétraëdre, on peut trouver le côté de ce solide, en trouvant par le problême du N. 875, le côté d'un quarré six fois plus grand que celui qui a pour côté le tiers du diametre de cette sphere; & réciproquement que lorsqu'on a le côté du tétraëdre, on trouvera le diametre de la sphere circonscrite, en trouvant le côté d'un quarré six fois plus petit que celui du côté du tétraëdre: car le côté de ce quarré sera le tiers du diametre cherché: Donc en le triplant, on aura ce diametre.

### DEUXIÈME COROLLAIRE.

Planch. 18, Fig 5 & 6. 1143. L'on peut donc, le côté du tétraëdre ou le tétraëdre lui-même étant donné, trouver le diametre de la sphere circonscrite. Mais ce diametre étant connu, la hauteur des quatre pyramides qui forment le tétraëdre peut l'être aussi très-facilement ; car il est évident que cette hauteur fait un triangle rectangle avec le rayon de la sphere & celui du cercle dans lequel chaque face du tétraëdre est inscrite ; c'est pourquoi si l'on trace à part une ligne *a o* égale à A O, c'est-à dire, au rayon du cercle dans lequel la face C D B du tétraëdre est inscrite, & si l'on éleve au point *o*, la perpendiculaire indéfinie *o h*, que du point *a*, pris pour centre, & de l'intervalle de la moitié de P G, on décrive un arc qui coupe *o h* dans un point comme *h*, *o h* sera évidemment la hauteur de chaque perpendiculaire tirée du centre de la sphere circonscrite sur chacune des faces du tétraëdre ; elle sera par conséquent la ligne par le tiers de laquelle il faut multiplier la surface totale du tétraëdre pour en avoir la solidité.

### REMARQUE.

1144. Le tétraëdre étant une pyramide droite dont la base est connue, lorsqu'on connoît son côté, on en peut trouver aisément la solidité sans le concevoir pour cela inscrit dans une sphere.

Figure 7. Car soit le tétraëdre A B D E : du centre C du triangle équilatéral A B D qui lui sert de base, on imaginera la ligne C E tirée du sommet E au point C ; elle sera perpendiculaire sur A B D ; car C est à égale distance de A, B & D ; E est aussi à égale distance des mêmes points; les lignes E A, E B, & E D étant égales : Donc, &c. Donc le triangle E C A est rectangle. Ce triangle étant composé du rayon A C de la base, du côté E A du tétraëdre, qui est son hypoténuse, & de la perpendiculaire E C, qui est la hauteur du tétraëdre; on viendra à la connoissance de cette hauteur en tirant à part une ligne $ac$ = A C; élévant au point $c$ la perpendiculaire indéfinie $c\,e$, & décrivant ensuite du point $a$, pris pour centre, & de l'intervalle A E, ou du côté du tétraëdre, un arc qui coupe $c\,e$ dans un point $e$, $c\,e$ sera égale à C E, c'est-à-dire, qu'elle sera la hauteur du tétraëdre. Planc. 18. Fig. 7 & 8.

Ainsi multipliant la surface du triangle A B C par le tiers de $c\,e$, on aura de cette maniere la solidité du tétraëdre comme par la précédente. Ce qui est évident.

*TROISIÉME COROLLAIRE.*

1145. *Une ligne A B étant donnée pour le diametre d'une sphere dans laquelle il faut inscrire un tetraëdre, en trouver le côté.*

On divisera A B en trois parties égales, & l'on prendra B E du tiers A B; on élevera E D perpendiculaire à A B, & terminée en D par la demi-circonférence A D B qui a A B pour diametre. On tirera ensuite A D qui sera le côté du tétraëdre capable d'être inscrit dans la sphere dont A B est le diametre. Planch. 19. Figure 1.

*DÉMONSTRATION.*

Tirez D B, & considérez que les triangles rectangles A D B, A D E qui sont semblables donnent A B, ou 3 B E . A D : : A D . A E, ou 2 B E;

ou bien 3 BE . AD :: AD . 2 BE; d'où l'on a, avec le produit des extrêmes, & celui des moyens, $6\overline{BE}^2 = \overline{AD}^2$; c'est-à dire, le quarré de AD est égal à six quarrés du tiers du diametre AB: Donc AD est le côté du tétraëdre capable d'être inscrit dans la sphere dont AB est le diametre *. C. q. f. d.

* N. 1141.

## REMARQUE.

1146. Il est évident que la construction qu'on vient de donner, est la même que celle qui a été prescrite N. 985, & qu'ainsi la démonstration précédente est la démonstration de cette même construction.

## QUATRIÉME COROLLAIRE.

1147. *Le quarré du diametre de la sphere circonscrite est au quarré du côté du tétraëdre, comme 3 est à 2.*

## DÉMONSTRATION.

Planch. 19, Figure 1. Les triangles semblables ADB, ADE donnent AB . AD :: AD . AE; d'où l'on tire à cause de la proportion continue, $\overline{AB}^2 . \overline{AD}^2$ :: AB . AE. Mais AB = 3 EB & AE = 2 EB: Donc $\overline{AB}^2 . \overline{AD}^2$ :: 3 EB . 2 EB, ou comme 3 est à 2. C. q. f. d.

D'où il suit, que la raison de ces deux quarrés ayant pour exposans 3 & 2, qui ne sont pas des nombres quarrés, leurs racines sont incommensurables entr'elles *, & qu'ainsi elles ne peuvent s'exprimer exactement en nombres.

* N. 764.

### De l'Exaëdre ou du Cube.

1148. Il n'eſt pas néceſſaire, pour meſurer le cube, de le ſuppoſer inſcrit dans une ſphere, puiſque pour en avoir la ſolidité, il ne s'agit que de multiplier ſa baſe par ſon côté, ce qui n'a aucune difficulté; c'eſt pourquoi on s'arrêtera ſeulement ici à déterminer le diametre de la ſphere circonſcrite au cube, par le moyen du côté de ce ſolide.

Soit le cube A G : tirez la diagonale D B de ſa baſe A C, & la diagonale E B de ce ſolide. On aura le triangle rectangle E D B dont l'hypoténuſe E B ſera évidemment le diametre de la ſphere circonſcrite; car toutes les diagonales du cube ſeront égales à E B, & elles ſe couperont dans le même point L qui ſera le centre du cube & celui de la ſphere circonſcrite, ce point étant également éloigné de tous les angles du cube. Planch. 19. Figure 2.

L'on aura à cauſe du triangle iſoſcelle rectangle D A B, $\overline{DB}^2 = 2\,\overline{AB}^2$, (A B étant égal à A D).

A cauſe du triangle rectangle E D B, l'on aura auſſi $\overline{EB}^2 = \overline{DB}^2 + \overline{DE}^2$. Mais $\overline{DB}^2 = 2\,\overline{AB}^2$ & $ED = AB$ : Donc $\overline{EB}^2 = 2\,\overline{AB}^2 + \overline{AB}^2$, c'eſt-à-dire, que $\overline{EB}^2 = 3\,\overline{AB}^2$, ou que le *quarré du diametre de la ſphere circonſcrite eſt égal à trois quarrés du côté du cube inſcrit.*

### Premier Corollaire.

1149. Il ſuit de-là que, ſi l'on a le côté d'un cube, pour trouver le diametre de la ſphere dans laquelle il peut être inſcrit,

* On cherchera par le problême du N. 875, le côté d'un quarré trois fois plus grand que celui du côté du cube, & que le côté de ce quarré sera le diametre cherché.

Et de même, que si l'on a le diametre d'une sphere, & qu'on veuille trouver le côté du cube capable d'y être inscrit,

Il faudra trouver le côté d'un quarré trois fois plus petit que celui du diametre de la sphere, & que le côté de ce quarré sera celui du cube cherché.

### *Deuxiéme Corollaire.*

Planch. 19, Figure 1. 1150. Si l'on a A B pour diametre d'une sphere, & qu'on veuille trouver le côté du cube capable d'être inscrit dans cette sphere,

On décrira le demi cercle A D B, on prendra B E égale au tiers de A B, on élevera au point E la perpendiculaire E D, & tirant D B, cette ligne sera le côté du cube inscrit.

### *Démonstration.*

Tirez la ligne A D, & considérez que les triangles semblables A D B, D E B donnent A B. D B : : D B . B E ; d'où l'on tire à cause de la pro-

* N. 694. portion continue $\overline{AB}^2 . \overline{DB}^2 :: AB . BE$ * : Mais A B est triple de B E : Donc le quarré de A B est aussi triple de celui de D B : Donc D B est le côté du cube inscrit dans la sphere dont A B est le diametre.

### *Remarque.*

Cette démonstration donne celle de la construction enseignée N. 985, qui est la même que la précedente.

## TROISIEME COROLLAIRE.

1151. *Le diametre de la sphere circonscrite & le côté du cube sont incommensurables entr'eux.*

Ce qui est évident, puisque $\overline{AB}^2 . \overline{DB}^2 :: 3 BE . BE$, ou comme 3 est à 1. Ces quarrés ont pour exposans des nombres 3 & 1 qui ne sont pas quarrés : Donc leurs racines sont incommensurables entr'elles : Donc elles ne peuvent s'exprimer exactement en nombres *. * N. 769.

### *De l'Octaëdre.*

1152. Ce solide peut encore être mesuré sans le concevoir inscrit dans une sphere.

Soit l'octaëdre X posé sur un de ses angles G. Il est évident que si on le coupe par un plan qui passe par ses quatre angles A, B, C & D, il sera partagé en deux pyramides égales qui auront chacune pour base le quadrilatere A B C D. Il faut démontrer que ce quadrilatere est un quarré. Planche 19. Figure 3.

D'abord ses quatre côtés sont égaux, étant chacun un des côtés de l'octaëdre : ainsi il reste à faire voir que ses quatre angles sont aussi égaux.

Soit pour cela tiré de F en G la ligne F G qui coupera le quadrilatere A C en E, ce point sera également éloigné de tous les angles du quadrilatere A C ; car le point F & le point G sont chacun également éloignés du sommet de ces mêmes angles : Donc tous les points de la ligne F G en sont aussi également distans, & par conséquent le point E : Ainsi, si l'on prend ce point E pour centre, & que de l'intervalle E C ou E A, on décrive une cercle, il passera par tous les angles du quadrilatere A B C D, qui sera inscrit dans ce cercle, & l'on aura, à cause de l'égalité des cordes A B, B C, &c. l'arc A B C = A D G: Donc A C sera un diametre; Donc l'angle A B C est droit, puisqu'il s'appuye sur un diametre A C. On démontrera la même chose de tous les autres angles du quatrilatere A C: Donc ce quadrilatere est un quarré.

Présentement si l'on considere le même octaëdre posé sur son angle A, l'on aura le quarré F B G D qui coupera, comme le précédent, l'octaëdre en deux pyramides égales, & qui lui sera égal: D'où il suit que les diagonales A C & F G de ces deux quarrés sont égales, & par conséquent leurs moitiés A E & E F, & que le point E, qui est à égale distance de tous les angles de l'octaëdre, est le centre de ce solide.

Tout ce qui précede étant bien conçu, il est évident que, pour avoir la solidité d'une des deux pyramides qui composent l'octaëdre, il faut multiplier le quarré A C par le tiers de la perpendiculaire E F, ou, ce qui est la même chose, par le tiers de la moitié de la diagonale de ce quarré.

Planc. 19, Figure 4. Pour avoir cette ligne, on fera à part un quarré *a b c d* qui ait pour côté le côté de l'octaëdre. On tirera la diagonale *a d*, que l'on coupera en deux également en *e*, & l'on multipliera ensuite le quarré *a b c d* par le tiers de *a e* ou *c d*, ce qui donnera la moitié de la solidité de l'octaëdre, & doublant cette solidité on a celle du solide entier. Ce qui est évident.

A l'égard du diametre de la sphere circonscrite à l'octaëdre, il est évident qu'il est le même que F G ou A C, & qu'ainsi on le déterminera par rapport au côté de ce solide, en considérant la triangle rectangle AEF qui donne $\overline{AF}^2 = \overline{AE}^2 + \overline{EF}^2$, ou comme $AE = EF$, on a $\overline{AF}^2 = 2\overline{EF}^2$: Mais F G étant double de F E, son quarré sera quadruple de celui de F E, c'est-à-dire, qu'il sera $4\overline{EF}^2$: Ainsi *le quarré du diametre FG de la sphere circonscrite à l'octaëdre, est à celui du côté de ce solide, comme* $4\overline{EF}^2$ *est à* $2\overline{EF}^2$, c'est-à-dire, *comme* 4 *est à* 2, ou *comme* 2 *est à* 1, en divisant chaque terme par 2.

### *Premier Corollaire.*

1153. Il suit de-là, que le côté de l'octaëdre & le diametre de la sphere circonscrite sont incommensurables entr'eux, puisque leurs quarrés ont pour exposans les nombres 2 & 1 qui ne sont pas des nombres quarrés qui ayent pour racine des nombres entiers *.

### *Deuxiéme Corollaire.*

1154. Il suit aussi de ce que le quarré du diametre de la sphere circonscrite est double de celui du côté de l'octaëdre, que lorsque l'on a un octaëdre, on trouvera le diametre de la sphere dans laquelle il pourra être inscrit, en trouvant le côté d'un quarré double de celui du côté de ce solide; & réciproquement que si l'on a une sphere dont le diametre soit donné, on aura le côté de l'octaëdre capable d'y être inscrit, en trouvant le côté d'un quarré une fois plus petit que celui du diametre donné.

### *Troisiéme Corollaire.*

1155. D'où il suit encore que, si l'on a le

Planc. 19, Figure 5. demi-cercle AFB dont le diametre est AB, pour trouver le côté de l'octaëdre capable d'être inscrit dans la sphere dont AB est le diametre, il faut diviser cette ligne en deux également en C, élever la perpendiculaire CF, & tirer FB qui sera le côté cherché.

*Démonstration.*

Tirez AF, & considérez que les triangles AFB, FCB sont semblables, & qu'ils donnent AB . FB : : FB . CB ; d'où l'on tire, à cause de

*N. 651 la proportion continue *, $\overline{AB}^2 . \overline{FB}^2$ : : AB . CB : Or AB est double de CB : Donc le quarré de AB est aussi double de celui de FB : Donc FB est le côté de l'octaëdre. C. q. f. d.

*Remarque.*

Il est évident que cette démonstration est celle de la construction qu'on a donné N. 985, pour trouver le côté de l'octaëdre, puisqu'elle est la même que la précédente.

*Du Dodécaëdre.*

1156. Pour bien entendre ce que l'on va dire sur ce solide, il est à propos d'en avoir un devant soi construit en relief. On en a donné la construction N. 983.

PREMIER PROBLEME.

1157. *Trouver le diametre de la sphere circonscrite au Dodécaëdre.*

Planch. 19, Figure 6. Soient considérés ensemble quatre faces du dodécaëdre, comme V, X, Y & Z, & soit tiré sur ces faces, les quatre diagonales AB, BC, CD

& AD; il faut prouver qu'elles font un quarré DB, & pour cela, il faut faire voir qu'elles font égales entr'elles, & que les angles qu'elles font ensemble, sont droits.

A l'égard de leur égalité, elle est évidente, parce qu'elles sont chacune base de triangles qui ont deux côtés égaux, & que les angles compris par ces côtés sont aussi égaux, étant angles de la circonférence de pentagones réguliers égaux : Donc, &c.

Pour démontrer à présent que les angles que font ensemble ces diagonales sont droits, il faut imaginer le dodécaëdre inscrit dans une sphere; alors tous ses angles toucheront la surface de cette sphere; & si l'on conçoit qu'elle soit coupée par le plan du quadrilatere DB, sa section avec ce plan sera un cercle dans lequel ce quadrilatere sera inscrit; & comme il a ses quatre côtés égaux, il aura ses angles droits, car chacun s'appuyera sur la moitié de la circonférence de cette section : Donc, &c.

Ceci bien entendu, il faut considérer que chaque pentagone peut se diviser en trois triangles par des lignes tirées d'un de ses angles aux autres angles, & qu'ainsi comme il y a douze pentagones dans la surface du dodécaëdre, elle contiendra 36 triangles tels que le quarré ABCD en contient 6 : D'où il suit qu'il y a six faces dans le dodécaëdre telles que le quarré ABCD, qui soutiennent chacune six triangles des 36 que contient le dodécaëdre, lesquels sont égaux aux six que soutient BD. Ces six faces étant égales & perpendiculaires les unes aux autres, font un cube inscrit dans la même sphere que le dodécaëdre; ensorte que trouvant le diametre de la sphere circonscrite à ce cube; ou, ce qui est la même chose, le diametre de la sphere circonscrite au cube qui a pour côté une des diagonales du pentagone de ce solide, on aura celui de celle qui est circonscrite au dodécaëdre. Mais on a donné N. 1149, la maniere de trouver le diametre d'une sphere circonscrite à un cube dont le côté est donné : Donc on peut par cette même méthode trouver le diametre de la sphere circonscrite au dodécaëdre.

## SECOND PROBLEME.

**1158.** *Ayant le côté du cube inscrit dans la même sphere que le dodécaëdre, trouver le côté de ce solide.*

Comme le côté du pentagone est égal à la plus
* N. 831. grande partie de sa diagonale coupée en moyenne & extrême raison *, on coupera le côté du cube inscrit dans la sphere en moyenne & extrême raison, & sa plus grande partie sera le côté du dodécaëdre inscrit dans la même sphere, c'est-à-dire, celui du pentagone dont le côté du cube donné est la diagonale.

Planch. 19, Figure 7. Ainsi, si l'on a un demi-cercle dont A B soit le diametre : Pour trouver le côté du dodécaëdre capable d'être inscrit dans la sphere dont A B est le diametre,

Il faut trouver d'abord le côté D B du cube capable d'être inscrit dans cette sphere, & le couper en moyenne & extrême raison. Sa plus grande partie B I sera le côté du dodécaëdre capable d'être inscrit dans la même sphere. Ce qui est évident par tout ce qui précede.

### *REMARQUE.*

**1159.** Cette même construction a déja été enſeignée N. 985, elle ſe trouve démontrée ici par les deuxprécédens problêmes.

*Corollaire.*

1160. Il ſuit des deux problêmes précédens que le côté ou la face du dodécaëdre étant déterminé, pour trouver le diametre de la ſphere dans laquelle ce dodécaëdre peut être inſcrit, il faut trouver le côté AB d'un quarré trois fois plus grand que celui du côté DB de la diagonale d'une de ſes faces, & que le côté AB ſera le diametre cherché.

## TROISIÉME PROBLEME.

1161. *Déterminer la hauteur des douze pyramides dont le dodécaëdre eſt compoſé.*

*Résolution.*

Il faut faire à part un quarré *a b c d* qui ait pour côté une des diagonales A B des faces du dodécaëdre, c'eſt-à-dire, qui ſoit égal à A B C D; tirer ſa diagonale *d b*; à l'extrémité *b* de cette ligne élever *b e* perpendiculaire à *d b* & égale au côté *b c* du quarré *a b c d*, & tirer *d e* qui ſera le diametre de la ſphere circonſcrite au dodécaëdre. Fig. 8 & 6.

Le diametre *d e* étant ainſi trouvé, il faut conſidérer que la ligne cherchée eſt une perpendiculaire tirée du centre de la ſphere circonſcrite, ſur une des faces du dodécaëdre; ou, ce qui eſt la même choſe, que c'eſt la ligne tirée du centre de cette ſphere au centre de la face du dodécaëdre.

C'eſt pourquoi tirant à part *l g* égale au rayon oblique de la face du dodécaëdre, & élevant au point *g* la perpendiculaire indéfinie *g h*; puis du point *l* pris pour centre, & de l'intervalle du demi- Planch. 19. Figure 9.

diametre de la ſphere circonſcrite, décrivant un arc qui coupe *g h* en *h*, *g h* ſera la hauteur de chacune des douze pyramides qui compoſent le dodécaëdre, enſorte que ſi on multiplie la ſurface de ce ſolide par le tiers de cette ligne *g h* on aura ſa ſolidité. Ce qui eſt évident.

### *De l'Icoſaëdre.*

1162. L'Icoſaëdre eſt formé de 20 triangles équilatéraux qui ſe réuniſſent 5 à 5, enſorte que chacun de ces angles ſolides eſt compoſé de cinq triangles.

## PREMIER PROBLEME.

1163. *Trouver le diametre de la ſphere circonſcrite à l'Icoſaëdre.*

Planche 19, Figur. 10, 11 & 12. Si on poſe l'Icoſaëdre ſur un de ſes angles B, & que pour éviter la confuſion que peut donner la repréſentation de tout le ſolide, on conſidere
Figure 11. ſeulement l'angle ſupérieur A. Alors on verra clairement que les baſes des cinq triangles dont cet angle eſt compoſé, font un pentagone régulier C D E F G.

Car ſi on imagine que le ſolide ſoit inſcrit dans une ſphere, & que le plan qui paſſe par les baſes de A coupe cette ſphere, cette ſection ſera un cercle dans lequel le polygone C D E F G ſera inſcrit : Mais tous les côtés de ce polygone ſont égaux : Donc ils diviſent la circonférence du cercle en cinq parties égales : Donc, &c.

Il ſuit de-là que le plan qui paſſe par les baſes des triangles dont le ſommet eſt en A, retranche de l'Icoſaëdre une pyramide droite pentagone

CDEFGA dont le sommet est aussi A.

Si l'on conçoit un plan qui passe de même par les bases des triangles qui forment l'angle solide B, on aura l'icosaëdre partagé en deux pyramides droites égales, & en une espéce de zone ou ceinture HIKL comprise entre les bases de ces deux pyramides, dont la surface contient la moitié des triangles de l'Icosaëdre, c'est-à-dire 10, mais avec cette circonstance que les angles des pentagones qui servent de bases à chaque pyramide & à la zone, ne se trouvent pas vis-à-vis les uns des autres; mais de maniere que ceux de la base de la pyramide inférieure répondent au milieu des côtés de la base de la pyramide supérieure; ensorte que si on retranchoit du solide la zone HK, & que les bases des deux pyramides A & B vinssent à se toucher, elles diviseroient réciproquement le cercle dans lequel chaque base est inscrite, en dix parties égales. Planche 19. Figure 10.

Cela posé: soient les deux cercles CDEFG, NOP, dans lesquels sont inscrits les pentagones des bases des deux pyramides A & B, & soit la pyramide A élevée sur sa base (on supprime B pour ne pas rendre la figure trop diffuse). Du sommet A de cette pyramide, on abaissera sur le centre de sa base, la perpendiculaire AQ. & l'on tirera par E & par Q le diametre EM. On aura alors un triangle rectangle AQE dont un côté AE, qui est celui de l'icosaëdre, est le côté du pentagone inscrit dans le cercle dont Q est le centre, puisque AE = FE, QE est le côté de l'exagone inscrit au même cercle. D'où il suit que AQ est celui du décagone; car à cause du triangle rectangle, $\overline{AE}^2 = \overline{QE}^2 + \overline{AQ}^2$; & l'on a vû que le quarré du côté du pentagone Figure 12.

eſt égal à celui du côté de l'exagone, plus celui
* N. 824. du décagone * : Donc A Q eſt celui de ce dernier polygone.

Ainſi la hauteur de la pyramide ſupérieure A, eſt égale au côté du décagone inſcrit dans le même cercle que ſa baſe. Celle de la baſe inférieure eſt évidemment la même.

La hauteur de ces deux pyramides étant trouvée, il ne faut plus, pour avoir le diametre de la ſphere circonſcrite à l'icoſaëdre, que déterminer la perpendiculaire tirée ou compriſe entre les baſes de ces pyramides.

Soit diviſé l'arc C D en deux également en R, ſoit abaiſſé du point R la perpendiculaire R O ſur la baſe inférieure de la zone, qui tombera ſur le point O de la circonférence du cercle qui ſert de baſe à la pyramide inférieure; car les deux cercles dans leſquels les baſes des pyramides ſont inſcrites étant égaux & paralleles, de maniere que ſi la zone étoit ſupprimé, ils ſe couvriroient exactement; il s'enſuit que la perpendiculaire qui tombe de la circonférence du premier ſur le ſecond, doit néceſſairement tomber ſur la circonférence de ce ſecond cercle. Tirez enſuite O D & C D, & conſidérez que C O D eſt un des triangles qui forment la zone, & qu'ainſi O D eſt le côté du pentagone inſcrit dans un des cercles des baſes de la zone ou des pyramides : Conſidérez auſſi que R D eſt le côté du décagone inſcrit dans le même cercle; que le triangle O R D eſt rectangle, & qu'ainſi $\overline{OD}^2 = \overline{RD}^2 + \overline{OR}^2$ : Mais O D eſt le côté du pentagone, R D celui du décagone inſcrit dans le même cercle : Donc O R eſt celui de l'exagone
* N. 824. ou le rayon du même cercle * : Donc O R = Q E ou Q M. 1164

1164. Il suit de-là, que la ligne A B tirée du sommet de l'angle supérieur A de l'icosaèdre à son opposé inférieur B, laquelle est évidemment le diametre de la sphere circonscrite à ce solide, *est égale à deux côtés du décagone inscrit dans le même cercle que celui qui renferme les bases des cinq triangles qui forment l'angle solide A, plus au rayon du même cercle.* Planche 19. Fig. 10 & 11.

Ainsi le côté de l'icosaèdre ou d'une de ses faces étant donné, on aura le diametre de la sphere dans laquelle il pourra être inscrit, en trouvant d'abord le rayon du cercle qui renferme cinq côtés de ce solide, & en lui ajoutant deux fois le côté du décagone inscrit au même cercle.

### COROLLAIRE.

1165. *Le quarré du diametre de la sphere circonscrite à l'icosaèdre est cinq fois plus grand que le quarré du rayon du cercle circonscrit aux bases des deux pyramides dont le sommet est en A & en B.*

### DÉMONSTRATION.

Tirez le diametre N E, l'on aura à cause du triangle rectangle E M N, $\overline{NE}^2 = \overline{ME}^2 + \overline{MN}^2$ : Or M E = 2 M Q, & M N égale M Q : Ainsi mettant dans l'expression $\overline{NE}^2 = \overline{ME}^2 + \overline{MN}^2$, le quarré de 2 M Q, qui est $4\overline{MQ}^2$, à la place de $\overline{ME}^2$, & $\overline{MQ}^2$ à la place de $\overline{MN}^2$, l'on aura $\overline{NE}^2 = 4\overline{MQ}^2 + \overline{MQ}^2$ : Mais $4\overline{MQ}^2 + \overline{MQ}^2 = 5\overline{MQ}^2$ : Donc $\overline{NE}^2 = 5\overline{MQ}^2$. C. q. f. d. Figure 12.

## SECOND PROBLEME.

1166. *L'Icosaëdre étant donné, trouver la hauteur de chacune des 20 pyramides dont il est composé, & qui ont le sommet au centre de ce solide.*

La hauteur de chacune de ces pyramides est évidemment une perpendiculaire tirée du centre du solide sur le centre d'une de ses faces, c'est-à-dire, sur le centre de chaque triangle dont il est entouré: Or il est clair que cette perpendiculaire fait un triangle rectangle avec le rayon oblique de chaque face de l'icosaëdre, & le demi-diametre de la sphere circonscrite: Mais ce solide étant donné, le rayon oblique de chacune de ses faces l'est également, le demi-diametre de la sphere circonscrite l'est aussi par le problême précédent.

Planch. 19, figure 13. C'est pourquoi si l'on tire à part une ligne *a b* égale au rayon oblique du triangle équilatéral qui sert de face à l'icosaëdre; qu'au point *b*, on éleve une perpendiculaire indéfinie; & qu'ensuite du point *a*, pris pour centre, & de l'intervalle du demi-diamettre de la sphere circonscrite on décrive un arc qui coupe la perpendiculaire *b d* dans un point *d*; *b d* sera la hauteur cherchée.

Ainsi multipliant la surface de l'icosaëdre par le tiers de cette ligne, on aura sa solidité.

1167. Il s'agit à présent de démontrer que par la construction donnée N. 985, AH figure 14, est le côté de l'icosaëdre inscrit dans la sphere dont AB est le diametre.

*DÉMONSTRATION.*

Figure 14. Cette construction étant supposée, soit tiré HL perpendiculaire sur AB, l'on aura les triangles semblables CGA, CHL qui donneront CA . CL ::

AG.HL; ou en permutant CA.AG::CL.HL: Mais par la construction CA est la moitié de AG: Donc CL est aussi la moitié de HL, qui ainsi est égale à 2 LC.

Le triangle HLC étant rectangle, & HC son hypothénuse, l'on a $\overline{HC}^2 = \overline{HL}^2 + \overline{LC}^2$ ou comme HL est double de LC, son quarré sera quadruple de celui de LC; c'est pourquoi on aura $\overline{HC}^2 = 4\overline{LC}^2 + \overline{LC}^2$; ou $\overline{HC}^2 = 5\overline{LC}^2$.

Présentement, considérez que par la même construction enseignée N. 985, pour trouver le côté du tétraëdre ou celui du cube, EB est le tiers de AB: Ainsi CB qui en est la moitié, vaudra le tiers de AB, plus la moitié du tiers; car il est évident que la moitié d'un tout est égal à un tiers, plus à la moitié du même tiers. Si l'on conçoit AB divisé en douze parties égales, EB en vaudra 4, CB, 6, & par conséquent CE, 2, c'est-à-dire, que CE sera le tiers de CB: D'où l'on aura, le quarré de CB est au quarré de CE, comme le quarré de 3 qui est 9 est au quarré de 1 qui est 1 *. Ce qui fait voir que le quarré de CB est 9 fois plus grand que celui de CE: Comme CB est égale à CH, il s'ensuit que le quarré de CH ne contenant que cinq fois celui de LC, cette ligne est plus grande que CE; c'est pourquoi prenant sur CB une partie CK égale à CL, le point K tombera au-delà de E. * N. 551

On élevera au point K la perpendiculaire KM sur AB; elle sera égale à LH, parce qu'elle est également éloignée du centre C.

Cela fait, considérez que le quarré de HC étant quintuple de celui de LC, le quarré du double de HC, c'est-à-dire, celui de AB sera aussi quintuple de celui du double de LC, c'est-à-dire de LK *. * N. 689

Ainſi l'on aura $\overline{HC}^2 . \overline{LC}^2 :: \overline{AB}^2 . \overline{LK}^2$, ou $5\overline{LC}^2 . \overline{LC}^2 :: \overline{AB}^2 . \overline{LK}^2$, ou enfin $5 . 1 :: \overline{AB}^2 . \overline{LK}^2$:
* N. 1166. Mais l'on a vu ci-devant * que le quarré du diametre de la ſphere étoit quintuple du quarré du rayon du cercle dans lequel ſont inſcrits cinq côtés de l'icoſaëdre : Donc, puiſque le quarré de AB eſt quintuple de celui de LK, LK eſt le rayon de ce cercle.

Remarquez préſentement que HL = LK ; car HL eſt double de LC de même que LK : Donc, &c: Donc HL eſt le rayon ou le côté de l'exagone inſcrit dans le même cercle qui contient cinq côtés de l'icoſaëdre.

Il reſte à faire voir que AL eſt le côté du décagone inſcrit au même cercle ; car alors il s'enſuivra, à cauſe du triangle rectangle ALH, que $\overline{AH}^2$ ſera égal au quarré du côté de l'exagone, & du côté du décagone inſcrits au même cercle, c'eſt-à-dire, que AH ſera le côté du pentagone inſcrit dans le cercle dont HL eſt le rayon, & par conſéquent le côté de l'icoſaëdre inſcrit dans la ſphere dont AB eſt le diametre.

Mais c'eſt ce qui paroîtra évident, ſi l'on conſidere que le diametre de la ſphere circonſcrite à l'icoſaëdre, contient le rayon du cercle dans lequel ſont inſcrits cinq côtés de ce ſolide, & de plus deux côtés du décagone inſcrit dans le même cercle ; car LK eſt le rayon de ce cercle ; on vient de le démontrer ; AL & KB ſont deux lignes égales qui achevent le diametre de la ſphere circonſcrite : Donc elles ſont chacune le côté du décagone inſcrit dans le cercle dont LK eſt le rayon : Donc AH eſt le côté de l'icoſaëdre capable d'être inſcrit dans la ſphere dont AB eſt le diametre. C. q. f. d.

# LA GÉOMÉTRIE DE L'OFFICIER.

## LIVRE XIII.

### *De la Trigonométrie, des Logarithmes & du Nivellement.*

### I.

### *De la Trigonométrie.*

On a déja dit que la Trigonométrie est la partie de la Géométrie qui enseigne à trouver les côtés & les angles des triangles qui ont trois choses de connues ; sçavoir, ou les trois côtés, ou deux côtés & l'angle compris par ces côtés, ou enfin un côté & deux angles.

1168. Il y a deux sortes de Trigonométries. La premiere, qu'on appelle *rectiligne*, & qui est celle dont on se propose de traiter, considere les triangles rectilignes. L'autre qui a pour objet les triangles formés sur une sphere par l'intersection de plusieurs de ses grands cercles, se nomme *Trigonométrie sphérique*. On ne parlera point de cette derniere, parce que ses usages ne sont d'aucune utilité aux Militaires. Elle sert principalement dans l'Astronomie, la Navigation, la Gnomonique, ou l'Art de faire des Cadrans. Ceux qui voudront l'étudier, pourront recourir au Traité qu'en a donné M. *Deparcieux*. C'est un des meilleurs ouvrages que l'on ait sur cette matiere.

On a donné dans le premier volume N. 251 & suivans, la résolution des principaux problêmes de la Trigonométrie, en rapportant sur le papier, par le moyen d'une échelle, les triangles observés ou déterminés sur le terrein. Il s'agit d'enseigner ici à résoudre les mêmes problêmes d'une maniere plus exacte, c'est-à-dire, de déterminer par le calcul les côtés & les angles de ces triangles.

## DÉFINITION.

1169. On appelle *sinus droit* d'un angle ou d'un arc, ou simplement *sinus*, une perpendiculaire abaissée de l'extrémité d'un des côtés de cet angle, ou de l'arc par lequel il est mesuré, sur le côté ou le rayon qui passe par l'autre extrémité du même arc.

Planch. 20, Figure 1. Ainsi, si l'on a l'angle C A B du sommet A duquel on décrive l'arc C B qui le mesure, & que de l'extrémité C de cet arc on abaisse sur le rayon A B qui passe par l'autre extrémité, la perpendiculaire C D, elle sera le sinus droit de l'arc C B ou de l'angle C A B.

1170. La partie D B du rayon AB, sur lequel tombe perpendiculairement le sinus droit C D, comprise entre ce sinus & l'extrémité B de l'arc CB, se nomme le *sinus verse* de cet arc, ou de l'angle CAB.

1171. Le *complément* d'un arc BC étant un autre arc CE, qui, joint avec le premier, acheve le quart de cercle BCE *, la perpendiculaire CH abaissée de l'extrémité C sur le rayon AE, qui passe par l'autre extrémité, se nomme le *sinus du complément*, ou le *cosinus* de CB. Planch. 10, Figure 2. * N. 93.

Comme à cause des parallèles AE & DC, HC est égale à AD *, il s'ensuit; * N. 163.

1172. *Que le sinus du complément d'un arc ou d'un angle est égal à la partie AD du rayon AB, comprise entre le sommet A & le sinus droit DC.*

Si l'on prolonge AB indéfiniment vers L, & si l'on acheve le demi-cercle BCL, l'arc CL qui joint avec CB, compose la demi-circonférence, ou l'angle CAL, qui avec CAB vaut deux angles droits, est appellé *le supplément de CB* ou de CAB : Or CD est une perpendiculaire qui tombe de l'extrémité C de l'arc LC, sur la ligne LA qui passe par l'autre extrémité L; il s'ensuit donc par la définition du sinus *, que CD est le sinus de CL, ainsi que de l'arc CB; d'où il suit; Figure 3. * N. 1169.

1173. *Que le sinus d'un arc ou d'un angle est aussi celui du supplément de cet arc ou de cet angle.*

1174. Si l'on prolonge indéfiniment le sinus droit CD, vers G, & de même l'arc CB jusqu'à sa rencontre en G avec la ligne CG, cette ligne sera la corde de l'arc CBG. Mais comme AD tombe perpendiculairement du centre A sur cette ligne, elle la coupe en deux également en D, de Fig. 4.

* N. 189. même que l'arc CBG en B * : Ainsi CD est égale à DG, & CB à BG ; mais comme CD est le sinus de l'arc CB, moitié de CBG, il en résulte ;

*Que le sinus d'un arc est la moitié de la corde d'un arc double.*

1175. *Si dans un quart de cercle BCE on prend un arc ou un angle BAM plus grand que BAC, le sinus MN de BM sera plus grand que CD, sinus du plus petit angle CAD ou de l'arc BC.*

Planc. 20, Figure 5. Pour le démontrer, prolongez le rayon EA en L, & achevez le demi-cercle EBL. Prolongez aussi MN en P, & CD en O. Les sinus MN & CD seront les moitiés des cordes MP & CO ; mais la premiere qui est plus proche du centre A que la seconde, est plus grande que cette seconde * : Donc sa moitié MN est plus grande que CD : Donc, &c.

* N. 793.

*COROLLAIRE.*

1176. Il suit de cette proposition, que le sinus d'un angle ou d'un arc augmente jusqu'à ce que l'arc soit égal au quart de la circonférence : Alors il a le rayon pour sinus ; & comme il est le plus grand de tous les sinus, on le nomme *sinus total*.

*REMARQUE.*

1177. Il faut observer que l'augmentation des sinus n'est pas proportionnelle à celle des arcs ; car on a fait voir, N. 843, que les arcs ne sont pas, dans le même cercle, en même raison que les cordes ; & comme les moitiés sont en même raison que leurs Touts, les sinus ont le même rapport que celui des cordes dont ils sont la moitié ; par conséquent ils ne ſont pas entr'eux comme les arcs dont ils ſont ſinus.

1178. On appelle *Tangente* d'un angle ou d'un arc, une perpendiculaire élevée à l'extrémité du rayon ſur lequel tombe le ſinus droit, terminée par le prolongement du rayon qui paſſe par l'autre extrémité de l'arc.

Ainſi B F étant élevée perpendiculairement ſur A B au point B, & terminée en F par le prolongement de A C, eſt la tangente de l'angle C A B ou de l'arc B C. Planch. 20. Figure 6.

1179. La ligne A F qui termine la tangente B F, & qui eſt auſſi réciproquement terminée par cette tangente, ſe nomme la *ſécante* de l'angle C A B ou de l'arc C B.

1180 Ainſi l'on peut définir cette ſécante une ligne droite tirée du centre d'un arc à une de ſes extrémités, & terminée par une perpendiculaire élevée à l'extrémité du rayon qui paſſe par l'autre extrémité de l'arc.

1181. Il ſuit des définitions précédentes, que le rayon d'un arc, ſa tangente & ſa ſécante, font toujours un triangle rectangle dont la ſecante eſt l'hypothénuſe, & le rayon & la tangente, les deux côtés qui comprennent l'angle droit de ce triangle.

Le complément d'un angle ou d'un arc, a auſſi ſa tangente & ſa ſécante.

1182. La *tangente du complément* eſt encore une perpendiculaire élevée à l'extrémité du rayon de cet arc, laquelle eſt terminée par le rayon prolongé qui paſſe par l'autre extrémité. Ce rayon ainſi prolongé eſt la ſécante du complément.

Ainſi, ſi l'arc E C ou l'angle E A C eſt le complément de C B, & que E I ſoit élevée perpendiculairement ſur A E au point E, E I ſera la tangente de E C, & A I la ſécante. Fig. 6.

Planch. 20, Fig. 7. 1183. On a vû, N. 1176, que l'arc BC moindre qu'un quart de cercle, augmentant jusqu'au quart de cercle, ou jusqu'à ce qu'il ait 90 degrés, le sinus droit CD augmentoit aussi, & qu'il devenoit égal au rayon, lorsque l'arc étoit parvenu à la grandeur de 90 degrés. Dans cette augmentation de BC, la tangente BF de cet arc devient aussi plus grande, de même que la sécante AF: Mais lorsque l'arc est parvenu à 90 degrés, la tangente BF & la sécante AF sont deux lignes perpendiculaires sur le rayon AB: Donc elles sont parallèles *: Donc elles ne peuvent plus se rencontrer, & par conséquent se terminer; d'où il suit, qu'elles peuvent se considérer comme infinies, & qu'ainsi l'arc de 90 degrés n'a ni tangente ni sécante.

* N. 156.

## OBSERVATION.

1184. L'objet de toutes les lignes qu'on vient de définir est de donner le moyen de déterminer les angles par la connoissance de leurs sinus, tangentes & sécantes.

Figure 8. Il est évident que si le sinus CD est donné dans le demi-cercle dont AB est le rayon, l'arc CB le sera également, & par conséquent l'angle CAB que cet arc mesure. Il le sera aussi par le sinus verse DB qui donne le point D d'où part le sinus CD. Si la tangente BF est donnée, la sécante AF le sera également, & cette sécante qui coupe l'arc BC au point C, en déterminera la grandeur CB. Si l'angle est obtus, comme LAC, la grandeur de l'arc LC sera également déterminée par les mêmes lignes. Ainsi on voit que généralement les sinus, tangentes & sécantes déterminent la grandeur des angles ou des arcs ausquels ils apparviennent, comme réciproquement ces angles ou ces arcs déterminent la grandeur de ces lignes.

1185. Si on suppose que le rayon CA ou AB soit divisé en un grand nombre de parties égales, & qu'on détermine ensuite par le calcul la quantité des mêmes parties que contiennent les sinus, tangentes & sécantes de tous les angles qu'on peut imaginer dans le quart de cercle, ce calcul donnera en parties du rayon la valeur des mêmes lignes dans tous les cercles différens; car il est évident que les sinus, tangentes & sécantes d'arcs égaux, sont des lignes semblablement tirées dans les cercles; c'est pourquoi leur détermination pour un cercle convient également à toutes les mêmes lignes des autres cercles; mais leur grandeur varie comme celle des circonférences ou des rayons auxquels elles sont toujours proportionnelles.

Ces parties dans lesquelles on suppose le rayon ou le sinus total divisé, se nomment *parties de sinus*. On a calculé des Tables dans lesquelles les sinus, tangentes & sécantes de tous les arcs du quart de cercle, sont ainsi déterminés. On les appelle TABLES DES SINUS, TANGENTES ET SÉCANTES. On va dire un mot de leur construction, pour aider à faire concevoir leur usage plus aisément.

*Construction des Tables des Sinus, Tangentes & Sécantes.*

1186. Pour la construction de ces Tables on suppose le rayon du cercle ou le sinus total divisé en 100000 ou 10000000 parties égales; & l'on détermine ensuite par la propriété des triangles rectangles & des autres lignes tirées dans le cercle, la valeur des sinus, des tangentes & des ſécantes de tous les arcs, depuis une minute juſqu'à 50 degrés.

1187. On a vû, N. 350, que le côté de l'exagone ou la corde de 60 degrés, eſt égal au rayon du cercle; & N. 1174, que le ſinus d'un arc eſt la moitié de la corde d'un arc double.

Planche 20, Figure 9. C'eſt pourquoi ſi dans le cercle X on prend EF égale au rayon CE, l'arc EF que cette corde ſoutient, ſera de 60 degrés. Si enſuite du centre C on fait tomber le rayon CA perpendiculairement ſur EF, il coupera cette corde en deux également en D, & l'arc qu'elle ſoutient ſera coupé de même en A *. Alors ED moitié de EF ſera le ſinus de l'arc EA, qui eſt de 30 degrés, parce qu'il eſt la moitié de FAE qui en a 60: Ainſi EF étant de 10000000 parties, le ſinus ED de 30 degrés, qui en eſt la moitié, contiendra 5000000 des mêmes parties.

* N. 89.

Figure 9. 1188. Le ſinus de 30 degrés étant ainſi trouvé, on aura facilement celui de ſon complément, c'eſt-à-dire, de l'arc HE de 60 degrés.

Car tirant ce ſinus EG perpendiculairement ſur CH, l'on aura CG = DE, & le triangle rectangle CGE donnera $\overline{CE}^2 = \overline{CG}^2 + \overline{EG}^2$, ou bien en retranchant le quarré de CG de part & d'autre, $\overline{CE}^2 - \overline{CG}^2 = \overline{EG}^2$, c'eſt-à-dire, qu'on aura le quarré du rayon CE, moins celui du ſinus ED (ou CG qui lui eſt égal) égal au quarré du ſinus GE: Or CE & CG ſont connus; ſçavoir, le premier de 10000000, & le ſecond de 5000000; c'eſt pourquoi ayant quarré le premier & le ſecond, & retranché du quarré du premier celui du ſecond, il reſtera le quarré de GE. Extrayant enſuite la racine de ce quarré, elle donnera le ſinus GE de 8660254. C'eſt celui de 60 degrés.

1189. GE étant ainſi connu, il eſt évident que comme il eſt égal à CD, ſi on le retranche du rayon CA, il reſtera le ſinus verſe DA. On le trouvera de 1339746.

1190. Si l'on tire enſuite la corde EA de l'arc EA de 30 degrés, elle ſera double du ſinus de ſa moitié *, c'eſt-à-dire, du ſinus de 15 degrés. * N. 1174.

Or le triangle EDA étant rectangle, & ſes deux côtés ED & DA étant connus par les opérations précédentes, on aura le quarré de EA en additionnant enſemble les quarrés de ED & de DA *. Et extrayant la racine quarrée de cette ſomme, elle donnera la valeur du côté EA. On le trouvera de 5, 176, 380. Sa moitié de 2588190, ſera le ſinus de 15 degrés. * N. 794.

1191. On trouvera de cette maniere les cordes de tous les arcs dont les ſinus ſeront connus, & par conſéquent les ſinus de la moitié de ces arcs, puiſqu'ils ſont la moitié des cordes qui ſoutiennent des arcs doubles.

1192. Ayant trouvé le ſinus de 15 degrés, on cherchera celui de ſon complément, c'eſt-à-dire, de 75 degrés, lequel étant trouvé, ſervira à déterminer le ſinus verſe de 15 degrés; après quoi la corde de 15 degrés pourra ſe trouver, comme on a trouvé celle de 30 dégrés. Sa moitié donnera le ſinus de ſept degrés 30 minutes.

1193. Connoiſſant ce ſinus, on déterminera celui de ſon complément ou de 82 degrés 30 minutes, celui de la moitié de ce complément ou de 41 degrés 15 minutes, & le ſinus du complément de ce dernier angle, qui eſt de 48 degrés 45 minutes.

1194. On trouvera auſſi enſuite le ſinus verſe de ſept degrés 30 minutes, lequel ſervira à faire trouver la corde de cet arc, dont la moitié sera le sinus de trois degrés 45 minutes. Ce dernier sinus fera connoître celui de 86 degrés 15 minutes qui en est le complément.

1195. On trouvera aussi, par les mêmes méthodes, la corde de 75 degrés, & par conséquent le sinus de sa moitié, c'est-à-dire, de 37 degrés 30 minutes; celui du complément de cet angle, ou de 52 degrés 30 minutes : Ensuite la corde de 37 degrés 30 minutes, dont la moitié sera le sinus de 18 degrés 45 minutes; puis celle de 52 degrés 30 minutes, dont la moitié donnera le sinus de 26 degrés 15 minutes; enfin les supplémens de ces sinus, &c. Ensorte que la corde de 60 degrés fera parvenir à la connoissance des sinus des 16 arcs marqués dans la Table ci-dessous.

| 1 Corde de 60 degrés avec ses moitiés. | | 2 Complémens des arcs de la premiere colonne. | | 3 Moitiés des complém. précédens. | | 4 Complémens des arcs de la troisiéme colonne. | | 5 Moitiés des complém. précédens. | | 6 Complémens des arcs de la cinquiéme colonne. | |
|---|---|---|---|---|---|---|---|---|---|---|---|
| D. | M. | D. | M. | D. | M. | D. | M. | D. | M. | D. | M. |
| 60 | | | | | | | | | | | |
| 30 | | | | | | | | | | | |
| 15 | | 75 | | 37<br>18 | 30<br>45 | 52<br>71 | 30<br>15 | 26 | 15 | 63 | 45 |
| 7 | 30 | 82 | 30 | 41 | 15 | 48 | 45 | | | | |
| 3 | 45 | 86 | 15 | | | | | | | | |

1196. Il faut à présent déterminer le sinus de

45 degrés. Ce ſinus eſt la moitié de la corde de 90 degrés ; c'eſt pourquoi trouvant la valeur de cette corde, ſa moitié ſera le ſinus de 45 degrés.

Soit AEB un arc de 90 degrés, dont C eſt le centre, & ſoient tirées à ſes extrémités les lignes CA, CB : Soit auſſi tirée la corde BA ; l'on aura le triangle rectangle BCA, dont BA ſera l'hypothénuſe, & par conſéquent ſon quarré ſera égal à celui de BC & de CA, ou comme ces lignes ſont égales, il vaudra deux fois le quarré du rayon du cercle. Planc. 26. Fig. 10.

Ainſi doublant la valeur du quarré du rayon CB ou CA, & extrayant la racine quarrée de la ſomme qui en réſultera, l'on aura BA, dont la moitié ſera le ſinus de 45 degrés, c'eſt-à-dire, en faiſant tomber de C ſur BA la perpendiculaire CD, la valeur de BD ou de DA.

1197. Ayant le ſinus de 45 degrés, on trouvera celui de ſa moitié 22 degrés 30 minutes ; enſuite celui de la moitié de cet arc, ou de 11 degrés 15 minutes ; puis celui des complémens de ces deux arcs, c'eſt-à-dire, de 67 degrés 30 minutes, & de 78 degrés 45 minutes ; celui de la moitié du premier de ces deux arcs, c'eſt-à-dire de 33 degrés 45 minutes, & enfin celui du complément de ce dernier, qui eſt de 56 degrés 15 minutes.

1198. D'où il ſuit que la corde de 90 degrés fera connoître les ſinus des ſept arcs ci-deſſous exprimés.

| | D. | M. | D. | M. | D. | M. | D. | M. |
|---|---|---|---|---|---|---|---|---|
| Corde de 90 degrés. | 90 | | | | | | | |
| Moitiés de cet arc. | | | 45 | | 22 | 30 | 11 | 15 |
| Complémens. | | | | | 67 | 30 | 78 | 45 |
| Moitiés des complémens. | | | | | 33 | 45 | | |
| Complémens des moitiés des complémens. | | | | | 56 | 15 | | |

Il faut chercher maintenant le ſinus de 36 degrés, on trouvera par ſon moyen le ſinus d'un grand nombre d'arcs.

1199. Pour trouver le ſinus de 36 degrés, il faut trouver la corde de 72 degrés, ou le côté du pentagone.

Planch. 20, Figure 11. Soit pour cet effet, le demi-cercle AEB dans lequel on a trouvé EF pour le côté du pentagone inſcrit, & cela en pratiquant la conſtruction expliquée & démontrée N. 825.

Comme CD eſt la moitié du rayon CB, les deux côtés de l'angle droit du triangle rectangle ECD ſont connus, & comme leurs quarrés pris ensemble ſont égaux à celui de ED *, additionnant ces deux quarrés & extrayant la racine quarrée de la ſomme qui en réſultera, on aura le côté ou l'hypothénuſe ED qui eſt égal à FD.

* N. 794.

Otant après cela CD de FD, il reſtera FC, & alors le côté EF ſera égal à la racine quarrée de la ſomme des quarrés de FC & de EC *; c'eſt pourquoi

* N. 754.

pourquoi extrayant cette racine on aura la valeur de EF, c'est-à-dire, de la corde de 72 dégrés, dont la moitié donnera le sinus demandé de 36 dégrés.

1200. Ce sinus fera trouver, en pratiquant les mêmes opérations que celles qui ont été faites sur la corde de 60 dégrés, les sinus des 32 arcs marqués dans la Table ci-après.

| 1 Sinus de l'arc de 36 dégrés & de ses moitiés. | | 2 Complémens. | | 3 Moitiés des comp. ou des arcs de la 2 colonne. | | 4 Complémens de la 3 colonne. | | 5 Moitiés des comp. de la 3 colonne. | | 6 Complémens de la 5 colonne. | | 7 Moitiés des comp. ou des arcs de la 6 colonne. | | 8 Complémens de la 7 colonne. | |
|---|---|---|---|---|---|---|---|---|---|---|---|---|---|---|---|
| D. | M. | D. | M. | D. | M. | D. | M. | D. | M. | D. | M. | D. | M. | D. | M. |
| 36 | | 54 | | 27. | | 63 | | {31.30 | | 58 | 30 | 29 | 15 | 60 | 45 |
| | | | | | | | | {15.45 | | 74 | 15 | | | | |
| | | | | 13.30 | | 76 | 30 | 38.15 | | 51 | 45 | | | | |
| | | | | 6.45 | | 83 | 15 | | | | | | | | |
| 18 | | 72 | | | | | | | | | | | | | |
| 9 | | 81 | | {40.30 | | 49 | 30 | 24 | 45 | 65 | 15 | | | | |
| | | | | {20.15 | | 69 | 45 | | | | | | | | |
| 4 | 30 | 85 | 30 | 42.45 | | 47 | 15 | | | | | | | | |
| 2 | 15 | 87 | 45 | | | | | | | | | | | | |

1201. Si l'on a à présent le sinus de 12 dégrés, on trouvera par son moyen 64 autres sinus, & l'on en aura après cela 120 qui se surpasseront mutuellement de 45 minutes; le premier sera de 45 minutes; & le dernier de 90 dégrés.

Planch. 21, Figure 1. Soit l'arc AE de 30 dégrés, & AG de 54. EG sera la corde de 24 dégrés, c'est-à-dire, de la différence de 54 à 30, dont la moitié donnera le sinus cherché de 12 dégrés.

Pour trouver cette corde EG, considérez:

1°. Que GL est la différence des sinus des deux arcs AE & AG, & que ces sinus étant connus par les précédentes opérations, leur différence le sera aussi.

2°. Que les sinus EH & KG des complémens de AE & AG étant aussi connus, leur différence EL le sera également.

Ainsi dans le triangle rectangle GLE on connoîtra les deux côtés LG, LE; c'est pourquoi quarrant ces côtés & les joignant ensemble, on
* N. 794. aura le quarré de GE *; extrayant la racine de ce quarré, elle donnera la valeur de la corde GE de 24 dégrés. Prenant la moitié de cette valeur, on aura celle du sinus de 12 dégrés. Ce
* N. 1174. qui est évident *.

1202. Ce sinus étant connu, la Table suivante fait voir les 64 arcs, dont il sert à trouver les sinus.

| Sinus de 12 dégr. avec ses moitiés. | Complemens. | Moitiés des complémens. | Complémens. | Moitiés. | Complémens. | Moitiés. | Complémens. | Moitiés. | Complémens. | Moitiés. | Complémens. |
|---|---|---|---|---|---|---|---|---|---|---|---|
| D. M. | D. M. | D. M. | D. M. | D. M. | D. M. | D. M. | D. M. | D. M. | D. M. | D. M. | D. M. |
| 12 | 78 | 39. | 51 | 25.30 | 64 30 | 32.15 | 57 45 | | | | |
| | | | | 12.45 | 77 15 | | | | | | |
| | | 19.30 | 70 30 | 35.15 | 54 45 | | | | | | |
| | | 9.45 | 80 15 | | | | | | | | |
| 6 | 84 | 42. | 48 | 24. | 66 | 33. | 57 | 28.30 | 61 30 | 30 45 | 59 15 |
| | | | | | | | | 14.15 | 75 45 | | |
| | | | | | | 16.30 | 73 30 | 36.45 | 53 15 | | |
| | | | | | | 8.15 | 81 45 | | | | |
| | | 21. | 69 | 34.30 | 55 30 | 27.45 | 62 15 | | | | |
| | | | | 17.15 | 72 45 | | | | | | |
| | | 10.30 | 79 30 | 39.45 | 50 15 | | | | | | |
| | | 5.15 | 84 45 | | | | | | | | |
| 3 | 87 | 43.30 | 46 30 | 23.15 | 66 45 | | | | | | |
| | | 21.45 | 68 15 | | | | | | | | |
| 1 30 | 88 30 | 44.15 | 45 45 | | | | | | | | |
| 0 45 | 89 15 | | | | | | | | | | |

La Table suivante contient les 120 arcs des précédentes, dans leur ordre naturel, depuis le le premier 45 minutes, jusqu'au dernier 90 dégrés.

| D. | M. | D. | M. | D. | M. | D. | M. | D. | M. | D. | M. | D. | M. | D. | M. |
|---|---|---|---|---|---|---|---|---|---|---|---|---|---|---|---|
| 0. | 45 | 12. | 0 | 23. | 15 | 34. | 30 | 45. | 45 | 57. | 0 | 68. | 15 | 79. | 30 |
| 1. | 30 | 12. | 45 | 24. | 0 | 35. | 15 | 46. | 30 | 57. | 45 | 69. | 0 | 80. | 15 |
| 2. | 15 | 13. | 30 | 24. | 45 | 36. | 0 | 47. | 15 | 58. | 30 | 69. | 45 | 81. | 0 |
| 3. | 0 | 14. | 15 | 25. | 30 | 36. | 45 | 48. | 0 | 59. | 15 | 70. | 30 | 81. | 45 |
| 3. | 45 | 15. | 0 | 26. | 15 | 37. | 30 | 48. | 45 | 60. | 0 | 71. | 15 | 82. | 30 |
| 4. | 30 | 15. | 45 | 27. | 0 | 38. | 15 | 49. | 30 | 60. | 45 | 72. | 0 | 83. | 15 |
| 5. | 15 | 16. | 30 | 27. | 45 | 39. | 0 | 50. | 15 | 61. | 30 | 72. | 45 | 84. | 0 |
| 6. | 0 | 17. | 15 | 28. | 30 | 39. | 45 | 51. | 0 | 62. | 15 | 73. | 30 | 84. | 45 |
| 6. | 45 | 18. | 0 | 29. | 15 | 40. | 30 | 51. | 45 | 63. | 0 | 74. | 15 | 85. | 30 |
| 7. | 30 | 18. | 45 | 30. | 0 | 41. | 15 | 52. | 30 | 63. | 45 | 75. | 0 | 86. | 15 |
| 8. | 15 | 19. | 30 | 30. | 45 | 42. | 0 | 53. | 15 | 64. | 30 | 75. | 45 | 87. | 0 |
| 9. | .. | 20. | 15 | 31. | 30 | 42. | 45 | 54. | 0 | 65. | 15 | 76. | 30 | 87. | 45 |
| 9. | 45 | 21. | 0 | 32. | 15 | 43. | 30 | 54. | 45 | 66. | 0 | 77. | 15 | 88. | 30 |
| 10. | 30 | 21. | 45 | 33. | 0 | 44. | 15 | 55. | 30 | 66. | 45 | 78. | 0 | 89. | 15 |
| 11. | 15 | 22. | 30 | 33. | 45 | 45. | 0 | 56. | 15 | 67. | 30 | 78. | 45 | 90. | 0 |

1203. Il s'agit à présent de donner la méthode de trouver les sinus des arcs depuis une minute jusqu'à 45, pour les avoir depuis une minute jusqu'à 90 dégrés.

Ces arcs sont au nombre de 5400; car comme chaque dégré a 60 minutes, 90 multiplié par 60 donnera le nombre des minutes du quart de cercle, & ce nombre sera trouvé, par la multiplication, de 5400; c'est donc celui de tous les sinus compris dans 90 dégrés.

Pour trouver les sinus des arcs qui se surpassent d'une minute, il faut résoudre le problême suivant.

## PROBLEME.

1204. *Connoissant les Sinus de deux arcs, desquels la différence n'excéde pas 45 minutes, trouver le sinus d'un arc quelconque, compris entre le plus grand & le plus petit de ces arcs.*

Soient les deux arcs donnés AD & AF dont la différence DF n'a pas plus de 45 minutes : Soit aussi AE l'arc dont on cherche le sinus, lequel arc est plus grand que AD, & plus petit que AF. Il faut trouver son sinus EM. Planch. 21. Figure 25.

## RÉSOLUTION.

Soient menés les sinus DL & FN, & abbaissé de D & E sur FN les perpendiculaires DH & EG.

L'arc DF n'étant que de 45 minutes au plus, il peut être pris sans erreur sensible pour une ligne droite ; ce qui donne, à cause des parallèles EM & FN, les triangles semblables DHF, DIE, d'où l'on tire cette analogie, DF . DE :: FH . EI. Les trois premiers termes de cette proportion sont connus ; car DF est un arc de 45 minutes, qui se trouve déterminé en parties de sinus par les problêmes précédens, & cet arc étant regardé comme une ligne droite, on connoît aussi sa partie DE ; FH étant la différence des deux sinus DL & FN qui sont donnés, se trouve également déterminé : Donc en faisant la régle de proportion précédente, on déterminera la valeur de EI, & ajoutant cette valeur au sinus DL de l'arc AD, on aura le sinus de l'arc AE. Ce qui est évident.

Si l'on suppose que l'arc AE soit plus grand que AD de 15 minutes, on aura par ce problême le sinus d'un arc AE plus grand que AD de 15 minutes : D'où il suit qu'il pourra servir à faire trouver les sinus de tous les arcs du quart de cercle qui se surpassent seulement de 15 minutes.

Il servira aussi à trouver de la même maniere les sinus des arcs qui se surpassent seulement de 5 minutes ; puis ceux qui se surpassent d'une minute, & par conséquent ceux de tous les arcs, depuis une minute jusqu'à 90 dégrés.

*Maniere de déterminer les Tangentes & les Sécantes de tous les arcs du quart de cercle.*

1205. Les sinus de toutes les parties du quart de cercle étant connus, il est très-aisé de déterminer la valeur des tangentes & sécantes de ces parties.

Planch. 21, Figure 3. Car soit, par exemple, dans le quart de cercle BG un arc quelconque BD, dont le sinus est DF, & celui de son complément DH, qui est égal à CF, à cause des perpendiculaires DF, GC : Soit BE la tangente de cet arc, & CE sa sécante ; l'on aura deux triangles semblables CFD, CBE, qui donneront cette analogie : CF. FD : : CB. BE ; c'est-à-dire, *que le sinus du complément est au sinus de l'arc, comme le rayon ou le sinus total est à la tangente.*

Les trois premiers termes de cette proportion étant connus, le quatriéme BE, c'est-à-dire, la tangente de l'arc BD le sera également, en faisant l'opération.

Il est évident qu'on trouvera de cette même

maniere les tangentes de tous les arcs du quart de cercle.

1206. Les mêmes triangles semblables CFD, CBE donnent aussi CF.CB::CD.CE, c'est-à-dire, *le sinus du complément est au rayon comme le rayon est à la sécante de l'arc BD.* Comme les trois premiers termes de cette proportion sont connus, le quatriéme qui est la sécante le sera par l'opération de cette régle. C'est ainsi qu'on trouvera par une régle de proportion, les sécantes de toutes les parties du quart de cercle.

1207. Il est évident, par la proportion précédente, *que le rayon ou sinus total est moyen proportionnel entre le sinus du complément d'un arc & la sécante du même arc.*

## *Remarque.*

1208. Ce que l'on vient de dire sur les sinus, les tangentes & les sécantes de toutes les parties du quart de cercle, étant suffisant pour donner une idée de la maniere dont on a construit ou pu construire les Tables, il faut donner à présent la maniere de se servir de ces Tables, & expliquer l'ordre & l'arrangement qu'on y a observé.

### *Explication de l'arrangement des sinus, tangentes & sécantes dans les Tables.*

1209. On trouve dans les Tables ordinaires des sinus, tangentes, &c. quatre colonnes au-dessus desquelles est marqué; sçavoir, au haut du feuillet de la gauche, & à la premiere colonne aussi à gauche, le dégré de l'arc, & tout de suite dans la même colonne, les minutes ajoutées à ce dégré, ſuivant leur ordre naturel, 1, 2, 3, 4, &c.

Au haut de la ſeconde colonne eſt écrit *Sinus*, à la troiſiéme *Tangentes*, & à la quatriéme *Sécantes*.

Vis-à-vis de chaque minute de la premiere colonne eſt marqué dans la ſeconde le ſinus de l'arc dont les dégrés ſont marqués au haut de la premiere colonne, augmentés des minutes de la colonne des minutes : enſorte que ſi l'on prend, par exemple, un feuillet de la gauche des Tables qui ait un 7 au haut de la premiere colonne, & qu'on prenne 20 dans cette colonne, le nombre 12764.16 de la ſeconde qui eſt dans le même rang, eſt le ſinus de ſept dégrés 20 minutes ; le nombre correſpondant de la troiſiéme qui eſt 12869.43, eſt la tangente du même arc, & celui de la quatriéme 100824.71 la ſécante. Il en eſt ainſi des autres.

Dans le feuillet de la droite les dégrés ſont écrits au bas de la premiere colonne à gauche, & les minutes vont en augmentant de bas en haut : Mais les dégrés des arcs ſont arrangés de maniere, dans les deux feuillets de la droite & de la gauche, que les ſinus, tangentes & ſécantes des arcs des complémens du feuillet de la gauche ſont dans le feuillet de la droite, & dans le même rang ou la même ligne droite de ces feuillets.

Ainſi dans le rang du feuillet de la droite qui ſuit immédiatement celui de la gauche où l'on a trouvé les ſinus, tangente & ſécante d'un arc de ſept dégrés 20 minutes, on trouve les ſinus, tangente & ſécante de 82 dégrés 40 minutes, qui eſt le complément de 7 dégrés 20 minutes.

## REMARQUES.

### I.

1210. On trouve dans les chiffres des colonnes des Tables qui expriment les ſinus, tangentes & ſécantes, deux chiffres à droite ſéparés des autres par un point. La raiſon de cette ſéparation, c'eſt que pour avoir les ſinus, tangentes & ſécantes plus exactement; on a ſuppoſé dans le calcul des Tables que le rayon étoit diviſé en 10,000,000 de parties égales; mais comme dans les calculs ordinaires de la Géométrie pratique, on peut, ſans erreur ſenſible, le ſuppoſer diviſé ſeulement en 100,000 parties, cette diminution de deux zéros dans le rayon, produit la diminution des deux chiffres retranchés dans les Tables. Ainſi dans les opérations ordinaires on ne prend point ces deux chiffres, c'eſt-à-dire, qu'on conſidére le rayon ou ſinus total comme diviſé en 100000 parties au lieu de 10,000,000. C'eſt ainſi qu'on le conſidérera dans les opérations trigonométriques qu'on fera dans la ſuite de ce Traité. De ſorte que, par exemple, le ſinus de 11 dégrés 30 minutes ſera pris ſeulement de 19936, & ainſi des autres.

### II.

1211. Lorſque l'on a un ſinus, une tangente, ou une ſécante en parties de ſinus, on trouve l'arc auquel ces lignes appartiennent en cherchant dans les colonnes des Tables le nombre le plus approchant de celui qu'on a; c'eſt-à-dire, le ſinus le plus approchant ſi c'eſt un ſinus, la tangente ſi c'eſt une tangente, &c. & les dégrés de la colonne joints aux minutes qui se trouveront dans le rang du sinus, ou de la tangente, &c. qu'on aura choisie, donneront l'arc auquel le nombre proposé appartiendra.

Supposons, par exemple, qu'on ait un sinus exprimé par 49120; on cherchera dans les Tables le sinus le plus approchant de ce nombre : on trouvera 49115, qui répond à un arc ou un angle de 29 dégrés 25 minutes. C'est l'angle auquel répond aussi le sinus proposé. Il en sera de même pour les tangentes & sécantes.

## AVERTISSEMENT.

1212. Les Tables des sinus, tangentes & sécantes dont on vient de donner la construction & l'usage, sont suffisantes pour résoudre les problêmes de la Trigonométrie. Mais il y a une méthode plus abrégée de résoudre les mêmes problêmes, & de faire tous les autres calculs de la Géométrie, qu'il est fort important de connoître. On va l'expliquer dans l'article suivant *des Logarithmes.* Ceux qui voudront se contenter des Tables des sinus pourront passer cet article ; mais ceux qui voudront bien y donner quelqu'attention, seront bien récompensés du temps qu'ils y emploieront par la beauté & l'utilité de l'invention qui en fait le sujet ; la connoissance en est d'ailleurs absolument nécessaire pour peu qu'on ait dessein de ne pas se borner, dans l'étude de la Géométrie, aux plus simples élémens.

## II.

## *Des Logarithmes.*

1213. ON appelle *Logarithmes*, des nombres en progreſſion arithmétique qui répondent à d'autres nombres en progreſſion géométrique, par le moyen deſquels on ſubſtitue dans le calcul l'addition & la ſouſtraction à la multiplication & à la diviſion.

1214. Il faut ſe rappeller que ce qui ſe fait par la multiplication & la diviſion dans la proportion géométrique, ſe fait par addition & ſouſtraction dans la proportion arithmétique.

Car dans la premiere, il faut, pour trouver un quatriéme proportionnel à trois termes donnés, multiplier les deux derniers enſemble, & diviſer leur produit par le premier terme *. Et dans la ſeconde, ajouter enſemble les deux derniers termes & retrancher le premier de leur ſomme, le reſte donne le quatriéme proportionnel demandé *.

* N. 669.

* N. 733.

1215. Les différentes propriétés de ces deux proportions engagerent, au commencement du dix-ſeptiéme ſiécle, *Jean Neper*, Baron de Merchiſton, Ecoſſois, de chercher à ſimplifier & à abréger les calculs dans les opérations géométriques, en en retranchant la multiplication & la diviſion, c'eſt-à-dire en ſe ſervant, à la place de ces régles, de l'addition & de la ſouſtraction. C'eſt ce qu'il fit par l'invention des Logarithmes dont il eſt l'Auteur, & dont il donna le premier

Traité en 1614. L'idée de *Neper* ayant été adoptée aussi-tôt par tous les Mathématiciens de son temps, qui sentirent l'avantage qui en résultoit dans les Mathématiques pratiques, c'est-à-dire, où il s'agit d'opérer par le calcul, les plus célébres s'appliquerent à la perfectionner, & à augmenter les Tables de cet Auteur. C'est la construction & l'usage de ces Tables qu'on se propose d'expliquer dans cet article.

*Construction de la Table des Logarithmes.*

1216. Quoiqu'on soit maître de choisir pour la construction des Tables des Logarithmes telle progression géométrique & arithmétique que l'on veut, on prend ordinairement la progression géométrique ∺ 1. 10. 100. 1000, &c. & l'Arithmétique ÷ 0. 1. 2. 3. 4, &c. ou, afin de pouvoir négliger sans erreur sensible les restes qui se trouvent dans les opérations qu'on fait pour déterminer les Logarithmes, on suppose la progression arithmétique ÷ 0.000000. 1.000000. 2.000000, &c. c'est-à-dire, qu'on ajoute six zéros à chaque terme de ÷ 0. 1. 2, &c. ce qui conserve encore la progression; car ces termes different toujours entr'eux d'une même quantité.

1217. Les termes de la progression arithmétique qui répondent à chacun de ceux de la géométrique, en sont appellés les *Logarithmes.*

Ainsi le logarithme de 10 est 1.000000; celui de 100, 2.000000, & ainsi des autres.

Il est évident qu'en continuant la suite des termes des deux progressions arithmétique & géométrique, on aura tous les logarithmes des nombres des termes de la proportion géométrique, c'est-à-dire, de 1, de 10, 100, 1000, 10000,

&c. Mais il s'agit d'avoir aussi les logarithmes des termes intermédiaires, ou des nombres qui sont entre 1 & 10; entre 10 & 100; entre 100 & 1000, &c.

1218. Pour trouver d'abord les logarithmes des nombres qui sont entre 1 & 10, il faut chercher des moyens géométriques entre ces deux nombres, & des moyens arithmétiques correspondans entre 0.000000 & 1.000000, ou 0000000 & 1000000.

Par exemple, pour trouver le logarithme de 2, il faut chercher un moyen géométrique entre 1 & 10. Il sera égal à la racine quarrée du produit de ces deux quantités *; Mais ce produit étant 10, qui n'a pas pour sa racine un nombre entier, il faut trouver sa racine approchée par l'approximation des racines quarrées expliquée N. 500.

* N. 671.

Pour avoir cette racine, sans erreur sensible, on ajoutera quatorze zéros au produit 10, il deviendra 1000000000000000, dont la racine quarrée 31622760 étant divisée par 10000000, donnera pour celle de 10, $\frac{31622760}{10000000}$ *, ou en décimales, 3.1622760.

* N 508.

Présentement, pour trouver le terme de la progression arithmétique correspondant à ce moyen géométrique, c'est-à-dire, le moyen arithmétique entre le premier & le second terme de cette progression, il faut ajouter ensemble ces deux termes, & prendre la moitié de leur somme *. Le nombre 500000 qui en résultera, sera le terme correspondant au moyen géométrique qu'on vient de trouver, & il en sera par conséquent le logarithme.

* N. 734.

La fraction $\frac{31622760}{10000000}$ étant plus grande que 2,

& le nombre 1 ou $\frac{10000000}{10000000}$ étant plus petit que 2, on cherchera un nouveau moyen géométrique entre ces deux fractions, & de même un nouveau moyen arithmétique entre les deux termes de la progression arithmétique correspondans, c'est-à-dire, entre 0.000000 & 500000. On trouvera $\frac{17782789}{10000000}$ pour le moyen géométrique, & 250000 pour le moyen arithmétique correspondant qui en sera le logarithme.

On réitérera les mêmes opérations sur les fractions plus petites & plus grandes que 2, & sur leurs logarithmes, & cela, jusqu'à la 23e opération, où l'extraction de la racine donnera $\frac{20000000}{10000000} = 2$; le moyen arithmétique qui correspondra à cette racine, & qui en sera le logarithme, sera 3010300.

On trouvera par la même méthode les logarithmes de 3, de 7, de 9, de 11, 13, &c.

1219. On ne parle pas des logarithmes de 4, 6, 8, &c. parce que, lorsqu'on a le logarithme de 2, on a celui de 4 en le doublant; qu'ayant celui de 3, on a celui de 6 en ajoutant ensemble ceux de 2 & de 3; celui de 8 en ajoutant les logarithmes de 2 & de 4, &c.

Car comme l'addition répond, dans la progression arithmétique, à la multiplication dans la géométrique, il s'ensuit que la multiplication de deux termes de la premiere donne un produit qui répond à l'addition des deux termes correspondans de la progression arithmétique, c'est-à-dire, de leurs logarithmes; Or 2 multiplié par 2, est égal à 4: Donc le logarithme de 2 ajouté à lui-même, ou multiplié par 2, donne celui de 4. Il en est de même de celui de 2 ajouté à celui de 3, qui donne celui de 6, & ainsi des autres.

1220. Les logarithmes de 2 & de 10 étant

connus; on aura celui de 5 en ôtant du logarithme de 10 le logarithme de 2.

Car comme la soustraction répond dans la progression arithmétique, à la division dans la géométrique, & que divisant 10 par 2 on a le nombre 5; il s'ensuit qu'ôtant ou soustrayant du logarithme de 10 celui de 2, il reste le logarithme de 5.

Il suit de ce qui vient d'être expliqué dans les N°. 1217 & 1220:

1221. 1°. Qu'on trouvera le logarithme de tous les nombres produits par la multiplication d'autres nombres dont les logarithmes seront connus, en additionnant ensemble ces logarithmes; qu'ainsi on aura le logarithme du quarré ou d'un cube d'un nombre dont le logarithme sera connu, en doublant ou triplant ce logarithme, & en général celui d'un nombre élevé à une puissance quelconque, en multipliant le logarithme de ce nombre par l'exposant de cette puissance.

1222. Et 2°. Que lorsqu'on connoîtra le logarithme d'un nombre formé du produit de deux autres nombres, avec le logarithme d'un de ces nombres; on connoîtra aussi le logarithme du second nombre, en retranchant du logarithme du nombre considéré comme le produit des deux autres, le logarithme de celui de ces deux nombres qui sera connu; le reste sera le logarithme de l'autre nombre: qu'ainsi connoissant le logarithme du quarré ou du cube d'un nombre quelconque, on aura le logarithme de sa racine quarrée ou cubique, en prenant la moitié ou le tiers de son logarithme.

1223. En suivant la méthode dont on vient de donner un précis, on trouveroit les logarithmes de tous les nombres, & on pourroit ainsi en former des Tables ; mais il n'est pas question de ce travail qui seroit extrêmement long, & qui se trouve tout fait. Dieu ayant suscité pour le bien public, comme le dit un Auteur célébre (*a*), des personnes à qui il a donné assez de patience pour en surmonter l'ennui ; *car nous sçavons*, ajoute-t-il, *que plus de vingt personnes gagées pour cela, ont passé plus de vingt ans à calculer avec une assiduité infatigable.* Il ne s'agit donc ici que de bien concevoir la méthode que ces Calculateurs ont tenue ou qu'ils ont pu tenir (car il y en a plusieurs), afin d'entendre plus aisément les usages des Tables des logarithmes. Ce sont seulement ces usages qu'on se propose d'expliquer dans cet article, après avoir fait quelques observations ou remarques sur la forme ou l'arrangement qu'on donne aux logarithmes dans les Tables.

## *Remarques.*

### I.

1224. Dans la plûpart des Tables des logarithmes on trouve le premier chiffre de la gauche de chaque logarithme séparé des autres chiffres par un point comme dans le logarithme 1.53147. Ce chiffre se nomme *caractéristique* ou *figurative.* Il a toujours autant d'unités que le nombre auquel le logarithme appartient, contient de chiffres après le premier de la gauche.

Pour le prouver, il faut considérer la progression géométrique A, dont on s'est servie pour la construction des Tables, & l'arithmétique B qu'on

(*a*) Le Pere Pardies.

aussi choisie pour répondre dans la même construction à la géométrique A.

| A | B |
|---|---|
| 1. | 0.0000000 |
| 10 | 1.0000000 |
| 100 | 2.0000000 |
| 1000 | 3.0000000 |
| 10000, &c. | 4.0000000, &c. |

Dans la progression A, chaque terme augmente d'un zero; ou ce qui est la même chose, il est dix fois plus grand que celui qu'il suit immédiatement. Dans la progression B, dont le premier terme est zero, chaque premier chiffre à gauche des termes de cette progression surpasse celui qu'il précéde à gauche d'une unité: D'où il suit qu'à mesure que les termes de la progression géométrique augmentent d'un chiffre, le premier à gauche des termes correspondans de la progression arithmétique augmente d'une unité: Or, comme le premier terme de cette progression est zero; il en résulte que la figurative dans les logarithmes contient autant d'unités que le nombre qui répond au logarithme auquel elle appartient, contient de chiffres après le premier à gauche.

## II.

1225. Il faut aussi remarquer que lorsque des nombres ne different entr'eux que par des zeros posés à leur droite, ou ce qui est la même chose, qu'il y en a qui sont multipliés par 10, par 100, par 1000, &c. les logarithmes de ces nombres sont les mêmes, & qu'il n'y a que la figurative qui change.

Car, suivant ce qu'on vient de voir dans la remarque précédente, si l'on a, par exemple 10, dont le logarithme est 1.000000, il est évident que si au lieu de ce nombre on avoit 100 ou 1000, &c. ce logarithme deviendroit 2.000000 ou 3.000000. &c.

## III.

1226. Les logarithmes des premiers nombres ont des différences beaucoup plus grandes que celles des derniers.

La raison en est évidente par la construction des Tables des logarithmes ; car prenant les deux progressions géométrique & arithmétique ∺ 1. 10. 100. 1000, &c. ÷ 0. 1. 2. 3. 4, &c. qui ont servies à la construction de ces Tables, il est aisé d'observer;

1°. Qu'il a fallu trouver huit moyens proportionnels entre les deux premiers termes 1 & 10 de la progression géométrique, & de même huit moyens arithmétiques entre 0 & 1, & que comme chaque terme de la progression arithmétique ne surpasse celui de la gauche qu'il précéde à droite que d'une unité, les logarithmes des nombres entre 1 & 10 ne sont que des parties de l'unité, qui correspond ainsi aux huit nombres qui se trouvent entre 1 & 10.

2°. Qu'entre 10 & 100 il y a 88 nombres dont les logarithmes sont entre 1 & 2, c'est-à-dire, que l'unité correspond alors à 88 termes.

3°. Qu'entre 100 & 1000 il y a 898 nombres dont les logarithmes sont entre 2 & 3 : Ainsi dans ce cas l'unité correspond à 898 termes.

En continuant de la même maniere cet examen, on verra que l'unité correspondra à d'autant plus de nombres que la progression géométrique ira en augmentant, ou qu'elle aura plus de termes: D'où l'on voit que ses parties sont d'autant plus petites qu'elles appartiennent à des termes plus éloignés du premier: Or ces parties sont les différences des logarithmes qui se suivent immédiatement: Donc elles sont plus petites dans les grands nombres que dans les petits.

## I V.

1227. Il est à propos d'observer aussi que les logarithmes qui se suivent dans les Tables ne sont point en progression arithmétique, & qu'ils ne doivent pas y être; parce que, suivant la définition des logarithmes, ce sont des nombres en progression arithmétique qui repondent à d'autres nombres en progression géométrique: Or, si l'on prend dans la Table des logarithmes, par exemple, dans la premiere page, les nombres 4, 5, 6, 7, 8 & 9, dont les logarithmes marqués à côté sont 060206, 069897, 077815, 084509, 090309 & 095424, ces logarithmes ne sont pas en progression arithmétique; car ils ne different pas de la même quantité; mais les nombres 4, 5, 6, 7, &c. ne sont pas non plus en progression géométrique. Si l'on choisit parmi ces chiffres les nombres 4, 6 & 9 qui sont en proportion géométrique, on verra que les logarithmes 060206, 077815 & 095424 qui leur répondent, sont également en proportion arithmétique, parce qu'ils different d'une même quantité 17609. Ainsi il n'y a que les nombres qui sont en progression géométrique dans les Tables, ausquels répondent des logarithmes aussi en progression arithmétique. Ce qui est conforme à la définition des logarithmes.

Toutes ces observations étant bien conçues,

on va donner plusieurs problêmes pour achever d'expliquer l'usage des logarithmes, & pour aider les commençans à se familiariser avec les opérations qui les concernent.

## PREMIER PROBLEME.

1228. *Trouver le logarithme d'un nombre donné.*

Avant que de résoudre ce problême, il faut observer que les Tables des logarithmes ne contiennent pas les logarithmes de tous les nombres à l'infini; mais seulement jusqu'à 10000 ou 20000; c'est pourquoi on ne peut trouver dans ces Tables que les logarithmes des nombres plus petits que 10000 ou 20000. Lorsqu'on a de plus grands nombres, leurs logarithmes se trouvent par une opération qu'on va bientôt expliquer.

1229. On suppose d'abord que le nombre donné, dont on cherche le logarithme, est moindre que 20000; qu'il est, par exemple, 15184.

On cherchera dans les nombres des Tables le proposé 15184; & le logarithme 4.18138 ou 418138 qui lui répond, ou qui est à côté dans la colonne voisine à droite, sera le logarithme de 15184.

1230. Si le nombre proposé est plus grand que 20000, son logarithme ne se trouvera point dans la Table. Voici la maniere de suppléer aux Tables dans les cas de cette espéce.

Il faut chercher à diviser le nombre proposé par des nombres ou des quantités qui étant moindres que les nombres des Tables, donnent aussi un quotient plus petit que le plus grand nombre des mêmes Tables.

Si la division se fait exactement, il faut prendre le logarithme du diviseur, celui du quotient, & les ajouter ensemble; la somme qui en résultera, sera le logarithme du nombre proposé *. * N. 1221.

Soit, par exemple, le nombre 98765 dont on veut avoir le logarithme.

On cherchera à le diviser par 2, par 3; & comme ces divisions ne donnent point de quotient exact, on essayera de le diviser aussi par 5, ce qui donnera le quotient exact 19753.

On prendra dans les Tables le logarithme de ce nombre, qui est 42956331; on lui ajoutera celui de 5, qui est 6989700 : leur somme 49946031 sera le logarithme du nombre proposé 98765.

Si les divisions donnent des quotiens trop grands, c'est-à-dire, qui ne se trouvent point dans les Tables; ou si l'on veut éviter de chercher des diviseurs exacts, on opérera de la maniere suivante.

1231. Soit, par exemple, le nombre 3255682, dont on veut avoir le logarithme.

Il faut retrancher les trois derniers chiffres de la droite de ce nombre, c'est-à-dire, dans cet exemple 682, afin qu'il reste un nombre 3255, moindre que 20000, ou qui puisse se trouver dans les Tables.

Ce retranchement opére la même chose que si on avoit divisé le nombre proposé 3255682 par 1000, pourvû qu'on lui ajoute les trois chiffres retranchés, divisés aussi par 1000, c'est-à-dire, la fraction $\frac{682}{1000}$. Car $\frac{3255682}{1000}$ est égal à 3255, plus $\frac{682}{1000}$.

On prend ensuite le logarithme de 3255, qui est 35,125,510; on lui ajoute celui du nombre 1000, qui est 30,000,000, ce qui don-

$$\begin{array}{r} 35125510 \\ 30000000 \\ \hline 65125510 \\ \hline \end{array}$$

ne 65125510 pour la somme de ces deux logarithmes, laquelle donne le logarithme du produit
* N. 1221. de ces deux nombres *, c'est-à-dire, de 3255000. Ainsi l'on a déja le logarithme de la plus grande partie du nombre proposé 3255682, qui est égal à 3255000, plus 682. Il ne s'agit plus que de trouver ce que cette partie 682, ajoutée à 3255000, ajoutera au logarithme de ce dernier nombre.

Pour cela on prend le logarithme de 3256, nombre plus grand d'une unité que 3255 ; ce logarithme est 35126844 ; on lui ajoute aussi celui de 1000, & l'on a 65126844 pour la somme de ces deux logarithmes. C'est celui du produit de 3256 par 1000, ou de 3256000.

| |
|---:|
| 35126844 |
| 30000000 |
| 65126844 |

| | |
|---|---:|
| | 65126844 |
| | 65125510 |
| *Differ.* | 1334 |

Présentement, on prend la différence des logarithmes de 3256000 & 3255000, c'est-à-dire, de 65126844 & 65125510, qui est 1334, & l'on fait une régle de trois ou de proportion, dont le premier terme est 1000, c'est-à-dire, celui qu'on a ajouté à 3255000, le second la différence 1334, & le troisiéme 682, ou les trois chiffres retranchés du nombre proposé. Le quatriéme terme de cette régle donne ce qu'il faut ajouter au logarithme de 3255000, pour avoir celui de 3255682.

$$1000 . 1334 :: 682 . x.$$

Faisant l'opération, on trouve 909 pour la valeur du quatriéme terme de cette régle ; c'est le nombre qu'il faut ajouter au logarithme de 3255000, pour avoir celui du nombre proposé qui sera ainsi 65126419.

1232. Si le nombre proposé avoit été composé de huit chiffres, comme, par exemple, 56789769, on auroit retranché les quatre derniers à droite 9769, & l'on auroit opéré sur les quatre premiers, comme on vient de le faire dans l'exemple précédent; & pour les quatre retranchés, de la même maniere que pour les trois du même exemple.

## REMARQUES.

### I.

1233. Lorsqu'on se sert des Tables ordinaires des logarithmes, c'est-à-dire, de celles qui contiennent les logarithmes des nombres jusqu'à 10000 ou 20000, (car il y en a de grandes qui vont jusqu'à 100000) on ne peut trouver par l'opération qu'on vient d'enseigner, les logarithmes des nombres qui ne sont pas dans les Tables, que lorsqu'ils sont moindres que 200,000,000, si l'on a les Tables où les logarithmes vont jusqu'à 20000, & moindre que 100000000, si les Tables ne contiennent les logarithmes que jusqu'à 10000.

Pour le démontrer, soit le nombre proposé 337,456,078, plus grand que 200000000. Si l'on retranche les quatre derniers chiffres de sa droite, on l'aura divisé par 10000; mais on aura pour quotient le nombre 33745, qui ne se trouve pas dans les Tables. Si au lieu de quatre chiffres on lui en ôtoit cinq, on l'auroit divisé par 100000, nombre qui ne se trouve pas non plus dans les Tables : Donc, &c.

Si l'on a de même le nombre 117091700, par exemple, qui est plus grand que 100000000, on ne pourra pas trouver son logarithme avec les Tables qui ne les contiennent que jusqu'à 10000; parce que si l'on en retranche les quatre derniers chiffres à droite, il restera le nombre 11709, plus grand que 10000, & par conséquent qui ne se trouvera point dans les Tables. Il en sera de même de tous les autres nombres plus grands que 100000000 : Donc, &c.

## II.

1234. Il est clair que la méthode qu'on vient de donner pour trouver les logarithmes des nombres qui ne se trouvent pas dans les Tables, suppose que les différences des logarithmes sont proportionnelles à l'augmentation des nombres; & c'est ce qui est sensiblement vrai dans ceux qui sont au-dessus de 1000; car on peut voir dans les Tables que plus les nombres sont grands, plus les augmentations de leurs logarithmes sont régulieres. Or la méthode dont il s'agit, n'a lieu que dans les grands nombres; elle peut donc alors être considérée comme exacte.

## III.

1235. C'est par ce problême qu'on a trouvé les logarithmes des sinus & des tangentes; mais il faut observer que pour trouver ces logarithmes plus exactement, on a supposé le rayon du cercle divisé en 10000000000, c'est-à-dire, en mille fois plus de parties qu'il n'est marqué dans les

Tables, & que c'eſt ſur ce rayon que les ſinus & les tangentes ont été calculés. C'eſt pourquoi ſi l'on veut vérifier quelques ſinus ou tangentes, c'eſt-à-dire, en chercher ſoi-même le logarithme, il faut commencer par ajouter trois zéros au ſinus ou à la tangente des Tables, & opérer enſuite ſur ce ſinus ou cette tangente ainſi augmenté, pour trouver ſon logarithme, ſuivant la méthode du préſent problême.

## IV.

1236. On ne trouve point dans les Tables les logarithmes des ſécantes, parce qu'on peut s'en paſſer aiſément dans la réſolution des triangles; mais ſi on vouloit les avoir, il faudroit doubler le logarithme du rayon, & en retrancher celui du ſinus du complément; le reſte ſeroit le logarithme de la ſécante.

Car le ſinus du complément, le rayon & la ſécante étant en proportion continue géométrique *, leurs logarithmes feront une pareille proportion arithmétique, dont le premier terme ſera le logarithme du ſinus du complément; le ſecond ou moyen, celui du rayon; & le troiſiéme, le logarithme de la ſécante. Mais le troiſiéme terme d'une proportion continue arithmétique eſt égal au double du ſecond, moins le premier terme *: Donc le logarithme de la ſécante eſt égal au double de celui du rayon moins le logarithme du ſinus du complément.

* N. 1207.

* N. 735.

## SECOND PROBLEME.

1237. *Trouver le logarithme d'un nombre qui contient des entiers & des fractions, par exemple, de 37 toiſes* $\frac{4}{7}$.

Il faut réduire les entiers en fraction, & les joindre avec celle dont ils sont accompagnés, pour en faire une seule $\frac{263}{7}$; chercher ensuite le logarithme du numérateur 263, en retrancher celui du dénominateur 7; le reste sera le logarith-
*N. 1222. me du nombre proposé: ce qui est évident *.

*REMARQUES.*

I.

1238. On trouvera de la même maniere le logarithme d'une fraction quelconque moindre qu'un nombre entier; mais comme alors le numérateur est plus petit que le dénominateur, on ne peut retrancher le logarithme du second terme de celui du premier. C'est pourquoi on fait précéder dans ce cas le logarithme du dénominateur du signe — appellé *moins*, qui exprime le retranchement de la quantité qu'il précéde à gauche de celle dont il est précédé vers le même côté. Et comme la quantité qu'il précéde à gauche est la plus grande, dans les cas dont il s'agit, elle détruit entiérement l'autre, & elle conserve la quantité dont elle la surpasse, qui en est la différence, & qui garde encore le signe du retranchement ou de la soustraction.

Supposons, par exemple, pour faire entendre ceci plus clairement, qu'on ait 7 — 7. Ces deux nombres se détruiront réciproquement, parce que la soustraction détruit l'addition, comme cette
*Voyez* ce qui a été dit sur le signe *moins*, N. 579. régle détruit la soustraction. Dans 5 — 7, 5 détruit 5 unités de 7; ensorte qu'il ne reste plus que deux unités à 7, mais deux unités de retranchement, sçavoir — 2, comme il resteroit deux unités d'addition à 7 si l'on avoit 7 — 5 qui est 2.

Il suit de-là que le logarithme d'une fraction moindre qu'un nombre entier, comme par exemple, de $\frac{3}{4}$, est la quantité dont le logarithme du dénominateur 4 surpasse celui du numérateur 3, mais précédée du signe —, c'est-à-dire 4771213 — 6020600 qui se réduit, après avoir ôté le premier logarithme du second, à — 1249387. Ces sortes de logarithmes peuvent être appellés *négatifs*, parce que le signe qui les précéde s'appelle aussi *négatif*. Lorsqu'on en trouve de cette espéce, c'est une marque qu'ils appartiennent à des fractions.

## I I.

1239. Si l'on veut trouver le logarithme d'une partie d'entier, comme de la livre ou de la toise, &c. exprimée en sols, deniers, ou en pieds & pouces, &c. il faut réduire ou changer cette partie en fraction, & en trouver ensuite le logarithme comme celui d'une fraction.

## TROISIÉME PROBLEME.

1240. *Ayant un logarithme quelconque, trouver à quel nombre il appartient.*

Ce probléme a plusieurs cas; car:

1°. Ou le logarithme proposé sera trouvé exactement dans les Tables.

2°. Ou il n'y sera pas contenu exactement.

3°. Ou il sera précédé du signe —, c'est-à-dire, qu'il appartiendra à une fraction.

4°. Ou enfin il sera plus grand que les logarithmes des Tables.

1241. Pour le premier cas: Si le logarithme proposé se trouve exactement dans les Tables, le nombre auquel il appartient sera à côté dans le même rang de la colonne qui le précéde à gauche. Ainsi, si ce logarithme est, par exemple 36107666, le nombre 4081 qui se trouve à côté dans la colonne de la gauche, est celui auquel ce logarithme appartient.

1242. Pour le second cas : Si le logarithme donné est, par exemple 39531250, qui ne se trouve pas dans les Tables des logarithmes, mais dont les mêmes Tables en contiennent de plus grands & de plus petits ; on cherchera les deux logarithmes 39530828 & 39531312 qui en approchent le plus, & entre lesquels le proposé doit se trouver.

On ôtera le plus petit de ces trois logarithmes, c'est-à-dire 39530828, des deux autres ; ce qui donnera les deux restes 422 & 484 qu'on mettra en fractions $\frac{422}{484}$ ; on ajoutera cette fraction au nombre 8976 du moindre logarithme, & l'on aura ainsi 8976 $\frac{422}{484}$ pour le nombre approché du logarithme proposé.

## *Remarques.*

### I.

1243. La fraction $\frac{422}{484}$ est le quatriéme terme d'une régle de Trois, dont l'excès 484 du plus grand logarithme sur le plus petit est le premier terme, l'unité le second, & le troisiéme, l'excès du logarithme donné sur le plus petit. Cette régle est fondé sur ce principe.

*Que l'augmentation des nombres est proportionnelle à celle de leurs logarithmes.*

Qu'ainsi, comme la différence ou l'excès du plus grand logarithme sur le plus petit donne une unité d'augmentation au nombre de ce plus grand logarithme, de même l'excès du logarithme donné sur le plus petit, est à la quantité dont il surpasse le nombre de ce petit logarithme.

Ce raisonnement ou ce principe n'est pas tout-à-fait exact; mais il ne peut causer qu'une erreur insensible, lorsque le nombre du logarithme proposé surpasse 1000; car comme on l'a déja observé *, dans les grands nombres les augmentations des logarithmes suivent assez exactement celles de ces nombres, ou ce qui est la même chose, elles sont sensiblement proportionnelles à l'augmentation des nombres. * N. 1226.

## II.

1244. Lorsque le logarithme proposé se trouve appartenir à un nombre au-dessous de 1000, la méthode qu'on vient d'indiquer, ne seroit pas suffisamment exacte; mais dans ce cas on ajoute au logarithme proposé celui d'un nombre assez grand, pour que leur somme appartienne à un logarithme plus grand que 1000: Plus il sera grand, & plus l'opération sera exacte. On trouve ensuite le nombre de ce logarithme ainsi augmenté, comme on vient de l'enseigner: mais comme l'addition de deux logarithmes donne le logarithme du produit des nombres ausquels ils appartiennent, il s'ensuit que le nombre du logarithme donné se trouve, dans cette opération, multiplié par le nombre du logarithme qu'on lui a ajouté, & qu'ainsi il faut diviser le nombre trouvé par celui du logarithme qu'on a ajouté au proposé. Un exemple éclaircira ce raisonnement, qui n'est qu'une suite de ce qui a été établi sur les propriétés des logarithmes.

Soit le logarithme donné 16076543, le nombre auquel il appartient est moindre que 41 ; car le logarithme de 41 est 16127839 qui est plus grand que le proposé. On ajoutera au logarithme donné celui d'un nombre quelconque, qui, multipliant 40, donne un produit au moins de 1000. Supposons qu'on ajoute à ce logarithme celui de 100 qui est 20000000, on aura 36076543 pour leur somme, qui sera le logarithme d'un nombre cent fois plus grand que celui qui appartient au logarithme donné 16076543.

On cherchera, comme dans l'exemple précédent, le nombre auquel ce logarithme appartient. On trouvera 4051 $\frac{921}{1072}$ ou à peu près 4051 $\frac{61}{71}$; & comme ce nombre est cent fois trop grand, on le divisera par cent, & l'on aura pour le nombre du logarithme donné 40 $\frac{51}{100}$ plus environ $\frac{61}{7100}$. Il en sera de même de tous les autres cas semblables.

1245. Présentement, *pour trouver le nombre ou la fraction qui appartient à un logarithme négatif;* ce qui est le troisiéme cas du troisiéme problême;

On se servira de la méthode du second, c'est-à-dire, qu'on ajoutera à ce logarithme celui d'un nombre quelconque; leur somme donnera le logarithme du produit des nombres ausquels ils appar-
N. 1221. tiennent *; c'est pourquoi ayant trouvé le nombre qui appartient à ce logarithme, on le divisera par le nombre proposé, le quotient donnera le nombre ou la fraction qui aura pour logarithme le proposé négatif.

EXEMPLE.

| | |
|---|---|
| *Logarithme de* 10000 | 40000000 |
| *Logarithme négatif* — | 02218487 |
| *Somme de ces Logarithmes* | 37781513. |

Soit donné le logarithme négatif — 02218487. Pour trouver le nombre ou la fraction auquel il appartient, on lui ajoutera un logarithme quelconque, comme par exemple, celui de 10000 qui est 40000000; & comme le signe — qui précéde le logarithme donné, indique la soustraction ou le retranchement, ce logarithme étant joint avec celui de 10000, en retranchera sa valeur; ensorte que leur somme ne sera que l'excès du logarithme de 10000 sur le proposé; cet excès ou différence est 37781513. On cherchera dans les Tables des logarithmes le nombre auquel il appartient. On trouvera 6000: mais comme ce nombre est 10000 fois plus grand que la fraction à laquelle le logarithme donné appartient, on le divisera par 10000, & l'on aura ainsi $\frac{6000}{10000}$ ou $\frac{3}{5}$ pour le nombre ou la fraction qui a pour logarithme — 01218487.

1246. Enfin pour le quatriéme cas du troisiéme problême, qui consiste *à trouver le nombre d'un logarithme donné, plus grand que les logarithmes des Tables;*

Il faut du logarithme donné, en retrancher celui d'un nombre quelconque pris de maniere que la différence soit le logarithme d'un nombre qui se trouve dans les Tables. Il est évident que le produit des nombres de ces deux logarithmes sera le nombre qui appartient au proposé *. * N. 1221.

EXEMPLE.

Soit 45552830 le logarithme donné, qui surpasse le plus grand des Tables. On en retranchera, par exemple, le logarithme 10000000 du nombre 10, il restera 35552830. Le nombre qui appartient à ce logarithme est à peu près 3591 plus $\frac{676}{1109}$. Mais comme en ôtant du logarithme donné le logarithme de 10, le logarithme qui est resté appartient à un nombre dix fois plus petit que celui du proposé ; il s'ensuit qu'en multipliant 3591 plus $\frac{676}{1109}$ par 10, on aura le nombre demandé, il sera 35915 plus $\frac{755}{1109}$.

*Application des logarithmes aux différentes opérations dans lesquelles on les employe & qui en donnent l'usage.*

Après tout ce qui a été expliqué jusqu'ici sur les logarithmes, il est évident,

1247. 1°. *Que la multiplication des nombres par le moyen de leurs logarithmes* se fait par l'addition de ces logarithmes.

Qu'ainsi, pour multiplier deux nombres quelconques, dont le produit est moindre que 200000, comme, par exemple, 144 par 23, il faut seulement ajouter ensemble leurs logarithmes, & que leur somme sera celui du produit des deux nombres donnés.

| | |
|---|---|
| *Logarithme de* 144 - - - | 215836.25 |
| *Logarithme de* 23 - - - | 136172.78 |
| *Somme de ces deux Logarith.* | 352009.03. |

On cherchera dans les Tables le nombre qui répond

répond à la somme des deux logarithmes, c'est-à-dire à 352009.03 ; on trouvera 3312, c'est le produit des deux nombres proposés.

Si ces nombres sont accompagnés de fractions comme, par exemple, $54\frac{1}{3}$ & $21\frac{1}{4}$.

On réduira les entiers en fractions, en les multipliant chacun par le dénominateur de celle qui leur appartient, & ajoutant à chaque produit le numérateur de la fraction du nombre multiplié *: par cette opération, l'on aura $54\frac{1}{3} = \frac{163}{3}$ & $21\frac{1}{4} = \frac{85}{4}$. * Arithm. N. 188.

On cherchera dans les Tables, le logarithme de 163 & celui de 85.

| | |
|---|---|
| Au premier - - - - - - - - - - - - | 2.21218 |
| on ajoutera le second - - - - - - - | 1.92941 |
| de leur somme - - - - - - - - - - | 4.14159 |

On ôtera le logarithme du produit des deux dénominateurs, c'est-à-dire, de 12 dans cet exemple - - - - - - - - - - - - - - - - - - 1.07918

il restera le logarithme du produit - 3.06241.

On cherchera dans les Tables le nombre qui appartient à ce logarithme, ou au logarithme qui en approche le plus ; on trouvera 1154. Pour avoir la fraction qu'il faut lui ajouter, on se servira de la méthode expliquée N. 1242, & l'on trouvera que cette fraction est $\frac{38}{76}$ ou $\frac{1}{2}$. Ainsi l'on aura pour le produit des deux nombres proposés à multiplier, $1154\frac{1}{2}$.

## *Remarque.*

Si l'on fait la multiplication à l'ordinaire de $54\frac{1}{3}$ par $21\frac{1}{4}$, on aura le produit $1154\frac{7}{12}$, qui surpasse le précédent d'un douziéme : en prenant les huit chiffres de la Table des logarithmes, au lieu des six premiers dont on s'est servi, on approchera davantage du véritable produit, & d'autant plus encore que les nombres à multiplier seront plus grands.

1248. 2°. *Que la division d'un nombre par un autre se fait en ôtant du logarithme du dividende celui du diviseur, & que le reste est le logarithme du quotient.*

Qu'ainsi pour diviser un nombre quelconque, moindre que 20000, par un autre nombre; comme, par exemple, 5964 par 14.

Il faut, du logarith. de 5964 qui est 377553.76, ôter celui de 14 qui est - - - - - 114612.80;

le reste - - - - - - - - - - - - - - - 262940.96

sera le logarithme du quotient. Cherchant dans les Tables le nombre auquel ce logarithme appartient, on trouvera 426, c'est le quotient de 5964 divisé par 14.

1249. 3°. *Que pour extraire la racine quarrée d'un nombre moindre que 20000, il faut prendre la moitié du logarithme de ce nombre, & que cette moitié sera le logarithme de sa racine* *.

*N. 1222.

Ainsi, pour extraire la racine quarrée de 1296, on cherchera le logarithme de ce nombre qui est - - - - - - - - - - - - - - - - - - - - 311260.50;

sa moitié - - - - - - - - - - - - - 155630.25.

sera le logarithme de la racine quarrée de ce nombre. Cherchant donc dans les Tables le nombre qui lui répond, on trouvera 36 : & en effet 36 multiplié par 36, donne le nombre proposé 1296.

Si ce nombre est plus grand que 20000, on se servira de la méthode du premier problême pour trouver son logarithme, & sa moitié donnera celui de la racine demandée.

Si l'on a, par exemple, 20857489 dont on veut extraire la racine quarrée, on cherchera son logarithme qu'on trouvera de 73192620, dont la moitié 36596310 sera le logarithme de la racine quarrée du nombre donné. On cherchera dans les Tables le nombre qui répond à ce logarithme; on trouvera 4567, c'est la racine demandée.

1250. 4°. *Que pour extraire la racine cube d'un nombre quelconque, moindre que 20000, il faut prendre le tiers de son logarithme, & que le nombre qui aura ce tiers pour logarithme sera la racine cube demandée* *. * N. 1222.

Ainsi, pour extraire, par exemple, la racine cube de 4096, on cherchera le logarithme de ce nombre, qui est - - - - - - - 3612359.99
On en prendra le tiers, qui est - 1204120.00.

Cherchant le nombre qui a ce tiers pour logarithme, on trouvera 16; c'est la racine cube de 4096: en effet, 16×16×16=4096.

Pour trouver de même la racine d'un nombre plus grand que 20000; comme, par exemple, 9938375, on cherchera le logarithme de ce nombre, par la méthode du problême premier, N. 1278: on aura pour ce logarithme 69973154; on en prendra le tiers, qui est 23324385. On cherchera dans les Tables le nombre qui répond à ce logarithme: on trouvera 215; c'est la racine cube du proposé 9938375.

1251. Enfin 5°. Comme les régles de trois ou de proportion se font en multipliant ensemble le second & le troisiéme terme, & divisant le produit par le premier, elles se feront par les logarithmes en additionnant les logarithmes des second & troisiéme termes, & retranchant de leur somme celui du premier.

Toutes ces opérations ne seront susceptibles d'aucune difficulté à ceux qui auront bien conçu les principes des logarithmes. Il suffira d'ajouter ici quelques exemples propres à en rendre la pratique plus familiere.

### PREMIER EXEMPLE.

Soient les nombres 125 & 4500 entre lesquels on veut trouver une moyenne proportionnelle.

On cherchera les logarithmes de 125 & de 4500, on trouvera dans les Tables 2.09691 pour le premier, & 3.65321 pour le second;

| | |
|---|---|
| *Logarithme de* 125 - - - - - | 2.09691 |
| *Logarithme de* 4500 - - - - | 3.65321 |
| *Somme de ces Logarithmes* - - | 5.75012 |
| *Dont la moitié est* - - - - - - | 2.87506. |

on les ajoutera ensemble, & l'on prendra la moitié de leur somme 5.75012, qu'on trouvera de 2.87506 : on cherchera dans les Tables le nombre qui appartient à ce logarithme ; l'on trouvera 750. C'est le moyen proportionnel entre 125 & 4500 ; en effet, ∺ 125 . 750 . 4500.

*Pour trouver deux moyennes proportionnelles entre deux nombres quelconques, comme* 12 *&* 324.

On se rappellera (N. 698) que la premiere est

égale à la racine cube du produit du quarré de la premiere par la seconde ; c'est-à-dire, dans cet exemple, qu'elle est égale à $\sqrt[3]{12 \times 12 \times 324}$.

On prendra le logarithme de 12 qui est 1.07918, on le doublera pour avoir celui du quarré de 12, qui sera 2.15836 ; on lui ajoutera le logarithme de 324, 2.51054, & prenant le tiers de leur somme, on aura 1.55630 pour le logarithme du nombre cherché.

*Logarithme de* 12.
1 . 0 7 9 1 8
2
2 . 1 5 8 3 6
2 . 5 1 0 5 4
4 . 6 6 8 9 0.
1 . 5 5 6 3 0.

Ce logarithme répond au nombre 36 dans les Tables ; c'est pourquoi 36 est la premiere des deux moyennes proportionnelles demandées.

Pour trouver la seconde, on ajoutera ensemble le logarithme de 36 & celui de 324. On prendra la moitié de leur somme, qui sera 2.03342 ; on cherchera dans les Tables le nombre qui appartient à ce logarithme ; on trouvera 108 ; c'est la seconde des deux moyennes proportionnelles demandées. En effet 12 . 36 :: 36 . 108 :: 108 . 324.

*Log. de* 36 . . 1 . 5 5 6 3 0
*Log. de* 324 . . 2 . 5 1 0 5 4
4 . 0 6 6 8 4
2 . 0 3 3 4 2.

Pour trouver de même deux moyennes proportionnelles entre 13 & 120.

On prendra le logarithme de 13 . . . 1.11394
2

on le doublera pour avoir . . . . . 2.22788
logarithme de son quarré.

On ajoutera à ce dernier logarithme, celui de 120 . . . . . . . . . . . . . . . . 2.07918

on aura pour la ſomme de ces logarithmes . . . . . . . . . . . . . . . . . . . 4.30706<br>
dont le tiers . . . . . . . . . . . . . . . 1.43568<br>
ſera le logarithme du nombre q i donne la premiere des deux moyennes proportionnelles cherchées.

Comme on ne trouve point dans les Tables un logarithme égal à 1.43568. On prendra celui du nombre 27, 1.43176, qui eſt plus petit, & celui de 28, 1.44715 qui eſt au-deſſus; on ôtera le logarithme de 27 du logarithme dont on cherche le nombre, & enſuite de celui de 28 ; l'on aura les deux différences 392 & 1539, qui donnent la
* N. 1242. fraction $\frac{392}{1539}$ qu'il faut ajouter à 27 *, & l'on aura 27 $\frac{392}{1539}$ pour la premiere des deux moyennes proportionnelles; qu'on peut ſuppoſer égale à 27 $\frac{1}{4}$ ou à $\frac{109}{4}$.

Pour trouver la ſeconde ; on prendra le logarithme de 109 . . . . . . . . . . . . 2.03742<br>
on en ôtera celui de 4 . . . . . . . . 0.60206

on ajoutera au reſte . . . . . . . . . 1.43538<br>
le logarithme de 120 . . . . . . . . . 2.07918

& l'on aura . . . . . . . . . . . . . . 3.51457<br>
dont la moitié . . . . . . . . . . . . . 1.75728<br>
ſera le logarithme du nombre qui donnera la ſeconde moyenne proportionnelle. Comme ce nombre eſt entre 57 & 58, on prendra le logarithme de 57 . . . . . . . . . . . . . . 1.75587

que l'on ôtera du précédent, & l'on aura le reſte . . . . . . . . . . . . . . . . . . . . . 141

qui sera le numérateur de la fraction qu'il faudra ajouter à 57.

On trouvera le dénominateur de cette fraction, en ôtant du logarithme de 58, 1.76342, le logarithme 1.75587 dont la différence est 755. Ainsi la fraction $\frac{141}{755}$ étant ajoutée à 57; l'on aura 57 $\frac{141}{755}$ pour la seconde moyenne proportionnelle. En effet, l'on a, à peu de chose près, ∺ 13 . 27 $\frac{1}{4}$. 57 $\frac{1}{5}$. 120.

## SECOND EXEMPLE.

*Soit proposé de trouver tel terme qu'on voudra d'une progression géométrique dont le premier & le second sont connus; par exemple le 25^e, le premier terme étant 2 & le second 4.*

On a vû (N. 706) que, pour avoir ce terme *il faut multiplier le premier 24 fois par l'exposant du rapport donné renversé*, c'est-à-dire, 24 *fois par* $\frac{4}{2} = 2$; ou, ce qui est la même chose, *qu'il faut élever 2 à la 24^e puissance.* Les logarithmes abrégent considérablement ce calcul.

On prend le logarithme de 2 . . 0.30103
on le multiplie par 24 . . . . . . . . . . . . 24

1.20412
6.0206.

& l'on aura pour le logarithme du 25^e terme demandé . . . . . . . . . . . . . . . 7.22472

Il ne s'agit plus que de trouver le nombre qui lui appartient.

Ce logarithme ne se trouvant point dans les Tables, il faut en retrancher un assez grand pour que la différence donne le logarithme d'un nombre qui y soit contenu.

Ainsi de . . . . . . . . . . . . . . . 7.22472
ôtant le logarithme . . . . . . . . . . 3.91338

du nombre 8192, il reste . . . . . 3.31134

qui appartient au nombre 2048, lequel nombre étant multiplié par 8192 donne . . 16777216
2

pour la 24e. puissance de 2, 33,554,432

laquelle étant multipliée par le premier terme 2 de la progression, donne le 25e terme demandé. C'est le même qui a été trouvé N. 721.

Il est évident qu'on trouvera avec la même facilité tel autre terme que l'on voudra de cette progression ou de quelqu'autre que ce soit.

## TROISIÉME EXEMPLE.

*Le premier, le second & le dernier terme d'une progression étant connus ou donnés, trouver le nombre des termes.*

Soit le premier $=2$, le second 4, & le dernier 33554432.

On désignera le nombre des termes de cette progression par $x+1$, on aura alors $2^x . 4^x :: 2 . 33554432$. (N. 696) Dans cette proportion l'exposant $x$ est inconnu; il s'agit de le déterminer ou d'en trouver la valeur.

On prendra les logarithmes des quatre termes de cette proportion; on multipliera ceux des
* N 1221. deux premiers par $x$ *, & l'on aura une proportion arithmétique, par le moyen de laquelle on viendra à la connoissance de l'exposant $x$.

Les logarithmes des trois premiers nombres 2, 4 & 2 de la proportion géométrique précédente $2^x . 4^x :: 2 . 33554432$, sont aisés à trouver dans les Tables ; à l'égard du dernier, qui ne s'y trouve point, on se servira, pour le déterminer, de la méthode expliquée N. 1230 & 1231, c'est-à-dire, qu'on le divisera par un nombre qui en soit un diviseur exact, s'il est possible, & qui ne donne que quatre chiffres au quotient, afin qu'il soit partagé en deux nombres, qui se trouvent dans les Tables des logarithmes, qui en soient les facteurs ou les produisans.

Nous prendrons, dans cet exemple, le nombre 8192 ; divisant 33554432 par ce nombre, on a au quotient 4096. Si l'on ajoute ensemble les logarithmes de ces deux nombres, on aura celui de 33554432 *. Or le logarithme du pre- *N. 1247.
mier est . . . . . . . . . . . . . . . . . 3.91338
& celui du second . . . . . . . . . . . 3.61235
dont la somme . . . . . . . . . . . . . 7.52573
est le logarithme du quatriéme terme de la proportion géométrique précédente, c'est-à-dire du nombre 33554432.

Ayant ainsi les logarithmes cherchés, on aura la proportion arithmétique, en multipliant par $x$ ceux de 2 & de 4, $0.30103\,x . 0.60206\,x : 0.30103 . 7.52573$. La somme des extrêmes étant égale à celle des moyens *, l'on aura * N. 631.
$0.30103x + 7.52573 = 0.60206x + 0.30103$.

Otant $30103\,x$ de part & d'autre, les restes seront égaux * ; donc $30103\,x + 30103 =$ *N. 12
$7.52573$ ; retranchant de chacun des termes de cette égalité 30103, elle se réduira à $30103\,x = 722470$.

Divisant présentement chaque terme par 30103, c'est-à-dire, par le multiplicateur de $x$, l'on aura

$x = \frac{722470}{30103} = 23 + \frac{30101}{30103}$; comme on peut prendre la fraction $\frac{30101}{30103}$ pour l'unité, à cause des deux chiffres de la droite des logarithmes, qui ont été négligés, l'on a $x = 24$; mais le nombre des termes de la progression est égal à $x + 1$, donc le nombre de ces termes est 25; c'est effectivement celui qu'on devoit trouver, la progression dont il est ici question, étant la même que celle de l'exemple précédent.

### REMARQUE.

Il est à propos d'observer que dans la plûpart des Tables des logarithmes, les deux derniers chiffres de la droite sont séparés des autres par un point; & cela parce que dans les calculs de la Géométrie les six premiers chiffres de chaque logarithme peuvent suffire, sans qu'il en résulte aucune erreur sensible. Il est aisé de s'en convaincre en opérant avec les huit chiffres de chaque logarithme, & ensuite avec les six premiers à gauche. Dans les calculs précédens, on n'a mis que les chiffres de la gauche séparés des deux de la droite par un point.

---

## III.

## *De la Résolution ou du calcul des Triangles.*

1252. LA résolution des triangles consiste en général dans la maniere de trouver par le calcul la valeur des côtés & des angles, qui se trouvent déterminés par les trois choses connues ou données dans les triangles.

*Principes pour la résolution des triangles rectangles.*

1253. Comme ces triangles ont l'angle droit de connu, il ne faut plus que deux choses pour les déterminer ; sçavoir, un côté & un angle, ou bien deux côtés quelconques.

PREMIER PRINCIPE.

1254. *Si l'on prend pour rayon ou sinus total l'un des côtés AC qui forment l'angle droit A d'un triangle rectangle BAC, l'autre côté BA sera la tangente de l'angle opposé C, & l'hypothénuse CB la sécante.*

*DÉMONSTRATION.*

Du point C pris pour centre, & de l'intervalle CA, décrivez l'arc AD, qui sera la mesure de l'angle C* : considérez ensuite que BA étant par la supposition perpendiculaire au rayon AC, qui passe par l'extrémité de l'arc AD, & étant terminée par la ligne CB qui passe par l'autre extrémité du même arc, elle est la tangente de cet arc*, & que BC en est la sécante*; Or cet arc est la mesure de l'angle C : Donc, &c. Planch. 21, Figure 4. *N. 83. *N. 1178. *N. 1179.

Il est évident que si l'on prend pour rayon l'autre côté BA de l'angle droit BAC, le côté AC sera la tangente de l'angle opposé B, & BC la sécante. Figure 5.

SECOND PRINCIPE.

1255. *Si dans un triangle rectangle ABC, on prend l'hypothénuse AC pour rayon ou sinus total, les deux autres côtés de ce triangle seront les sinus des angles ausquels ils seront opposés.* Figure 6.

DÉMONSTRATION.

Prolongez CB indéfiniment vers D : ensuite du point C pris pour centre, & de l'hypothénuse CA, décrivez l'arc AD, terminé en D par le prolongement de CB; cet arc sera la mesure de l'angle C; mais par le N°. 1169, AB est le sinus de cet arc : Donc, &c.

On verra de la même maniere en prolongeant AB vers E, & décrivant de A pris pour centre & de l'intervalle de AC, l'arc CE, que cet arc est la mesure de l'angle A, & que CB en est le sinus.

*Principes pour la résolution des Triangles obliqu'angles.*

PREMIER PRINCIPE.

1256. *Dans tout triangle, les sinus des angles sont proportionnels aux côtés qui leur sont opposés.*

Planch. 21, Figure 7. Soit le triangle acutangle ADB, il faut démontrer que le sinus de l'angle A est au sinus de l'angle B, comme le côté DB opposé à A, est à AD opposé à l'angle B; & que les sinus de A & de D, sont aussi entr'eux comme DB est à AB.

DÉMONSTRATION.

Soit circonscrit un cercle au triangle ADB; ou ce qui est la même chose, fait passer la circonférence d'un cercle par ses trois angles : Du centre C soient tirées les perpendiculaires CH, CE, CK, sur les côtés de ce triangle, elles les couperont en deux également; & étant prolongées jusqu'à la circonférence du cercle, elles couperont de même les arcs que soutiennent les côtés du triangle *. * N. 190.

Cette construction étant faite, il faut considérer que l'angle A, a pour mesure la moitié de l'arc BD, sur lequel il s'appuye *, c'est-à-dire, l'arc * N. 197. DF; que DE est le sinus de cet arc, & par conséquent de l'angle A *. * N. 1169.

Il faut considérer de même que l'angle B a pour mesure GD, qui est la moitié de l'arc sur lequel il s'appuye, & que AH en est le sinus.

Enfin que l'arc BL, moitié de ALB, est la mesure de l'angle D, & que BK en est le sinus.

D'où il suit que les sinus des trois angles du triangle ADB se trouvant ainsi la moitié des côtés opposés à ces angles, & les moitiés étant en même raison que leurs Touts *, il en résulte * N. 623. que le sinus de l'angle A, c'est-à-dire, DE est au côté opposé à cet angle, comme le sinus de B, qui est DH, est à son coté opposé AD; enfin comme le sinus de D qui est BK, est à son côté opposé AB. C. q. f. d.

## SECOND PRINCIPE.

1257. *Dans tout triangle obtus-angle, les sinus des angles aigus sont à leurs côtés opposés, comme le sinus du supplément de l'angle obtus est au côté opposé à cet angle.*

Soit le triangle obtus-angle ABD, dont l'angle B est supposé obtus. On fera passer la circonférence d'un cercle par les trois angles de ce triangle. Le centre C de cette circonférence sera hors le triangle : car l'angle B étant obtus aura pour mesure la moitié d'un arc AMD, plus grand que la demi-circonférence *. * N. 202.

Planch. 21, Figure 8.

On tirera ensuite de C, sur les côtés du triangle, les perpendiculaires CI, CG, & CE, qui les couperont en deux également, & qui étant prolongées, couperont de même les arcs que soutiennent ces côtés. On tirera aussi d'un point quelconque M, pris à volonté dans l'arc AMD, les cordes MA, MD.

Cette préparation étant faite, considérez que l'angle M est le supplément de l'angle obtus B, puisqu'ils ont ensemble pour mesure la moitié de la circonférence entiere *; que AI, AG, BE, moitié des côtés du triangle, sont les sinus des angles opposés D, M & A; & que comme les moitiés sont en même raison que leurs Touts, l'on a, AI. AB :: BE. BD :: AG. AD, c'est-à-dire, que les sinus des angles aigus A & D, sont à leurs côtés opposés BD & BA, comme le sinus AG du supplément de l'angle obtus B, c'est-à-dire de M, est au côté AB opposé à cet angle obtus. C. q. f. d.

* N. 203.

## TROISIÉME PRINCIPE.

1258. *Dans tout triangle scalene, la somme des deux côtés est à leur différence comme la tangente de la moitié du supplément de l'angle qu'ils font ensemble, est à la tangente de la moitié de la différence des deux autres angles.*

Planche 21, Figure 9. Soit le triangle scalene ACB : il faut démontrer que la somme de ses deux côtés CA & CB, est à leur différence, comme la tangente de la moitié du supplément de l'angle C est à la tangente de la moitié de la différence des angles opposés CAB & CBA.

*PRÉPARATION.*

Du sommet C & de l'intervalle du plus petit côté CA, décrivez une circonférence de cercle, laquelle coupera CB en D: prolongez BC jusqu'à cette circonférence en F; tirez AD & menez par B, BE parallèle à AD: tirez aussi FA, qui étant prolongée, terminera BE en E.

Cela fait, considérez, 1°. Que par la construction, CF est égal à AC; qu'ainsi FB est la somme des deux côtés AC, CB; & DB leur différence.

2°. Que l'angle FAD, qui a son sommet à la circonférence du cercle & qui s'appuye sur le diametre FD, est droit *: D'où il suit que FA est la tangente de l'angle ADF *. * N. 200. *N. 1178.

3°. Que les côtés CA & CD étant égaux, les angles CAD, CDA le sont également *; * N. 230. & que, comme ils valent deux droits avec ACD, ils sont chacun la moitié du supplément de cet angle: ainsi FA qui est la tangente de CDA, est celle de la moitié du supplément de l'angle compris ACB.

4°. Qu'à cause des parallèles DA & BE, l'angle extérieur CDA est égal à son opposé intérieur CBE, qui est ainsi la moitié du supplément de l'angle ACB. Or CBA est plus petit que CBE de l'angle ABE, qui est égal à BAD, parce qu'il lui est alterne *: mais ce même angle est la * N. 157. quantité dont CAB surpasse CAD, c'est-à-dire, la moitié du supplément de C: Donc CAB est plus grand que CBA de deux fois l'angle ABE, ou de son égal DAB: Donc ABE est la moitié de la différence des deux angles CAB & CBA, opposés à C.

5°. Les parallèles AD & EB donnant l'angle extérieur FAD égal à l'intérieur AEB, il s'ensuit que le premier étant droit, le second l'est aussi. C'est pourquoi si dans le triangle rectangle AEB, on prend EB pour rayon, AE sera la tangente de l'angle opposé EBA, c'est-à-dire; de la moitié de la différence des angles de la base du triangle proposé ACB; & comme FBE est égal à FDA, EF, qui est la tangente de EBF, est aussi la tangente de la moitié du supplément de C.

Tout cet exposé étant bien conçu, il faut démontrer que FB, somme des deux côtés connus du triangle, est à leur différence DB comme EF, tangente de la moitié du supplément de l'angle compris ACB, est à AE, tangente de la moitié de la différence des angles CAB & CBA opposés à C, ou que FB . DB :: EF . AE.

*Démonstration.*

Remarquez que AD étant parallèle à EB, par la construction, coupe proportionnellement en A & en D, les deux côtés FE & FB du triangle
* N. 781. EFB *, ce qui donne FD . DB : FA . AE, & en composant, FD + DB . DB :: FA + AE .
* N. 682. AE *: Or FD + DB est égal à FB, & FA + AE = FE; c'est pourquoi mettant dans la proportion précédente les lignes FB & EF, à la place de FD + DB & de FA + AE, elle donnera FB . DB :: EF . AE. C. q. f. d.

## Quatrième Principe.

1259. *Dans tout triangle scalene, si l'on prend le plus grand côté pour base, la base sera à la somme des deux autres côtés, comme la différence de ces côtés*

*côtés sera à la différence des deux parties de la base coupée par la perpendiculaire tirée du sommet du triangle.*

Soit le triangle scalene ACB, dont AB est le plus grand côté, & AC le plus petit. Du sommet C, si l'on fait tomber la perpendiculaire CE sur AB, qui partage cette ligne en deux parties inégales AE & EB, il faut démontrer, que AB est à la somme des deux côtés CA & CB, comme la différence de ces côtés est à celle des deux parties de la base AE & EB. Planch. 21, Figure 10.

*PRÉPARATION.*

Du sommet C & de l'intervalle du plus petit côté CA, décrivez un cercle dont la circonférence coupera AB en F, & CB en D : Prolongez aussi CB en G, & considérez que GC est égal à AC, parce qu'ils sont rayons du même cercle ; qu'ainsi GB est la somme des deux côtés, & DB leur différence. Observez aussi que la perpendiculaire CE tirée du centre C sur AF, coupe cette corde en deux également *, ensorte que AE est égal à EF, ce qui donne FB pour la différence des deux parties AE & EB de la base AB : c'est pourquoi il reste à démontrer que BA. BG :: BD . BF. * N. 790.

*DÉMONSTRATION.*

Les lignes BA & BG étant tirées d'un point B hors la circonférence du cercle, & terminées en A & en G à sa partie concave ; il s'ensuit, selon ce qu'on a démontré N. 799, que BA . BG :: BD . BF. C. q. f. d.

### REMARQUE.

Cette propoſition donne un moyen fort ſimple de trouver la ſuperficie d'un triangle dont les côtés ſont connus ; car la différence BF des deux parties de BA étant connus, on aura la valeur de $FA = BA - BF$, & par conſéquent celle de EA moitié de FA. Or dans le triangle rectangle CEA, connoiſſant l'hypoténuſe AC, & un côté AE, on aura l'autre côté $CE = \sqrt{\overline{CA}^2 - \overline{EA}^2}$, (N. 794). Ainſi la perpendiculaire CE, qui donne la hauteur du triangle BCA, ſera connue : mais le triangle eſt égal au produit de ſa baſe par la moitié de ſa hauteur : Donc, &c.

## PROBLEMES

*Pour la réſolution des Triangles rectangles.*

### PREMIER PROBLEME.

1260. *L'hypoténuſe d'un triangle rectangle & un angle étant donnés, trouver les deux autres côtés.*

Planch. 21, Figure 11. Soit le triangle rectangle CAB dont l'hypoténuſe CB eſt donnée, par exemple, de 50 toiſes, & l'angle C de 36 dégrés 52 minutes ; il faut trouver d'abord le côté AB.

Conſidérez que CB étant pris pour ſinus total, *N. 1255 AB eſt le ſinus de l'angle C*, qui lui eſt oppoſé. Or il eſt évident qu'il y a le même rapport entre CB & AB diviſées en parties de ſinus, ou diviſées en toiſes ; c'eſt pourquoi, pour trouver le nombre des toiſes de AB, on fera cette analogie.

Le ſinus total CB, qui vaut 100000 parties de ſinus, eſt au ſinus de C, ou de 36 dégrés 52 minutes, (qu'on trouvera dans les Tables de 59995 parties) comme le côté CB en toiſes, qui eſt 50, eſt aux toiſes de AB, c'eſt-à-dire, que l'on a cette proportion :

100000 . 59995 :: 50 . AB.

```
       5 9 9 9 5
             5 0
  -------------
  2 9 9 9 7 5 0  { 29 toiſes.
  1 0 0 0 0 0 |
  -------------
  0 9 9 9 7 5 0
    1 0 0 0 0 0
  -------------
    0 9 9 7 5 0  pieds.
              6
  -------------
    5 9 8 5 0 0  { 5 pieds.
    1 0 0 0 0 0
  -------------
    0 9 8 5 0 0  pouces.
            1 2
  -------------
    1 9 7 0 0 0
    9 8 5 0 0 .
  -------------
  1 1 8 2 0 0 0  { 11 pouces.
  1 0 0 0 0 0 |
  -------------
  0 1 8 2 0 0 0
    1 0 0 0 0 0
  -------------
    0 8 2 0 0 0
```

Faiſant cette Régle à l'ordinaire ; on aura pour

ſon quatriéme terme, ou pour la valeur de AB; 29 toiſes, 5 pieds, 11 pouces.

Pour trouver le côté CA du même triangle, il faut déterminer la valeur de l'angle B; & pour cela de 90 dégrés, ſomme des deux aigus C & B, ôter la valeur de C, 36 dégrés 52 minutes : il reſtera pour B 53 dégrés 8 minutes.

| | |
|---|---|
| 90 d. | — 0 m. |
| 36 | — 52 |
| 53 d. | — 8 m. |

Préſentement, prenant encore BC pour ſinus
* N. 1255. total, AC ſera le ſinus de l'angle B *, & l'on aura ce côté par cette analogie :

*Le ſinus total eſt au ſinus de l'angle B, comme le côté CB en toiſes, eſt à CA auſſi en toiſes.*

Cherchant dans les Tables le ſinus de 53 dégrés 8 minutes, on le trouvera de 80003 : C'eſt pourquoi l'analogie précédente donnera :

$$100000 . 80003 :: 50 . CA.$$

Faiſant cette Régle comme celle qui a été faite pour trouver AB, on aura 40 toiſes pour la valeur de CA.

## SECOND PROBLEME.

1261. *Un des côtés de l'angle droit d'un triangle rectangle & l'un de ſes angles aigus étant donnés, trouver l'hypoténuſe & le troiſiéme côté du même triangle.*

Planch. 21, Figure 12. Soit le triangle rectangle DEF, dont le côté DE eſt donné de 54 toiſes, & l'angle oppoſé F de 38 dégrés 25 minutes.

Il faut, 1°. trouver ſon hypoténuſe DF;

Et 2°. ſon côté EF.

Pour trouver le côté DF, il faut déterminer

la valeur de l'angle D, qui eſt le complément de F; c'eſt pourquoi ôtant de 90 dégrés la valeur de F, c'eſt-à-dire, 38 dégrés 25 minutes, il reſtera pour D, 51 dégrés 35 minutes.

| | |
|---|---|
| 90 d. | 0 m. |
| 38 | 25 |
| 51 d. | 35 m. |

Préſentement, ſi l'on prend DE pour ſinus total, l'hypoténuſe DF ſera la ſécante de l'angle D, & le côté EF la tangente *; ce qui donnera cette analogie : * N. 1354.

*Le ſinus total eſt à la ſécante de l'angle D, comme le coté connu DE eſt à l'hypoténuſe DF.*

Cherchant dans les Tables la ſécante de 51 dégrés 35 minutes, on la trouvera de 160933 parties; & comme le ſinus total contient 100000 des mêmes parties, l'analogie précédente donnera

100000 . 160933 :: 54 . DF.

Faiſant la Régle à l'ordinaire, comme dans le premier Problême, on trouvera 86 toiſes 5 pieds 5 pouces pour la valeur de l'hypoténuſe DF.

Préſentement, pour connoître EF, l'on aura cette analogie, en prenant toujours DE pour ſinus total :

*Le ſinus total eſt à la tangente de l'angle D, comme DE en toiſes, eſt à EF auſſi en toiſes.*

C'eſt-à-dire, en prenant la valeur du ſinus total & celle de la tangente de l'angle D, en parties de ſinus,

100000 . 126093 :: 54 . EF.

Faiſant cette Régle de proportion, on aura 68 toiſes 6 pouces, pour la valeur de EF.

## TROISIÉME PROBLEME.

1262. *L'hypoténuse & un autre coté d'un triangle rectangle étant donnés, trouver les angles.*

Planch. 22, Fig. 1. Soit le triangle CAB, dont l'hypoténuse CB est donnée, par exemple, de 75 toises, & le côté CA de 56 : il faut trouver les angles C & B.

Considérez que si l'on prend BC pour sinus total, CA est le sinus de l'angle opposé B*; & que, comme ces deux côtés ont le même rapport en toises qu'en parties de sinus, ils donnent cette analogie :

* N. 1255.

*CB est à CA, comme le sinus total est au sinus de l'angle B :* c'est-à-dire, en mettant à la place des trois premiers termes leurs valeurs.

75 . 56 : : 100000 . $x$. (en représentant par $x$ le sinus de B.)

Faisant cette régle de proportion, on aura 74666 pour le sinus de B.

On cherchera dans les Tables le sinus le plus approchant de ce nombre; on trouvera 74663, qui répond à un angle de 48 dégrés 18 minutes : c'est la valeur de l'angle B.

L'angle B étant ainsi connu, il est évident qu'on aura la valeur de l'autre C, en ôtant B de 90 dégrés : on le trouvera de 41 dégrés 42 minutes.

| | |
|---|---|
| 90 d. | |
| 48 | — 18 m. |
| 41 d. | — 42 m. |

Si l'on avoit voulu trouver d'abord l'angle C, on auroit fait cette analogie :

*CA est à CB, comme le sinus total est à la sécante de l'angle C.*

Car il est clair qu'en prenant CA pour sinus total, l'hypoténuse CB est la sécante de l'angle C*.

* N. 1254.

## REMARQUES.

### I.

1263. Les angles C & B du triangle CAB étant connus avec l'hypoténuse CB & le côté CA, il est aisé de trouver le côté AB par l'une ou l'autre de ces deux analogies :

La premiere, en prenant BC pour sinus total ou rayon :

*Le sinus total est au sinus de l'angle C, de 41 dégrés 42 minutes, comme CB en toises est à AB aussi en toises :*

Ou 100000 . 66523 :: 75 . AB.

La seconde, en prenant CA pour sinus total :

*Le sinus total est à la tangente de l'angle C, comme CA est à AB :*

Ou 100000 . 89096 :: 56 . AB.

Si l'on fait l'opération de chacune de ces analogies, elles donneront également 49 toises, 5 pieds, 4 pouces pour la valeur de AB.

### II.

1264. Les deux côtés CB & CA du triangle rectangle CAB étant connus, il est évident que, par la propriété de ce triangle, on peut connoître le côté AB sans calcul trigonométrique.

Car, comme le quarré de l'hypoténuse CB est égal au quarré des deux autres côtés CA & AB *, il est clair qu'en ôtant du quarré de CB, celui de CA, il restera le quarré de AB, dont la racine 49 toises $\frac{88}{100}$ donnera la valeur du côté AB.

* N. 794.

```
    7 5 ⎫                        5 6 ⎫
    7 5 ⎪                        5 6 ⎪
  ───── ⎪                     ─────── ⎪
  3 7 5 ⎬ Quarré             3 3 6   ⎬ Quarré
5 2 5 . ⎪ de CB.           2 8 0 .   ⎪ de CA.
─────── ⎪                  ───────   ⎪
5 6 2 5 ⎪                  3 1 3 6   ⎭
3 1 3 6 ⎭
───────
2 4 8 9 quarré de AB.
```

```
2 4|8 9 { 4 9 toif. 88/100.
1 6| |
───
  8 8 9
    8 9
  ─────
    8 8.0 0
      9 8 8
    ─────────
      8 9 6.0 0
        9 9 6 8
      ─────────
        9 8 5 6.
```

## QUATRIÉME PROBLEME.

1265. *Les deux côtés qui comprennent l'angle droit d'un triangle rectangle étant donnés, trouver les angles aigus de ce triangle.*

Planch 22, Figure 2. Soit le triangle rectangle BAC dont les deux côtés BA & AC qui forment l'angle droit BAC sont connus, il faut trouver les angles B & C.

Prenant le côté BA pour sinus total, AC sera la tangente de l'angle B; c'est pourquoi le rapport de BA à AC est égal à celui du sinus total à la tangente de B. Ce qui donne cette analogie.

BA . AC :: 100000 . $x$ (en repréſentant par $x$ la tangente de l'angle B).

Si l'on ſuppoſe BA de 38 toiſes, & AC de 29, l'analogie précédente deviendra 38 . 29 :: 100000 . $x$.

Faiſant la Régle de proportion, on trouvera 76315 pour la tangente de B. On cherchera dans les Tables la tangente la plus approchante de cette valeur, on trouvera 76317, qui répond à un angle de 37 dégrés 21 minutes; c'eſt la valeur de l'angle B. On trouvera l'autre C en ôtant B de 90 dégrés.

*Remarques.*

I.

1266. Les angles du triangle ABC étant ainſi déterminés, il eſt aiſé de trouver ſon hypoténuſe par cette analogie, dans laquelle on prend BC pour ſinus total:

*Comme le ſinus de l'angle B eſt à ſon côté oppoſé AC, ainſi le ſinus total eſt à l'hypoténuſe BC.*

Ou bien prenant BA pour ſinus total, & conſidérant que BC eſt dans cette ſuppoſition la ſécante de l'angle B, on aura cette ſeconde analogie.

*Comme le ſinus total eſt à la ſécante de l'angle B, ainſi BA eſt à BC.*

II.

1267. Il eſt aiſé de remarquer que BC peut être auſſi connue par la propriété du triangle rec-

tangle ; car quarrant séparément chacun des côtés BA & AC, & joignant ensemble leurs quarrés,
* N. 794. leur somme donnera celui de l'hypoténuse * ; c'est pourquoi si l'on en extrait la racine quarrée, on aüra la valeur de cette ligne.

## *PROBLEMES*

### *Pour la résolution des triangles acutangles & obtusangles.*

## PREMIER PROBLEME.

1268. *Deux angles & un côté étant donnés dans un triangle, trouver les autres côtés.*

Planch. 22, Figure 3. Soit le triangle ACB dans lequel la base AB & les angles A & B sur cette base sont donnés; sçavoir AB de 178 toises; l'angle A de 36 dégrés 40 minutes, & l'angle B de 56 dégrés 25 minutes. Il faut trouver la valeur des deux autres côtés CA & CB du même triangle.

Pour cela, il faut considérer que, suivant le principe du N. 1256, les sinus des angles sont proportionnels aux côtés opposés ; ce qui donne cette analogie, pour avoir, par exemple, le côté CB :

*Le sinus de l'angle C est à son côté opposé AB, comme le sinus de A est au côté opposé CB.*

Pour avoir l'angle C, il faut de 180 dégrés retrancher la somme des deux angles A & B, qui est 93 dégrés 5 minutes, il restera pour C, 86 dégrés 55 minutes.

| | | |
|---|---|---|
| *Angle* A . . . | $36^{d.}$ | $40^{m.}$ |
| *Angle* B . . . | 56 | 25 |
| *Somme* . . . . | $93^{d.}$ | $05^{m.}$ |
| *laquelle retranchée de* . . | 180 | 0 |
| *Il reste pour* C . | $86^{d.}$ | $55^{m.}$ |

Prenant donc dans les Tables les ſinus des angles C & A, & mettant dans l'analogie précédente ces ſinus & la valeur du côté AB, elle deviendra

99855.178 :: 59715.CB.

```
              1 7 8
      -------------
      4 7 7 7 2 0
    4 1 8 0 0 5 .
    5 9 7 1 5 . .
  -----------------
  1 0 6 2 9 2 7 0 { 106 toiſes 2 pieds 8 pouces.
    9 9 8 5 5
  -----------------
    0 6 4 3 7 7 0
        9 9 8 5 5
      -------------
        4 4 6 4 0
                6
      -------------
      2 6 7 8 4 0 { 2 pieds.
        9 9 8 5 5
      -------------
        6 9 1 3 0
              1 2
      -------------
        3 8 2 6 0
      6 9 1 3 0 .
      -------------
      8 2 9 5 6 0 { 8 pouces.
        9 9 8 5 5
      -------------
Reſte   3 0 7 2 0
```

Faiſant la régle à l'ordinaire, on trouvera 106 toiſes 2 pieds 8 pouces pour le côté CB.

On trouvera le côté AC de la même maniere.

## REMARQUE.

Planc. 22, Figure 4.

1269. Si le triangle proposé est obtusangle comme DEF, dans lequel l'angle F est de 113 dégrés 45 minutes, on cherchera d'abord, comme dans l'exemple précédent, la valeur de E.

Pour cela, on additionnera ensemble D & F, supposant D de 38 dégrés, leur somme sera 151 dégrés 45 minutes, laquelle étant soustraite de 180 dégrés, il restera 28 dégrés 15 minutes pour l'angle E.

| | | |
|---|---|---|
| *Angle D* . . . | 38 dégrés. | |
| *Angle F* . . . | 113 | —45 m. |
| *Somme de D & F* | 151 | —45 m. |
| *de* . . . . . . | 180 dégrés. | |
| *ôtant D & F de* | 151 | —45 |
| *Il reste pour E.* | 28 d. | —15 m. |

Cela fait, pour trouver le côté DE opposé à l'angle obtus F, on fera cette analogie:

*Le sinus de l'angle E est à son côté opposé DF* (qu'on suppose de 100 toises) *comme le sinus du supplément de F, est au côté DE opposé à F.*

Cette analogie est fondée sur ce que, suivant le principe du N. 1257, *les sinus des angles aigus des triangles obtusangles sont à leurs côtés opposés, comme le sinus du supplément de l'angle obtus est au coté opposé à cet angle.* Cherchant donc dans les Tables le sinus de l'angle E, & celui du supplément de 113 dégrés 45 minutes, c'est-à-dire, de 66 dégrés 15 minutes, & mettant ces sinus & la valeur du côté DF dans l'analogie précédente, elle deviendra

| | |
|---|---|
| 180 d. | |
| 113 | —45 m. |
| 66 | —15. |

47331 . 91531 :: 100 . DE.

Faiſant la régle à l'ordinaire, on trouvera 193 toiſes 2 pieds 3 pouces pour le côté DE.

Il eſt évident que ſi les deux angles donnés D & F n'étoient pas ſur le même côté DF, le problême ſe réſolveroit de la même maniere; car les angles de tout triangle étant égaux à deux droits, ôtant de 180 dégrés les deux angles donnés, on aura toujours la valeur du ſecond angle fait ſur le côté donné.

## SECOND PROBLEME.

1270. *Deux cotés d'un triangle & un angle, oppoſé à l'un de ces cotés, étant donnés, trouver les deux angles & le troiſiéme coté.*

Soit le triangle ACB dans lequel les deux côtés AC & CB ſont donnés; ſçavoir, le premier de 54 toiſes, & le ſecond de 46 : Soit auſſi l'angle donné A oppoſé au côté CB de 35 dégrés 12 minutes. Il faut d'abord trouver l'angle B. Planch. 22, Figure 5.

Pour cet effet, conſidérez que par le principe du N. 1256, on a cette analogie:

*Le coté CB eſt au ſinus de l'angle A qui lui eſt oppoſé, comme AC eſt au ſinus de l'angle B:*

Ou 46 toiſes. 57643 (*ſinus de 35 dégrés 12 minutes*) :: 54 . *x*. (*x* exprime le ſinus de B).

Faiſant cette régle à l'ordinaire, on trouvera pour le ſinus de B, 67667.

On cherchera dans les Tables des ſinus, le ſinus le plus approchant de ce nombre. On trouvera 67666 qui répond à un angle de 42 dégrés 35 minutes ; c'eſt la valeur de l'angle B.

L'angle B étant ainſi trouvé, on le joindra à l'angle A, & l'on ôtera leur ſomme de 180 dégrés ; le reſte donnera l'angle C, lequel étant connu, il ſera aiſé de trouver par le premier Problême, N. 1268, le côté AB qui lui eſt oppoſé.

## TROISIÉME PROBLEME.

1271. *Deux cotés d'un triangle étant donnés, & l'angle qu'ils font enſemble, trouver les deux autres angles & le troiſiéme coté.*

Planch. 22. Figure 6. Soit le triangle ACB dans lequel l'angle C eſt donné, par exemple de 75 dégrés, le côté AC de 48 toiſes, & CB de 59 : il s'agit d'abord de trouver les angles A & B.

Pour cela, il faut conſidérer que le troiſiéme principe, N. 1258, donne cette analogie :

*La ſomme des deux cotés CA & CB eſt à leur différence,*

*Comme la tangente de la moitié du ſupplément de C,*

*Eſt à la tangente de la moitié de la différence des angles A & B.*

La ſomme de AC & de CB eſt de 107 toiſes ;

Leur différence eſt 11 toiſes.

Le ſupplément de 75 dégrés eſt 105, dont la moitié eſt 52 dégrés 30 minutes.

La tangente de cette moitié eſt, ſelon les Tables, de 130322.

| |
|---|
| 180 |
| 75 |
| 105 |
| 52ᵈ· — 30ᵐ· |

Mettant ces différens nombres dans l'analogie précédente, elle donnera

107 . 11 :: 130322 . *x*. (*x* représente la tangente de la moitié de la différence des angles A & B.)

Faisant cette Régle de proportion, on trouvera 13397 pour la valeur de la tangente de la moitié de la différence des angles A & B. On cherchera dans les Tables la tangente la plus approchante de cette valeur; on trouvera que c'est celle qui est exprimée par 13402 qui répond à un angle de 7 dégrés 38 minutes : cet angle est la moitié de la différence des angles A & B.

Présentement il faut considérer que si les angles A & B étoient égaux, ils seroient chacun de 52 dégrés 30 minutes; mais, comme ils different du double de 7 dégrés 38 minutes, il faut, pour avoir le plus grand, ajouter à 52 dégrés 30 minutes, moitié du supplément de l'angle compris C, cette moitié de différence, & l'en retrancher pour le plus petit, ensorte que A, qui est le plus grand angle, étant opposé au plus grand côté, sera de 60 dégrés 8 minutes, & B de 44 dégrés 52.

| | |
|---|---|
| 52$^{d.}$ | — 30$^{m.}$ |
| 7 | — 38 |
| 60 | — 08 |

| | | |
|---|---|---|
| *De* | 52$^{d.}$ | — 30$^{m.}$ |
| *oter* | 7 | — 38 |
| *reste* | 44$^{d.}$ | — 52$^{m.}$ |

Les angles A & B étant ainsi connus, on trouvera le côté AB par le second Probléme, N. 1270, en faisant cette analogie :

*Le sinus de l'angle B est à son coté opposé AC, comme le sinus de C est à AB.*

## QUATRIÉME PROBLEME.

1272. *Les trois cotés d'un triangle étant connus, trouver ſes angles.*

Planche 22, Figure 7. Soit le triangle ſcalene ABC, dans lequel les trois côtés ſont connus; ſçavoir, AB de 48 toiſes, BC de 72, & la baſe AC de 90; il s'agit de trouver ſes angles.

Le principe 4 du N. 1259, donne cette analogie :

*Le plus grand coté AC,*

*Eſt à la ſomme des deux cotés BA & BC, comme la différence de ces deux cotés eſt à la différence des deux parties de AC, coupée par la perpendiculaire tirée du ſommet B ſur la baſe AC.*

Les trois premiers termes de cette analogie ou proportion ſont connus.

Car AC eſt de 90 toiſes, AB & BC de 120, & la différence de BC à AB eſt de 24 toiſes; c'eſt pourquoi l'analogie précédente ſe réduit à celle-ci :

90 . 120 : : 24 . $x$. ($x$ repréſente la différence de AD & DC.)

Si l'on fait cette régle de proportion, on trouvera 32 toiſes pour la différence de AD & de DC.

Otant cette différence de AC, 90 toiſes, il reſtera 58 toiſes, dont la moitié 29 ſera la plus petite partie de la baſe AC : la plus grande ſera cette moitié augmentée de la différence 32 ; ainſi elle aura 61 toiſes.

Pour ſçavoir préſentement quelle eſt la plus grande partie de AD & de DC, il faut conſidérer que l'oblique BC étant plus grande, par

la

la ſuppoſition, que AB, elle a ſon éloignement du perpendicule DC plus grand que AD, qui eſt celui de l'oblique AB : D'où l'on voit que DC eſt de 61 toiſes, & AD de 29.

Le triangle ABC ſe trouvant ainſi partagé en deux triangles rectangles ADB, BDC, dans chacun deſquels on connoît deux côtés, on en trouvera les angles par le troiſiéme Problême de la réſolution des triangles rectangles, N. 1262.

Par exemple, pour trouver l'angle C, on prendra DC pour ſinus total, & alors CB ſera la ſécante de C ; ce qui donnera cette analogie :

*DC eſt à BC, comme le ſinus total eſt à la ſécante de l'angle C :*

Ou 61 . 72 :: 100000 . $x$. ($x$ repréſente la ſécante de C.)

Faiſant l'opération, on aura 118032 pour cette ſécante : celle qui en approche le plus, dans les Tables, eſt 118025 qui répond à un angle de 32 dégrés 5 minutes ; l'angle C eſt par conſéquent de cette valeur.

On trouvera l'angle A par une ſemblable analogie ; & ôtant enſuite de 180 dégrés la ſomme de A & de C, le reſte ſera la valeur de l'angle B : ce qui eſt évident.

## *RÉSOLUTION*

### *Du même Problême par les Logarithmes.*

Le principe du N. 1259 donne cette analogie : 90 . 120 :: 24 . $x$. ($x$ repréſente la différence des deux parties AD & DC de la baſe AC.) Planch. 22. Figure 7.

Pour trouver $x$, il faut ajouter enſemble les logarithmes de 120 & de 24, & retrancher de leur ſomme celui de 90 ; ce reſte ſera le logarithme de $x$ *.

* N. 1251.

| | |
|---|---|
| *Logarithme de* 120 . . . . . . | 2.07918 |
| *Logarithme de* 24 . . . . . . | 1.38021 |
| *Somme de ces logarithmes* . . | 3.45939 |
| *De laquelle ôtant celui de* 90 . . | 1.95424 |
| *Il reste pour le logarithme de* x. . | 1.50515 |

On aura pour ce logarithme 1.50515, qui répond au nombre 32 : Ainsi ce nombre est la différence des deux parties de AC, comme on l'a déja trouvé dans la résolution précédente.

Otant de AC (90 toises) la différence 32, & prenant la moitié du reste 58, qui est 29, on aura, comme on l'a déja vû, AD de 29 toises, & DC de 61.

Maintenant pour trouver l'angle C, il faut observer que les Tables des logarithmes ne contenant point ceux des sécantes, on ne peut, comme dans la résolution précédente, prendre DC pour sinus total, afin d'avoir BC pour la sécante de l'angle cherché; il faut au contraire prendre BC pour sinus total, & remarquer que, dans cette supposition, DC sera le sinus de l'angle DBC; lequel étant connu, fera trouver C, parce qu'ils sont complément l'un à l'autre, ou qu'ils valent ensemble 90 dégrés.

On fera donc ainsi cette nouvelle analogie :

*BC est à DC, comme le sinus total est au sinus de l'angle DBC*; ou en représentant ce sinus par *S*, & substituant aux trois premiers termes leurs valeurs :

$$72 . 61 :: 100000 . S.$$

A la place des nombres de cette proportion, on mettra leurs logarithmes, & l'on aura,

185733 . 178532 :: 1000000 . *x*. (*x* représente le logarithme du sinus de DBC.)

On ajoutera ensuite les deux termes moyens, c'est-à-dire, les logarithmes de 61 & de 100000; & ôtant de leur somme le logarithme de 72, il restera 992799 pour le logarithme du quatriéme terme de la proportion *, ou du sinus de l'angle D B C. * N. 1251.

| | |
|---|---|
| *Logarithme de* 61 . . . . . . . . | 178532 |
| *Logarithme de* 100000 . . . . . | 1000000 |
| *Somme de ces deux Logarithmes* . | 1178532 |
| *De laquelle ôtant celui de* 72 *qui est* | 185733 |
| *Il reste pour celui du sinus cherché* . | 992799 |

On cherchera dans les Tables des Logarithmes, des Sinus & Tangentes, le sinus logarithme le plus approchant de 992799; on trouvera 992802 (*a*), qui répond à un angle de 57 dégrés 55 minutes: c'est la valeur de DBC laquelle étant soustraite de 90 dégrés, donne 32 dégrés 5 minutes pour l'angle C, c'est-à-dire, la même valeur trouvée par le calcul des sinus de la précédente résolution.

| | |
|---|---|
| 90 d. | |
| 57 — | 55 m. |
| 32 d. — | 5 m. |

On trouvera de la même maniere l'angle ABD; on l'ajoutera à D B C; ce qui donnera l'angle total

(*a*) Lorsqu'on a un logarithme qui ne se trouve pas exactement dans les Tables des sinus des logarithmes, & qu'il s'en trouve un supérieur ou plus grand & un autre plus petit, qui en different à peu près également, il faut prendre le supérieur, comme on l'a fait dans cet exemple, à cause des restes qui ont été négligés dans la construction des Tables des Logarithmes.

ABC, auquel C étant ajouté & la somme de ces deux angles soustraite ensuite de 180 dégrés, le reste donnera le troisiéme angle A : ce qui est évident.

---

# IV.

## *Du Nivellement.*

1273. Le *Nivellement* est une partie de la Géométrie-Pratique, par laquelle on détermine les distances de différens points de la surface de la Terre à son centre ; ce qui sert principalement dans l'Architecture civile & militaire pour la conduite des eaux.

1274. On dit que deux points d'une ligne ou d'une surface *sont de niveau*, lorsqu'ils sont à égale distance du centre de la terre.

1275. Les lignes de niveau sont des lignes horisontales, tangentes à la terre ou perpendiculaires à son rayon. C'est pourquoi lorsqu'elles sont fort longues, elles s'éloignent de sa surface de la même maniere qu'une tangente s'éloigne d'autant plus de la circonférence du cercle qu'elle touche, qu'elle est prolongée au-delà du point touchant.

Planch. 22, Figure 8. Soit, par exemple, le cercle X, qu'on suppose représenter un grand cercle de la terre. Si par le point A de sa circonférence on tire une ligne droite AB, qui fasse un angle droit avec le rayon AC, cette ligne sera tangente à la terre*, c'est-à-dire, qu'elle ne la touchera que dans un point; si l'on tire de C en B la sécante CB, elle sera plus grande que AC, & par conséquent les

* N. 175.

points A & B seront inégalement éloignés du centre de la terre : Donc ils ne seront point de niveau, mais seulement les points A & D, qui touchent la circonférence du cercle X.

1276. Il est évident que plus la tangente AB est grande, & plus l'excès DB de la sécante sur le rayon CA ou CD est grand ; & qu'au contraire plus elle est petite, & plus cet excès diminue, ensorte que si elle n'est que de 100 ou 200 toises, comme la courbure de la terre est insensible dans une aussi petite distance, l'excès DB le sera aussi, & alors tous les points de la ligne AB pourront être considérés comme également distans du centre de la terre, & par conséquent dans un parfait niveau.

1277. D'où il suit que les lignes de niveau n'ont tous leurs points de niveau que lorsqu'elles ne passent pas 200 toises. Lorsqu'elles ont plus d'étendue, on dit que leurs points sont dans le *niveau apparent*, & on les appelle lignes *de niveau apparent*, parce qu'elles paroissent avoir toujours toutes leurs parties de niveau.

1278. L'excès DB de la sécante CB sur le rayon CD, est appellé *la différence du niveau apparent au véritable*.

1279. Si l'on veut trouver deux points A & D dans le véritable niveau, il est évident qu'il faut connoître la différence DB du niveau apparent B au véritable D.

Pour cela, il faut considérer que le triangle CAB étant rectangle en A, la sécante CB en est l'hypoténuse, & que si l'on connoît le rayon de la terre AC & la tangente AB, qui est la ligne du niveau apparent, la somme des quarrés de ces deux lignes donnera le quarré de CB *, Planch. 22, Figure 8.

* N. 794.

& par conséquent la racine quarrée de cette somme le côté CB; duquel ôtant le rayon CD, il restera DB.

1280. M. *Picard* ayant déterminé le dégré du méridien ou d'un grand cercle qui tourne autour de la terre, & qui passe par ses poles, de 57060 toises, on a, en multipliant ce dégré par 360, sa circonférence de 20,541,600 toises. Ce qui donne (en supposant que la circonférence du cercle est à son diametre, comme 355 est à 113, ainsi qu'Adrien Metius l'a trouvé *) 6,538,594 toises pour son diametre, & pour son rayon la moitié 3,269,297.

* N. 445.

Supposant à présent que la ligne AB du niveau apparent soit de 300 toises;

On réduira AC & AB en pouces, ou plutôt en lignes, afin que l'opération soit plus exacte.

On les élevera ensuite au quarré, & l'on prendra la racine quarrée de leur somme, qui donnera la sécante CB, de laquelle ôtant le rayon CD, il restera le nombre de lignes que contient DB, c'est-à-dire, la différence du niveau apparent au véritable sur une distance de 300 toises. On trouvera environ douze lignes ou un pouce.

1281. La différence DB du niveau apparent au véritable peut être encore déterminée d'une autre maniere.

Il faut considérer que la ligne du niveau apparent AB étant tangente en A à la circonférence de X, elle est moyenne proportionnelle entre la sécante EB, & sa partie hors le cercle DB *, qui est la différence du niveau apparent au véritable; que cette partie sera toujours très-petite par rapport au diametre de la terre, parce que les nivellemens ne se font pas ordinairement

* N. 801.

dans des distances fort étendues, & que d'ailleurs quand l'arc AD seroit d'un demi-dégré, qui répond environ à douze lieues, le rayon CA, qui dans cette supposition seroit opposé à l'angle B de 89 dégrés 30 minutes, ne différeroit guères de la sécante CB, opposée à l'angle droit A, parce que les inclinaisons de CA & CB seroient sensiblement égales : & en effet, on peut voir dans les Tables des sinus que la sécante de 30 minutes ou d'un demi-dégré ne differe guères du rayon ou sinus total.

D'où il suit,

1282. 1°. Que l'on peut, sans erreur sensible, prendre le diametre de la terre pour la sécante ED, & qu'ainsi on déterminera BD, dans cette supposition, en divisant le quarré de AB par le diametre ED; car on a vû, N. 673, que pour trouver une troisiéme proportionnelle à deux quantités données, il faut diviser le quarré de la seconde par la premiere :

Ainsi $\frac{\overline{AB}^2}{ED} = DB$.

1283. 2°. *Que les différences DB & GF du niveau apparent au véritable, sont entr'elles comme les quarrés des distances AB & AF, ou des lignes du niveau apparent.*

Car puisque l'on a ces différences en divisant le quarré des lignes de niveau apparent par la même quantité, c'est-à-dire, par le diametre de la terre; il est évident que les quotiens de ces divisions sont entr'eux comme les dividendes *, c'est-à-dire, comme les quarrés des distances AB & AF : Donc, &c. Planche 22, Figure 8.

* N. 624.

1284. Ce principe donne un moyen plus aiſé que le premier pour trouver les différences du niveau apparent au véritable.

Car ſi l'on ſuppoſe, par exemple, que cette différence ſoit d'un pouce neuf lignes ſur une diſtance de 400 toiſes, & qu'on veuille ſçavoir quelle eſt ſa quantité ſur une diſtance de 800 toiſes, on la trouvera par cette régle de proportion:

*Comme le quarré de 400, qui eſt 160000,*
*Eſt à celui de 800, qui eſt 640000:*
*Ainſi 1 pouce 9 lignes*
*Eſt à la différence demandée.*

Faiſant la Régle, on trouvera 7 pouces pour cette différence.

Et en effet, comme le quarré de 400 eſt le quart de celui de 800, de même 1 pouce 9 lignes eſt le quart de 7 pouces.

On peut, donc par le moyen de ce principe, ſe faire une Table pour trouver les différences du niveau apparent au véritable, relativement à la longueur des lignes de niveau apparent. M. *Picard* a donné celle que l'on joint ici.

*TABLE pour les hauteurs du Niveau apparent au-dessus du véritable, depuis 50 toises jusqu'à 4000.*

| DISTANCES. | HAUTEURS. | | |
|---|---|---|---|
| Toises. | Pieds. | Pouces. | Lignes. |
| 50 | 0 | 0 | $0\frac{1}{3}$ |
| 100 | 0 | 0 | $1\frac{1}{3}$ |
| 200 | 0 | 0 | 5 |
| 300 | 0 | 0 | $11\frac{2}{3}$ |
| 400 | 0 | 1 | 9 |
| 500 | 0 | 2 | 9 |
| 600 | 0 | 3 | 11 |
| 700 | 0 | 5 | $4\frac{1}{3}$ |
| 800 | 0 | 6 | $11\frac{1}{3}$ |
| 900 | 0 | 8 | $9\frac{1}{3}$ |
| 1000 | 0 | 11 | 0 |
| 1500 | 2 | 0 | 9 |
| 2000 | 3 | 8 | 0 |
| 2500 | 5 | 8 | $8\frac{1}{2}$ |
| 3000 | 8 | 3 | 0 |
| 4000 | 14 | 8 | 0 |

1285. Il suit de tout ce que l'on a dit jusqu'ici sur le nivellement, que pour trouver deux points de niveau, il faut connoître la différence du niveau apparent sur le véritable, relativement à la distance de ces points; mais comme cette différence ne peut se trouver que par le moyen des lignes de niveau apparent qui sont tangentes à la terre; il faut pour niveler avoir des instrumens qui donnent des tangentes, ou ce qui est la même chose, des perpendiculaires au rayon de la terre. C'est le principe essentiel pour la construction des *Niveaux*, ou des instrumens propres à niveler.

On va donner un précis des usages du plus commun, qui est le niveau d'eau.

*Du Niveau d'eau.*

Planch. 22, Figure 9. 1286. Le niveau d'eau A est composé d'un tuyau rond de cuivre ou de fer-blanc, d'environ trois ou quatre pieds de longueur sur douze ou quinze lignes de diametre.

Il est recourbé à angles droits aux deux extrémités, afin de recevoir deux tuyaux ou bouteilles de verre B & C, de 3 ou 4 pouces de hauteur, qu'on y fait tenir avec de la cire ou du mastic. Ces bouteilles n'ont point de fond, de maniere que si l'on verse de l'eau dans la bouteille B, elle se communique à l'autre bouteille C par le tuyau A.

Pour se servir de cet instrument on le pose sur un pied P, semblable à celui du Graphométre, & on le met dans une situation horisontale, ou à peu près horisontale. L'eau versée dans le tuyau A, en assez grande quantité pour monter environ aux deux tiers des deux bouteilles B & C, se met de niveau dans ces bouteilles; ensorte que sa surface extérieure, dans chacune d'elle, est également distante du centre de la terre, & cela, soit que le tuyau A soit parallèle ou incliné à l'horison.

Pour le prouver, il faut considérer que l'eau tendant au centre de la terre comme tous les autres corps pesans; si elle étoit plus éloignée de ce centre dans une bouteille que dans l'autre, sa pesanteur feroit capable de la faire monter par fon effort dans l'autre bouteille, jufqu'à ce que l'eau de cette feconde bouteille puiffe réfifter à l'effort de la premiere, c'eft-à-dire, jufqu'à ce qu'elle foit autant diftante du centre de la terre, ou que fa partie fupérieure foit de niveau avec celle de la premiere bouteille.

### *Ufage du Niveau d'eau.*

1287. Lorfqu'on veut trouver par le nivellement la différence de l'élévation de deux points déterminés, comme A & B; ces points font appellés *termes*. Planch. 16. Figure 10.

Le premier terme eft celui où on pofe le niveau, & le fecond, celui fur lequel fe termine la ligne du niveau apparent, ou le rayon vifuel qui paffe fur la fuperficie de l'eau du niveau.

Pour faire l'opération du nivellement, il faut avoir trois hommes avec foi pour en aider l'exécution. On les appelle communément *aides*. L'un doit être muni d'une longue perche ou double toife pour terminer le rayon vifuel que donne le coup de niveau. Il doit avoir auffi un carton X d'environ 6 ou 8 pouces en quarré, partagé en deux également par une ligne parallèle à un de fes côtés. La moitié de ce carton eft noircie, & l'autre eft blanche, afin qu'en le faifant couler fur la perche oppofée au niveau, l'Obfervateur puiffe remarquer plus diftinctement le point où le rayon vifuel touche le carton. On le fait répondre pour cela à la ligne du milieu, qui fépare la partie blanche de la noire. Figure 11.

L'Obfervateur ayant mis de l'eau dans le niveau, enforte qu'elle fe trouve environ aux deux tiers de chacune des bouteilles, il pofe fon ni- Figure 10.

veau en F, éloigné du point A de la moitié de la longueur du niveau, afin que la bouteille C réponde exactement au point A.

Le niveau étant ainsi placé dans une situation à peu près horisontale, l'Observateur enverra au point B deux aides, qui porteront la double toise & le carton noirci. On suppose que ces points ne sont éloignés que de 100 ou 120 toises, parce que le niveau d'eau ne peut donner des coups de niveau à une plus grande distance.

Ils poseront sur ce point la double toise le plus perpendiculairement qu'ils le pourront. On sera convenu avec eux des signaux pour leur faire élever ou baisser le carton, qui s'applique sur la double toise, jusqu'à ce que la ligne qui le divise en deux parties, soit dans le niveau apparent de la surface de l'eau des deux bouteilles.

Tout ceci étant bien entendu, celui qui fait le nivellement, & que nous appellons ici l'Observateur, mettra le niveau, ou ses deux parties recourbées C & D, dans l'alignement de la double toise B G. Il regardera ensuite par la partie supérieure de l'eau des deux bouteilles du niveau, le point de la toise B G qui répond au prolongement de cette partie supérieure, & si la ligne de mire du carton (c'est-à-dire, celle qui le sépare en deux parties) ne se trouve pas à ce point, il le fera hausser ou baisser jusqu'à ce qu'elle se trouve répondre exactement à ce point, qu'on suppose être le point E.

Le point E étant ainsi trouvé, l'Observateur le fera connoître aux aides qui sont en B: alors l'un d'eux tiendra le carton fixement dans ce point, & l'autre mesurera la hauteur B E. On suppose qu'elle se trouve de 6 pieds 9 pouces.

Le troisiéme aide, qui accompagne toujours l'Observateur, mesurera aussi la hauteur CA, qu'on suppose de 4 pieds 7 pouces. Et les aides envoyés en B étant venus rendre compte de la mesure de BE, on ôtera de cette hauteur la ligne CA; il restera 2 pieds 2 pouces pour la différence ou l'excès du point A sur le point B.

Pour le démontrer, il faut observer que les surfaces de l'eau des deux bouteilles de l'instrument étant de niveau, c'est-à-dire, également distantes du centre de la terre, peuvent, à cause de leur proximité, être considérées comme touchant la surface de la terre dans un seul point: Or la ligne CE de niveau apparent est le prolongement de la petite ligne qui passe par la surface des deux bouteilles: Donc elle est tangente à la terre; mais à cause de son peu d'étendue, on peut la regarder comme une partie de la circonférence du grand cercle qui passe par C. Si par le terme A on imagine AH parallèle à CE, les deux lignes AC & HE, qu'on peut considérer comme parallèles, (parce qu'elles sont perpendiculaires à deux points de la surface de la terre trop proches les uns des autres pour que leur tendance au centre fasse une inclinaison sensible) sont égales, étant terminées par les parallèles CE & AH: ainsi A & H sont également distans du centre de la terre; mais B est plus proche de ce centre que H, de la quantité HB de 2 pieds 2 pouces: Donc A est plus élevé que B de cette quantité. C. q. f. d.

## REMARQUES.

### I.

1288. Les opérations qu'on fait ainsi par un seul coup de niveau sont appellés *nivellemens simples* ; on appelle *nivellemens composés*, ceux dans lesquels les termes se trouvent trop éloignés pour que le niveau puisse porter de l'un à l'autre, & dans lesquels on est obligé de faire plusieurs opérations pour connoître la différence ou l'égalité de leur niveau.

### II.

1289. Dans les nivellemens simples, faits avec le niveau d'eau, on n'a point d'égard à la différence du niveau apparent au véritable, parce que les coups de ce niveau ne s'étendent guères au-delà de 100 ou 120 toises, & que cette différence est insensible dans une aussi petite distance, comme on le voit dans la Table de M. Picard. Mais dans les nivellemens composés, il faut y avoir d'autant plus d'attention que les termes du nivellement sont plus éloignés l'un de l'autre.

### *Du Nivellement moyen.*

1290. On peut dans plusieurs occasions augmenter la portée des coups du niveau d'eau, & même la doubler en se mettant avec le niveau à peu près au milieu de la distance des deux termes du nivellement. Cette façon de niveller s'appelle *nivellement moyen.*

### EXEMPLE.

Planch. 23, Figure 1. 1291. Soient les points A & B, dont on veut sçavoir la différence ou l'égalité de leur niveau, éloignés d'environ 200 ou 250 toises.

L'Observateur se mettra avec le niveau à peu près dans le milieu de cette distance en C, & dans l'alignement des points A & B.

Il enverra deux aides en A & deux autres en B, lesquels seront munis d'une double toise & d'un carton noirci, comme dans l'exemple précédent.

Ces aides poseront les perches en A & en B, le plus perpendiculairement qu'ils le pourront. Ensuite l'Observateur se mettant du côté de I, regardera par-dessus la surface de l'eau des deux bouteilles vers la perche AD, & il fera hausser ou baisser le carton jusqu'à ce que la ligne qui sépare la partie blanche de la noire se trouve dans l'alignement du rayon visuel en F. Ce point étant trouvé, l'un des aides tiendra le carton dans la même situation, & l'autre mesurera la hauteur AF. L'Observateur se placera après cela du côté de H, & regardant par-dessus la surface des deux bouteilles du niveau, la perche BE, il fera hausser ou baisser le carton jusqu'à ce que sa ligne de mire réponde au rayon visuel HG du niveau. L'un des aides en B mesurera la hauteur GB. Comparant ensuite les hauteurs AF & GB, leur différence donnera celle de l'élévation des points ou termes A & B.

Supposons, par exemple, que AF ait été trouvée de 5 pieds 9 pouces, & BG de 2 pieds 10 pouces, la différence de ces deux lignes, qui est 2 pieds 11 pouces, sera la quantité dont B est plus élevé que le point A. Ce qui est évident.

## REMARQUES.

### I.

1292. Il est clair qu'en opérant ainsi, c'est-à-dire, en mettant le niveau au milieu de la distance des deux termes du nivellement, on trouve les points F & G dans le véritable niveau; car comme les distances CA, CB sont sensiblement égales, les différences du niveau apparent au véritable le sont aussi: ensorte que si le point G est, par exemple, plus élevé d'un pouce que le point du véritable niveau qui lui répond, F sera plus élevé que le point du véritable niveau qui lui répond de la même quantité: ainsi F & G seront également distans du centre de la terre, & par conséquent ils seront dans le véritable niveau.

D'où il suit que, dans le nivellement moyen il n'y a point de correction à faire de la différence du niveau apparent au véritable pour avoir deux points parfaitement de niveau.

### II.

1293. Le nivellement moyen a encore un autre avantage, c'est qu'il fait éviter les erreurs causées par la réfraction (*a*); car si elle éleve

(*a*) On appelle, *Réfraction* le détour que fait un rayon de lumiere, lorsque passant d'un milieu dans un autre, ou d'un espace d'une certaine nature dans un autre d'une espéce différente, comme de l'air dans l'eau ou dans le verre, il se brise en montant un peu au-dessus de sa direction, ou en descendant au-dessous.

Planch. 23, Figure 2. Soit, par exemple, un vase *abcd* rempli d'eau, & soit supposé qu'un rayon de lumiere qui vient de A rencontre obliquement la surface de cette eau en B. Au lieu de continuer sa direction en C, suivant le prolongement de AB, il se

ou

ou baisse le point G d'une certaine quantité, elle sera le même effet à l'égard du point F; c'est pourquoi ces points se trouveront toujours dans le véritable niveau.

détournera, en faisant avec sa direction BC l'angle CBD. Ce détour ou cette brisure se nomme *réfraction*, & l'angle CBD *l'angle de réfraction*.

La réfraction est différente, suivant les différens milieux dans lesquels passe le rayon de lumiere; mais elle n'a lieu que lorsque ce rayon tombe obliquement sur une surface, car lorsqu'il tombe perpendiculairement il s'enfonce en suivant sa même direction perpendiculaire.

Si par le point B où un rayon de lumiere AB rencontre une surface *ad*, on éleve une perpendiculaire FB prolongée jusqu'en G dans le milieu X; si ce milieu est plus épais, plus serré ou plus condensé que le milieu Y d'où sort le rayon AB, ce rayon se brisera en s'approchant de la perpendiculaire BG; & s'il sort du milieu X plus condensé que Y, pour passer dans ce milieu, il le fera en s'éloignant de la perpendiculaire FG: ensorte que s'il va de C en B, au lieu de suivre la direction CBE, il s'en écartera pour prendre celle de BA, qui s'éloigne davantage de FG.

Lorsque la réfraction se fait en s'approchant de la perpendiculaire, elle fait paroître l'objet plus élevé sur la surface qui sépare les deux milieux, qu'il ne l'est effectivement, & elle le fait paroître plus bas lorsqu'elle se fait en s'éloignant de la même perpendiculaire.

Car si l'on suppose que la surface *ad* sépare le milieu Y du milieu X qui est plus condensé, & qu'un rayon qui partiroit, par exemple, d'une étoile A vienne rencontrer obliquement *ad*, comme ce rayon se détourne de sa direction en changeant de milieu pour prendre celle de BD plus proche de la perpendiculaire FG, si l'on suppose qu'il y ait un Observateur en D, il verra l'étoile suivant la direction DB, & il la supposera au point E qui est dans cette direction, lequel est plus élevé sur la surface *ad* que A. Si au contraire le milieu X est plus rare ou moins serré que Y, & qu'il parte aussi un rayon de lumiere d'une étoile E, comme ce rayon en entrant dans le milieu X, s'éloignera de la perpendiculaire FG, & qu'il prendra la nouvelle direction BC, l'Observateur qui verra le point C, supposera l'étoile dans la di-

### *Du Nivellement composé.*

Planch. 23, Figure 3. 1294. On suppose, par exemple, qu'il y a une source en A qu'on veut conduire en B qui en est éloigné de 6 ou 700 toises. Pour cela, il faut sçavoir si A est plus élevé que B, ou quelle est la différence du niveau de ces deux points.

rection CB, c'est-à-dire, au point A, qui est moins élevé que E sur la surface *ad*.

Il est aisé de prouver la réfraction par une expérience extrêmement facile à exécuter.

Figure 2. Il faut avoir un vase creux BG*cd*, mettre une piéce d'argent ou quelqu'autre chose de remarquable & de pesant au fond du vase, en un point quelconque D, où il puisse demeurer fixement; ensuite se reculer doucement du vase, jusqu'à ce qu'en regardant la piéce par le bord du vase B on la perde entiérement de vûe. Cela fait, il faut rester dans cette position, & faire emplir le vase d'eau; alors l'objet D qui avoit disparu à l'Observateur, qu'on suppose en A, lui reparoîtra en C. Ce qui fait voir que le rayon qui part de l'objet D sortant de l'eau du vase X, se brise en s'éloignant de la perpendiculaire FB; ainsi ce rayon va rencontrer l'œil de l'Observateur en A qui voit ainsi l'objet en C dans la direction de AB.

Il suit de cette légere exposition de la réfraction, que dans les nivellemens, elle peut changer la hauteur des objets que l'on bornoye, suivant les différens changemens de l'air ou du milieu où l'on opére. C'est ce que l'expérience rend encore visible; car si l'on place une lunette d'approche dans une situation immobile, alignée à quelqu'objet remarquable, on voit que, suivant les différens temps qu'il fait, elle ne répond plus au même objet. Aussi M. Picard remarque-t-il qu'un objet qui à la premiere pointe du jour aura paru dans le niveau, & même un peu au-dessus, paroîtra ensuite au-dessous, quelque temps après le lever du soleil; & qu'au contraire après que le soleil est couché, les objets fort éloignés paroissent quelquefois se hausser si considérablement, qu'en moins d'une demi-heure, la hauteur apparente est augmentée de plus de trois minutes. La cause de ces apparences est, selon M. Picard,

Comme la distance est trop grande pour qu'un seul coup de niveau puisse porter du point A au point B, que d'ailleurs on suppose qu'il se trouve entre ces points des élévations & des abbaissemens du terrein trop considérables pour qu'on puisse appercevoir de A une perche mise en B, il faudra donner plusieurs coups de niveau pour parvenir à la connoissance demandée ; c'est-à-dire, faire un nivellement composé.

Pour cet effet, il faut, dans cet exemple, partager la distance AB en trois parties à peu près égales AC, CD, & DB.

On cherchera après cela à poser le niveau dans le milieu de la premiere partie, par exemple en E, dans l'alignement de AB, & on enverra des aides en A & en C avec de grandes perches, & le carton ordinaire. Ils y poseront ces perches le plus perpendiculairement qu'ils le pourront, dans l'alignemement de AB & de l'instrument E.

L'Observateur regardera ensuite par Q & par P le point H de la perche A qui se trouve dans le rayon de mire de la superficie de l'eau des deux bouteilles du niveau. Puis venant en P, il regardera par P & Q le point I de la perche CI, qui

la fraîcheur de la nuit qui condense les vapeurs, & qui fait qu'elles descendent aux plus bas lieux, ce qui, laissant l'air des lieux plus élevés beaucoup plus pur que durant le jour, doit causer une plus grande réfraction; mais quand l'action du soleil a fait monter une partie des vapeurs jusqu'aux lieux les plus élevés, il doit y avoir moins de différence de milieu, & par conséquent moins de réfraction.

Dans les grands nivellemens, où l'on adapte des lunettes aux niveaux, on a égard à la réfraction, c'est-à-dire, qu'on corrige la hauteur apparente pour la réduire à la véritable; mais dans les petites, cette correction n'est pas nécessaire, parce que la réfraction ne peut y causer aucune erreur sensible.

eſt de niveau avec le point H de la premiere. Cela fait, les aides qui ſont en A, meſureront la hauteur AH qu'on ſuppoſe de 7 pieds 5 pouces. Ils écriront cette hauteur ſur un papier ſur lequel ils feront deux colonnes; ſçavoir, l'une pour écrire les différences qui iront en montant, & l'autre pour celles qui iront en deſcendant. La premiere aura pour titre: *Colonne des élévations*, & la ſeconde: *Colonne des abbaiſſemens.*

Dans cet exemple, l'aide en A, chargé d'écrire les différences du niveau, écrira dans la premiere colonne 7 pieds 5 pouces.

A l'égard des aides qui ſont en C, ils marqueront exactement ſur la perche CI, ſoit par un coup de crayon ou autrement, le point de mire I, & ils reſteront dans la même place en tenant la perche CI dans la même poſition, parce qu'elle doit auſſi ſervir à la ſeconde *ſtation* ou opération.

Par cette premiere opération, il eſt évident que les points H & I ſont dans le même niveau.

Pour la ſeconde, l'Obſervateur ſe tranſportera avec le niveau à peu près au milieu de CD, où il ſe placera en F, toujours dans l'alignement de AB. Il enverra en D les aides qui étoient en A, & ils y poſeront perpendiculairement la perche DN dans l'alignement de l'inſtrument & de CI, ou dans celui de AB, qui eſt le même.

L'Obſervateur ſe plaçant en S regardera par S & par R le point L de la perche CI qui répond à la ſuperficie de l'eau des bouteilles du niveau; on le ſuppoſe au-deſſous du point I; puis ſe plaçant en R, il bornoyera par R & par S le point M de la perche DN.

Comme on ſuppoſe que le point L eſt au-deſſous du point I, les aides qui ſeront en C, & qui auront auſſi comme les premiers un papier pour écrire les différences des niveaux, mesureront IL qu'ils écriront dans la colonne des abbaissemens : on la suppose de 2 pieds 9 pouces.

Quant aux aides qui sont en D, ils marqueront sur la perche DN, le point M qui répond au rayon visuel RSM du niveau, & ils resteront dans la même position au point D.

L'Observateur quittera le lieu F, & il viendra se placer en G dans le milieu de DB, toujours dans l'alignement de AB, & les aides qui étoient en C se transporteront en B, où ils poseront leur perche perpendiculairement sur B.

Ensuite l'Observateur se placera vers V, & regardant par V & par T, il déterminera le point N dans l'alignement de son niveau sur la perche DN; on suppose qu'il est plus élevé que M. L'Observateur passant vers T, & regardant par T & par V la perche BO, il déterminera sur cette perche le point O dans le véritable niveau du point N.

Cela fait, l'un des aides en D mesurera la ligne MN, & il écrira la valeur sur la colonne des élévations de son mémorial : on la suppose de 2 pieds 5 pouces.

Les aides qui sont en B mesureront aussi la hauteur BO, qui étant prise au-dessous du point O ou en descendant, doit être écrite dans la colonne des abbaissemens : on la suppose de 4 pieds 6 pouces.

Ces opérations étant ainsi faites, on additionnera ensemble, d'une part les grandeurs montantes AH & NM, & d'une autre celles qui vont en descendant IL & OB. De la somme des premieres, qui est 9 pieds 10 pouces, on ôtera celle des secondes qui est 7 pieds 3 pouces, il restera 2 pieds 7 pouces pour la quantité dont A est plus bas que B. Ce qui fait voir que la source A ne pourroit être conduite en B.

Il est évident qu'on déterminera de la même maniere la différence du niveau de deux points plus éloignés, dans le nivellement desquels on sera obligé de faire un plus grand nombre de stations.

*Modèle du Mémorial sur lequel on écrit les hauteurs ascendantes & descendantes.*

| *Colonne des élévations.* | *Colonne des abbaissemens.* |
|---|---|
| 7 pieds 5 pouces. | 2 pieds 9 pouces. |
| 2 — 5 | 4 — 6 |
| 9 — 10 | 7 — 3 |

## REMARQUES.

### I.

1295. Il est évident que si la somme des abbaissemens avoit été dans l'exemple précédent, plus grande que celle des élévations, le point B auroit été plus bas que le point A de l'excès des abbaissemens sur les élévations, & que si les sommes des deux colonnes étoient égales, les deux points A & B seroient de niveau.

### II.

1296. Que dans les nivellemens composés, faits de la maniere qu'on vient de l'enseigner, c'est-à-dire, par plusieurs nivellemens moyens, on n'est point obligé d'avoir égard à la différence du niveau apparent au véritable, parce que dans chaque opération l'on a toujours des points qui sont dans le véritable niveau.

## III.

1297. Que si l'on a un nivellement à faire en montant, il est plus commode de le commencer par le point le plus élevé pour le faire en descendant, parce qu'alors on peut donner de plus grands coups de niveau, & que d'ailleurs deux personnes peuvent niveller en même-temps de chaque côté de l'élévation, c'est-à-dire, vers chaque terme, ce qui abrége beaucoup la durée de l'opération.

1298. Ce que l'on vient de dire sur le nivellement & sur l'usage du niveau d'eau est absolument suffisant pour les travaux ordinaires des fortifications, & même pour niveller des objets assez éloignés, en se servant du nivellement composé. Mais comme il y a des cas où ces opérations demandent une exactitude que le niveau d'eau ne sçauroit donner, on a imaginé des niveaux d'une autre espéce à poids & à lunette, pour y suppléer. Les principaux sont ceux de MM. *Picard* & *Huyghens*. On ne s'arrêtera pas à en donner ici la construction & l'usage. Ceux qui seront bien-aise de connoître tout le détail dont cette matiere est susceptible, pourront consulter le Traité du Nivellement de M. *Picard*, celui de M. *Mariotte*, de M. *Bullet*, &c. On donnera seulement encore ici une notion d'une espéce de nivellement qu'on appelle *réciproque*, par lequel on a immédiatement deux points dans le véritable niveau, c'est-à-dire, sans faire la correction du niveau apparent au véritable, & cela dans une distance plus grande que la portée du niveau d'eau.

### *Du Nivellement réciproque.*

1299. On suppose qu'on se sert dans cette

opération d'un niveau à lunette & à poids, lequel poids fait tenir la lunette dans une situation perpendiculaire à la direction du poids ou au rayon prolongé de la terre; comme aussi que le terrein ne permet pas qu'on puisse placer le niveau dans le milieu de la distance proposée, c'est-à-dire, se servir du nivellement moyen, qui seroit encore d'une exécution plus prompte.

Planche 23, Figure 4. Soient les points A & B dont on veut connoître la différence du niveau, éloignés de 6 ou 700 toises.

On posera le niveau en A, & l'on aura un aide placé en B avec une longue perche & un carton pour recevoir le rayon visuel, comme dans les opérations précédentes.

On observera le point F qui répond au centre de la lunette, lequel centre est ordinairement marqué par deux fils de soye qui se coupent perpendiculairement.

On fera marquer exactement le point F sur la perche BD.

Cela fait, on ôtera le niveau de A, & l'on fera poser à sa place, sur le point qui répond à la direction du poids, une longue perche AC, comme en B, sur laquelle perche on marquera le point E de maniere qu'il réponde exactement à l'élévation du centre de la lunette lors de l'observation du point F sur la perche BD.

On se transportera avec le niveau en B; on le posera à la place de la perche BD, mais de maniere que la direction du poids du niveau réponde exactement au point B, & le centre de la lunette au point F observé sur BD.

On regardera après cela par la lunette la perche CA, & l'on fera marquer sur cette perche le point G qui répond au rayon visuel de la lunette. Cela fait, si l'on prend le point H également distant de E & de G, ce point sera dans le véritable niveau avec le point F; ensorte que mesurant HA & FB, on aura la différence du niveau de ces deux points, en ôtant la plus petite élévation de la plus grande.

Pour le démontrer, il faut considérer que les points E & F étant dans le niveau apparent, F est plus éloigné du centre de la terre que E, de la différence du niveau apparent au véritable que donne la distance des deux points A & B.

Les deux points F & G étant aussi par l'opération dans le niveau apparent, G est plus éloigné du centre de la terre que F, de la même différence du niveau apparent au véritable que donne la distance AB: d'où il suit que G est plus éloigné du centre de la terre que E de deux fois cette différence; mais ayant pris le point H au-dessus du point E, de la moitié de EG, H est alors plus éloigné du centre de la terre que E, de la différence seulement du niveau apparent au véritable sur la distance AB; mais F en est aussi plus éloigné de la même quantité: Donc, &c.

On voit que cette méthode donne, comme le nivellement moyen, deux points H & F dans le véritable niveau, & cela, sans égard à la réfraction qui se trouve également compensée de part & d'autre, si l'on suppose que le milieu où se fait l'opération soit de même nature, c'est-à-dire, également rare ou condensé.

*Application de la Trigonométrie.*

1300. On a déja résolu dans le premier Volume, la plûpart des Problêmes de la Trigonométrie; mais on l'a fait par le moyen d'une échelle & de la conſtruction des figures ſemblables, méthode bien moins exacte que celle du calcul trigonométrique : en effet, dans ces ſortes de réſolutions, pour qu'un pied ſoit, par exemple, une grandeur ſenſible, il faut, ſi la figure a une étendue conſidérable, qu'elle ſoit conſtruite ſur une échelle où la grandeur d'un pied ſe puiſſe marquer; mais alors la figure peut auſſi devenir d'une grandeur embarraſſante : ajoutez à cela qu'il eſt difficile de tracer les lignes auſſi fines qu'il faut qu'elles le ſoient, pour que l'opération ait quelque juſteſſe, & qu'on puiſſe diſtinguer nettement les points d'interſection. Les angles faits avec le rapporteur, ne peuvent pas ſe faire non plus avec exactitude, à cauſe de la petiteſſe de l'inſtrument qui ne permet pas qu'on puiſſe avoir égard aux minutes. Tout cela doit faire ſentir l'avantage des opérations qui ſe font par le calcul trigonométrique, ſur celles qui ſe font par l'échelle, ces dernieres ne doivent abſolument avoir lieu que lorſque l'erreur d'un pied ou de deux, & même d'une toiſe, n'eſt pas d'une grande importance.

## OBSERVATION

*Sur les diviſions des inſtrumens propres à meſurer les angles pour le calcul trigonométrique.*

1301. Pour que le calcul trigonométrique donne toute la juſteſſe qu'on en doit attendre, il faut meſurer les angles ſur le terrein avec des inſtrumens dont les dégrés ſoient diviſés en minutes, ou au moins de 5 en 5 minutes.

Pour qu'un demi-cercle ſoit diviſé en minutes, il faut qu'il ait au moins 8 ou 10 pouces de rayon.

Ces divisions se font ordinairement par des transversales ou lignes qui vont obliquement de la circonférence antérieure de l'instrument à l'intérieure.

1302. Soit, pour en donner une idée, l'arc AB d'un dégré, terminé par les deux rayons CA & CB (*a*). Soit AD la largeur de l'espace sur lequel les divisions de l'instrument doivent être faites : cette partie se nomme *le limbe* du demi-cercle. Planch. 24. Figure 1.

Soit le dégré AB divisé en six parties égales, chacune de ces parties vaudra la sixiéme d'un dégré, c'est-à-dire, 10 minutes.

Soit tiré aussi l'arc DE concentrique à AB, qu'on divisera de même que AB en six parties égales.

Cela fait, il ne s'agit plus que de partager une partie de AB comme AF, en dix parties égales, afin d'avoir l'arc d'une minute.

Pour cela, on fait passer la circonférence d'un cercle par les trois points F, D, C : on divise l'arc DF en dix parties égales, & par chacune de ces parties on décrit de C, pris pour centre, des circonférences ou des arcs concentriques à AB & DE ; les parties de ces arcs comprises entre DA & DF, donnent les dix divisions de AF, c'est à-dire, que la premiere, proche le point D, est l'intervalle d'une minute, la seconde, en allant vers A, de deux, &c.

(*a*) Il est évident que les rayons CA & CB de la Figure premiere, Planche 24, sont plus petits que celui du demi-cercle dont l'arc AB seroit d'un dégré. On ne leur a pas donné dans cette Figure leur véritable longueur, parce qu'elle est plus grande que la hauteur de la Planche, & que d'ailleurs comme on ne se propose que de donner une idée de la division des instrumens en minutes, cette Figure, quoique peu exacte, peut autant servir à cet objet qu'une autre qui le seroit davantage.

Pour le démontrer, il faut considérer que les dix parties de DF étant égales & prises sur le même arc CDF, si d'un point C pris sur cet arc on tire des lignes à toutes ces divisions, les angles compris entre chacune d'elles seront égaux, parce qu'ils auront pour mesure des arcs égaux*: ainsi celui qui sera formé par une ligne tirée du centre C de l'instrument à la premiere division de DF, en allant vers B & par CD prolongée, sera la dixiéme partie de celui qui sera formé de CA & de CF; mais cet angle est de 10 minutes par la construction: Donc celui qui sera mesuré par la premiere division, dont on vient de parler, ne sera que d'une minute.

* N. 159.

Décrivant de la même maniere des arcs par le point C & les divisions de AB & DE, on aura le dégré ABDE partagé en lignes transversales, qui en donneront la division de minutes en minutes.

1303. On peut, par la même méthode, diviser le limbe d'un demi-cercle, de cinq en cinq minutes; mais en voici une autre pour diviser ainsi un graphometre de cinq ou six pouces de rayon. La négligence des Ouvriers ou l'attention que demande cette division, en avoit fait discontinuer l'usage; mais feu M. *Langlois*, dont tout le monde a connût l'habileté, l'a renouvellé avec succès.

Cette méthode consiste à terminer chaque extrémité de l'alidade par un arc de cercle de onze dégrés, de même rayon que l'instrument, divisé en douze parties égales, & de maniere que le commencement de la premiere division de cet arc réponde exactement à la ligne qui passe par le centre de l'instrument & par l'ouverture des deux pinulles de cet alidade. Il est décrit du même côté de l'alidade, c'est-à-dire, qu'il s'étend de part & d'autre sur les divisions du limbe du demi-cercle.

Il est évident que si cet arc étoit de douze dégrés, chacune de ses parties seroit d'un dégré; mais que comme il est plus petit d'un dégré, elles sont chacune plus petite de la douziéme partie du dégré, c'est-à-dire, de cinq minutes.

Il faut observer en mesurant des angles avec le graphometre ainsi construit, que les arcs qui terminent l'alidade soient toujours hors de l'angle qu'on veut mesurer.

Présentement, pour faire usage de cette construction, supposons, par exemple, qu'on ait mesuré un angle avec le demi-cercle, & que la ligne qui passe par le centre de l'instrument & l'ouverture des deux pinulles, & qu'on nomme *ligne de foy*, réponde à un point un peu au-delà du 52^e^ dégré.

Pour sçavoir la partie du dégré ou le nombre des minutes qu'il faut ajouter à 52 dégrés pour avoir la valeur totale de l'angle mesuré, il faut chercher le point de l'instrument qui répond exactement à une de ses divisions & à une de celles de l'arc de l'alidade, ensorte que les deux lignes qui marquent ces divisions, puissent être considérées comme une seule ligne. Supposons que le 59^e^ dégré du demi-cercle convienne ainsi avec la septiéme division de l'arc de l'alidade; comme chaque division de cet arc vaut 5 minutes de moins qu'un dégré, il a passé autant de fois 5 minutes au-delà du 52^e^ dégré qu'il y a de divisions de l'arc de l'alidade au-delà de ce dégré, c'est-à-dire, 7 fois 5 ou 35: ainsi l'angle dont il s'agit sera donc de 52 dégrés 35 minutes. Il en sera de même pour tous les autres angles qui contiendront des dégrés & des minutes.

Il eſt évident que quand la ligne de ſoy des pinulles de l'alidade ou de la lunette, ſi l'inſtrument eſt à lunette, répond exactement à une diviſion du limbe du demi-cercle, il n'y a point de minutes à ajouter aux dégrés de l'angle, & qu'il contient ſeulement le nombre qui ſe trouve compris entre le diametre de l'inſtrument & la ligne de foy de l'alidade (*a*).

1304. Comme ces ſortes d'inſtrumens ne peuvent être diviſés avec trop d'attention & d'exactitude, pour la juſteſſe des opérations, on les éprouve ou vérifie en meſurant dans la campagne différens angles autour d'un même point & à peu près dans le même plan, mais qui comprennent la circonférence entiere de l'horiſon. Il eſt évident que ſi l'inſtrument eſt bien diviſé, ils
*N. 99. vaudront enſemble 360 dégrés *; s'ils en different ſeulement d'une ou de deux minutes, l'inſtrument peut être regardé comme exact, s'il eſt diviſé en minutes; mais ſi l'erreur étoit plus conſidérable, il faudroit y avoir égard dans la meſure particuliere des angles, c'eſt-à-dire, les diminuer ou augmenter proportionnellement à l'erreur de l'inſtrument.

(*a*) La diviſion du limbe du graphometre qu'on vient d'expliquer, eſt appellée communément la diviſion de *Nonius*; c'eſt le nom de ſon inventeur qui mourut en 1577 à *Conimbre*, où il étoit Profeſſeur de Mathématique.

# PROBLEMES

## De Trigonométrie.

## PREMIER PROBLEME.

1305. *Trouver la longueur d'une ligne accessible seulement par ses deux extrémités.*

Soit, par exemple, AB l'ouverture d'un précipice que l'on veut connoître. Planch. 24, Figure 2.

On choisira un point C dans la campagne, duquel on puisse aller directement en A & en B : on mesurera ensuite les lignes CA & CB & l'angle ACB, & l'on aura le triangle ACB dont les deux côtés CA & CB seront connus de même que l'angle compris C.

On cherchera la différence des angles A & B par cette analogie.

*La somme des deux côtés AC & CB, est à leur différence,*
*Comme la tangente de la moitié du supplément de l'angle C,*
*Est à la tangente de la moitié de la différence des angles A & B opposés à C*.* *N. 1258.

Cette moitié étant connue, elle fera connoître les angles A & B, après quoi on trouvera AB par cette seconde analogie :

*Le sinus de l'angle A*
*Est à son côté opposé CB ;*
*Comme le sinus de C*
*Est au côté opposé AB*.* *N. 1256.

## REMARQUE.

Planch. 24. Figure 3. 1306. Comme il eſt difficile de meſurer les angles ſans commettre quelqu'erreur, il eſt à propos d'examiner ici quelle doit être la poſition ou le choix du point C, pour avoir la plus petite.

Suppoſons, par exemple, que l'angle ACB ait été trouvé de quelques minutes de plus que ſa véritable valeur, ou qu'on ait meſuré ACD au lieu de ACB, & que le premier ſoit de quelques minutes plus grand que le ſecond, c'eſt-à-dire, de l'angle BCD: Suppoſons auſſi que le diametre immobile de l'inſtrument ait été poſé ſur AC, & que l'erreur a été commiſe vers BC, il eſt évident que les deux triangles ACB, ACD, ayant leurs deux côtés AC, CB & AC, CD égaux, & que l'angle compris ACB du premier étant plus petit que l'angle compris ACD du ſecond, la baſe AB du premier ſera plus petite que AD
* N. 245. qui eſt celle du ſecond *: c'eſt pourquoi le calcul donnera AD plus grande que la véritable diſtance AB qu'on ſe propoſe de trouver.

Soit du point A, pris pour centre, & de l'intervalle AB, décrit ſur AD l'arc BE; l'on aura ED, qui ſera l'excès de AD ſur AB. Soit auſſi de C & de l'intervalle CB décrit l'arc BD, qui meſure l'angle d'erreur BCD: comme cet angle eſt fort petit, l'arc BD peut être conſidéré comme une ligne droite perpendiculaire à CB: l'arc BE, qui eſt auſſi très-petit, peut de même être regardé comme une ligne droite perpendiculaire aux deux rayons AB & AE ou AD.

On a alors le triangle rectangle BED, dont ED eſt l'excès de AD ſur AB, & l'hypoténuſe BD, la meſure de l'angle d'erreur BCD. Or dans

dans ce triangle, ED est à BD comme le sinus de l'angle EBD est au sinus total * ; mais l'angle CBA est égal à EBD, parce que ABE étant droit, de même que CBD, ôtant de chacun le même angle CBE qui en fait partie, le reste ABC sera égal à EBD : D'où il suit que *l'excès ED est à la mesure de l'angle de l'erreur, comme le sinus de l'angle ABC opposé à AC, est au sinus total.* * N. 1255.

Ainsi plus l'angle ABC approchera du droit, plus l'erreur sera grande & elle sera égale à l'arc BD, lorsque cet angle sera de 90 dégrés ; au contraire, plus il sera petit, plus l'erreur ou l'excès de AD sur AB le sera également.

D'où l'on voit qu'il faut choisir le point C le plus près qu'on peut de A, comme en G ; car l'angle AGB sera alors plus grand que son opposé intérieur ACB * : Ainsi GBA étant plus petit que CBA, son sinus sera aussi plus petit, & par conséquent l'excès qui résultera de l'erreur commise dans la mesure de l'angle AGB, sera moindre que ED. * N. 1251.

Si l'angle de l'erreur est supposé diminuer l'angle vrai ACB, on trouvera de même que la différence qui en résultera sur AB, sera à l'arc de l'erreur, comme le sinus de l'angle ABC est au sinus total : D'où il s'ensuivra encore que le côté AD approchera d'autant plus du vrai AB, que l'angle ABC sera petit.

## SECOND PROBLEME.

1307. *Trouver la largeur d'une riviere ou la longueur d'une ligne accessible seulement par une de ses extrémités.*

Planch. 24. Figure 4. Soit la riviere CD, dont on veut avoir la largeur.

On prendra une base AB, comme on l'a expliqué N. 262, pour la résolution du même Problême avec l'échelle; & ayant fait l'angle droit CAB & mesuré avec le demi-cercle l'autre angle CBA, qu'on suppose de 49 dégrés 25 minutes, on ôtera cet angle de 90 dégrés afin d'avoir la valeur de C, qui sera de 40 dégrés 35 minutes; on mesurera aussi AB, qu'on suppose de 120 toises, & on trouvera ensuite AC par cette analogie :

*Comme le sinus de l'angle C*
*Est à son côté opposé AB,*
*Ainsi le sinus de B*
*Est au côté CA.*

C'est-à-dire, en mettant dans cette analogie les sinus de C & de B & la valeur de AB,

$$65055 . 120 :: 75946 . CA.$$

Faisant cette Régle de proportion, on aura CA de 140 toises 6 pouces : ôtant AD de cette ligne, c'est-à-dire, la distance de la base AB au bord de la riviere, il restera la valeur de CD,
*N. 1256. qu'il falloit trouver; ce qui est évident *.

## REMARQUES.

### I.

1308. On a déja observé la nécessité d'avoir de grandes bases dans la résolution des Problêmes de la Trigonométrie, afin que les angles formés par la rencontre des lignes qu'on se propose de déterminer, ne soient ni trop aigus ni trop obtus. On va examiner ici, en peu de mots, les moyens que la Géométrie fournit pour le choix de ces bases, afin que les erreurs presqu'inévitables qu'on commet dans la mesure des angles, influent le moins sur les lignes ou les distances qu'on veut mesurer.

Soit, par exemple, dans la résolution du Problême précédent, l'angle ABG mesuré sur le terrein, de deux ou trois minutes de plus que ABC qu'on vouloit mesurer, c'est-à-dire, de l'angle CBG, qui n'est ainsi que de quelques minutes. Planche 25. Figure 5.

Il est évident que ABG donnera le côté AG qui lui est opposé, plus grand que AC opposé à l'angle vrai ABC.

Si de B pris pour centre, & de l'intervalle BC, on décrit le petit arc CE sur BG, il pourra, à cause de sa petitesse, être regardé comme une ligne droite perpendiculaire aux rayons BC & BG ; ce qui donnera le petit triangle rectangle CEG, dont le côté CE est la mesure de l'angle d'erreur CBG, & l'hypoténuse CG l'excès de AG sur AC. Or dans ce triangle on a CG est à CE, comme le sinus total est au sinus de G*; l'angle ACB est égal à G, parce que cet angle joint à GCE vaut un droit, & que ACB joint au même angle vaut également un droit; les trois angles de

*N 1255.

ſuite ACB, BCE & ECG valent deux droits; & BCE étant droit, ECG eſt le complément de G & de ACB: Donc ces deux angles ſont
* N. 95. égaux *: Donc *l'excès GC eſt à CE, comme le ſinus total eſt au ſinus de l'angle ACB égal à G.*

Préſentement il faut conſidérer que CE, qui eſt perpendiculaire ſur BG, ſera toujours plus petite que CG qui eſt oblique ſur la même ligne; mais que CG ſera d'autant plus petite qu'elle approchera de CE, c'eſt-à-dire, que le ſinus total approchera du ſinus de ACB, ou que cet angle différera peu de 90 dégrés.

D'où il ſuit que la baſe AB doit être priſe aſſez grande pour que ABC ſoit toujours plus petit que ACB, ou au-deſſous de 45 dégrés: s'il ſe trouve plus grand, il faut prolonger la baſe comme en H, & l'on aura alors l'angle intérieur
* N. 125. AHC plus petit que ſon extérieur ABC*. Il eſt clair qu'on le rendra auſſi petit qu'on voudra, en prolongeant ainſi la baſe au-delà du point B; ce qui démontre la néceſſité d'une grande baſe dans l'opération dont il s'agit, afin que l'erreur commiſe dans la meſure de l'angle ABC, en ajoute une moindre à la ligne à meſurer AC.

Planc. 24, Figure 6. 1309. Si l'on ſuppoſe que l'erreur CBG, au lieu d'augmenter l'angle ABC le diminue, on trouvera de même que la quantité qu'il retranche de AC, eſt à GE, comme le ſinus total eſt au ſinus de l'angle ACB, oppoſé à la baſe AB: D'où il s'enſuivra auſſi que cette différence ſera d'autant plus petite que l'angle ACB différera peu de 90 dégrés, ou que la baſe AB ſera grande.

## II.

1310. Si dans la réſolution du Problême précédent, au lieu de faire l'angle BAC droit, on le fait aigu, on déterminera également le côté AC; parce que dans le triangle ACB connoissant la base & les angles de la base, il est aisé de trouver ses deux autres côtés *: mais AC, dans cette supposition, n'étant point perpendiculaire sur AB, ne donnera point la largeur de la riviere. * N. 1268.

Pour la trouver, il faut déterminer la perpendiculaire CK abbaissée du point C sur AB. Le triangle ACK sera rectangle en K; on connoît l'angle aigu KAC & le côté AC. On aura donc CK par cette analogie : Planch. 24, Figure 7.

*Le sinus total*
*Est au sinus de l'angle A,*
*Comme le côté AC*
*Est à CK* *. * N. 1255.

1311. Si dans la mesure du second angle BAC, on commet la même erreur que dans le premier ABC, c'est-à-dire, si on le fait plus grand que sa véritable grandeur de l'angle CAF, qui est aussi de quelques minutes, on aura le côté AF, qui surpassera AG, & qui ajoutera une nouvelle erreur à AC.

Pour déterminer le rapport de cette erreur à la mesure du petit angle GAF, du point A pris pour centre & de l'intervalle AG, on décrira le petit arc GL, qui pourra être considéré comme une ligne droite perpendiculaire aux rayons AG & AL ou AF, ce qui donnera le petit triangle rectangle GLF, dans lequel l'angle F est égal à AGB, parce qu'ils ont le même complément LGF. Or dans le triangle GLF, l'excès LF est à LG, comme le sinus de LGF, qui

* N. 1256. est le complément de F, est au sinus de LFG *;
* N. 228. mais l'angle ACB moins CBG est égal à AGB *:
D'où il suit que LF est à LG, comme le sinus du complément de ACB moins CBG est au sinus de ACB moins CBG; ou bien, comme l'angle CBG peut être négligé dans cette analogie à cause de sa petitesse, l'on aura, *LF est à LG, comme le sinus du complément de ACB est au sinus de ce même angle ACB.*

Ainsi l'erreur LF sera d'autant plus petite que l'angle ACB approchera du droit; ou, ce qui est la même chose, que la valeur des deux angles de la base AB différera peu de 90 dégrés; car alors le complément de ACB sera plus petit & par conséquent son sinus. Or on a vû dans l'examen de la mesure de l'angle ABC, que la base AB devoit être prise de maniere que ABC se trouvât toujours au-dessous de 45 dégrés; on voit présentement par l'examen de CAB qu'elle doit être prise du côté de A, ensorte que CAB soit au-dessus de 45 dégrés, & que les deux angles A & B joints ensemble valent un angle droit ou 90 dégrés.

## III.

1312. Si l'erreur commise en A avoit diminué l'angle A au lieu de l'augmenter, elle auroit diminué le côté AG, & par conséquent elle auroit pû détruire l'erreur de la mesure de B. Ainsi des erreurs peuvent se compenser ou se corriger mutuellement, ce qui arrive quelquefois dans de grandes opérations; mais il est à propos, lorsqu'on veut opérer exactement, de choisir les bases & les angles les plus favorables pour diminuer, autant qu'on le peut, les erreurs qui sont presqu'inévitables dans la pratique : c'eſt à quoi peuvent ſervir les remarques faites à l'occaſion du premier Problême de cet article & du Problême précédent.

IV.

1313. Si les erreurs qu'on commet dans la meſure des angles en cauſent de conſidérables dans la poſition des objets qu'on veut déterminer, le défaut d'exactitude dans la meſure de la baſe n'en produit pas moins dans le reſte de l'opération ; c'eſt pourquoi toutes les fois qu'on employe le calcul trigonométrique, il faut meſurer la baſe avec l'attention la plus ſcrupuleuſe.

Pour cela, il faut aligner beaucoup de piquets entre ſes extrémités ; tendre un cordeau des uns aux autres, afin qu'on puiſſe poſer la meſure en ligne droite le long du cordeau ; il faut auſſi avoir égard aux inégalités du terrein de la baſe, & obſerver que toutes ſes parties ſoient rapportées au terrein horiſontal, ou qu'elles ſoient toutes dans le même niveau.

## TROISIÉME PROBLEME.

1314. *Trouver la diſtance de deux lieux entiérement inacceſſibles.*

Soient A & B deux endroits inacceſſibles dont on veut ſçavoir l'éloignement. Planche 24. Figure 8.

On choiſira d'abord une baſe CD, vis-à-vis les objets A & B, de la maniere qu'on l'a expliqué N. 266.

On imaginera auſſi les lignes AC, AD, BC & BD, & ayant meſuré les angles ACD, CDA du triangle CAD, & les angles BCD, CDB du triangle CBD, on aura deux triangles dans lesquels on connoîtra la base CD & les angles de la base ; c'est pourquoi on sera en état de connoître les autres côtés de ces triangles.

On déterminera d'abord AD dans le premier triangle par cette analogie.

* N. 1268. *Le sinus de l'angle CAD est à son côté opposé CD, comme le sinus de ACD est à AD *.*

Et l'on déterminera BD dans le second par cette autre analogie ;

*Le sinus de l'angle CBD est à son côté opposé CD, comme le sinus de BCD est à BD.*

Les deux côtés DA & DB étant connus, on mesurera l'angle ADB qu'ils font ensemble, & l'on aura alors le triangle ADB dans lequel ayant deux côtés connus & l'angle compris, on viendra à la connoissance des angles de sa base par le troisiéme problême N. 1271, après quoi il sera aisé de déterminer AB de la même maniere qu'on a trouvé AD & BD par les analogies précédentes.

## REMARQUE.

Planche 24, Figure 9. 1315. Ce même problême peut servir à mener une parallèle à une ligne inaccessible ; car les angles de la base du triangle DAB ayant été trouvés par le calcul, on connoît l'angle BAD ; c'est pourquoi si l'on fait avec AD l'angle ADE égal

* N. 157. à BAD, l'on aura la ligne ED parallèle à AB *.

## QUATRIÉME PROBLEME.

1316. *Faire la Carte d'une Terre ou d'une Province.*

On a déja donné, N. 284, les principales observations qui servent à l'opération dont il s'agit ici, c'est pourquoi on ne dira qu'un mot de l'application du calcul trigonométrique à cette opération. Ayant donc choisi une base AB dans le lieu le plus favorable pour découvrir un grand nombre de positions C, D, E, F, G, H, &c. & mesuré les angles que font les lignes imaginées tirées de ces objets aux extrémités de la base; il est évident qu'on a des triangles ACB, ADB, &c. dans lesquels la base & les angles de la base sont connus, & qu'ainsi on déterminera la valeur de toutes ces lignes imaginaires, par cette analogie; Planch. 25. Figure 1.

*Comme le sinus de l'angle opposé à la base*
*Est à la base;*
*Ainsi le sinus d'un des angles de la base*
*Est à son côté opposé.*

Tous les côtés des triangles ACB, ADB, &c. étant ainsi déterminés, on les rapporte sur le papier sans avoir besoin de rapporteur.

On fait une échelle d'une longueur proportionnée à l'espace qu'on veut donner à la carte. On tire une ligne indéfinie pour la base, & on lui donne autant de toises de l'échelle que la base a été trouvée en avoir sur le terrein. Ensuite des extrémités de cette base & de la grandeur des côtés des triangles, on décrit des arcs dont les points d'intersection donnent la position des objets C, D, E, &c. observés sur le terrein. Ce qui est évident.

*REMARQUES.*

I.

1317. Si l'on veut opérer avec une grande exactitude, il faut, autant qu'il est possible, mesurer tous les angles de chaque triangle. Par exemple, ayant mesuré les deux angles CAB & CBA du triangle ACB, & ôté leur somme de 180
* N. 225. dégrés, le reste doit donner l'angle C*; mais pour vérifier si les angles CAB & CBA ont été mesurés sans erreur, il faut se transporter avec l'instrument en C, & mesurer l'angle ACB; s'i se trouve de la même valeur que celle qui résult de la soustraction des angles de la base de 18 dégrés, c'est une marque que l'opération est exacte Si on lui trouve une différence sensible, il fau recommencer la mesure des angles CAB & CBA & faire ensorte que les mesures particulieres d chacun des angles du triangle ACB donnent en semble 180 dégrés. Il faut aussi avoir attentio que les angles ADB, AEB, &c. formés pa l'intersection des lignes AD, DB, &c. ne soier
* N. 1311. point trop aigus*. Pour cela, il faut choisir un base assez grande pour que les angles des triangle qui lui sont opposés, ne soient point au-dessou de 45 dégrés. Comme il n'est pas toujours ai de trouver de grandes bases, il faut se borner prendre d'abord la position des objets qui don nent des angles convenables avec la base AE ensuite déterminer par ces positions une nouvel base, comme AG ou AF plus grande que AI Cette nouvelle base servira à en trouver

plus grandes, avec lesquelles on pourra prendre la position des objets opposés, sans être obligé d'admettre des angles trop aigus ou trop obtus.

## I I.

1318. Il faut aussi faire ensorte de prendre de deux ou trois endroits différens la position du même objet. Par exemple, le point E ayant été déterminé par le moyen du triangle AEB, & le point ou lieu D par le triangle ADB, on peut prendre AD pour la base, & déterminer encore par cette base la position de E, par la mesure des angles EAD, ADE; prenant ensuite BE pour la base, on peut trouver la position du lieu F; & prenant BF pour base, on pourra prendre une troisiéme position du même lieu E. Il est évident que si toutes les mesures sont exactes, on aura toujours l'objet E placé dans le même point sur la carte; mais s'il s'y est glissé des erreurs, chaque observation particuliere du même objet donnera une position particuliere. En ce cas, l'on aura trois positions par lesquelles il faudra faire passer la circonférence d'un cercle, & placer l'objet E au centre de cette circonférence, pour prendre une espéce de terme moyen entre les erreurs des opérations. Il en sera de même pour la vérification des autres lieux C, D, &c. Planche 25. Figure 1.

## I I I.

1319. Lorsque les plus petites erreurs dans la mesure des angles peuvent en causer de considérables dans la détermination des objets, & qu'on opére avec des instrumens assez grands pour les faire remarquer, on réduit tous les angles *au centre* & *à l'horiſon.* On va donner une légere idée de ces corrections.

Planch. 25, Figure 2. Pour entendre en quoi conſiſte la premiere, il faut ſuppoſer que d'un lieu élevé, comme de la partie ſupérieure X d'une tour ou de l'ouverture d'un clocher, on a du point C meſuré, par exemple, l'angle OCB formé par les rayons viſuels CO, CB, aux objets O & B. Cet angle n'eſt pas le même que ſi les rayons viſuels partoient du point M qu'on ſuppoſe le centre de la tour ou du clocher : Or la correction dont il s'agit, conſiſte à déterminer par la connoiſſance de MC, & des poſitions O & B, l'angle OMB qui a ſon ſommet au centre de la tour X, & qu'on appelle par cette raiſon l'*angle au centre.*

Pour cela, il faut obſerver que l'angle OAB eſt égal à OMB plus MOA ou MOC*, & que le même angle eſt auſſi égal à OCB plus CBA ; ce qui fait voir qu'en ajoutant à OCB l'angle CBA, on a OAB, duquel retranchant MOC, il reſte OMB qui eſt l'angle au centre.

* N. 228.

Il en eſt à peu près de même pour la détermination des angles au centre des autres objets.

1320. La ſeconde correction dont il reſte à dire un mot, a pour objet de réduire les angles obſervés dans différentes poſitions à l'égard du plan de l'horiſon, aux angles correſpondans du même plan.

Figure 3. Soient, par exemple deux objets A & B également élevés ſur le plan CED, & les perpendiculaires AD & BE les hauteurs de ces objets : Soit ſuppoſé auſſi un Obſervateur en C qui meſure l'angle ACB : & ſoit enfin tiré de C en D & en E, les lignes CD, CE, leſquelles donnent l'angle DCE tracé ou pris ſur le plan CED ;

cet angle eſt celui qu'on rapporte ſur le plan ſur lequel on conſtruit la carte : Or, s'il differe du meſuré ACB incliné au plan CED, l'opération ne ſera pas exacte ; pour qu'elle le ſoit, il faudra ajouter ou retrancher à ACB la quantité dont il differe de DCE. Il faut donc examiner s'il y a quelque différence entre ces angles.

Pour cela, conſidérez que les côtés CA, CB du triangle ACB ſont plus grands que CD & CE du triangle DCE, les premiers étant obliques à AD & BE, & les autres perpendiculaires aux mêmes lignes : Or, ſi l'on imagine que par AD & BE il paſſe deux plans parallèles, ils ſeront éloignés l'un de l'autre de DE ou de ſon égal AB ; & ſi l'on conçoit enſuite que le triangle ACB eſt abbaiſſé ſur le plan AED, ſa baſe AB tombera au-delà de DE, & par conſéquent l'angle ACB ſera dans l'angle DCE : Donc il ſera plus petit que cet angle, c'eſt-à-dire, que l'horiſontal. Il en ſera de même ſi le point C eſt plus élevé que les points A & B.

Si les deux objets A & B ſont inégalement élevés ſur le plan CED, l'angle obſervé ACB pourra être plus grand que l'horiſontal DCE ; car quoique les côtés CA & CB ſoient toujours plus grands que les horiſontaux CD, CE, la diſtance AB de la partie ſupérieure des objets A & B étant alors une ligne oblique entre les deux perpendiculaires AD & BE, peut être aſſez grande pour rendre l'angle obſervé plus grand que l'horiſontal DCE.

Pour donner une idée de la maniere dont on peut parvenir à connoître l'angle horiſontal DCE, afin de trouver la quantité dont il differe de l'angle meſuré ACB, nous ſuppoſerons les objets A &

B également diſtans de C, leur longueur connue; ainſi que la diſtance AB ou DE, & l'angle ACD formé par l'inclinée CA, & par l'horiſontale CD.

Cela poſé, dans le triangle rectangle ADC on connoît CA, oppoſé à l'angle droit D, & l'angle CAD, qui eſt le complément de ACD. C'eſt pourquoi on viendra à la connoiſſance de DC par cette analogie :

*Comme le ſinus total*
*Eſt au côté CA,*
*Ainſi le ſinus de CAD, complément de ACD*
*Eſt au côté CD, qui lui eſt oppoſé.*

Connoiſſant CD, on aura CE, qui lui eſt égal par la ſuppoſition : Or ED eſt égal à AB; donc les trois côtés du triangle EDC ſont connus : ainſi on pourra venir à la connoiſſance de l'angle DCE par le quatriéme Problême N. 1272.

Si l'on ſuppoſe que l'angle meſuré ACB ſoit de 19 dégrés 12 minutes, l'angle ACD de 4 dégrés; CA, de 300 toiſes & AB de 100, on trouvera CD de 299 toiſes, & l'angle DCE de 19 dégrés 14 minutes, c'eſt-à-dire, de 2 minutes plus grand que ACB.

Si les lignes CA & CB étoient inégales & les angles ACD, BCE de différentes grandeurs, on trouveroit de la même maniere les trois côtés du triangle DCE, & par leur moyen l'angle horiſontal DCE.

On voit que cette réduction ne peut être d'uſage lorſque les inſtrumens dont on ſe ſert pour meſurer les angles ne ſont pas diviſés en minutes; que d'ailleurs elle eſt peu importante lorſque les angles, comme ACD, ne ſont que d'environ 4 dégrés; ou, ce qui eſt la même choſe, lorſque les objets comme A & B ne ſont pas fort élevés ſur l'horiſon.

Dans la ſuppoſition que l'on vient de faire de la valeur des angles & des lignes de la Figure 3, (Planche 25), A & B ſont élevés d'environ 21 toiſes ou de 126 pieds ſur l'horiſon.

Il ſuit de là que, dans les opérations ordinaires de la Trigonométrie, on peut négliger, ſans erreur ſenſible, la réduction des angles à l'horiſon. Il en eſt de même de celle des angles au centre. Ceux qui voudront voir tous les détails dont ces différentes opérations ſont ſuſceptibles, pourront conſulter les Mémoires de l'Académie Royale des Sciences, année 1736, page 69 & ſuivantes de l'édition de *Paris*, & page 87 & ſuivantes de l'édition *in*-12, de *Hollande*.

## CINQUIÉME PROBLEME.

1321. *Trouver la hauteur d'un objet perpendiculaire à l'horiſon, & acceſſible par ſon pied.*

Soit, par exemple, comme dans le problême du N°. 268, une tour X acceſſible par ſon pied A. Ayant choiſi une baſe AB, mis l'inſtrument ou le demi-cercle C dans une ſituation verticale & ſon diametre parallèle à l'horiſon, meſuré l'angle DCE, & la baſe DC qui eſt égale à AB, on aura le triangle rectangle EDC, dans lequel connoiſſant la baſe & un angle aigu, on trouvera le côté ED par cette analogie : Planch. 26, Figure 1.

*Comme le ſinus de l'angle E eſt à ſon côté oppoſé DC:*
*Ainſi celui de DCE eſt au coté DE*.*

* N. 1261.

Ou bien prenant DC pour ſinus total,

*Le sinus total est à la tangente de l'angle ECD,*
* N. 1254. *comme le côté DC est au coté DE**.

DE étant déterminé par l'une ou l'autre de ces analogies, on lui ajoutera AD, & l'on aura la hauteur demandée AE.

## SIXIÉME PROBLEME.

1322. *Trouver la longueur d'une ligne inclinée à l'horison.*

Planch. 26, Figure 2. Soit la ligne AB inclinée à l'horison, accessible par son pied B, qu'il faut mesurer.

Ayant fait les opérations prescrites dans le même problême N. 276, c'est-à-dire, choisi une base CD, mesuré cette base & les angles AEF, & EFA, on déterminera le côté EA par cette analogie :

*Le sinus de l'angle EAF est à son côté opposé EF, comme celui du supplément de EFA est à*
* N. 1257. *EA**.

Le côté EA étant ainsi connu, & l'angle AEF ou AEG, on mesurera exactement EG, & l'on aura le triangle AEG dans lequel on connoîtra deux côtés, & l'angle compris ; c'est pourquoi on viendra à la connoissance de AG par le problême du N. 1271. Ajoutant BG & AG, on aura la hauteur inclinée AB qu'il falloit mesurer.

## SEPTIÉME PROBLEME.

1323. *Trouver la hauteur d'un objet entiérement inaccessible & perpendiculaire à l'horison.*

Planche 26, Figure 2. Soit, par exemple, le dôme X dont on veut avoir

avoir la hauteur, c'est-à-dire, la perpendiculaire AB abbaissée du sommet A sur le plan de sa base.

On opérera d'abord comme on l'a expliqué dans le problême du N. 272, qui est le même que celui-ci, c'est-à-dire, qu'on choisira une base CD dans un lieu uni, des extrémités C & D de laquelle on puisse appercevoir le point A; & ayant mesuré les angles AEF, EFA, & la base EF qui est égale à CD, on viendra à la connoissance de EA par cette analogie :

*Le sinus de l'angle A est à son côté opposé EF, comme le sinus de F est à EA.*

EA étant connu, on imaginera la ligne EF prolongée jusqu'à la rencontre de la perpendiculaire AB dans le point G; on aura alors le triangle rectangle EGA, dont le côté EA sera connu, de même que l'angle aigu AEG qui est le supplément de AEF, lequel triangle donnera cette analogie, en prenant EA pour sinus total :

*Le sinus total est au sinus de l'angle AEG, comme le côté EA est à AG*.* *N, 1255.

La ligne AG étant ainsi connue, si on suppose que le dôme soit sur le même plan ou dans le même niveau que la base CD, on aura GB égale à la hauteur CE où DF du demi-cercle; c'est pourquoi ajoutant à GA, CE ou DF, on aura la hauteur du dôme X sur le plan DCB.

*REMARQUES.*

I.

1324. Il est évident qu'on peut par ce même

problême trouver la valeur de EG ou CB, c'est-à-dire, la distance du point de station C au point B où la perpendiculaire AB rencontre le plan DC prolongé; car le même triangle rectangle EGA donne aussi

*Le sinus total est au sinus de l'angle EAG, comme EA est à EG ou CB.*

## II.

1325. On peut encore par ce problême déterminer la hauteur d'un édifice situé sur une montagne, comme celle d'une tour T.

Planch. 26, Figure 4. Pour cela, on trouvera d'abord la hauteur LB de la tour & de la montagne; ensuite celle de la montagne qui est AB, & retranchant AB de LB, le reste LA sera la hauteur de la tour.

## III.

1326. On a observé N. 272 & suivans, qu'il falloit que la base CD fût prise dans un terrein uni, & que ce problême ne donnoit la hauteur AB ou LB qu'au-dessus du plan de la base CD: Mais si l'on voit le pied de l'objet, il pourra donner aussi la hauteur entiere.

Figure 5. Soit pour cet effet l'objet inaccessible AB dont on a déterminé la hauteur AG, c'est-à-dire, celle qui se trouve au-dessus du plan des deux positions E & F du demi-cercle. Ayant déterminé FG par le calcul & mesuré l'angle GFB on aura le triangle rectangle FGB dont le côté GB sera trouvé par cette analogie, en prenant FG pour sinus total:

*Le sinus total est à la tangente de l'angle GFB, comme le côté FG est à GB*.*

*N. 1254.

GB étant ainſi connue on l'ajoutera à AG, & l'on aura la hauteur totale AB de l'objet propoſé.

## IV.

1327. Il eſt évident que dans toutes les opérations précédentes, on a ſuppoſé que les points C & D de la baſe étoient de niveau, & que la hauteur de l'inſtrument dans chaque ſtation étoit la même au-deſſus du plan de la baſe, c'eſt-à-dire, que CE eſt égal à DF. On va examiner dans cette remarque ce que la différence des hauteurs de l'inſtrument peut cauſer d'erreur dans la détermination de la hauteur de l'objet, & donner le moyen de la corriger.

Soit ſuppoſé, par exemple, que dans la ſtation en D, le demi-cercle I ſoit plus élevé qu'en E. Planch 26. Figure 6.

On menera par E l'horiſontale EG qui n'eſt que le prolongement du diametre de l'inſtrument qu'on ſuppoſe parallèlement à l'horiſon; elle coupera DI en F: on menera par I l'horiſontale LH, qui ſera parallèle à EG; & par I & A, la ligne IA: on tirera enſuite FA qui coupera IH en M.

Cela poſé, à cauſe des parallèles EG & LH, l'angle extérieur AML eſt égal à ſon oppoſé intérieur AFE*: mais à cauſe du triangle AMI, l'angle AIL eſt égal aux deux oppoſés intérieurs IMA, IAM*: Donc AIL eſt plus grand que AML de l'angle IAM: Donc AFE, qui eſt égal à IMA, eſt auſſi plus petit que LIA du même angle IAM; c'eſt pourquoi en ſuppoſant dans le calcul que AIL eſt égal à AFE, il s'enſuit néceſſairement de l'erreur dans la détermination de AB. Elle n'eſt pas conſidérable ſi l'excès de ID ſur CE n'eſt que de deux

*N. 153.

*N. 213.

ou trois pieds ; car alors l'angle IAF opposé à un aussi petit côté IF devient d'une quantité insensible ; mais pour corriger cette erreur dans tous les cas de cette espéce, il faut du point L où LH coupe EA, imaginer la perpendiculaire LN sur EG qui sera égale à l'excès IF, ou à la différence des deux élévations de l'instrument dans les positions C & D.

L'angle LEN étant connu dans le triangle rectangle LNE, de même que LN, on viendra à la connoissance de EN, laquelle étant retranchée de EF, donnera LI dont les points L & I sont dans le même niveau apparent ; alors, comme le triangle ALI se trouve déterminé, c'est-à-dire, qu'on connoît sa base LI, l'angle ALI (qui à cause des parallèles EF & LI est égal à AEF) & l'angle LIA mesuré en I, on viendra par le calcul de ce triangle à la connoissance de IA, & ensuite par le moyen du triangle rectangle IHA à celle du côté HA, auquel coté ajoutant ID, on aura la hauteur AB. Ce qui est évident.

Si on suppose à présent que le demi-cercle soit plus élevé en E sur la base CD qu'en F, on imaginera la parallèle EG, & de même par F la ligne
Planch. 26, Figure 7. LH aussi parallèle à CD qui rencontrera EA prolongée en L ; on imaginera aussi que DF est prolongée jusqu'à la rencontre de EG en I. Si ensuite on tire par I & par F au point A les lignes IA, FA, on aura l'angle LFA mesuré dans la position DF de l'instrument, plus petit que son correspondant EIA formé avec EI sur la ligne du niveau apparent du diametre du demi-cercle placé en E.

Car à cause des parallèles EG, LH, l'angle
* N. 153. EMA est égal à LFA * : mais EIA est égal aux deux angles intérieurs IMA & MAI du trian-

gle IAM*: Donc il est plus grand que IMA de l'angle MAI: Donc il est aussi plus grand que LFA de la même quantité; c'est pourquoi si l'on prend l'angle LFA pour EIA, il est évident que le point A ne sera pas déterminé exactement. * N. 228.

Pour corriger l'erreur qui résulte de l'inégalité des élévations différentes E & F, il faut imaginer que du point E on a mené sur LH la perpendiculaire EN; on aura alors le triangle rectangle LNE dans lequel on connoîtra l'angle ELN qui est égal à AEG, de plus le côté EN qui est la différence ou l'excès de l'élévation de l'instrument en E sur celle de F. On pourra donc venir à la connoissance du côté LN; on l'ajoutera à la base CD ou à son égale NF; ce qui donnera les deux points L & F de LF dans le même niveau apparent, & le triangle LFA dont les angles de la base sont les deux angles observés en E & en F. On déterminera par le moyen de ce triangle FA, & AH; ajoutant à cette derniere ligne la plus petite élévation DF du demi-cercle, laquelle est égale à BH, on aura la hauteur inaccessible AB.

## V.

1328. Il suit des observations de la précédente remarque que, pour déterminer la hauteur d'une ligne inaccessible avec quelqu'exactitude, il faut, si le terrein n'est pas sensiblement de niveau, connoître la différence du niveau des extrémités de la base; trouver ensuite ce qu'il faut retrancher de cette base, si le graphometre est plus élevé en D ou dans sa position la plus proche de AB, qu'en C, afin d'avoir le triangle LIA qui ait pour les angles de sa base, les deux an- Planch. 26. Fig. 6 & 7.

gles mesurés en C & en F, ou ce qu'il faut lui ajouter pour le même sujet, si le graphometre a été plus élevé en E qu'en F. Il est clair aussi que dans le premier cas, il faut ajouter à la ligne AH, que donne le calcul du triangle AIH, la plus grande élévation DI de l'instrument, laquelle est égale à BH; & dans le second, joindre à AH la plus petite élévation DF de l'instrument. Tout cela est évident par les observations précédentes, & par l'inspection des figures 6 & 7, *Planche 26.*

## HUITIÉME PROBLEME.

1329. *Trouver la hauteur d'un triangle scalene dont les trois côtés sont connus.*

Planche 26, Figure 8. Soit le triangle scalene ACB dont les côtés sont connus, on demande la hauteur de ce triangle.

Soit supposé AB le plus grand côté. On imaginera la perpendiculaire CD tirée de C sur AB; on cherchera ensuite par le problême du N. 1272, la différence des deux parties de la base coupée par cette perpendiculaire. On aura ensuite le triangle rectangle ADC, dans lesquels on connoîtra deux côtés CA & AD. On trouvera ensuite l'angle CAD, par cette analogie:

*AD est à AC, comme le sinus total est à la* * N. 1254. *sécante de l'angle A*.*

L'angle A étant connu, on fera cette seconde analogie pour avoir CD:

*Le sinus total est à la tangente de l'angle A,* * N. 1254. *comme le côté AD est à CD*.*

### REMARQUE.

1330. Par ce problême, on peut encore, comme on l'a déja vû dans la remarque du N. 1259, trouver la surface d'un triangle dont les trois côtés sont donnés; car elle est le produit de la base par la moitié de la hauteur *: Or la base est connue, puisque les trois côtés du triangle sont donnés; le probléme précédent fait trouver la hauteur: Donc, &c. * N. 431.

## NEUVIÉME PROBLEME.

1331. *Le côté d'un polygone régulier inscrit dans un cercle étant donné, trouver le rayon du cercle, ou, ce qui est la même chose, son rayon oblique.*

Soit, par exemple, le côté AB d'un octogone donné de 180 toises, il s'agit de trouver le rayon du cercle dans lequel ce polygone est inscrit. Planche 26. Figure 9.

Soit tiré du centre C les rayons CA & CB, il faut trouver d'abord l'angle du centre ACB de ce polygone. Pour cela, on divisera 360 dégrés par 8, & l'on aura 45 dégrés *. Otant ce nombre de 180 dégrés, il restera 135 pour l'angle de la circonférence du même polygone, dont la moitié 67 dégrés 30 minutes sera la valeur de chacun des demi-angles de la circonférence CAB CBA. * N. 33

Ainsi l'on a présentement le triangle CAB dans lequel on connoît un côté & les angles; c'est pourquoi l'on viendra à la connoissance de AC ou CB par cette analogie:

*Le sinus de l'angle C de 45 dégrés, est à son côté opposé AB de 180 toises, comme le sinus de l'angle A de 67 dégrés 30 minutes, est au côté opposé CB:*

Ou bien, en prenant les sinus de ces angles,

70710 . 180 :: 92387 . CB.

Faisant la régle, on trouvera 234 toises 5 pieds 7 pouces pour la valeur du rayon CB.

On trouvera de même le rayon oblique de tous les autres polygones réguliers.

### *REMARQUE.*

1332. Si l'on veut connoître le rayon droit du même polygone, on imaginera la perpendiculaire CD tirée du centre C sur AB, elle coupera ce côté en deux également; c'est pourquoi comme AB est supposé de 180 toises, AD sera de 90, & l'on aura le triangle rectangle ADC qui donnera cette analogie en prenant AD pour sinus total:

*Le sinus total est à la tangente de l'angle A, comme AD est à DC.*

Faisant l'opération, on aura le rayon droit DC.

On trouvera de la même maniere le rayon droit de tous les autres polygones réguliers.

## DIXIÉME PROBLEME.

1333. *Le rayon d'un cercle étant donné, trouver le côté d'un polygone régulier inscrit dans ce cercle, par exemple, celui d'un pentagone.*

Planch. 27, Figure 1. Soit AB le côté d'un pentagone inscrit dans le cercle X, & le rayon AC donné, par exemple, de 152 toises 3 pieds. Il s'agit de trouver la valeur du côté AB.

On cherchera, comme dans le problême précédent, l'angle du centre ACB & le demi-angle de la circonférence CAB ou CBA de ce polygone; sçavoir ACB de 72 dégrés, & CAB ou CBA de 54: on trouvera ensuite AB par cette analogie:

*Comme le sinus de CAB est à son côté opposé CB, ainsi le sinus de C est à AB:*

Ou bien prenant les sinus de ces angles, & la valeur du rayon CB,

80901 . 152 toises 3 pieds :: 95105 . AB.

Faisant l'opération, on trouvera pour la valeur de AB, 179 toises 1 pied 7 pouces.

### *Remarque.*

1334. Il est évident qu'on peut connoître par le moyen du rayon oblique d'un polygone régulier, la valeur du rayon droit CD.

Car comme ce rayon est perpendiculaire sur le côté, l'on aura, en prenant le rayon oblique AC pour sinus total:

*Le sinus total est au sinus de l'angle A, comme AC est au rayon droit CD.*

## ONZIÉME PROBLEME.

1335. *Trouver la superficie d'un lac ou d'un terrein dans lequel on ne peut entrer, mais dont toute la circonférence est accessible.*

Soit le lac ou le terrein ABCDE, dans le- Planch. 17, Figure 2.

quel on ne peut entrer, & dont on veut mesurer la superficie.

On imaginera les diagonales AD & BD, qui le partageront en triangles. On trouvera la valeur de toutes ces diagonales par la Trigonométrie. Par exemple, pour trouver AD, on mesurera EA & les angles EAD, AED, & l'on aura ensuite DA par le problême du N. 1268, ou 1269.

On trouvera de la même maniere la valeur de toutes les autres diagonales; comme tous les côtés de la circonférence du lac peuvent se mesurer, il sera partagé en triangles, dont les trois côtés sont connus. On trouvera par le problême huitiéme de cet article, N. 1329, la hauteur de chacun de ces triangles, & multipliant leurs bases par la moitié de leur hauteur, additionnant ensuite tous les différens produits qui en résulteront, il est évident qu'ils donneront la superficie du lac ou du terrein proposé.

## DOUZIÉME PROBLEME.

1336. *Trouver par les Tables des Sinus le rapport de la circonférence du cercle & de son diametre.*

Il faut chercher le sinus d'une minute, qui est 2909, en prenant tous les chiffres qui l'expriment; ce sinus differe très-peu de l'arc d'une minute, car les Tables donnent la tangente de son arc de la même valeur, & sa sécante est égale au rayon: D'où il suit que l'extrémité supérieure du sinus d'une minute se confond avec l'extrémité du rayon & de la tangente du même arc, & que l'autre extrémité se confond aussi avec le commencement de la tangente, c'est-à-dire, avec l'autre extrémité de l'arc; ce qui fait voir que le ſinus d'une minute peut être regardé comme la corde de l'arc d'une minute, ou comme l'arc de la minute, à cauſe qu'un auſſi petit arc ne differe pas ſenſiblement d'une ligne droite.

Multipliant donc 360 dégrés par 60, on aura le nombre des minutes de la circonférence du cercle, 21600, qui étant multipliées par 2909, ou par la valeur d'une minute en parties de ſinus ou de rayon, donnera 62834400 des mêmes parties pour la circonférence du cercle: ainſi la circonférence ſera à ſon diametre comme 62834400 eſt au double du rayon ou à 20000000, ou comme 628344 eſt à 200000.

Ce rapport, dont il ſeroit embarraſſant de ſe ſervir dans la pratique, ne differe guères de celui d'*Archiméde*, c'eſt-à-dire, de celui de 22 à 7. Car mettant ces deux rapports en fractions & leur donnant un même dénominateur, on aura pour le premier $\frac{4398408}{1400000}$, & pour celui de 22 à 7 ou $\frac{22}{7}$, $\frac{4400000}{1400000}$, qui ne differe du premier que de $\frac{160}{1400000}$ ou de $\frac{1}{8750}$ en réduiſant cette derniere fraction à ſe moindres termes: c'eſt pourquoi on peut le regarder comme ſenſiblement égal au rapport de 628344 à 200000, & le lui ſubſtituer dans la pratique pour abréger l'opération.

## TREIZIÉME PROBLEME.

1337. *Calculer un front de fortification conſtruit ſelon le ſyſtême de M. le Maréchal de Vauban.*

Ce Problême conſiſte à trouver par la Trigonométrie la valeur des lignes & des angles de la fortification (*a*).

(*a*) On ſuppoſe que ceux qui voudront réſoudre ce Problê-

Soit AB un front de fortification, par exemple, celui d'un exagone, construit comme il est enseigné dans nos *Elémens de Fortification.*

Planch. 27, Figure 3. On aura le côté AB de 180 toises, & par conséquent sa moitié AK de 90 toises, la perpendiculaire KD de 30, & les faces AE, BF de 50 toises.

A l'égard des angles, comme le polygone est donné & qu'il est régulier, on connoîtra celui du centre ACB, & les demi-angles de la circonférence CAB & CBA.

Toutes ces choses étant données, il faut, par leur moyen, trouver la valeur des autres, & commencer par déterminer la valeur de l'angle diminué EAB ou DAB.

Le triangle AKD étant rectangle, & ses côtés AK & KD étant connus; sçavoir, AK de 90 toises, & la perpendiculaire KD de 30, on aura l'angle KAD par cette analogie:

*AK est à KD, comme le sinus total est à la tangente de KAD:*

Ou bien: 90 . 30 :: 100000 . $x$. (On suppose que $x$ représente la tangente cherchée.) Faisant la régle, on aura 33333 pour la valeur de $x$; & cherchant dans les Tables des Sinus une tangente de cette quantité, ou la plus approchante 33330, on trouvera qu'elle répond à un angle de 18 dégrés 26 minutes: ainsi l'angle diminué DAK est de cette valeur.

Présentement il faut tirer EF, qui sera parallèle à AB, & qui, par cette raison, donnera l'an-

me, auront étudié la Fortification, qu'ils en sçauront les termes, & la construction des principaux ouvrages.

gle extérieur HEF égal au diminué DAK; pour connoître EF ou son égale EH, il faut sçavoir quelle est la valeur de AN, ou de la partie du côté extérieur comprise entre l'angle flanqué A & la perpendiculaire EN, abbaissée du sommet E de l'angle de l'épaule sur AB.

Cette perpendiculaire EN donne le triangle rectangle ANE, dans lequel l'hypoténuse AE est connue de 50 toises, & l'angle EAN de 18 dégrés 26 minutes : c'est pourquoi on viendra à la connoissance de AN par cette analogie :

*Comme le sinus total est au sinus de AEN, complément de EAN, ainsi AE est à AN;*

Ou bien,

100000 . 94869 :: 50 . AN.

Faisant la Régle, on trouvera pour la valeur de AN 47 toises 2 pieds.

De AK qui vaut 90 toises, on ôtera AN, & il restera pour NK 42 toises 4 pieds. Or NK est égale à EM, qui est la moitié de EF : Donc EF, ou son égale EH, vaut 85 toises 2 pieds.

On ajoutera EH à AE, & l'on aura 135 toises 2 pieds pour la longueur de la ligne de défense AH.

Maintenant l'on a le triangle isoscelle FEH, dans lequel connoissant les deux côtés égaux & l'angle FEH, opposé au flanc HF, on viendra à la connoissance de ce flanc par cette analogie :

*Le sinus de EHF* (qui est la moitié du supplément de HEF) *est au côté opposé EF, comme le sinus de HEF est à HF:*

Ou bien, en mettant dans cette proportion les valeurs de ces sinus, & à la place de EF sa valeur,

98708 . 85 toises 2 pieds :: 31620. HF.

Cette régle donnera le flanc HF de 27 toises 2 pieds.

Comme l'angle EHF est la moitié du supplément de HEF, qui est de 18 dégrés 26 minutes, & que ce supplément est par conséquent de 161 dégrés 34 minutes, il s'ensuit que EHF est de 80 dégrés 47 minutes, ainsi qu'on a dû le déterminer dans l'analogie précédente. Or comme la courtine est parallèle à AB ou à EF, l'angle flanquant intérieur AHG & l'angle diminué HAB, sont égaux, parce qu'ils sont alternes : c'est pourquoi ajoutant la valeur de l'angle diminué à AHF, on aura l'angle du flanc GHF de 99 dégrés 13 minutes.

On déterminera maintenant l'angle de l'épaule HFB, en considérant que dans le triangle GHF on connoît les angles FHG, HGF, ce dernier étant égal à l'angle diminué ; ainsi ôtant la somme de ces deux angles, qui est 117 dégrés 39 minutes, de 180 dégrés, il restera 62 dégrés 21 minutes pour le troisiéme GFH ; mais l'angle HFB en est le supplément : il est donc de la même valeur que les deux précédens, c'est-à-dire, de 117 dégrés 39 minutes.

Pour la courtine GH, comme elle fait partie du triangle GHF, dans lequel on connoît les angles & deux côtés, sa valeur sera déterminée par cette analogie :

*Le sinus de l'angle FGH est au côté opposé HF, comme le sinus de GFH est à GH :*

Ou bien, en prenant la valeur de ces sinus & celle du flanc HF,

31620 . 27 toises 2 pieds :: 88579 . GH.

Faisant l'opération de cette Régle, on aura 76 toises 3 pieds pour la valeur de GH, ou de la courtine du front AB.

Si l'on veut connoître l'angle flanquant extérieur ADB, il faut considérer qu'il est coupé en deux également par la perpendiculaire DK, & que sa moitié ADK étant le complément de l'angle diminué DAK, est de 71 dégrés 34 minutes ; qu'ainsi cet angle est de 143 dégrés 8 minutes.

A l'égard de l'angle flanqué, on le connoîtra en ôtant de la moitié de l'angle de la circonférence du polygone CAB, l'angle diminué EAN; le reste donnera la moitié de l'angle flanqué, & par conséquent en le doublant, on aura cet angle entier.

Ainsi le front ou le côté AB étant supposé appartenir à un exagone dont l'angle de la circonférence est de 120 dégrés *, sa moitié CAB sera de 60 dégrés, de laquelle retranchant l'angle diminué EAN de 18 dégrés 26 minutes, il restera pour CAE 41 dégrés 34 minutes : Donc l'angle flanqué, qui en est le double, est de 83 degrés 8 minutes. *N. 116.

Il reste présentement dans le front AB à déterminer la valeur de la demi-gorge GI, & celle la capitale AI.

Pour cela, il faut considérer le triangle AIH, dans lequel AH, qui est la ligne de défense, est connue de 135 toises 2 pieds, les angles A & H le sont également, de même que AIH, qui est le supplément de la moitié de l'angle de la circonférence, ou de CIG, qui est de 60 dégrés dans cet exemple: Ainsi AIG sera de 120 dégrés; c'est pourquoi l'on aura:

*Le sinus du supplément de AIH* (qui est celui
*N. 1257. de 60 dégrés) *est au côté AH opposé à cet angle*, comme le sinus du demi-angle flanqué IAH,* (qui est de 41 dégrés 34 minutes) *est au côté opposé IH:*

Ou bien, en mettant la valeur de ces sinus, prise dans les Tables, & celle de AH,

86602 . 135 toises 2 pieds :: 66349 . IH.

On trouvera en faisant cette régle IH de 103 toises 4 pieds; & ôtant de cette ligne la courtine GH de 76 toises 3 pieds, il restera pour la demi-gorge IG, 27 toises 1 pied; ce qui fait voir qu'elle est sensiblement égale au flanc.

Si l'on ajoute à IH la demi-gorge HL, qui est égale à IG, on aura le côté intérieur IL de 130 toises 5 pieds.

Enfin pour déterminer la capitale IA, le même triangle AIH donnera:

*Le sinus du supplément de AIH est au côté AH opposé à cet angle, comme le sinus de IHA est à AI:*

C'est-à-dire, en mettant dans cette analogie la valeur de IH & celle des sinus,

86602 . 135 toises 2 pieds :: 31620 . AI.

On trouvera en faisant la régle, AI de 49 toises 2 pieds.

Otant ensuite du rayon extérieur AC (qui dans cet exemple est égal à AB, parce que le polygone est un exagone, & qui par conséquent vaut

vaut 180 toises) la valeur de la capitale AI, il restera pour le rayon intérieur IC 130 toises 4 pieds. Planch. 27, Figure 3.

Si l'on veut connoître la distance du côté extérieur AB à la courtine GH, on prolongera la perpendiculaire KD en O; & comme KD est connue, il ne s'agira plus que de trouver la valeur de DO.

Observez que KO coupe la courtine en deux également, qu'ainsi OH sera connu; l'angle OHD, qui est égal à l'angle diminué, le sera également; & le triangle rectangle DOH donnera, en prenant HO pour sinus total:

*Le sinus total est à la tangente de l'angle OHD; comme OH est à OD:*

Ou bien,

100000 . 33330 :: 38 toiſ. 1 pied 6 pouc. OD.

On trouvera cette ligne OD de 12 toises 4 pieds 5 pouces; ainsi ajoutant cette valeur à KD, qui vaut 30 toises, on aura 42 toises 4 pieds 5 pouces pour KO, ou pour la distance du côté extérieur AB à l'intérieur IL.

*REMARQUE.*

On calculera de la même maniere les fronts des autres polygones, comme aussi ceux des ouvrages à corne & à couronne; car la perpendiculaire étant ordinairement dans ces fronts la septiéme ou la sixiéme partie du côté extérieur de l'ouvrage, & les faces étant les deux septiémes du même côté, on aura par-là les lignes nécessaires à la détermination de toutes les autres du front proposé.

## QUATORZIÉME PROBLEME.

1338. *Trouver par la Trigonométrie la face, la capitale & la demi-gorge d'une demi-lune.*

Planche 27, Figure 4. Soit le front de fortification AB, vis-à-vis la courtine duquel on a construit le fossé & la demi-lune K, conformément à ce qui est prescrit dans nos Elémens de Fortification. Il s'agit de déterminer la face SR, la capitale TR, & la demi-gorge ST.

Pour cela, on prolongera la face QA en Z, AZ est supposé de 20 toises par la construction. On tirera par Z & par l'angle de l'épaule E la ligne ZE, & l'on aura le triangle ZAE, dans lequel on connoîtra AZ & AE qui est la face du bastion; l'angle compris ZAE est le supplément du flanqué QAE; donc il sera aussi connu. On pourra donc, par le problême du N. 1271, trouver la valeur de l'angle AEZ & le côté ZE opposé à l'angle compris ZAE.

Les trois angles de suite AEZ, ZEF & FEH, valent deux droits: le premier & le dernier sont connus; car le premier vient de l'être, ou peut l'être par la résolution du triangle AEZ, FEH est égal à l'angle diminué: Donc ôtant de 180 dégrés la valeur de ces deux angles, il restera celle de ZEF.

Maintenant on a le triangle ZEF, dont les deux côtés ZE & EF sont connus; car FE est égal à EH, qui a été déterminé dans le douziéme Probléme; l'angle compris ZEF est aussi connu: Donc on viendra, par le Problême du N. 1271, à la connoissance des angles de la base de ce triangle, sçavoir, de Z & de ZFE.

On aura après cela le triangle rectangle TXF, dans lequel XF, qui est la moitié de EF ou EH, est connu, de même que l'angle TFX, & par conséquent son complément XTF ; ainsi on pourra venir à la connoissance de TF.

Considérant ensuite le triangle TFD, dans lequel les angles sont connus & le côté TF, on viendra aisément à la connoissance de DT, à laquelle ajoutant OD, qui est connu par le précédent Problême, on aura la valeur de OT, laquelle étant ôtée de OR, donnera la capitale TR; mais pour cela il faut avoir OR.

Dans le triangle rectangle ROH, OH qui est la moitié de la courtine est connu, de même que RH, qui par la construction est égal à VH : c'est pourquoi on trouvera d'abord les angles aigus de ce triangle par cette analogie, en prenant OH pour sinus total :

*OH est à RH, comme le sinus total est à la sécante de l'angle OHR.*

Cet angle OHR étant connu, on viendra à la connoissance de OR par cette autre analogie :

*Comme le sinus total est au côté RH, de même le sinus de RHO est à OR.*

On ôtera ensuite de OR la ligne OT, & l'on aura ainsi la capitale TR.

Pour trouver SR & ST, il faut considérer que si de l'angle OHR on ôte OHD, qui est égal à l'angle diminué, il restera DHR ou VHR. Or, comme le triangle RHV est isoscelle, chacun des angles opposés à H est la moitié du supplément de cet angle; c'est pourquoi HRV, sera connu. Otant de cet angle HRO, qui est le complément de OHR, il restera l'angle TRS. Or dans le triangle RTS, l'angle RTS est égal à XTF, qui est connu par les résolutions précédentes : Ainsi on connoît actuellement dans le triangle RTS la base RT & les angles de cette base. On viendra donc aisément à la connoissance des deux autres côtés, c'est-à-dire, de la face SR & de la demi-gorge ST, par le Problême du N. 1268.

Aux différens calculs précédens, nous ajouterons celui par le moyen duquel on détermine la valeur du rayon du flanc concave & de l'orillon, qu'il faut connoître pour le toisé du revêtement de ces différentes parties du bastion.

Planch. 28, Figure 1. 1339. Soit AB le front d'un exagone fortifié à flancs concaves & à orillons. (*Voyez* les Elémens de Fortification). Il s'agit de déterminer la corde LG du flanc concave, à laquelle le rayon FG de l'arc de ce flanc est égal.

On observera d'abord qu'on a trouvé précédemment que la ligne de défense AC étoit de 135 toises 2 pieds; l'angle ACD est connu par le calcul qui a servi à trouver la grandeur du flanc CD; car on a eu pour la valeur de l'angle diminué IAB, 18 dégrés 26 minutes; l'angle CID lui est égal, & le triangle CID est isoscelle par la construction : Donc l'angle ICD est la moitié du supplément de l'angle diminué; par conséquent il est de 80 dégrés 47 minutes.

On connoît ainsi dans le triangle ACE, le côté AC de 135 toises 2 pieds; CE qui est les deux tiers du flanc par la construction, c'est-à-dire, les deux tiers de 27 toises 2 pieds, qui valent 18 toises 1 pied 4 pouces; & de plus, l'angle

ACE compris entre ses côtés : c'est pourquoi on viendra, par le problême du N. 1271, à la connoissance de l'angle CAE, qu'on trouvera de 7 dégrés 44 minutes, & ensuite du côté AE de 133 toises 4 pieds.

Ajoutant à ce côté, EG, qui est de 5 toises, & à AC, CL qui est de même grandeur, l'on aura, dans le triangle LAG, les deux côtés AL & AG connus, ainsi que l'angle LAG compris entre ces mêmes côtés.

On pourra donc, par le problême du N. 1271, venir à la connoissance des angles de la base ALG & LGE, dont le premier est de 81 dégrés 5 minutes, & le second de 91 dégrés 11 minutes : ces angles étant ainsi déterminés, on viendra à la connoissance de LG, qu'on trouvera de 18 toises 5 pieds 3 pouces. Comme le triangle FLG est équilatéral, on connoît FG ou FL, c'est-à-dire, le rayon de l'arc du flanc concave, dont LG est la corde.

1340. Présentement, pour déterminer le rayon HD de l'orillon, il faut observer qu'on a trouvé pour la valeur de l'angle de l'épaule EDB, 117 dégrés 39 minutes. Comme par la construction, l'angle HDB est droit, EDH est de 27 dégrés 39 minutes.

Le petit triangle EHD est isoscelle ; donc l'angle HED est égal à EDH. Connoissant deux angles dans ce triangle, on connoît le troisiéme EHD, qui est de 124 dégrés 42 minutes. Le côté ED qui est le tiers du flanc CD, ou de 27 toises 2 pieds, vaut 9 toises 8 pouces. L'on connoît ainsi dans le triangle EHD, les angles & un côté ; c'est pourquoi, on aura HD par cette analogie :

*Comme le sinus du supplément de l'angle H, est à son côté opposé ED; ainsi le sinus de HED est au côté opposé HD*, qu'on trouvera de 5 toises 9 pouces.

### *Du toisé du revêtement des Places fortifiées.*

1341. Les Places de guerre sont fortifiées avec des bastions à flancs simples ou en lignes droites, ou à flancs concaves & à orillons. Le toisé du revêtement du rempart des premieres est plus simple ou moins composé que celui des secondes; nous allons commencer par en donner le précis.

Planch. 28, Fig. 2 & 3. 1342. Soit ABCDE une partie du revêtement d'une Place fortifiée selon le systême de M. le Maréchal de Vauban, dont la figure 3 représente la coupe ou le profil.

L'espace ombré, figure 2, représente l'épaisseur du revêtement au cordon, qui est de 9 pieds; & la partie extérieure qui a une ombre plus foible, le talud *ab* du revêtement; lequel, en supposant la hauteur *bc* de 30 pieds, est de 6 pieds.

1343. Dans le détail du calcul de ce front, nous ferons abstraction de la tablette ou du revêtement du parapet (Fig. 3), lequel n'ayant point de talud, n'est susceptible d'aucune difficulté dans son toisé; nous ferons également abstraction des contreforts, parce que ces solides sont des parallélipipédes qu'il est fort aisé de toiser ou de mesurer.

1344. Du point K, sommet du talud du revêtement de l'angle du flanc, on abbaissera sur le côté intérieur du revêtement les perpendiculaires K*a*, K*b*, & des sommets C & D de l'angle de l'épaule C & de l'angle flanqué D, les perpendiculaires C*a*, C*b*, DI & DF.

Les perpendiculaires K*a*, K*b*, figure 2, retranchent, en imaginant des plans perpendiculaires à la base du revêtement qui passent par ces lignes, une espéce de prisme qui a pour base inférieure le quadrilatere K*b*B*a*, & pour hauteur la ligne *bc*, figure 3, qui exprime celle du revêtement, mais auquel il manque une petite pyramide qui a pour base le quadrilatere K*dgf*, (*Voyez* la figure 4, laquelle est la représentation plus en grand du plan du solide formé à l'angle du flanc par les perpendiculaires K*a*, K*b*) & pour hauteur celle du même revêtement.

Les côtés K*f* & K*d*, qui sont chacun de 6 pieds, sont connus; l'angle *dgf* qui est l'angle du flanc l'est aussi. Cet angle est coupé en deux également par la ligne K*g*; l'angle K*dg* est droit, par conséquent il est aisé de déterminer, dans le triangle K*dg*, le côté *dg*, qui est égal à *fg*. Les côtés du quadrilatere K*dgf* étant connus, on peut, par leur moyen, venir à la connoissance de sa surface; & multipliant cette surface par le tiers de *bc* (Figure 3), on a la solidité de cette pyramide, qu'il faut ôter de celle du prisme qui a pour base K*b*B*a*, & pour hauteur *bc* (Fig. 3), pour avoir le reste qui donne la solidité de la partie du revêtement comprise entre les lignes ou les plans K*a* & K*b*.

1345. Nous ne parlons point de la maniere de trouver la surface du quadrilatere K*b*B*a*, parce que rien n'est plus aisé en considérant que que K*a* & K*b* sont chacun de 11 pieds.

1346. A l'égard des solides formés aux angles de l'épaule & flanqués, par les perpendicu- Planch. 28, Fig. 2 & 5.

laires C*a*, C*b* & DF, DI, ce ſont des pyramides tronquées dont il eſt aiſé de connoître la ſurface des baſes ſupérieures & inférieures ; pour la hauteur, elle eſt la même que celle du revêtement. Ainſi on peut en trouver la ſolidité comme on l'a enſeigné N. 1114.

1347. Pour donner un peu plus de détail ſur ce ſujet, nous conſidérerons ſeulement la pyramide tronquée de l'angle flanqué D, (Figure 2).

La Figure 5 repréſente IDF plus en grand que dans la Figure 2.

Le quadrilatere DIGFD eſt le plan de la baſe inférieure, & DLHED, celui de la ſupérieure.

Les côtés DI & DF ſont chacun de 11 pieds; ſçavoir des 5 pieds de l'épaiſſeur du revêtement au cordon, & des 6 pieds du talud; on ſuppoſe toujours la hauteur du revêtement de 30 pieds. Les côtés DL & DE de la baſe ſupérieure ſont chacun de 5 pieds; l'angle IGF ou LHE, eſt connu, étant l'angle flanqué; par conſéquent l'angle D, qui eſt ſon ſupplément, l'eſt auſſi : c'eſt pourquoi tirant DG, qui diviſe cet angle en deux également, on connoîtra dans le triangle rectangle DIG, le côté DI & les angles ; on pourra venir à la connoiſſance de IG, & enſuite de LH, par le moyen des triangles ſemblables DIG, DLH. Comme IG eſt égal à GF, ainſi que LH à HE, les côtés de la baſe inférieure & de la ſupérieure ſeront connus : on trouvera enſuite par leur moyen, la ſuperficie de chacune de ces baſes. La hauteur de la pyramide tronquée étant ſuppoſée de 30 pieds, il ſera aiſé de trouver la hauteur de la pyramide entiere, & d'avoir le toiſé de la tronquée ; le tout comme dans la réſolution du Problême du N. 1114.

Pour plus grand éclairciſſement, on donnera ici le calcul entier de cette pyramide tronquée.

On obſervera d'abord que l'angle IDG eſt la moitié de l'angle flanqué, lequel, en ſuppoſant que le front qu'il s'agit de toiſer, ſoit celui de l'exagone régulier, ſera de 41 degrés 34 minutes, & ſon complément IGD, de 48 degrés 26 minutes.

On trouvera IG par cette analogie :

*Le ſinus de IGD eſt à ſon côté oppoſé ID, comme celui de IDG l'eſt à IG ;* c'eſt-à-dire, 74818 . 11 pieds :: 66349 . IG.

Faiſant le calcul, on trouvera IG de 9 pieds 9 pouces & quelques lignes, que nous négligeons.

Pour avoir LH, on fera cette autre analogie :

DI (11 pieds) . DL (5 pieds) :: IG (9 pieds 9 pouces) . LH, qu'on trouvera de 5 pieds 3 pouces.

Pour trouver préſentement la hauteur de la pyramide entiere, on fera cette proportion :

6 pieds (différence de ID & DL) eſt à la hauteur de la pyramide tronquée, c'eſt-à-dire, à celle du revêtement (30 pieds) comme ID (11 pieds) eſt à la hauteur cherchée.

C'eſt-à-dire qu'on aura $6 . 30 :: 11 . \frac{30 \times 11}{6} = 55$.

Ainſi la hauteur de la pyramide entiere eſt de 55 pieds ; comme celle du revêtement eſt de 30, celle de la pyramide ſupérieure ſera de 25 pieds.

Pour trouver la ſurface de la baſe DIGFD, on multipliera ID par IG, ou 11 pieds par 9 pieds 9 pouces (*a*), & l'on aura 107 pieds 3 pouces pour cette surface. On la multipliera par 18 pieds 4 pouces, tiers de 55; l'on aura, pour la solidité de la pyramide entiere, 1966 pieds 3 pouces cubes.

En opérant de même, pour avoir la solidité de la pyramide supérieure, on trouvera 219 pieds 5 pouces cubes pour sa solidité : ôtant cette solidité de celle de la pyramide entiere, il restera, pour celle de la tronquée, 1746 pieds 10 pouces cubes.

On trouvera, de la même maniere, la solidité de la pyramide de l'angle de l'épaule C (Fig. 2), & en général celle de tous les angles saillans du revêtement.

1348. Les solides des angles du bastion étant connus, il est évident qu'il ne s'agit plus, pour avoir la solidité du revêtement, que de leur ajouter celles des prismes compris entre les plans perpendiculaires qui forment les solides des différens angles du revêtement; pour cet effet, il faut multiplier la surface du profil *adec* (Figure 3), par la longueur des parties comprises entre les angles des bastions.

Quant au revêtement du parapet, on en aura la solidité, en multipliant la longueur des parties précédentes de la courtine, du flanc, & de la face du bastion par le profil X de ce revêtement; l'on ajoutera à ce produit les prismes que les perpendiculaires *db*, *fa*, DL, DE, &c. (Figure 2) forment aux angles de l'enceinte. Il en sera de même pour le toisé de la fondation Y.

(*a*) Comme le quadrilatere IDFGI est partagé par DG en deux triangles égaux GID, GFD, sa surface est double du triangle GID; c'est pourquoi l'on a cette surface en multipliant ID par IG.

### *Du toisé du revêtement du flanc concave & de l'orillon.*

Le toisé du flanc concave & de l'orillon n'a rien de difficile, en faisant usage des Remarques N. 1122 & 1123.

1349. Le rayon FG ou FL du flanc concave étant connu, N. 1339, & la hauteur du revêtement donnée, si l'on suppose au point L une verticale égale à cette hauteur, & que FL se meuve autour de F, la verticale décrira un cylindre droit, dont FL sera le rayon de la base. Augmentant FL de l'épaisseur du revêtement au cordon, c'est-à-dire, supposant en L un rectangle de la largeur L*b* du revêtement & de sa hauteur, il décrira un cylindre creux; supposant ensuite un triangle vertical dont la base égale au revêtement soit posée de L en 4, il décrira dans la circonvolution de FL autour du point F un cone tronqué droit renversé; c'est-à-dire, dont la grande base sera au niveau de la partie supérieure du revêtement. Planche 28. Figure 6.

Le rayon F*b* étant connu, ainsi que FL, F4 & la hauteur du revêtement, on trouvera la solidité de la maçonnerie du cylindre creux, comme on l'a enseigné N. 1121.

On trouvera ensuite celle du cone tronqué total renfermé dans le cylindre creux, & ôtant de cette solidité celle du cone tronqué vuide, le reste sera la maçonnerie du talud du côté intérieur du cylindre creux; on l'ajoutera à celle de ce cylindre, & l'on aura ainsi la solidité totale du revêtement du cylindre dont le revêtement intérieur forme le cone tronqué intérieur.

Cette solidité étant connue, pour trouver la

partie 4*bha*, comprise entre les rayons F*b*, F*h*; on fera cette analogie :

*Comme 360 dégrés,*
*Sont aux dégrés de l'angle F*, c'est-à-dire, à 60 dégrés ;
*Ainsi la solidité totale du revêtement du solide entier,*
*Est à celle de la partie 4bha.*

1350. On trouvera par la même méthode la solidité du revêtement de l'orillon.

Planch. 28, Figure 6. Pour cet effet, supposant que le rayon H*g* se meuve autour du point H, emportant avec soi le profil du revêtement du bastion, il est évident que ce profil, dans sa circonvolution autour du point H, décrira un cone tronqué droit qui renfermera un cylindre creux, dont le rayon de la base de ce creux ou vuide sera H*n*, & *n*D l'épaisseur du revêtement ou de la maçonnerie de ce cylindre.

Le rayon des bases du cone tronqué & du cylindre étant connu, ainsi que la hauteur du revêtement, on trouvera par le problême, N. 1111, la solidité totale du cone tronqué, on en ôtera celle du cylindre creux, le reste sera celle du revêtement ou de la maçonnerie du cone tronqué.

Pour avoir celle de la partie renfermée entre les rayons H*g*, H*f*, on fera cette régle de proportion :

*Comme 360 dégrés,*
*Sont aux dégrés de l'angle du secteur g*H*f;*
*Ainsi la solidité totale du cone tronqué,*
*Est à celle du secteur g*H*f, ou à celle du revêtement de l'orillon ng*R*fo.*

### *Du toisé du revêtement du revers de l'orillon & de la brisure de la courtine.*

1351. Le toisé du flanc concave & de l'orillon étant déterminé par les opérations précédentes, il faut, pour avoir celui de toutes les parties de la fortification, dans le système à flancs concaves & à orillons, y joindre celui du revers de l'orillon & de la brisure de la courtine.

M. *Belidor* dit, dans son Cours de Mathématique, que le toisé de ces dernieres parties est trop facile pour s'y arrêter; mais nous croyons qu'il ne sera pas inutile de donner quelques éclaircissemens sur les petites difficultés qui pourroient embarrasser plusieurs Lecteurs sur ce toisé.

On prolongera FG en *h*, & HE jusqu'en *f*, on tirera *dr*; le revers de l'orillon qu'il s'agit de toiser, sera déterminé par *dhrof*. Planch. 28, Figure 6.

Pour y parvenir, on observera que l'angle LGE ayant été trouvé de 91 dégrés 11 minutes, son supplément, formé par le prolongement de LG, sera de 88 dégrés 49 minutes; qu'ainsi abbaissant de G une perpendiculaire G*s* sur *ro*, elle fera un angle d'un dégré 11 minutes avec le prolongement de LG. Comme l'angle LGF est de 60 dégrés, son opposé au sommet sera de la même quantité; mais *h*G*s* vaut cet opposé au sommet plus 1 dégré 11 minutes: Donc *h*G*s* est de 61 dégrés 11 minutes.

Considérez présentement que *hr*, prolongement du côté intérieur du flanc concave jusqu'à la rencontre en *r* de celui du revers de l'orillon, peut être regardé comme perpendiculaire sur G*h*, parce qu'il se confondroit avec la tangente menée de *h* à l'arc *b*P*r*; que les petits triangles rectangles G*hr*, G*sr* sont égaux; car G*h*=G*s*; & à cause de ces perpendiculaires égales *hr*=*rs**, le côté G*r* est commun : Donc, &c. d'où il suit que les angles opposés G & *r* sont chacun coupés en deux également par G*r* : Ainsi *r*G*s* vaut 30 dégrés 35 minutes $\frac{1}{2}$, & G*rs*, 59 dégrés 23 minutes $\frac{1}{2}$. Connoissant les angles & un côté de ce triangle, on viendra à la connoissance de *rs* & de *r*G.

*N. 132 & 138.

Planche 28, Figure 6.

Abbaissant du point *d*, *du* perpendiculaire sur *ro*, l'on aura le triangle *dru* semblable à G*rs*. Car ses angles sont égaux à ceux de ce dernier triangle. Or on connoît *du* égal à l'épaisseur du revêtement & à la largeur du talud; on pourra par conséquent venir à la connoissance de *ru*.

Si l'on suppose à présent que par *dr* & *du* passent deux plans verticaux qui coupent le revêtement & son talud jusqu'à la fondation, il résultera de leurs deux sections, une pyramide tronquée dont toutes les lignes nécessaires pour en trouver la solidité seront connues.

Du point *z*, sur le côté intérieur du revêtement du revers de l'orillon, on abbaissera la perpendiculaire *zk* sur GE, & on la prolongera jusqu'en *t*.

Imaginant des plans verticaux qui passent par *zt* & *zf*, ces plans formeront une pyramide tronquée comme *rdu*, dont on trouvera aisément les côtés *k*E & *tf* des bases supérieure & inférieure; car *zk* & *zt* sont connus, & l'angle *kz*E est égal à *z*E*o*, moitié du supplément de l'angle DHE. Aux solidités des deux pyramides tronquées en G & en E, il ne s'agit plus que d'ajouter le toisé du revêtement compris entre *ud* & *zt*, & la solidité du petit prisme triangulaire dont la base est *h*G*r*, pour avoir le total du revêtement du revers de l'orillon compris entre les plans *h*G, G*d* & *zf*.

1352. Le détail dans lequel on vient d'entrer pour le calcul du revêtement du revers de l'orillon, nous paroît suffisant pour donner des idées des procédés par lesquels on peut parvenir à celui de la brisure LC de la courtine.

Nous obſerverons ſeulement, 1°. qu'ayant prolongé FL juſqu'en *b*, L*b* peut être conſidérée comme étant perpendiculaire ſur *bm*.

2°. Que l'angle FLC ayant été trouvé précédemment (N. 1339) de 81 dégrés 5 minutes ſi l'on prolonge GL, ce prolongement fera avec LC un angle de 98 dégrés 55 minutes; comme celui de FL avec LG en fait un de 60, étant égal à ſon oppoſé au ſommet GLF, il s'enſuit que ſi de L on abbaiſſe une perpendiculaire L*x* ſur *mq*, cette perpendiculaire fera avec L*b* un angle de 68 dégrés 55 minutes, qui ſera coupé en deux également par L*m*. C'eſt pourquoi on pourra trouver la valeur de *bm* ou de ſon égale *mx*, & toiſer enſuite le petit priſme triangulaire *b*L*m*, puis la pyramide tronquée *m ly*, après quoi le reſte du calcul ou de toiſé de la briſure de la courtine compris les perpendiculaires *ly* & *q*2 ne peut avoir aucune difficulté, la pyramide tronquée de l'angle de la briſure C pouvant être toiſée de la même maniere que celle des angles C & D (Figure 2).

### *Remarque.*

1353. Il faut obſerver que le toiſé du revers de l'orillon & celui de la briſure de la courtine, tel qu'on vient de le donner, excéde de quelque choſe la véritable ſolidité de ces différentes parties.

Planche 28, Figure 6.

Car dans le toisé de la maçonnerie du revêtement du flanc concave compris entre les rayons de ce flanc F*h* & F*b*, se trouve renfermé celui des petites pyramides en *dca* & en *l*42, qui entrent encore une seconde fois dans le toisé du revers de l'orillon & de la brisure de la courtine. Ainsi, pour avoir un calcul exact de tout le flanc concave & de ses parties, c'est-à-dire, du revers de l'orillon & de la brisure de la courtine, il faut, de la solidité de toutes ces différentes parties, trouvée par les calculs précédens, retrancher celui des petites pyramides dont il s'agit ici. Ceux qui auront bien compris tout ce qu'on vient de dire dans cet article, n'y trouveront aucune difficulté, les autres pourront avoir recours à la note (*a*) ci-dessous.

(*a*) Pour connoître les dimensions de cette petite pyramide, il faut imaginer une perpendiculaire tirée de *c* sur GE; elle sera égale à la largeur du talud du revêtement du revers de l'orillon; l'on aura alors un triangle rectangle dont on connoîtra un côté & l'angle formé par *c*G & le revers de l'orillon GE; on viendra, par le moyen de ce triangle, à la connoissance de *c*G; ôtant de cette ligne G*a*, égale au talud du revêtement, il restera *ac*. Le petit triangle *cad* peut être considéré comme rectangle, à cause du petit arc *ad* perpendiculaire sur *ac*. Dans ce triangle on connoît l'angle *dca* = *c*GE, on connoît aussi *ac*, c'est pourquoi on viendra à la connoissance de *ad*, dont la moitié multipliée par *ac* donnera la surface de la base de la petite pyramide qu'il s'agit de toiser.

Pour trouver la hauteur de cette pyramide, on imaginera un plan qui coupe le talud du revêtement & qui soit perpendiculaire à sa base; sa commune section avec cette base sera *c*G. Si l'on conçoit ensuite des perpendiculaires élevées de G & de *a* jusqu'à la rencontre du plan incliné du talud du revêtement, & qu'on nomme la derniere *x*, laquelle exprime la hauteur de la pyramide, l'on aura cette analogie:

G*c* est à G*a*, comme la hauteur du revêtement au point G,

Du

*Du toisé de l'arrondissement de la contrescarpe.*

1354. Soit C (Figure 7, Planche 28) l'angle flanqué du bastion, & la contrescarpe EABD tracée, ainsi que l'arrondissement AB, selon qu'il est enseigné dans les Elémens de Fortification.

On prolongera les deux faces du bastion en D & en E. L'angle flanqué FCG étant connu, donnera la valeur de son opposé au sommet ECD; élevant de C sur CG la perpendiculaire C*b*, égale à la largeur du fossé, & de même de C, C*a* sur CF, les lignes C*b*, C*a* détermineront l'arc *a b* de la contrescarpe vis-à-vis l'angle flanqué C.

L'angle *b*CG, supplément de FCG, sera connu, de même que *e*CF; les complémens de ces deux angles, sçavoir, BCD, ACE seront connus: Or si l'on ôte de ECD ces deux complémens, il restera la valeur de l'angle ACB, ou *a*C*b*.

Si l'on imagine présentement que CA se meuve autour du point C, en portant sur sa partie A 1 le profil de la contrescarpe posé verticalement, il décrira dans son mouvement un cylindre creux qui aura pour hauteur celle de la contrescarpe, & dont le vuide formera un cone tronqué qui aura C*a* pour rayon de sa grande base, & C1 pour celui de sa petite.

est à *x*, c'est-à-dire, à la hauteur du revêtement au point *a*. Les trois premiers termes de cette analogie étant connus, on viendra à la connoissance du dernier, & l'on aura ainsi les dimensions nécessaires pour trouver la solidité de la petite pyramide dont la base est *acd*, laquelle solidité est égale au produit de *acd* par le tiers de *x*.

Il est évident qu'on viendra de la même maniere à la connoissance des dimensions de la petite pyramide *l*, 4, 2.

On cherchera d'abord la solidité du cylindre total, c'est-à-dire, tant plein que vuide, & ensuite celle du cone tronqué vuide; retranchant après cela cette derniere solidité de la premiere, on aura celle de toute la maçonnerie du cylindre dont il s'agit; (N. 1122, 1123.)

Comme l'angle ACB est supposé connu, on fera cette régle de Trois pour trouver la partie 1AB2 de l'arrondissement de la contrescarpe.

*Comme 360 dégrés,*
*Sont aux dégrés de l'angle ACB;*
*Ainsi la solidité de la maçonnerie du cylindre précédent,*
*Est à celle de la partie 1AB2.*

## *REMARQUES.*

## I.

1355. La méthode qu'on vient d'expliquer, servira donc à trouver dans tous les cas, la solidité de la maçonnerie de l'arrondissement de la contrescarpe, lorsqu'on connoîtra l'angle saillant ou flanqué de l'ouvrage qui lui est opposé, & de plus, la largeur du fossé.

Pour avoir la solidité des autres parties de la contrescarpe, il est évident qu'il ne s'agit plus que de faire tomber du sommet de chacun de ses angles rentrans, des perpendiculaires sur le bord extérieur du talud; imaginant des plans verticaux qui passent par ces perpendiculaires, ils formeront à ces angles des pyramides tronquées, comme IDF, Figures 2 & 5, dont on trouvera la solidité comme on l'a enseigné, N. 1114.

On multipliera ensuite la surface du profil, ou de la coupe de la maçonnerie de la contrescarpe, par les distances comprises entre les arrondissemens & les pyramides tronquées de ses angles, & ajoutant cette solidité à celle des pyramides précédentes, on aura celle de toute la maçonnerie de la contrescarpe, ou du bord extérieur du fossé.

## II.

1356. Le toisé des terres du rempart, du parapet, & de l'excavation du fossé des différens ouvrages de la fortification, ne peut avoir aucune difficulté pour ceux qui auront bien compris celui de la maçonnerie des mêmes ouvrages. C'est pourquoi on croit pouvoir se dispenser d'entrer dans aucun nouveau détail sur ce sujet.

*FIN.*

# SUPPLEMENT.

*AJOUTEZ ce qui suit à la fin de la premiere section du Livre VIII, immédiatement après l'article du N. 795, page 162.*

## THÉOREME IX.

Planche 29. Figure 1. *Dans tout triangle obtusangle ABC, le quarré du côté CA opposé à l'angle obtus B, est égal aux quarrés des deux autres côtés AB & BC, plus à deux rectangles ou deux produits de la base AB par l'éloignement BD de la perpendiculaire CD, abbaissée du sommet C sur le prolongement de AB;* c'est-à-dire, que $\overline{AC}^2 = \overline{AB}^2 + \overline{CB}^2 + 2AB \times BD$.

Le triangle rectangle CDA donne $\overline{CA}^2 =$
* N. 794. $\overline{AD}^2 + \overline{CD}^2$ *. La ligne AD étant divisée en deux parties AB & DC, $\overline{AD}^2 = \overline{AB}^2 +$
* N. 490. $2AB \times BD + \overline{BD}^2$ *; mettant cette valeur à la place de $\overline{AD}^2$, dans l'expression précédente, &
* N. 794. à celle de $\overline{CD}^2$, $\overline{CB}^2 - \overline{BD}^2$, qui lui est égale *, l'on a $\overline{CA}^2 = \overline{AB}^2 + 2AB \times BD + \overline{BD}^2 + \overline{CB}^2 - \overline{BD}^2$. Effaçant dans le second membre de cette égalité $+\overline{BD}^2$ & $-\overline{BD}^2$, qui se détruisent, il reste $\overline{CA}^2 = \overline{AB}^2 + \overline{CB}^2 + 2AB \times BD$. C. q. f. d.

### COROLLAIRE.

On peut se servir de la proposition précédente
pour trouver la superficie d'un triangle dont les
côtés sont donnés ou connus.

Pour avoir cette superficie, il faut multiplier
la base AB par la moitié de la perpendiculaire
CD *; mais à cause du triangle rectangle CDB, * N. 431.
$CD = \sqrt{\overline{CB}^2 - \overline{BD}^2}$*; expression qui fait voir * N. 794.
que si l'on parvient à la connoissance de BD,
il sera aisé ensuite de trouver la valeur de CD.

Par la proposition qu'on vient de démontrer, $\overline{CA}^2 =$ Planc. 29, Figure 1.
$\overline{AB}^2 + \overline{CB}^2 + 2AB \times BD$: ôtant de chaque côté
du signe d'égalité $\overline{AB}^2 + \overline{CB}^2$, les restes seront
égaux *; l'on aura donc alors $\overline{CA}^2 - \overline{AB}^2 - \overline{CB}^2 =$ * N. 12.
$2AB \times BD$; & en divisant chacune des deux ex-
pressions de part & d'autre du signe d'égalité par la
même quantité $2AB$, $\frac{\overline{CA}^2 - \overline{AB}^2 - \overline{CB}^2}{2AB} = BD$.

### LEMME *ou principe pour la démonstration du Théorême suivant.*

*Une ligne droite AB étant divisée en deux parties* Pl. 1, Fig. 1.
*quelconques AC & CB, le quarré de la toute AB,
moins deux rectangles de cette même ligne par une
de ses parties BC, est égal au quarré de l'autre partie
AC, moins celui de BC.*

C'est-à-dire que $\overline{AB}^2 - 2AB \times BC = \overline{AC}^2 -$
$\overline{BC}^2$.

Soit construit sur AB le quarré AE, & mené

par C, CF parallèle à BE. On prendra ensuite EH=EF=BC, & l'on tirera HG parallèle à ED ou AB.

BE étant égale à AB, ainsi que AD, & DG à EH ou BC, AG=AC, & AI est le quarré de AC *, de même que HF est celui de EF = $\overline{BC}^2$. Si du quarré total de AB on ôte les rectangles BF & FG, il est évident qu'il restera AI, c'est-à-dire, le quarré de AC; mais, si, au lieu du dernier rectangle FG, on retranche EG = HF + FG, il restera alors du quarré total, AI—FH ou $\overline{AC}^2 - \overline{BC}^2$. Donc $\overline{AB}^2 - BF - EG = \overline{AC}^2 - \overline{BC}^2$. Mais les deux rectangles BF & EG sont égaux chacun à celui de AB par BC. Donc $\overline{AB}^2 - 2AB \times BC = \overline{AC}^2 - \overline{BC}^2$. C. q. f. d.

* N. 490.

## REMARQUE.

Si l'on ajoute à chacune des deux expressions précédentes, de part & d'autre du signe d'égalité, la même quantité $\overline{BC}^2$, l'on aura $\overline{AB}^2 - 2AB \times BC + \overline{BC}^2 = \overline{AC}^2 - \overline{BC}^2 + \overline{BC}^2$. Et comme $-\overline{BC}^2 + \overline{BC}^2$, dans la derniere expression, se détruisent; il s'ensuit que $\overline{AB}^2 - 2AB \times BC + \overline{BC}^2 = \overline{AC}^2$; c'est-à-dire, *qu'une ligne droite AB étant divisée en deux parties quelconques BC & CA, le quarré de la toute AB, moins deux rectangles de cette ligne par une de ses parties BC, plus le quarré de cette même partie, est égal au quarré de l'autre partie AC.*

## THÉOREME X.

*Dans tout triangle ACB, le quarré du côté CB, opposé à un angle aigu A, est égal aux quarrés des deux autres côtés CA & AB, moins deux produits ou deux rectangles de la base entiere AB, par sa partie AD, comprise entre l'angle A & la perpendiculaire abbaissée du sommet C sur AB.* Planche 29, Figure 2.

Les deux triangles rectangles CDB & CDA donnent $\overline{CB}^2 - \overline{DB}^2 = \overline{CA}^2 - \overline{AD}^2$; chacune de ces deux expressions étant égale à $\overline{CD}^2$*, si l'on ajoute $\overline{DB}^2$ de part & d'autre, l'on a $\overline{CB}^2 - \overline{DB}^2 + \overline{DB}^2 = \overline{CA}^2 + \overline{DB}^2 - \overline{AD}^2$, ou, en effaçant ce qui se détruit dans la premiere expression, $\overline{CB}^2 = \overline{CA}^2 + \overline{DB}^2 - \overline{AD}^2$. Si l'on met présentement dans le second membre de cette égalité, à la place de $\overline{DB}^2 - \overline{AD}^2$, $\overline{AB}^2 - 2AB \times AD$, qui lui est égal par le Lemme précédent, l'on a $\overline{CB}^2 = \overline{CA}^2 + \overline{AB}^2 - 2AB \times AD$. C. q. f. d.

* N. 144

### COROLLAIRE.

Ce Théorême donne encore le moyen de trouver la hauteur, & par conséquent la surface d'un triangle dont les trois côtés sont connus. Car ajoutant de part & d'autre du signe d'égalité $+ 2AB \times AD$ dans l'expression $\overline{CB}^2 = \overline{CA}^2 + \overline{AB}^2 - 2AB \times AD$, l'on a $\overline{CB}^2 + 2AB \times AD = \overline{CA}^2 + \overline{AB}^2$: retran-

chant de chacune de ces expressions $\overline{CB}^2$, il reste $2 AB \times AD = \overline{CA}^2 + \overline{AB}^2 - \overline{CB}^2$; si l'on divise ensuite les quantités de part & d'autre du signe d'égalité par 2 A B, l'on aura $AD = \frac{\overline{CA}^2 + \overline{AB}^2 - \overline{CB}^2}{2 AB}$; AD étant connue par cette derniere expression, la perpendiculaire CD, ou la hauteur du triangle A C B, qui est égale à
* N. 794. $\sqrt{\overline{CA}^2 - \overline{AD}^2}$ *, l'est aussi : Donc, &c.

## THÉOREME XI.

*Dans tout parallélogramme, les quarrés des deux diagonales sont égaux, pris ensemble, à la somme des quarrés des quatre côtés.*

Lorsque le parallélogramme est rectangle, cette proposition est évidente; car alors les deux diagonales sont égales, & comme leurs quarrés sont
* N. 794. égaux à ceux des côtés qu'elles soutiennent *, il en résulte que les quarrés de ces diagonales valent ensemble les quarrés des côtés du rectangle.

Planch. 29, Figure 3. Quand le parallélogramme est incliné, comme ABCD, il faut, des extrémités D & C, abbaisser les perpendiculaires DE, CF, qui sont
* N. 149. égales, étant entre les mêmes parallèles * ; les côtés opposés DA, CB du parallélogramme qui sont
* N. 299. égaux *, peuvent être considérés comme des obliques égales qui partent de l'extrémité de perpendiculaires aussi égales; c'est pourquoi les éloignemens A E & B F des perpendiculaires sont
* N. 132 & 138. égaux *.

Dans le triangle obtusangle ABC, l'on a, par

le Théorême IX précédent, $\overline{AC}^2 = \overline{BC}^2 + \overline{AB}^2 + 2AB \times BF$; & dans le triangle DAB, par le Théorême X, $\overline{BD}^2 = \overline{AD}^2 + \overline{AB}^2 - 2AB \times AE$, ou par BF, qui lui est égal.

Maintenant si l'on ajoute d'une part les quarrés des diagonales AC, BD, & de l'autre la valeur de ces quarrés, l'on aura $\overline{AC}^2 + \overline{BD}^2 = \overline{BC}^2 + \overline{AB}^2 + 2AB \times BF + \overline{AD}^2 + \overline{AB}^2 - 2AB \times BF$. Comme $+ 2AB \times BF$ & $- 2AB \times BF$ se détruisent dans l'expression de la valeur des quarrés de AC & BD, il faut les en effacer, & il restera après leur retranchement $\overline{AC}^2 + \overline{BD}^2 = \overline{BC}^2 + \overline{AB}^2 + \overline{AD}^2 + \overline{AB}^2$; mais les côtés opposés AB, DC étant égaux, leurs quarrés le sont aussi; par conséquent on peut mettre dans l'expression précédente $\overline{DC}^2$ à la place d'un des deux $\overline{AB}^2$, & l'on a alors $\overline{AC}^2 + \overline{BD}^2 = \overline{BC}^2 + \overline{AB}^2 + \overline{AD}^2 + \overline{DC}^2$. C. q. f. d.

## THÉOREME XII.

*Dans tout quadrilatere inscrit dans le cercle, la somme des rectangles ou des produits des côtés opposés, est égale au rectangle des diagonales.*

Soit le quadrilatere ABCD inscrit dans le cercle X, il faut démontrer que $AB \times DC + AD \times BC = AC \times BD$. Planch. 29, Figure 4.

Soit tiré AE qui fasse avec AB l'angle EAB = DAC.

Le triangle AEB est semblable à ADC; car

l'angle ABE ou ABD qui s'appuye sur l'arc AD, 
* N. 199. est égal à DCA qui s'appuye sur le même arc *; & par la construction BAE = DAC : Donc AC. 
* N. 660. AB : : DC . BE : Donc AC × BE = AB × DC *.

Le triangle ABC est aussi semblable à DAE; l'angle ACB étant égal à ADB, parce qu'ils s'appuyent l'un & l'autre sur le même arc AB; & l'angle BAC égal à l'angle DAE attendu qu'ils sont chacun composé d'un angle égal DAC & EAB & du même angle CAE : Donc AC . DA : : BC . DE : Donc AC × DE = DA × BC.

Si l'on ajoute ensemble le produit des extrêmes des deux proportions précédentes, & de même celui des moyens, l'on aura AC × BE + 
* N. 12. AC × DE = AB × DC + DA × BC *; mais AC × 
* N. 459. BE + AC × DE = AC × BD * : mettant dans l'expression précédente AC × BD à la place de sa valeur, l'on a AC × BD = AB × DC + DA × BC. C. q. f. d.

## THÉOREME XIII.

*Les parallélogrammes équiangles ou qui ont chacun un angle égal, (a) & dont les côtés qui forment les angles égaux sont réciproquement proportionnels, sont égaux.*

Planche 29, Figure 5. Soient les parallélogrammes *x* & *z* équiangles dont les côtés AB, BD du premier qui forment l'angle *a* sont réciproques à ceux du second GF & GH qui forment l'angle *b*, lequel, par la sup-

(*a*) Lorsque les parallélogrammes ont chacun un angle égal, ils sont équiangles; car les angles opposés étant égaux, ils en ont chacun deux d'égaux; les autres sont les supplémens de ces angles : Donc ils sont aussi égaux : Donc, &c.

position, est égal à $a$, il faut démontrer que $x = z$.

Soient posés les parallélogrammes $x$ & $z$, de maniere que les sommets des angles $a$ & $b$ se joignent au même point, & que les côtés de ces angles se trouvent sur le prolongement les uns des autres; soit aussi continué CD & IH jusqu'à leur rencontre en L, & nommé le parallélogramme HD qui en résulte $y$.

L'on aura $x . y :: AB . GH$, & $z . y :: FG . BD$*, par la supposition $AB . GH :: FG . BD$; c'est pourquoi les rapports de $x$ à $y$, & de $z$ à $y$ qui sont égaux à des rapports égaux, le sont également*: Donc $x . y :: z . y$. Dans cette derniere proportion, les conséquens $y$ & $y$ étant égaux, les antécédens $x$ & $z$ le sont aussi*: Donc $x = z$. C. q. f. d.

*N. 771.

*N. 616.

*N. 619.

## THÉOREME XIV.

*Les parallélogrammes égaux & équiangles ont les côtés qui forment les angles égaux, réciproquement proportionnels.*

Cette proposition est la converse de la précédente.

Soient les deux parallélogrammes égaux & équiangles $x$ & $z$, dont les angles $a$ & $b$ sont égaux. Il faut démontrer que les côtés AB & BD qui forment l'angle $a$ sont réciproques à GH & GF qui forment l'angle $b$, c'est-à-dire, que les deux premiers sont les extrêmes d'une proportion dont les deux autres sont les moyens.

Planche 29. Figure 5.

Posés, comme dans la proposition précédente, les deux parallélogrammes $x$ & $z$, à côté l'un de l'autre; c'est-à-dire, de maniere que les angles égaux $a$ & $b$ soient opposés au sommet, & par conséquent, que les côtés de ces angles soient dans la même direction. Prolongez ensuite CD & IH indéfiniment jusqu'à ce qu'ils se rencontrent en L.

Nommant $y$ le parallélogramme GL, l'on a
* N. 777. $x.y$ :: AB.GH*, & $z.y$ :: FG.GD. Comme $x$ & $z$ sont égaux par la supposition; il s'ensuit que le rapport de $x$ à $y$, & celui de $z$ à $y$ est
* N. 616. le même* : par conséquent AB.GH::FG.GD. C. q. f. d.

## THÉOREME XV.

*Si deux triangles ont un angle égal, & les côtés qui forment cet angle réciproquement proportionnels, ils sont égaux.*

Planch. 29, Figure 6. Soient les triangles donnés ABC, EBD, dont les angles $a$ & $b$ sont égaux, & les côtés du premier angle réciproques à ceux du second, ensorte qu'on a AB.BD :: BE.BC, il faut démontrer que ABC=EBD.

On disposera ces deux triangles de maniere que les angles $a$ & $b$ soient opposés au sommet, ou que leurs côtés soient sur le prolongement les uns des autres; on tirera ensuite DC.

Prenant C pour le sommet des deux triangles ACB, CBD, ils auront la même hauteur; c'est
* N. 780. pourquoi l'on aura ACB. CBD :: AB.BD*; l'on aura de même EBD.CBD :: BE.BC. Par la supposition, AB.BD :: BE.BC : Donc ACB. CBD :: EBD.CBD; les deux conséquens de cette derniere proportion, qui expriment chacun le même triangle CBD, étant égaux, les anté-
* N. 686. cédens ACB & EDB, le sont également*. C. q. f. d.

## THÉOREME XVI.

*Si deux triangles égaux ont chacun un angle égal, les côtés des angles égaux ſont réciproquement proportionnels.*

Cette proportion eſt la converſe de la précédente. Planche 29. Figure 6.

Soient les triangles égaux ABC, EBD dont les angles *a* & *b* ſont auſſi égaux, il faut démontrer que les côtés de ces angles ſont réciproquement proportionnels ; c'eſt-à-dire, que AB.BD :: BE.BC.

On poſera ces triangles comme dans la propoſition précédente, de maniere que les angles égaux *a* & *b* ſoient oppoſés au ſommet, & l'on tirera enſuite la ligne CD.

Nommant *x* chacun des triangles ABC, EBD, & *y* le triangle CBD, l'on aura *x*.*y* :: AB.BD*; & *x*.*y* :: BE.BC ; ce qui donne AB. * N. 720. BD :: BE.BC*. C. q. f. d. * N. 616.

### *Remarque.*

Les Théorêmes précédens peuvent ſervir à démontrer que quatre lignes étant proportionnelles, le rectangle des extrêmes eſt égal à celui des moyens, & réciproquement que lorſqu'on a quatre lignes dont le rectangle de la premiere par la quatriéme eſt égal à celui de la ſeconde par la troiſiéme, ces lignes ſont proportionnelles.

Il ne s'agit, pour cet effet, que de ſubſtituer des rectangles aux deux parallélogrammes *x* & *z*, Figure 5.

On a démontré ces deux propoſitions, Livre

VII, N°. 660 & 665, & on l'a fait généralement, parce que les lettres avec lesquelles on a désigné les différens termes de la proportion, peuvent représenter toutes les différentes espéces de grandeurs ou de quantités, comme des lignes, des surfaces, &c. On n'a joint ici les Théorêmes qui précédent, que pour faire observer qu'on peut, par leur moyen, démontrer toute la théorie des rapports & des proportions sur ces mêmes quantités; c'est-à-dire, sur les lignes, les surfaces, &c.

## THÉOREME XVII.

Planche 29, Figure 7.

*Deux lignes droites inégales & parallèles AB, ab, étant jointes ensemble par deux autres lignes Aa, Bb, tirées par leurs extrémités & prolongées jusqu'à leur rencontre dans un point quelconque S; si l'on divise l'une de ces lignes, par exemple AB, en plusieurs parties à volonté AC, CD, &c. les lignes menées de S à tous les points de division de AB, couperont la seconde ab en parties proportionnelles à celles de AB, c'est-à-dire, qu'on aura AC. ac :: CD. cd :: DB. db, &c.*

A cause des parallèles AB, *ab*, les triangles ACS, *ac*S sont semblables; c'est pourquoi AC. *ac* :: SC. S*c*, les triangles CDS, *cd*S étant également semblables, donnent DC. *dc* :: SC. S*c*: Donc AC. *ac* :: DC. *dc**.

* N. 616.

On aura de même DB. *db* :: DC. *dc*: Donc, &c.

### *Remarques.*

### I.

Quelles que soient les parties dans lesquelles la ligne *ab*, c'est-à-dire, la plus petite des lignes

AB & *ab* peut être divisée, il est évident que S*c*, S*d*, &c. prolongées jusqu'à la ligne AB, partageront cette ligne en parties proportionnelles à celles de *ab*.

## II.

Si l'une des lignes AB ou *ab* est partagée en parties égales, les lignes tirées du point de concours S, aux divisions de cette ligne, prolongées, s'il est nécessaire, jusqu'à la rencontre de l'autre ligne, la diviseront en même nombre de parties égales que la premiere. Ainsi AB étant divisée en sept parties égales; *ab* le sera de même.

## III.

On tire de cette proposition un moyen fort simple de faire une échelle, ou de diviser une ligne droite donnée en tant de parties égales que l'on veut.

Soit, par exemple, la ligne donnée *ab*, qu'il faut diviser en sept parties égales.

On tirera sur le papier une ligne indéfinie AB, sur laquelle on portera, à commencer du point A, une ouverture de compas d'une grandeur à volonté, autant de fois que *ab* doit avoir de parties, c'est-à-dire, sept fois dans cet exemple. On décrira ensuite sur AB un triangle équilatéral ABS; on prendra S*a* & S*b* chacune égale à *ab*, & l'on tirera la ligne *ab*: les lignes SC, SD, &c. menées de S aux divisions de AB, partageront *ab* en sept parties égales. Planche 29. Figure 7.

Si la ligne donnée *ab* étoit plus grande que AB, on prolongeroit les côtés SA, SB jusqu'à ce qu'ils fussent égaux à la ligne donnée; on joindroit leurs extrémités par une ligne droite, qui seroit égale à la ligne donnée, & qui se trouveroit divisée dans le nombre de parties demandées par le prolongement de celles qu'on meneroit de S aux divisions de AB.

Pour démontrer qu'en prenant sur les côtés SA, SB du triangle équilatéral ASB, $Sa$ & $Sb$ égales à $ab$, la ligne tirée de $a$ en $b$ est égale à cette même ligne; il faut considérer que l'angle en S
* N. 232. étant de 60 dégrés *, & $Sa = Sb$, les angles
* N. 230. $Sab$, $Sba$ sont de la même quantité de dégrés *:
* N. 234. Donc le triangle $Sab$ est aussi équilatéral *: Donc $ab = Sa$ ou $Sb$.

Autrement, considérez que $ab$ coupe proportionnellement les côtés SA, SB du triangle ASB:
* N. 783. Donc elle est parallèle à AB *; par conséquent les triangles SAB, $Sab$ sont semblables: Ainsi SA . $Sa$ :: AB . $ab$, & en alternant SA . AB :: $Sa$ . $ab$: Mais SA = AB: Donc l'on a aussi, $Sa = ab$.

## IV.

Par le moyen du triangle équilatéral précédent, on peut faire une espéce d'échelle universelle, c'est-à-dire, diviser un grand nombre de lignes différentes dans le même nombre de parties égales qu'on aura divisé la base de ce triangle. Car une ligne quelconque étant donnée, en la portant de part & d'autre sur les côtés de l'angle S, & tirant une ligne qui joigne les points où elle se termine, cette ligne sera divisée en autant de parties égales que la base AB.

## V.

Si l'on suppose que AB représente une échelle, dont

dont chacune de ses parties comme AC, vaut un nombre quelconque de toises, par exemple, dix. Pour exprimer la valeur d'une toise ou la dixiéme partie de AC, on divisera SA en dix parties égales ; & par chacune de ses divisions, on menera des parallèles à AC. Toutes ces lignes étant les bases de triangles semblables à SAC, sont entr'elles comme les divisions ou les parties correspondantes de AC : c'est pourquoi la premiere parallèle proche le sommet S, tirée par l'extrémité de la premiere division de SA, sera la dixiéme partie de AC, la seconde, les deux dixiémes de la même ligne AC, & ainsi de suite. Il est évident que l'on peut de cette maniere exprimer telle petite partie que l'on veut des différentes divisions d'une échelle.

*Après le Corollaire du N. 815, page 173, ajoutez le Problême suivant.*

## PROBLEME SEPTIÉME

*Deux droites AB, CD qui ne sont point parallèles, & un point quelconque P étant donnés sur une surface plane, mener de ce point une autre ligne droite PM, qui concourt avec les deux premieres, de maniere que si l'on prolongeoit ces trois lignes, elles se rencontrassent dans le même point.* Planche 9. Figure 8.

Le point donné peut être placé entre les deux lignes AB, CD, ou en dehors. On le supposera d'abord en dedans.

On joindra les lignes AB, CD par une ligne MN, qui passe par le point donné P ; d'un point E ou F, pris à volonté sur CD ou AB, on menera EF parallèle à MN : on prendra ensuite EG, égale à la quatriéme proportionnelle à MN, MP & EF, & l'on tirera par P & par G la ligne PL qui concourera avec AB & CD.

Pour le démontrer, soit supposé que O est le point de concours de ces différentes lignes AB, PM & CD ; l'on aura les triangles semblables MPO, EGO qui donneront MP.EG :: PO.GO ; les triangles PNO, GFO qui sont aussi semblables, donnent de même PN.GF :: PO.GO. Le rapport de PM à EG, & celui de PN à GF, étant égaux à celui de PO à GO, sont
* N. 616. égaux entr'eux * : Donc PM.EG :: PN.GF ;
* N. 681. & en alternant PM.PN :: EG.GF *, d'où
* N. 682. l'on tire en composant * MP + PN.PM :: EG + GF.GF ; ou en mettant à la place de MP + PN, MN & à celle de EG + GF, EF, MN.MP :: EF.EG ; ce qui fait voir que EG est la quatriéme proportionnelle à MN.MP & EF. C. q. f. d.

Planche 29. Figure 8. Si l'on suppose à présent que les lignes données sont AB & PL, & que M est le point donné hors de ces lignes, duquel il faut tirer MD qui concourt avec AB & PL.

On tirera par M la ligne MN qui coupera PL en P, & d'un point quelconque F pris sur AB à volonté, on menera FG parallèle à MN, & prolongée indéfiniment au-delà de G. On prendra ensuite EG, quatriéme proportionnelle à PN, PM & FG, & tirant MD par M & par E, on aura la ligne demandée MD.

Car supposant, comme dans le cas précédent, que O est le point de concours de AB, PL & de MD ou CD ; les triangles semblables PNO, GFO donneront PN.GF :: PO.GO, les triangles semblables MPO, EGO, donnent aussi PM.GE::PO.GO: Donc PN.GF::PM.GE; & en alternant PN.PM::GF.GE. C. q. f. d.

*Fin des Supplémens.*

# TABLE

## DES THÉOREMES ET DES PROBLEMES, du second Volume de la Géométrie.

## LIVRE VI.

## LIVRE VII.

---

## LIVRE VIII.

---

## LIVRE IX.

## LIVRE X.

## LIVRE XI.

## LIVRE XII.

---

## SUPPLÉMENT

### *Sur les cinq corps réguliers.*

---

## LIVRE XIII.

*De la Trigonométrie, des Logarithmes & du Nivellement.*

*Fin de la Table du second Volume.*

---

## *ERRATA*

### *Pour le second Volume de la Géométrie.*

PAGE 87, *ligne* 10, 3, 3, 4, 3; *lisez*, 3, 3. 4, 3.

*Page* 108, *ligne* 12, $aq^3$, &c. *lisez* $aq^2$, &c.

*Page* 161, *ligne* 21, quantités sont égales, *lisez*, quantités égales sont égales.

*Page* 174, *ligne* 8, les autres du polygones, *effacez*, du.

*Ibid*, *écrivez à la marge*, *vis-à-vis le Théorême*, N. 817, Planche 3, Figure 9.

*Page* 179, *ligne* 2, du pentagone AD, *lisez*, du pentagone AD ou DB.

*Page* 192, *ligne* 9, prooportionnels, *lisez*, proportionnels.

*Ibid*, *lignes* 13 & 14, si les cordes étoient en même raison que les arcs, les deux cordes AC, *lisez*; si elles étoient en même raison que les arcs AC.

*Ibid*, à la marge, Fig. 10, *écrivez*, Planche 5, Fig. 1.

*Page* 518, *ligne* 18, de 9 pieds, *lisez*, de 5 pieds.

*Page* 526, *ligne* 6, à compter par le bas de la page, est égal, *lisez*, est sensiblement égal.

*Nota.* On observera ici au sujet de la correction ci-dessus, que si l'on veut avoir exactement l'angle $kzE$, dont il s'agit (Pl. 28, Fig. 6) on le trouvera de 26 dégrés 10 minutes. L'angle $zEo$ est de 27 dégrés 39 minutes; ainsi la différence de ces deux angles est d'un dégré 29 minutes.

Les nombres ou numéros qui indiquent les Propositions, Problêmes & Remarques de cet Ouvrage, ont été répétés par inadvertance dans le premier Volume, depuis le N°. 451 jusqu'au N°. 459 : c'est pourquoi il faudra, dans les renvois marqués à la marge, compris entre ces deux nombres, examiner, parmi les N^os doubles, les Propositions qui servent à la démonstration de celles où sont les renvois.

*Ouvrages de M. LE BLOND, Maître de Mathématique des Enfans de France, & Professeur de Mathématique des Pages du Roi.*

L'Arithmétique & la Géométrie de l'Officier, contenant la théorie & la pratique de ces deux sciences appliquées aux emplois de l'homme de guerre. En deux volumes *in*-8°. enrichis de 46 planches. Nouv. édit. corrigée & augmentée, 1767. 14 liv.

Abrégé de l'Arithmétique & de la Géométrie de l'Officier, contenant les quatre premieres opérations de l'Arithmétique; les Régles de trois & de compagnie; les principes de la Géométrie nécessaires pour les Fortifications & pour lever les Cartes & les Plans, le Toisé des surfaces & des solides, &c. *in*-12. avec fig. Nouv. édit. 1767. 3 liv.

*Elémens d'Algebre* ou *du Calcul littéral*, contenant les différentes opérations de ce calcul sur les entiers & sur les fractions; la formation des puissances; l'extraction de leurs racines; le calcul des radicaux, &c. avec un précis de la méthode analytique, appliquée à la résolution des problèmes du premier & du second dégré. *in*-8°. *sous presse*.

Elémens de Fortification, contenant la Construction raisonnée de tous les Ouvrages de la fortification; les systêmes des plus célébres Ingénieurs; la fortification irréguliere. Cinquiéme édition, augmentée de l'explication détaillée de la fortification de M. de Coehorn; de la Construction des redoutes, forts de campagne, &c. & d'un plan des différentes instructions propres à une Ecole Militaire, *in*-8°. avec 37 planches, 1764. 7 liv.

Abrégé du même Ouvrage, *in*-12, 6e édit. 1766, 3 liv. 10 s.

Elémens de la guerre des siéges, nouv. édition, augmentée du double; enrichie de plus de 50 Planches, & d'une Table des matieres fort ample à la fin de chaque Volume. Trois Volumes *in*-8°. 1762, 21 liv.

Chaque Volume se vend séparément: Sçavoir;

Artillerie raisonnée, contenant la description & l'usage des différentes bouches à feu, avec les principaux moyens qu'on a employés pour les perfectionner. La théorie & la pratique des Mines, & du jet des Bombes; & l'essentiel de tout ce que l'Artillerie a de plus intéressant depuis l'invention de la poudre à canon, *in*-8°. avec figures. 7 liv.

Traité de l'Attaque des Places, selon la méthode de M. de Vauban, *in*-8°. avec figures. 7 liv.

Traité de la Défenſe des Places, avec un précis d'obſervations les plus utiles pour procéder à la viſite ou à l'examen des Villes fortifiées ; un Abrégé des principes généraux qui peuvent ſervir à l'établiſſement des quartiers d'hiver ; & un Dictionnaire des termes de l'Artillerie, de la Fortification, de l'attaque & de la défenſe des Places ; *in*-8°. avec figures. 7 liv.

Elémens de Tactique, ou l'on traite de l'arrangement & de la formation des troupes, des évolutions de l'Infanterie & de la Cavalerie, des principaux ordres de bataille, de la marche des armées, & de la Caſtramétation, *in*-4°. avec figures. 1758. 15 liv.

Eſſai ſur la Caſtramétation, ou ſur la maniere de former, de tracer & de meſurer un camp, *in*-8°. fig. 6 liv.

La Géométrie Elémentaire & pratique de feu M. Sauveur, retouchée & augmentée, *in*-4°. avec figures. 12 liv.

---

# AVIS AU RELIEUR.

Le Relieur aura ſoin de mettre les 18 Planches du Tome I à la fin du premier Volume, & les 29 du ſecond, à la fin de celui-ci.

Il obſervera de les faire ſortir en entier hors du Livre, vers la droite. Elles ſeront placées ſuivant leur ordre numérique 1, 2, 3, &c.

---

De l'Imprimerie de CHARDON, rue Galande. 1767.

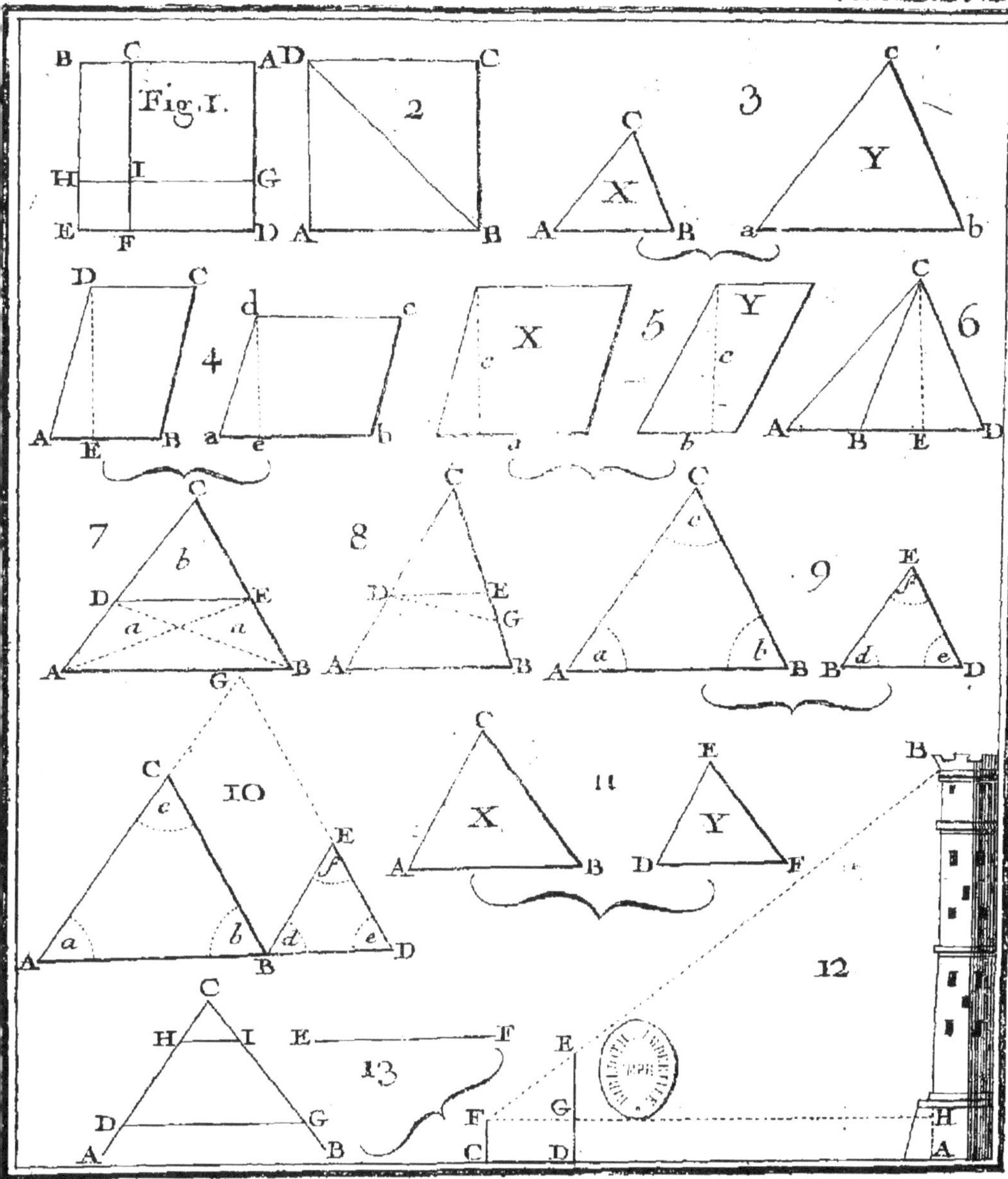

Le Parmentier Sculp.

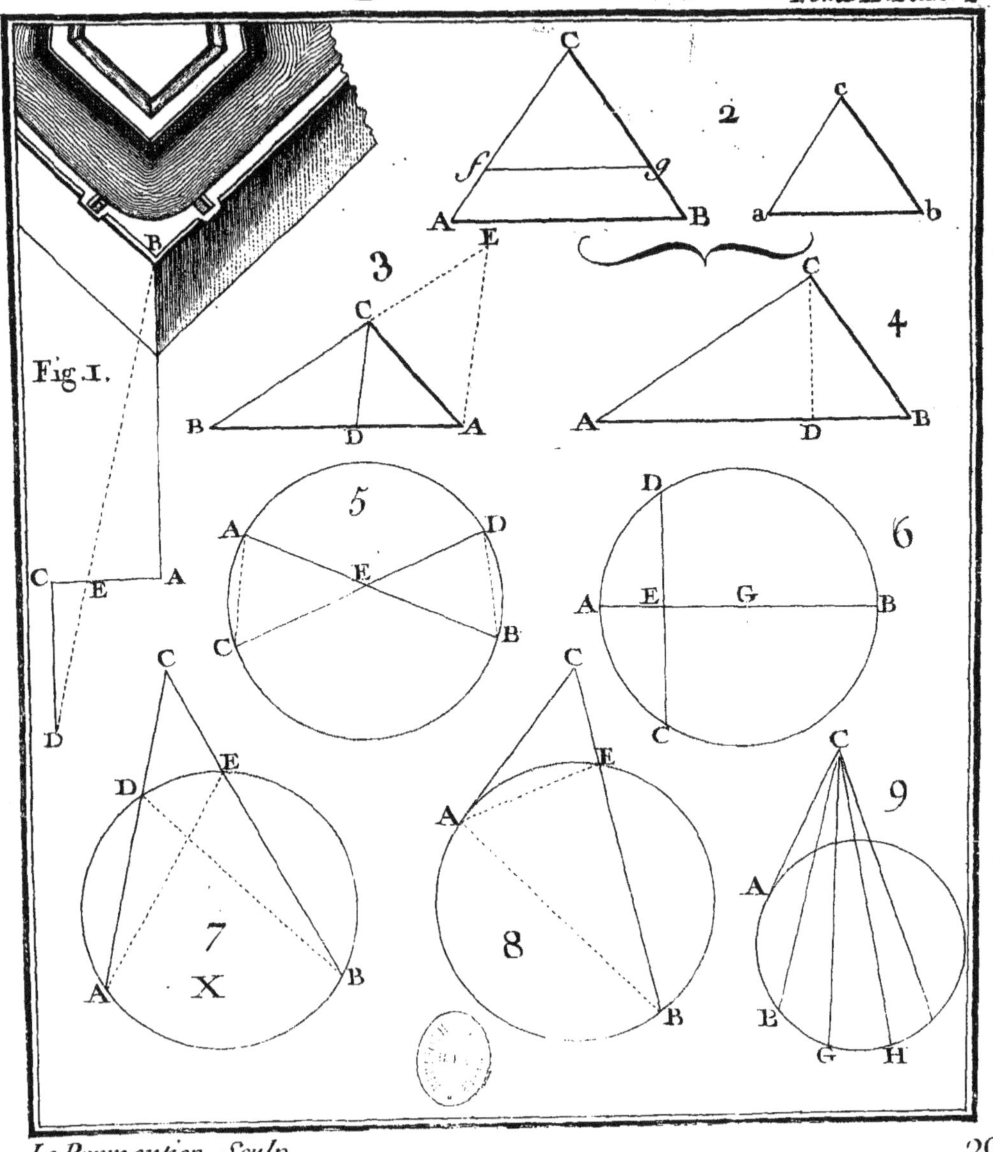


Le Parmentier Sculp.

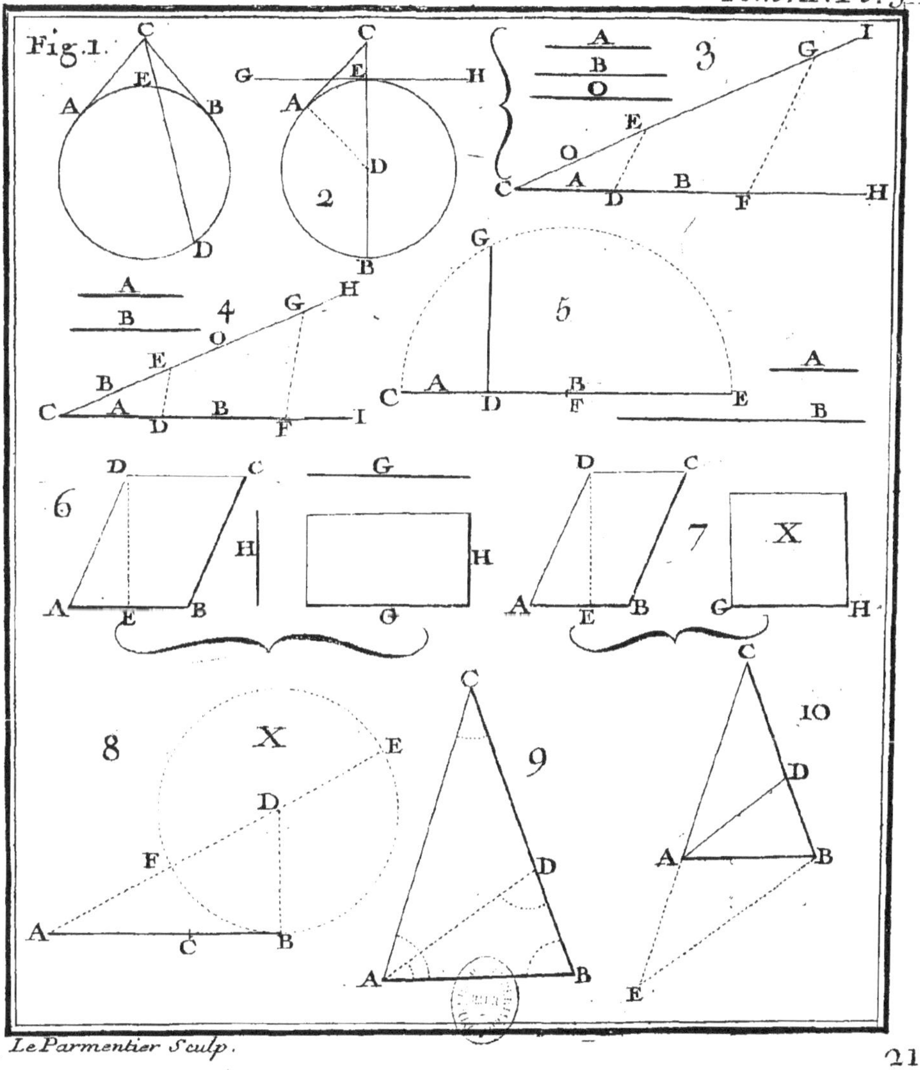

Le Parmentier Sculp.

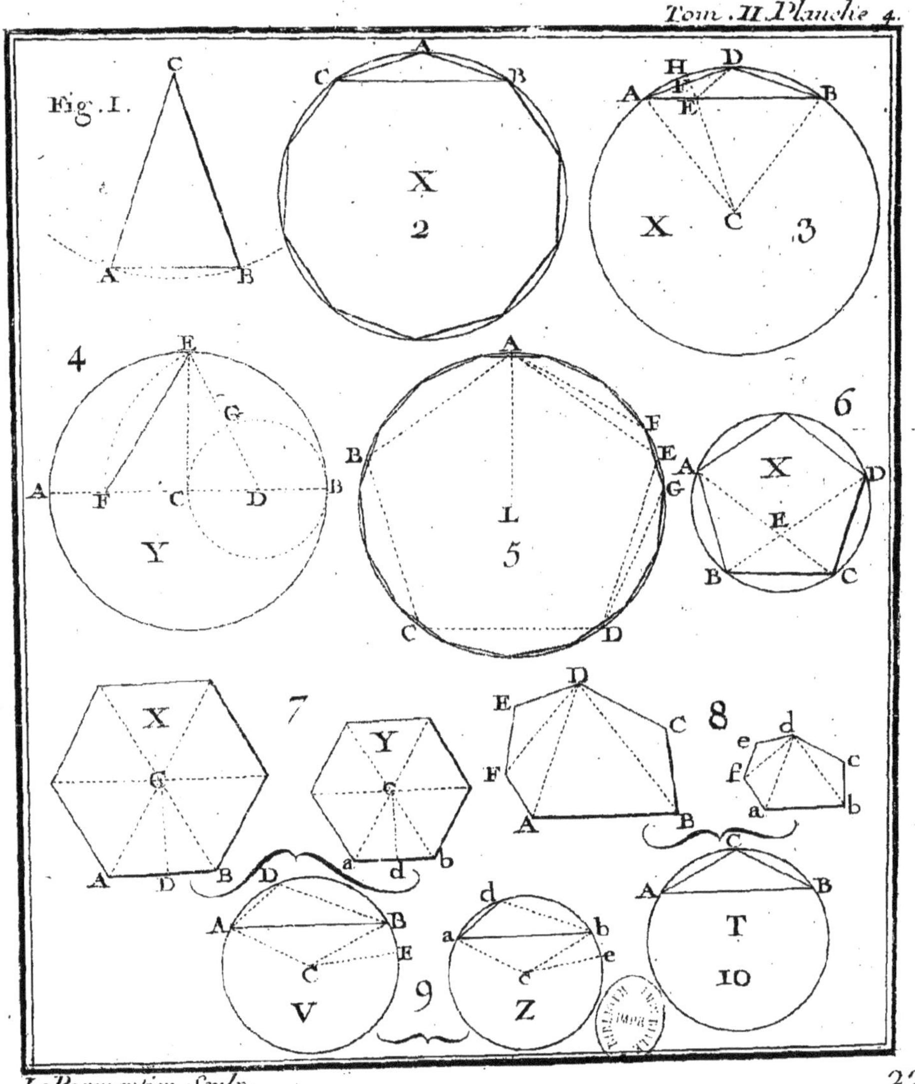


Le Parmentier Sculp.

Le Parmentier Sculp.

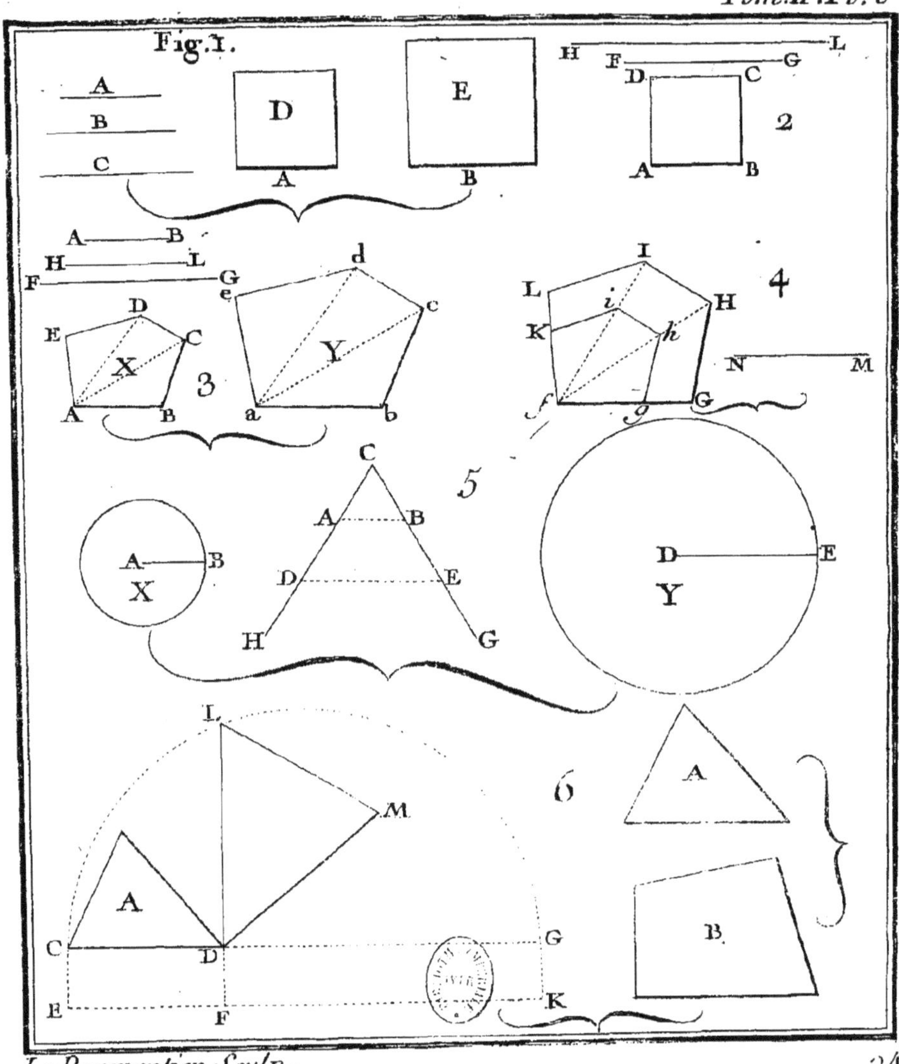
Fig. 1.
A
B
C
D
E
A
B
H L
F G
D C
A B
2
A B
H L
F G
d
e
c
E D C
X
Y
3
A B
a b
I
L
i
H
4
K
h
N M
f
g
G
C
5
A B
A B
X
D E
D E
Y
H G
I
6
A
M
A
C D G
B.
E F K

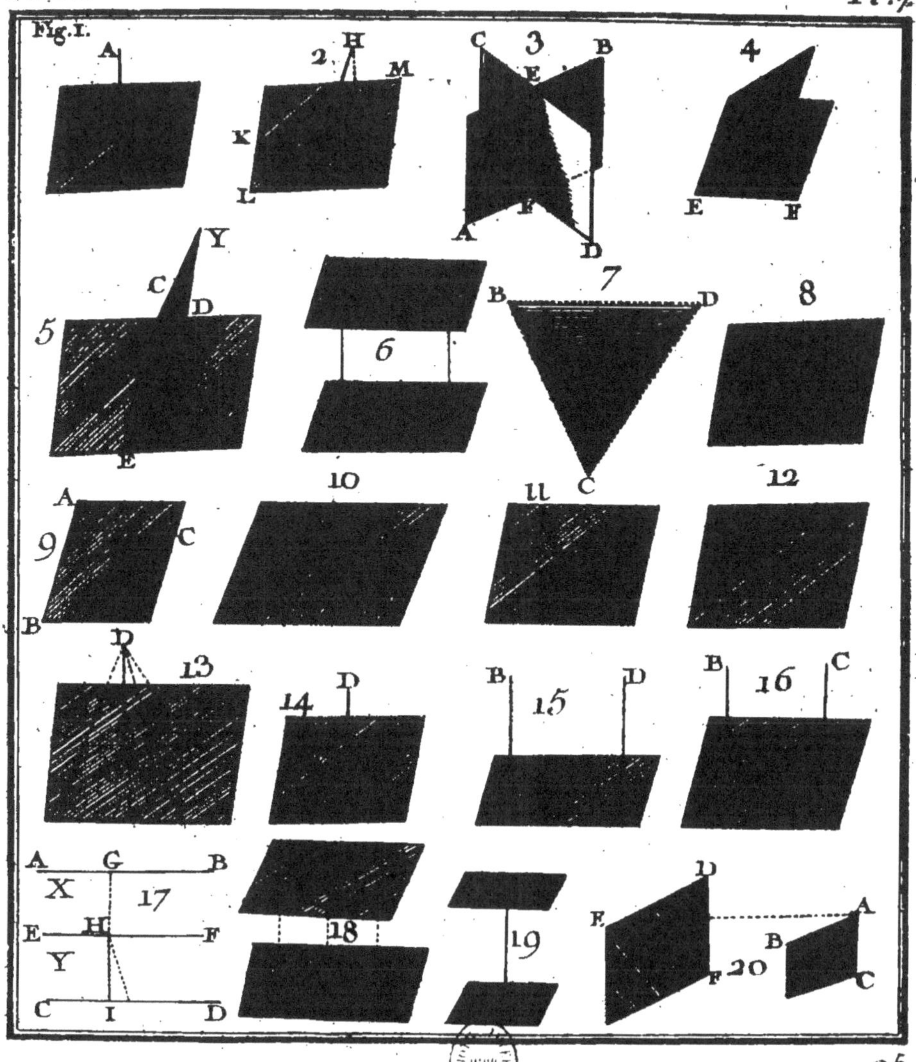
Fig. I.
A
2
H
M
K
L
C
3
B
E
F
A
D
4
E
F
Y
C
D
5
E
6
B
7
D
8
C
A
9
C
B
10
11
12
D
13
14
D
B
15
D
B
16
C
A
G
B
X
17
E
H
F
Y
C
I
D
18
19
D
E
A
B
F
20
C

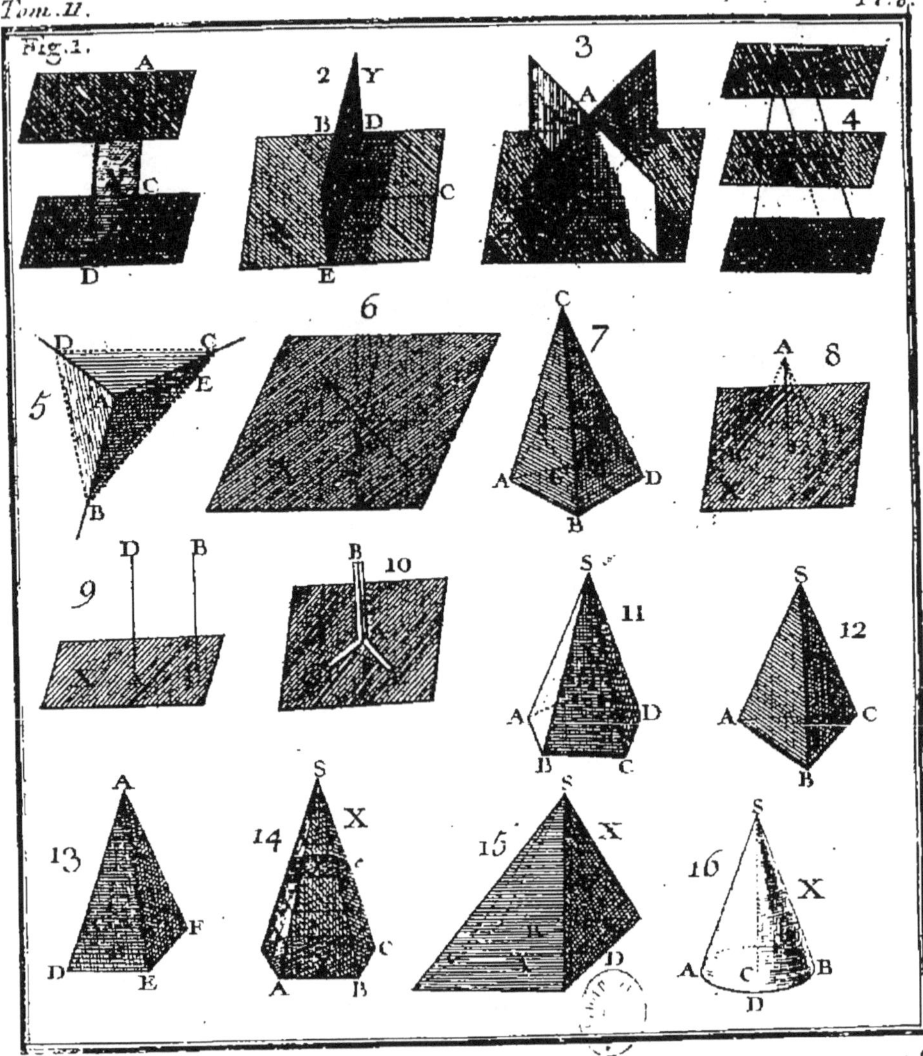
Fig. 1.
A
C
D
2
Y
B
D
C
E
3
A
4
5
D
C
E
B
6
C
7
A
D
B
A
8
X
9
D
B
X
B
10
S
11
A
D
B
C
S
12
A
C
B
A
13
F
D
E
S
14
X
C
A
B
S
15
X
D
S
16
X
A
C
B
D

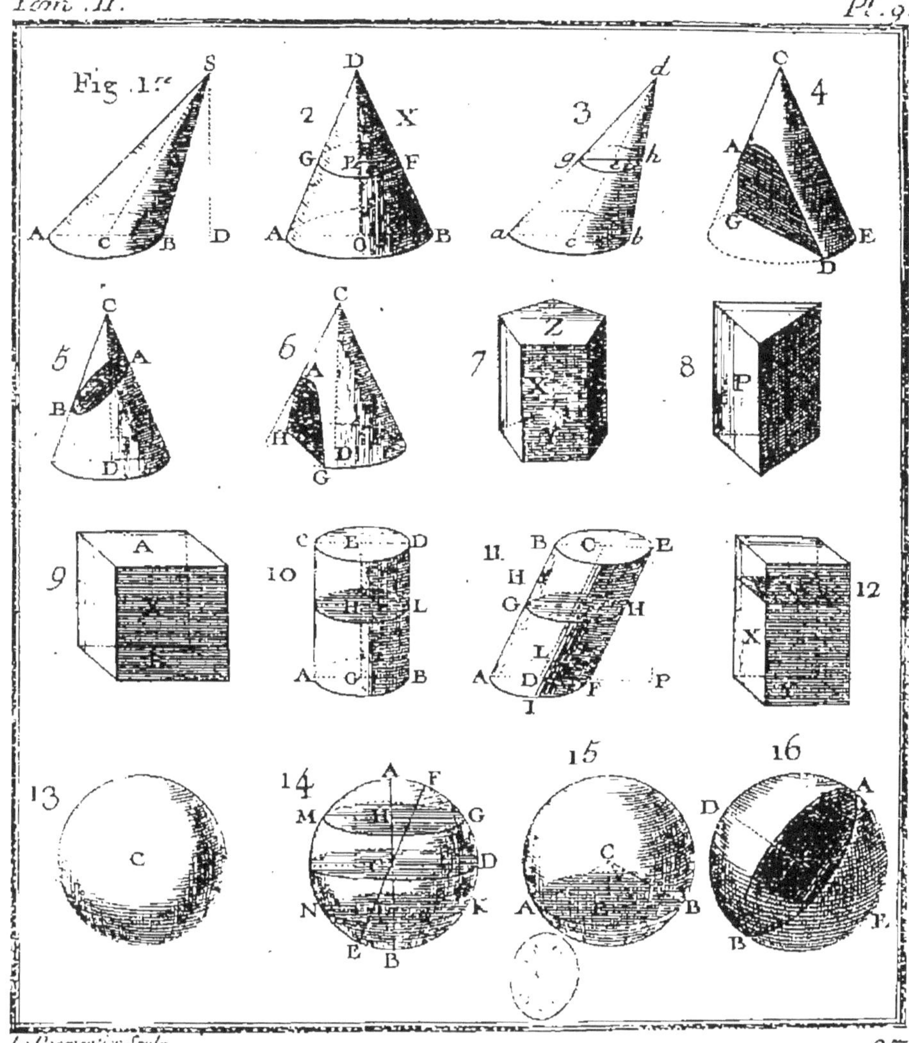


Le Parmentier Sculp.

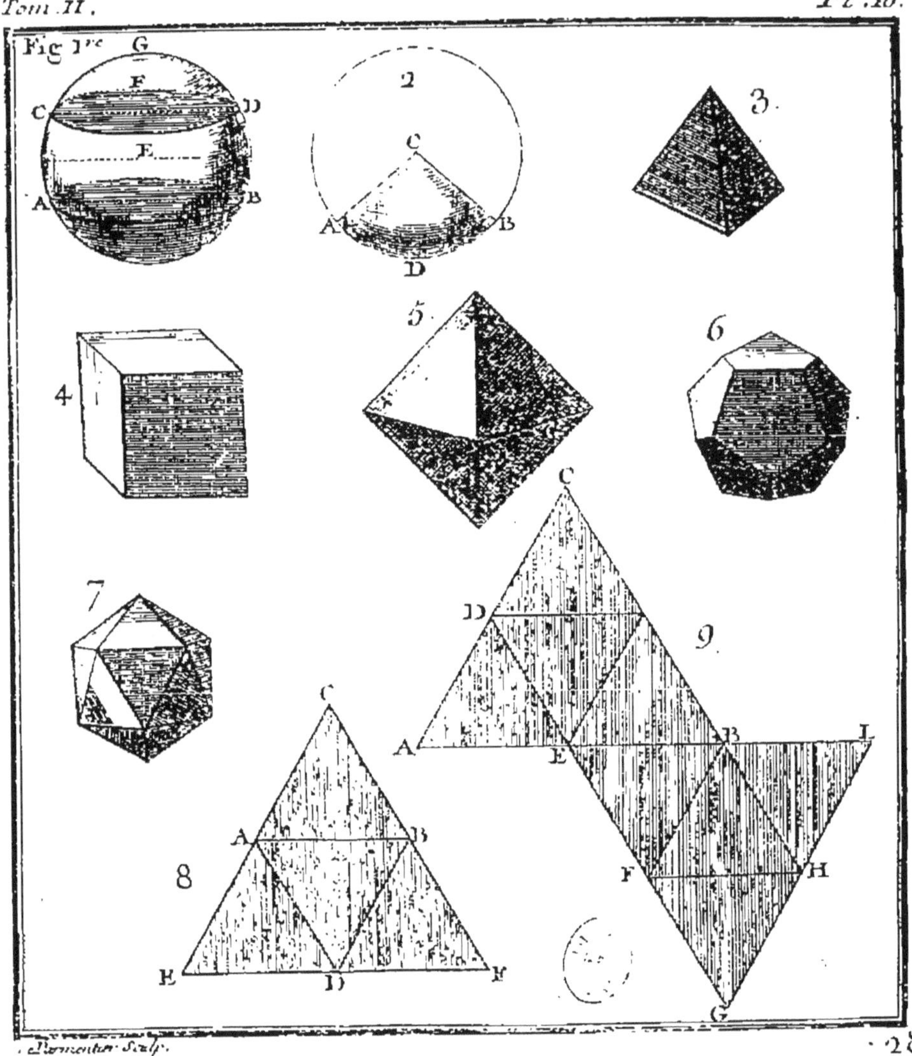


Parmentier Sculp.

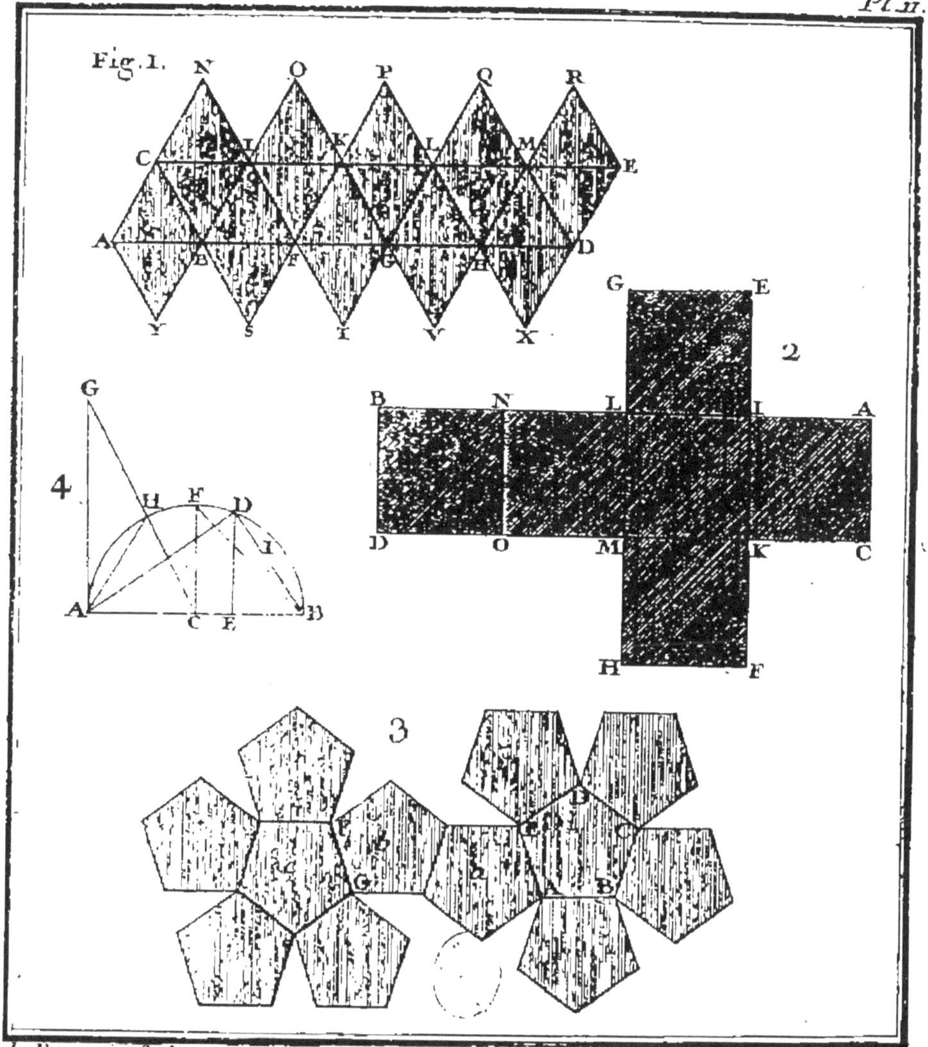

Fig. 1.

2

3

4

Le Parmentier Sculp.

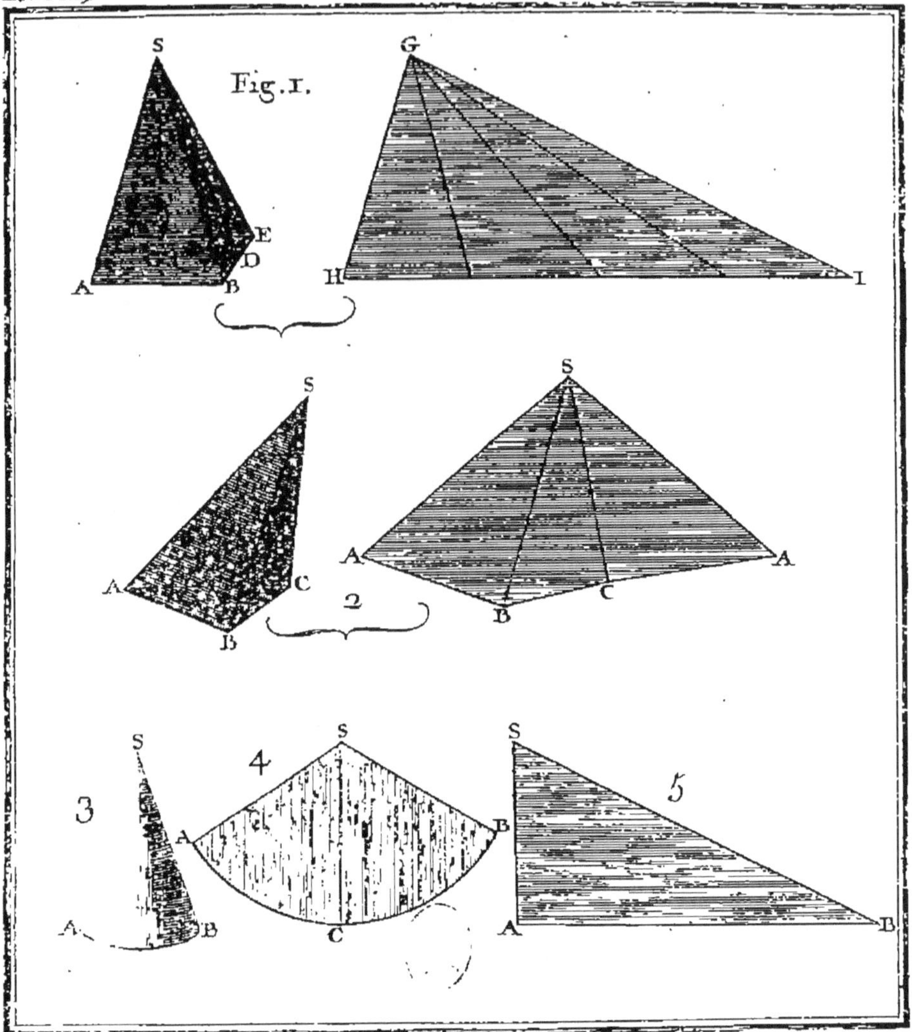

Fig. 1.

S E D A B G H I

2

S A C B S A A B C

3 S A B

4 S A B C

5 S A B

Le Parmentier Sculp.

Le Parmentier Sculp.

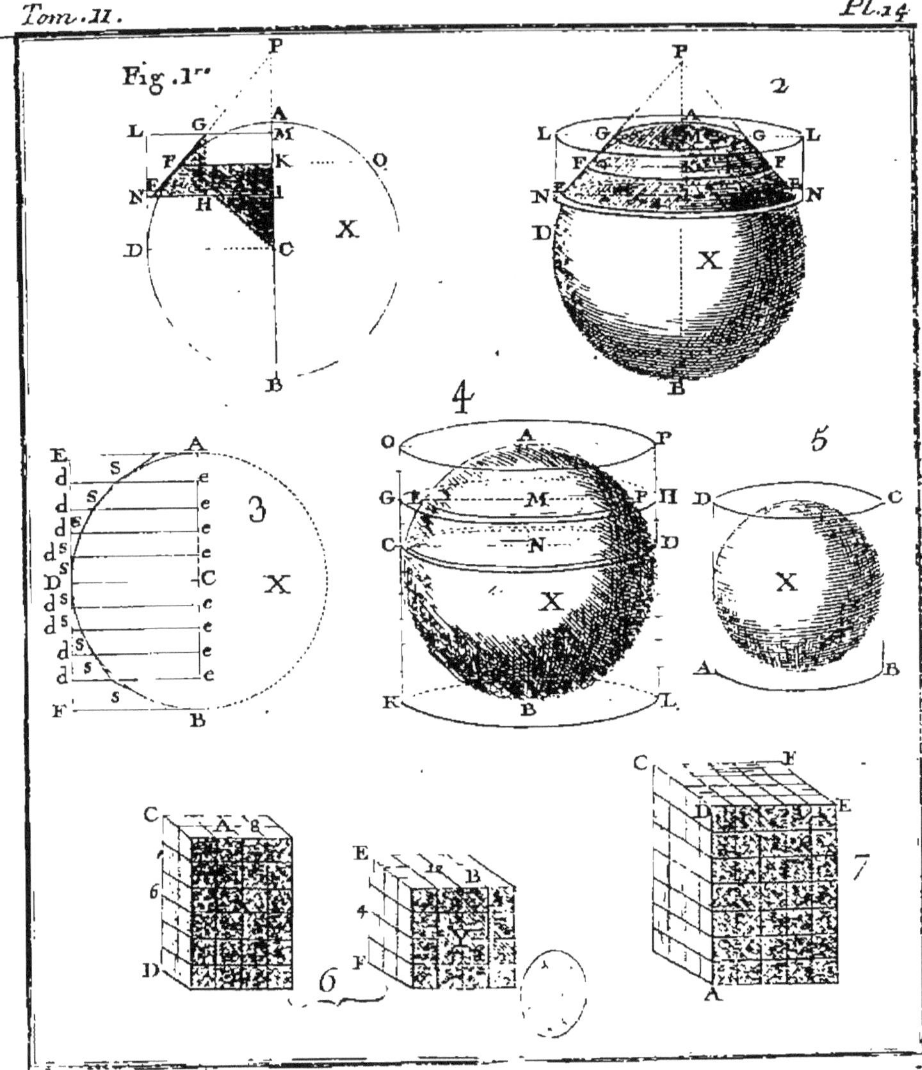
Tom. II.
Pl. 14
Fig. 1re
2
3
4
5
6
7
Le Parmentier Sculp.

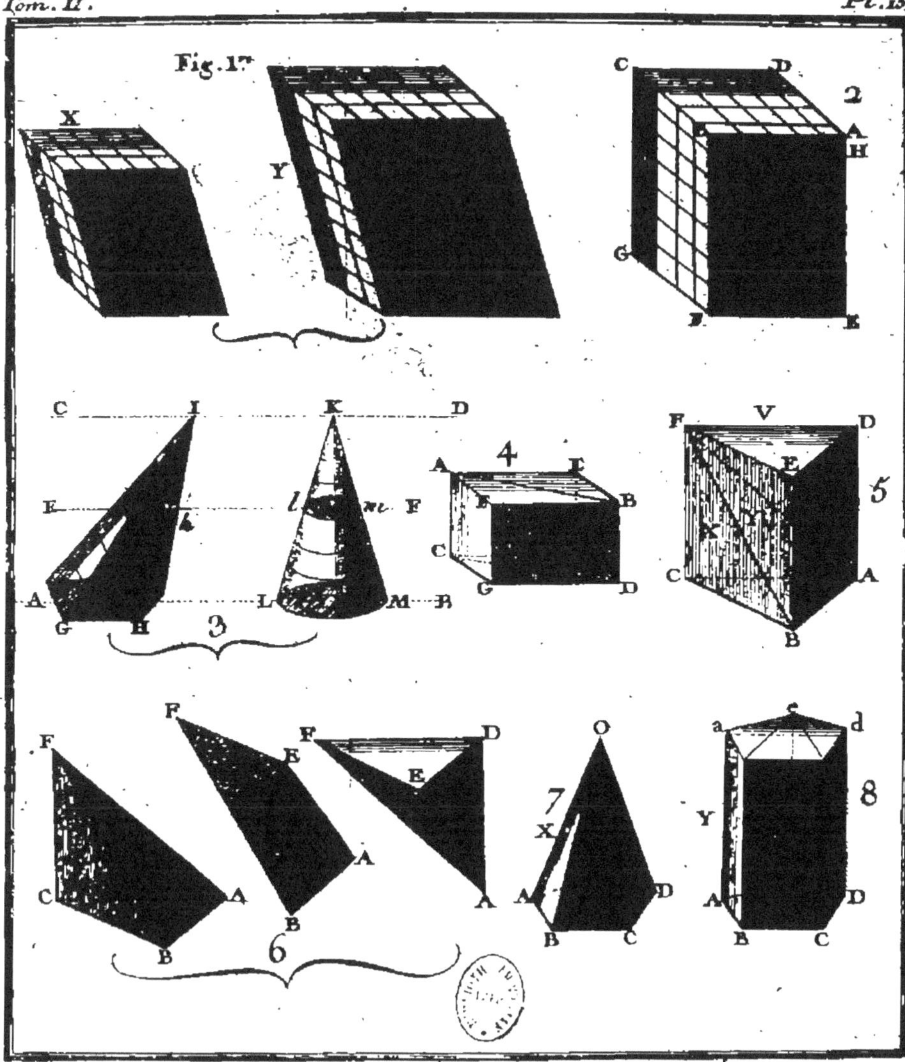


Le Parmentier Sculp.

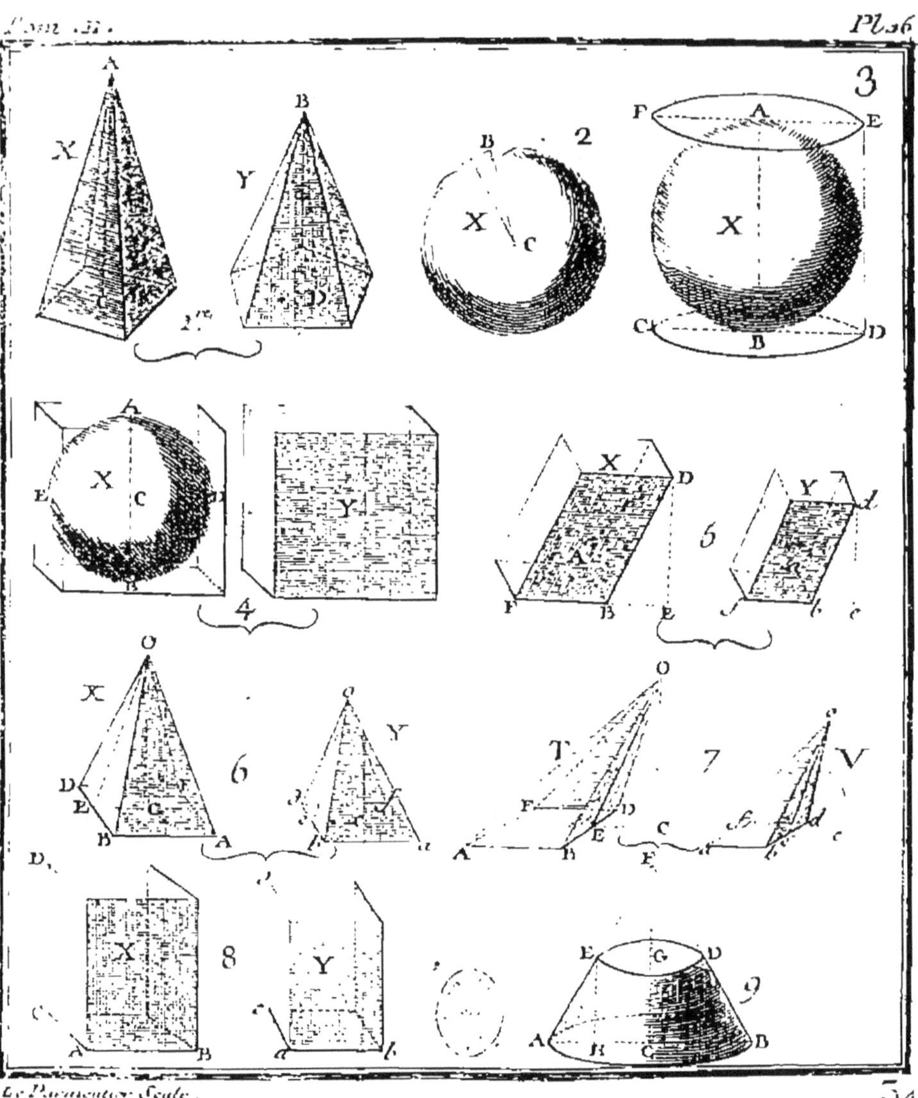


Le Parmentier Sculp.

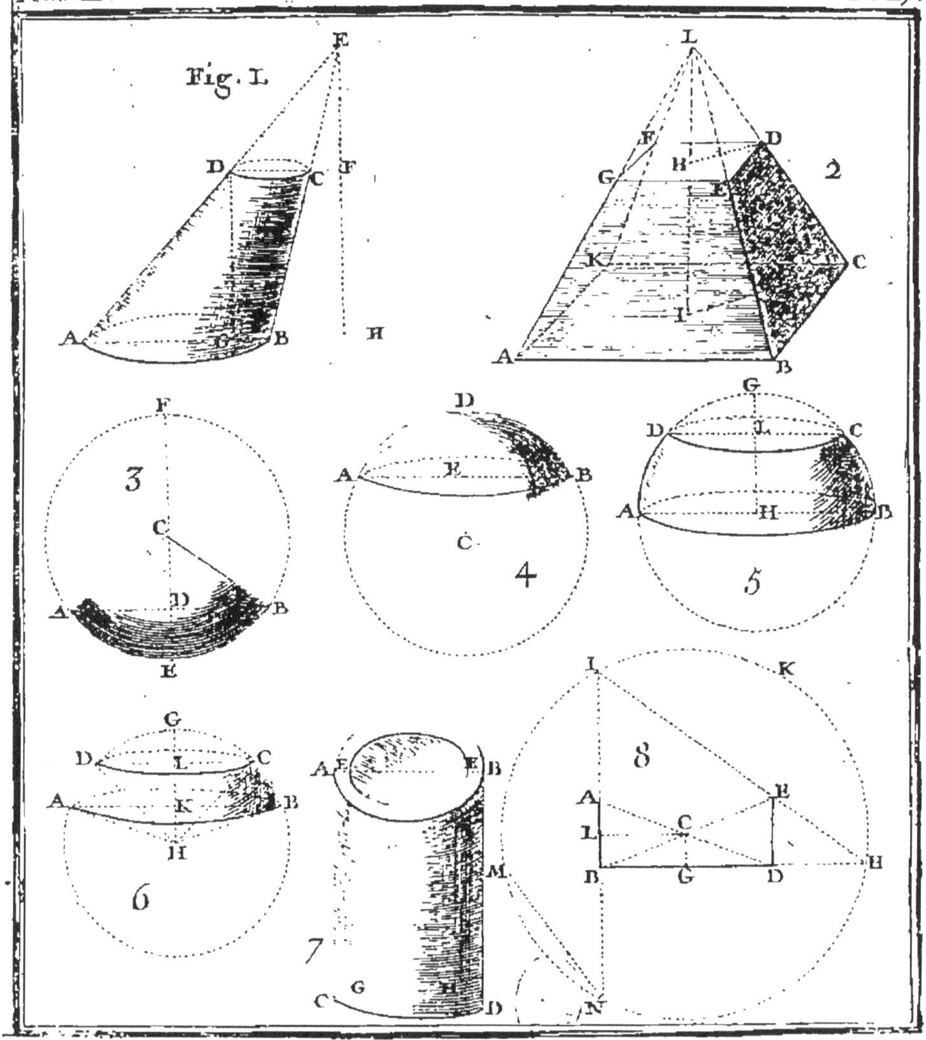

Fig. I.

Le Parmentier Sculp.

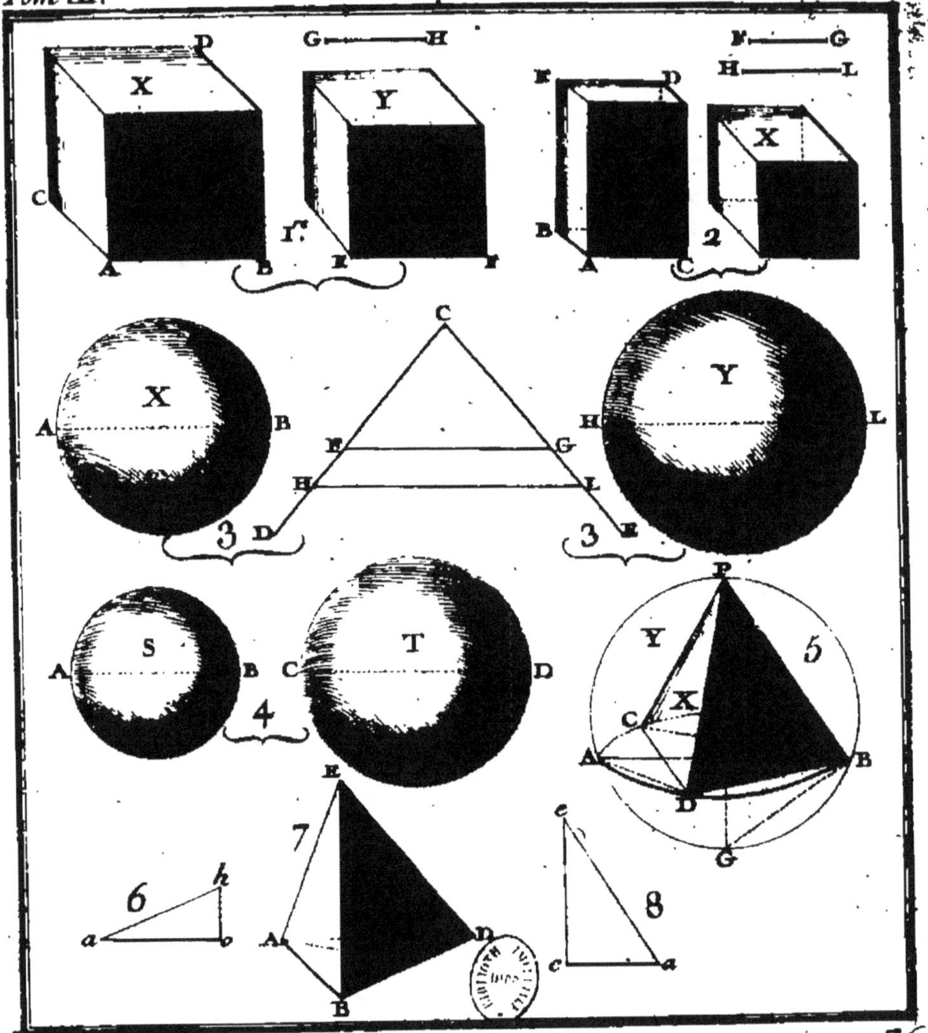

Le Parmentier Sculp.

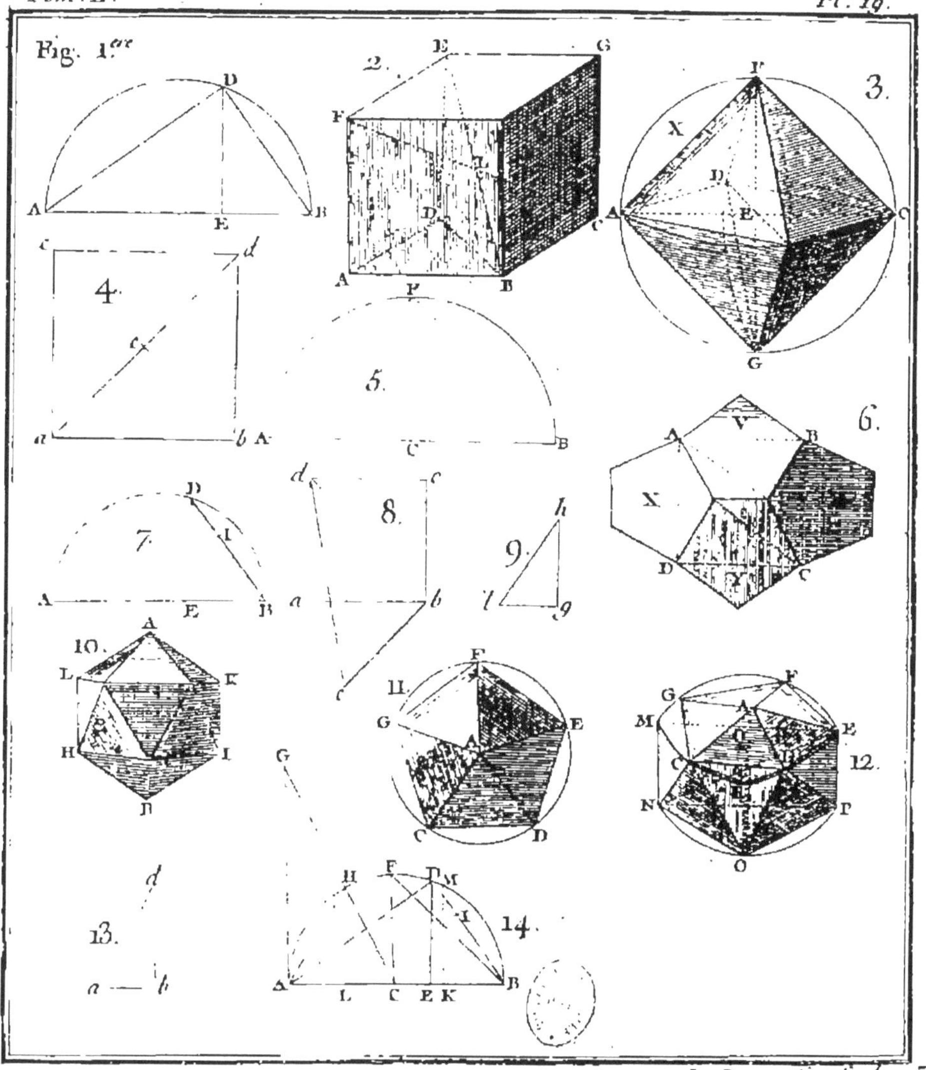


*Le Parmentier, sculp*

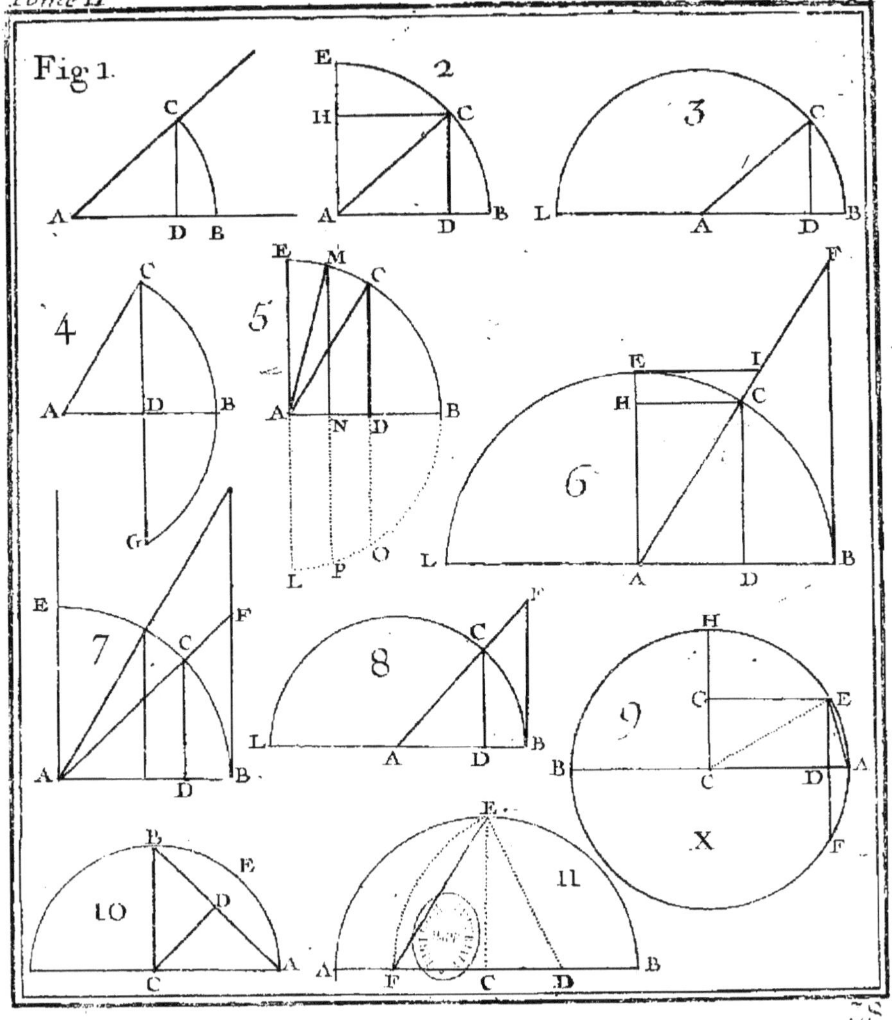

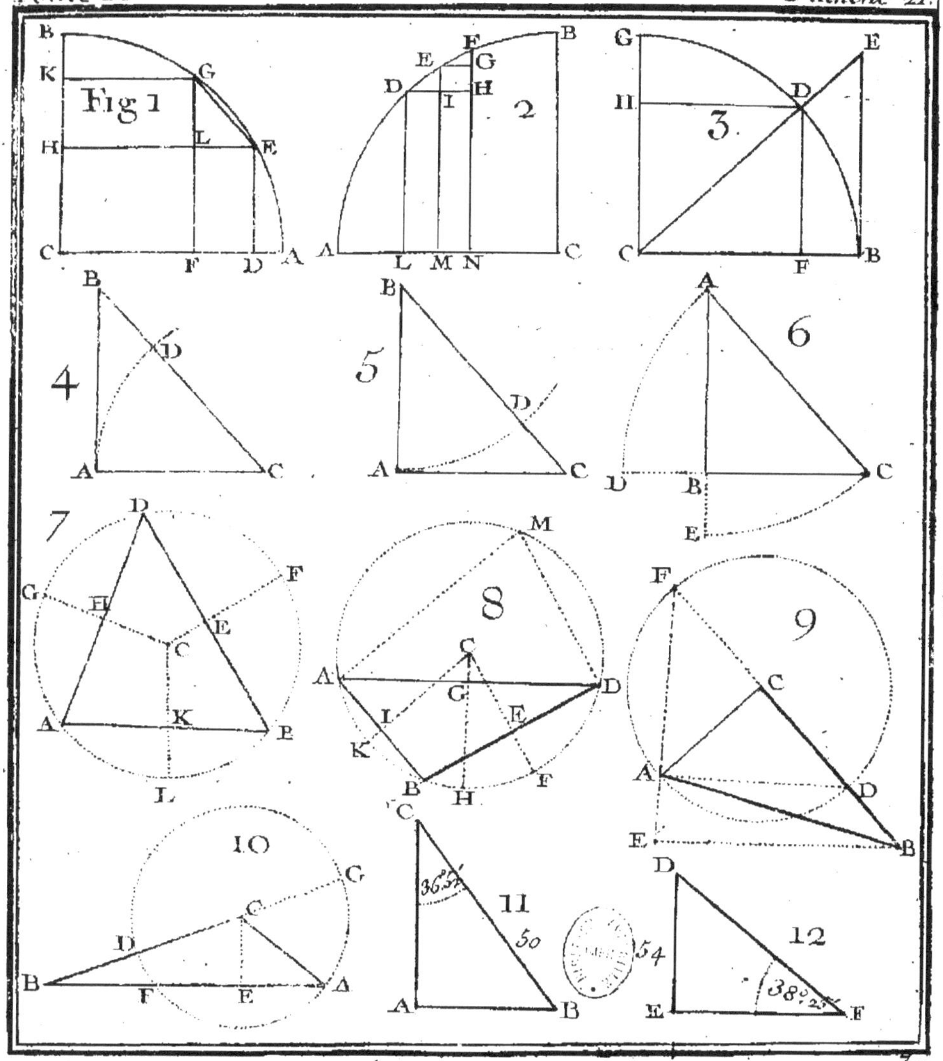

Fig 1

2

3

4

5

6

7

8

9

10

11

36°.54'

50

54

12

38°.25'

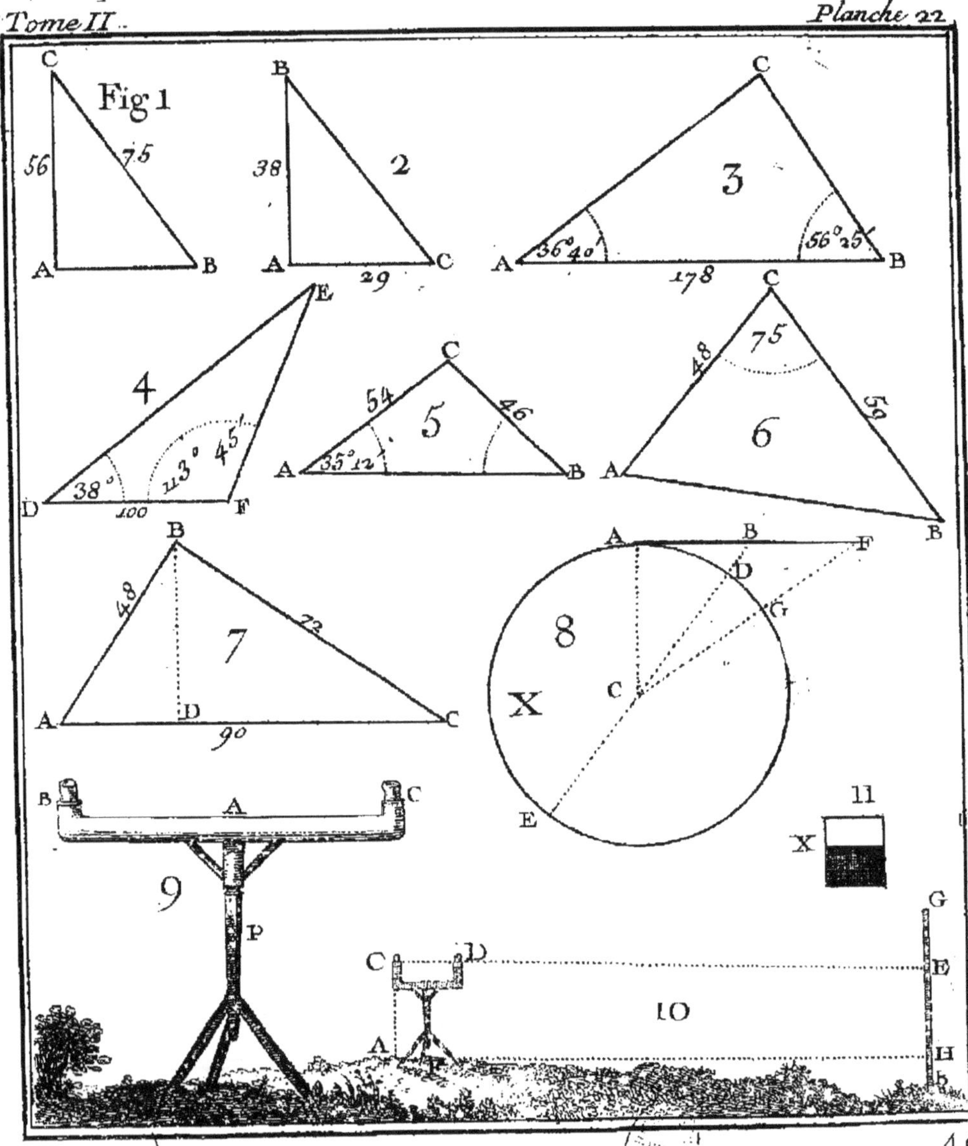
Fig 1
C
A
B
56
75
B
A
C
38
2
29
C
3
A
B
36°40'
56°25'
178
E
4
D
F
38°
113° 45'
100
C
5
A
B
54
46
35°12'
C
75
48
6
59
A
B
B
48
7
72
A
D
C
90
A
B
F
D
G
8
C
X
E
B
A
C
9
P
11
X
G
C
D
E
10
A
H

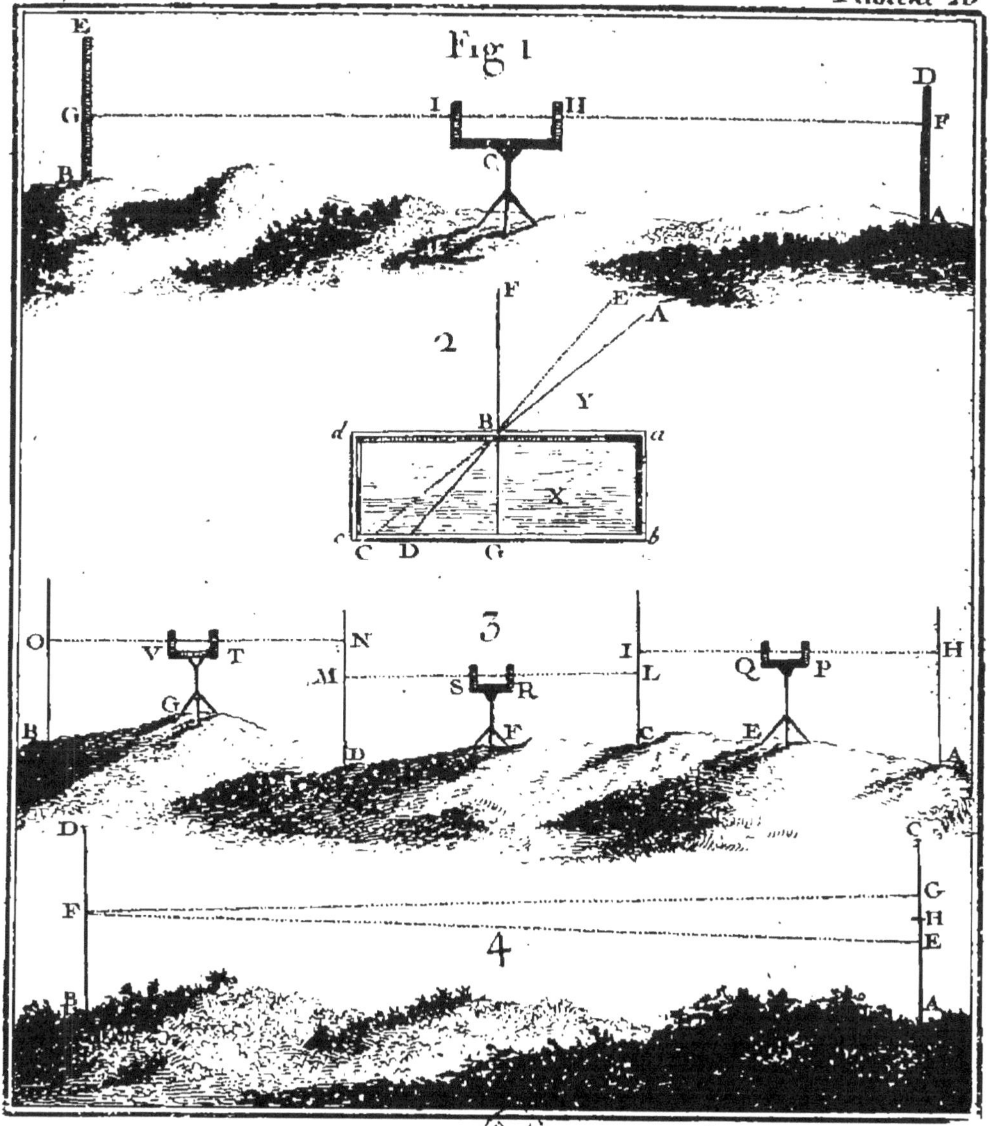

Fig 1

2

3

4

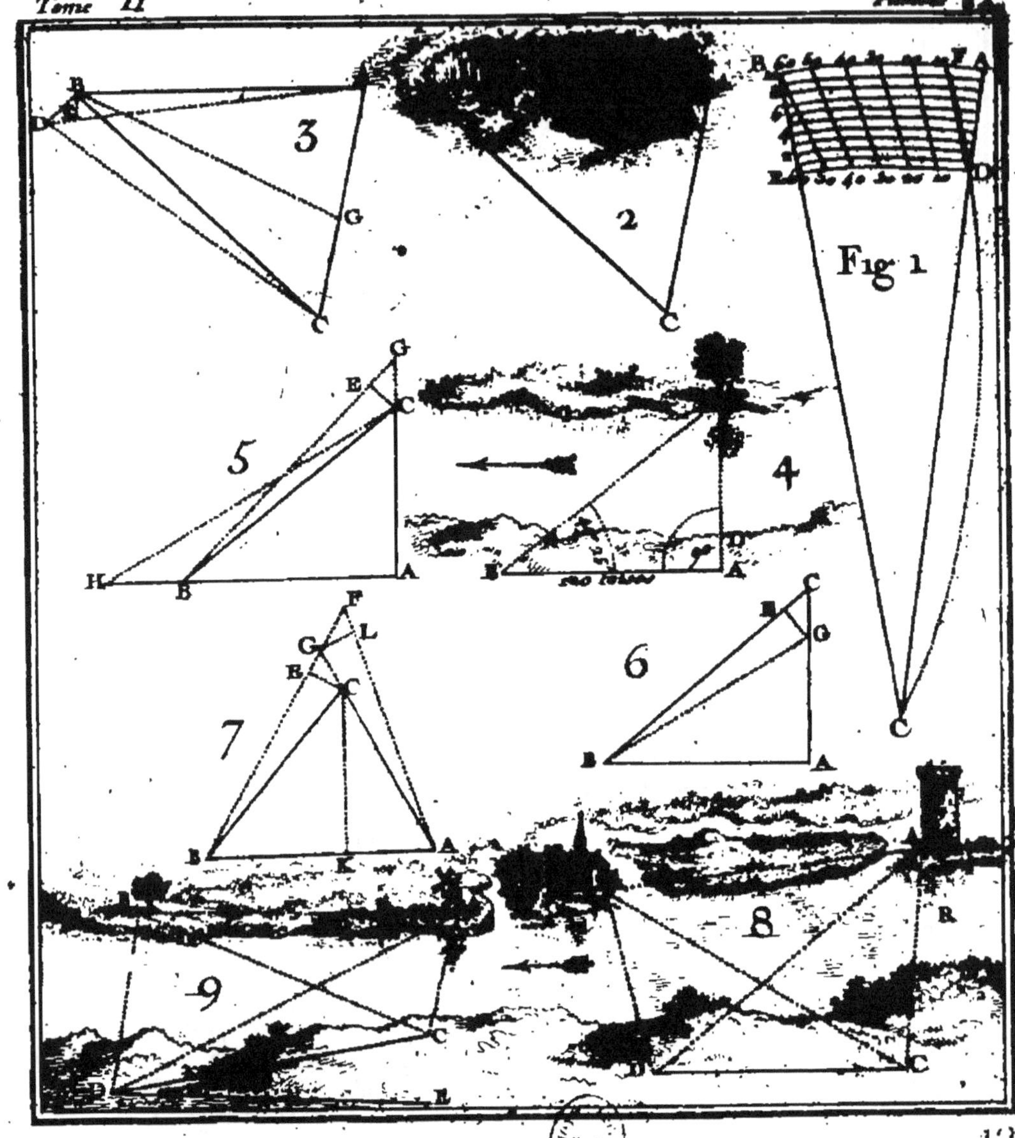
Fig 1
2
3
4
5
6
7
8
9
500 toises

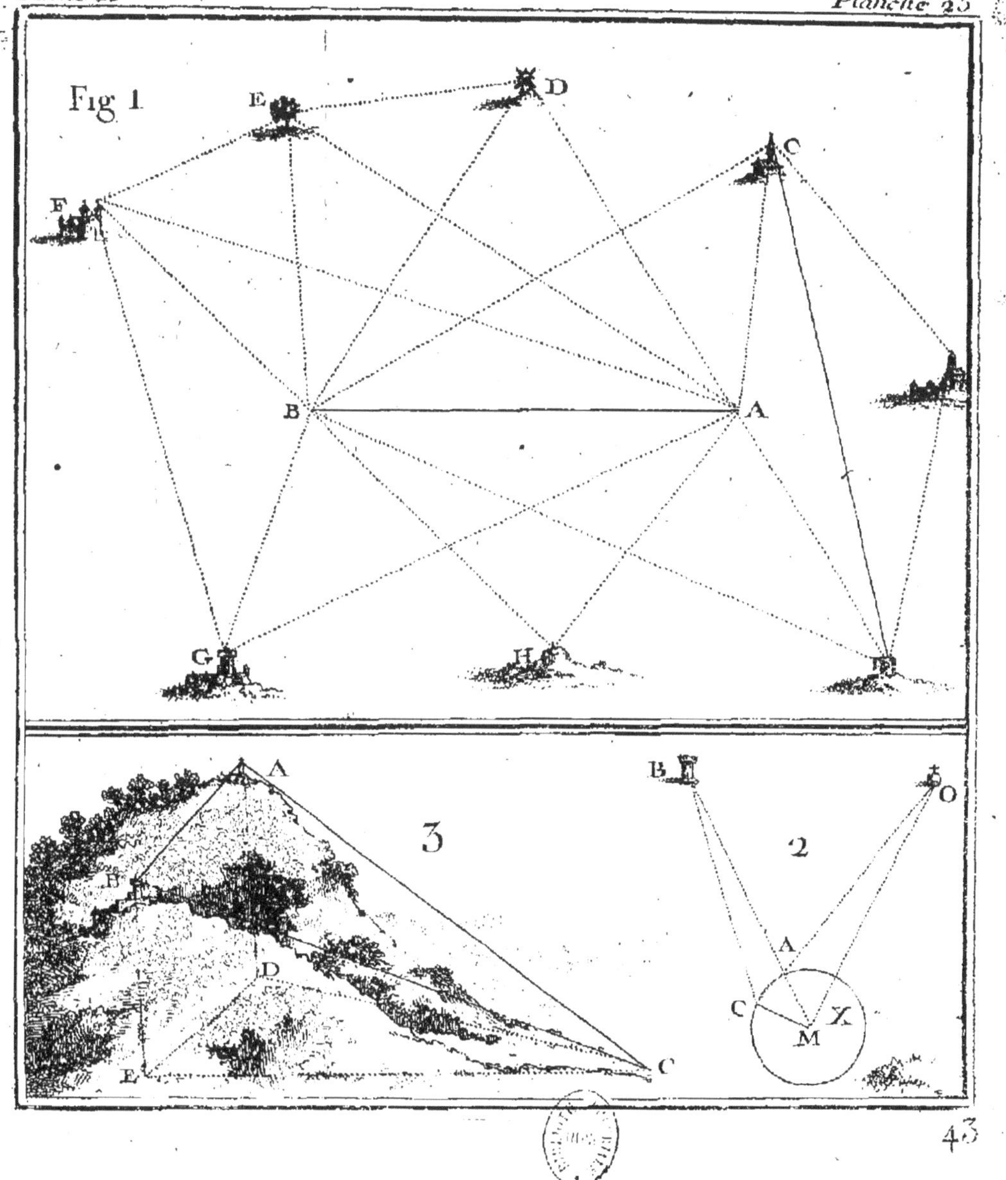
Fig 1
E
D
C
F
B
A
G
H
3
A
B
D
E
C
2
B
O
A
C
M
X

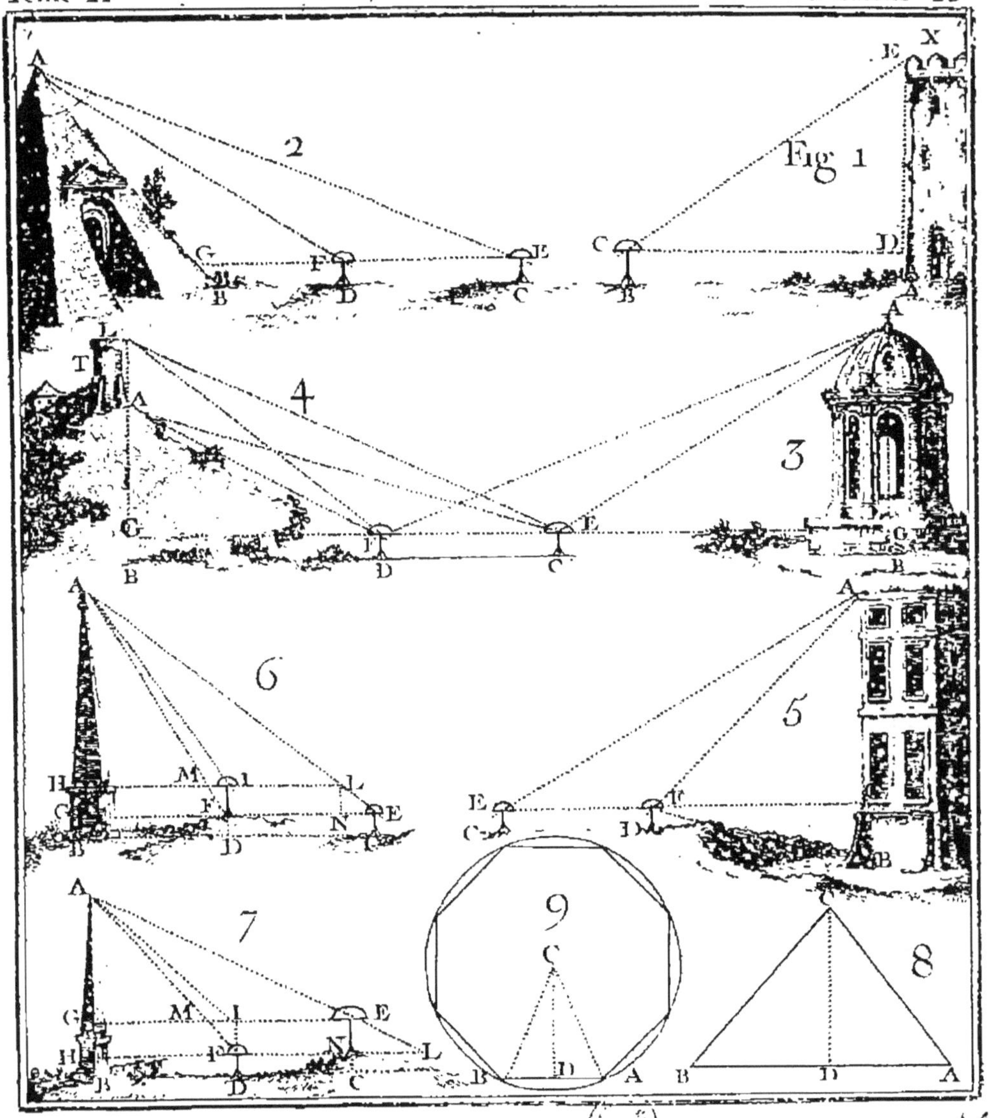

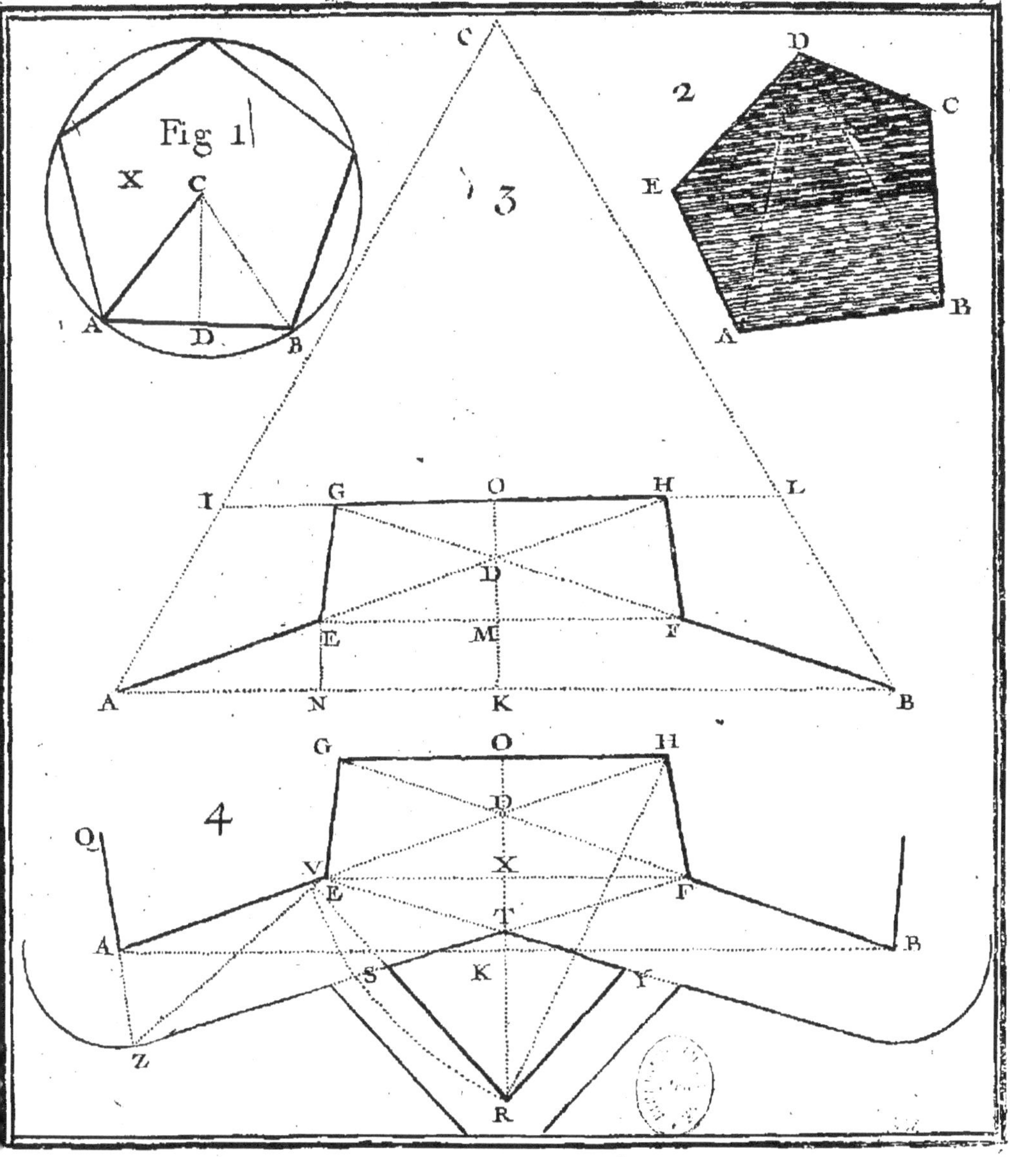

Fig 1

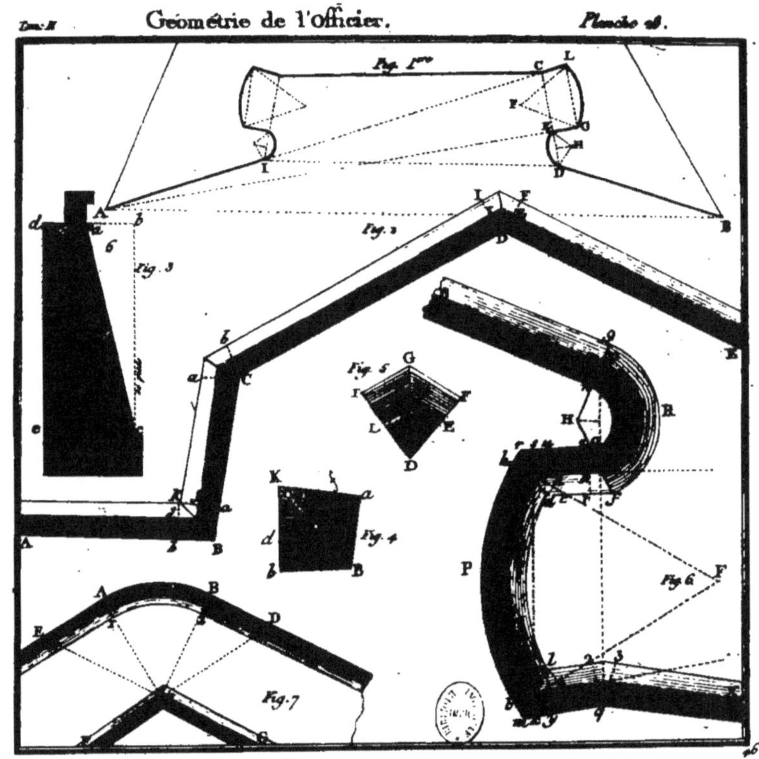
Fig. 1ere
Fig. 2
Fig. 3
Fig. 4
Fig. 5
Fig. 6
Fig. 7

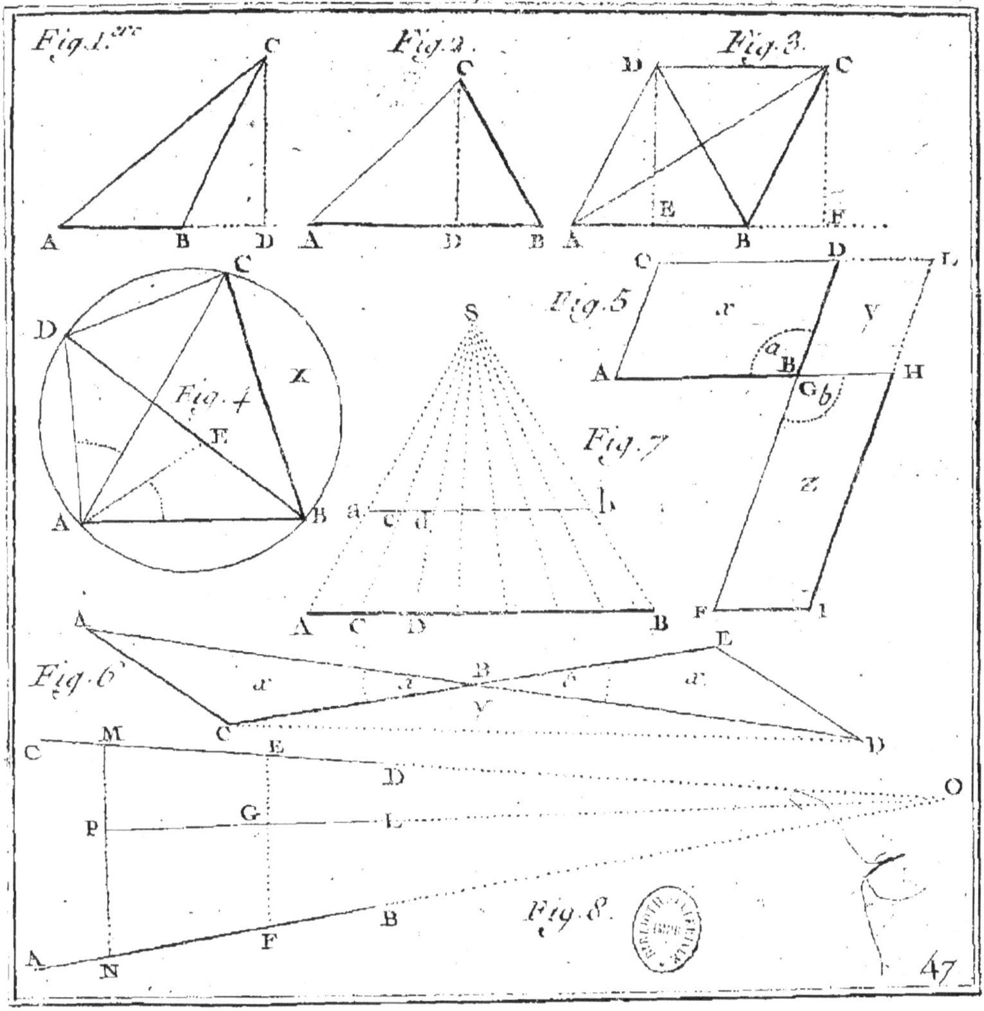

*Fig. 1.re*

*Fig. 2.*

*Fig. 3.*

*Fig. 4.*

*Fig. 5.*

*Fig. 6.*

*Fig. 7.*

*Fig. 8.*